A. Berkaloff

J. Bourguet

P. Favard

M. Guinnebault

Biologie und Physiologie
der Zelle

W0269761

Reihe Biologie

Ch. Houillon
Sexualität

Ch. Houillon
Embryologie

M. Durand / P. Favard
Die Zelle

A. Berkaloff / G. Bourguet / P. Favard / M. Guinnebault
Biologie und Physiologie der Zelle

G. Cohen
Der Zellstoffwechsel und seine Regulation

G. Prevost
Genetik

André Berkaloff

Jaques Bourguet

Pierre Favard

Maxime Guinnebault

Biologie und Physiologie der Zelle

Mit 176 Abbildungen

Springer Fachmedien Wiesbaden GmbH

Reihe Biologie

Herausgegeben von
Prof. Dr. Rudolf Altevogt, Münster

Verfasser: A. Berkaloff, J. Bourguet, P. Favard, M. Guinnebault

Übersetzung aus dem Französischen
Dr. Ursula Zellentin, Stade

Titel der Originalausgabe: Biologie et physiologie cellulaire
Erschienen bei Editions Scientifiques HERMANN, Paris

Verlagsredaktion: Bernhard Lewerich

1973

Alle Rechte an der deutschen Ausgabe vorbehalten
Copyright © 1973 der deutschen Ausgabe by Springer Fachmedien Wiesbaden
Ursprünglich erschienen bei Friedr. Vieweg + Sohn, GmbH, Verlag, Braunschweig 1973.
Softcover reprint of the hardcover 1st edition 1973
Die Vervielfältigung und Übertragung einzelner Textabschnitte, Zeichnungen oder Bilder auch
für die Zwecke der Unterrichtsgestaltung, gestattet das Urheberrecht nur, wenn sie mit dem
Verlag vorher vereinbart wurden. Im Einzelfall muß über die Zahlung einer Gebühr für die
Nutzung fremden geistigen Eigentums entschieden werden. Das gilt für die Vervielfältigung
durch alle Verfahren einschließlich Speicherung und jede Übertragung auf Papier, Transparente,
Filme, Bänder, Platten und andere Medien.

Satz: Friedr. Vieweg + Sohn, Braunschweig

Buchbinder: W. Langelüddecke, Braunschweig
Umschlaggestaltung: Peter Morys, Wolfenbüttel

ISBN 978-3-528-03523-5   ISBN 978-3-663-19707-2 (eBook)
DOI 10.1007/978-3-663-19707-2

Abkürzungen

ADP	Adenosindiphosphat
AMP	Adenosinmonophosphat
ATP	Adenosintriphosphat
CoA	Coenzym A
DNA	Desoxyribonucleinsäure
DNase	Desocyribonuclease
DNP	Dinitrophenol
FAD	Flavin-adenin-dinucleotid
$FADH_2$	reduziertes Flavin-adenin-dinucleotid
GDP	Guanosindiphosphat
GTP	Guanosintriphosphat
HMC	Hydroxymethylcytosin
NAD	Nicotinamid-adenin-dinucleotid
$NADH_2$	reduziertes Nicotinamid-adenin-dinucleotid
NADP	Nicotinamid-adenin-dinucleotid-phosphat
$NADPH_2$	reduziertes Nicotinamid-adenin-dinucleotid-phosphat
P_i	anorganisches Phosphat
RNA	Ribonucleinsäure
RNase	Ribonuclease
UDGP	Uridin-diphosphat-glucose
UTP	Uridintriphosphat

VI

Inhalt

7. Chloroplasten 118

8. Centriolen und deren Abkömmlinge 147

II. Der Interphasekern

1. Allgemeine Eigenschaften 161

2. Nucleoplasma und Kernorganellen 172

III. Die Zellteilung

IV. Permeabilität und Reizbarkeit der Zelle

I. Das Cytoplasma und seine Organellen

1. Die Zellmembran

Jede Zelle hat eine *Zellmembran*. Diese ist sehr dünn (75 Å) und stellt eine lückenlose Hülle dar. Ihre Außenseite steht in Kontakt mit dem extrazellulären Milieu, ihre Innenseite mit dem Grundcytoplasma der Zelle.

1.1. Struktur und Ultrastruktur

Die Dicke der Zellmembran beträgt 75 Å. Daher erkennt man auch nur mit Hilfe des Elektronenmikroskops ihre Feinstruktur. Nach der Fixierung mit Osmiumtetroxid oder Kaliumpermanganat unterscheidet man im Querschnitt drei Schichten: zwei dunkle Schichten von 20 Å Dicke, die durch einen hellen Spalt von 35 Å Breite getrennt sind (Bild 1). Dieser dreischichtige Aufbau, den man bei allen bisher untersuchten Zellen gefunden hat, zeigt jedoch einige Variationen.

Die dunklen Schichten sind gelegentlich verschieden dick, woran man erkennen kann, daß Innen- und Außenseite der Zellmembran wahrscheinlich nicht gleich sind. Diese Ungleichheit tritt bei bestimmten Zellen, wie etwa bei der Amöbe, noch deutlicher in Erscheinung. Bei ihr ist der äußeren dunklen Schicht noch eine zusätzliche fibrilläre Schicht aufgelagert.

Die Fibrillen, aus denen diese zusätzliche Schicht besteht, haben ungefähr einen Durchmesser von 15 Å, sind senkrecht zur Zellmembran angeordnet und bilden einen Überzug von 0,1 μm Dicke (Bild 2a).

Bei anderen Zellen wie den Epithelzellen der Harnblase vom Frosch kommt dieser fibrilläre Überzug auch vor, doch ist er hier nur auf bestimmte Partien der Zelloberfläche beschränkt (Bild 2b).

Zusammenfassend kann man sagen: Nach Untersuchungen mit dem Elektronenmikroskop hat die Zellmembran immer eine Dicke von 75 Å, ist dreischichtig und trägt manchmal an der Außenseite einen fibrillären Überzug, der diese ganz oder teilweise bedeckt (Bild 3).

Diese Feinstruktur weisen auch alle anderen Membransysteme der Zelle auf: endoplasmatisches Reticulum, GOLGI-Apparat (Bild 52, Seite 92), Mitochondrien, Chloroplasten. Um die Allgemeingültigkeit der Feinstruktur von Membranen zu unterstreichen, spricht man von der *„Einheitsmembran"* (ROBERTSON, 1959).

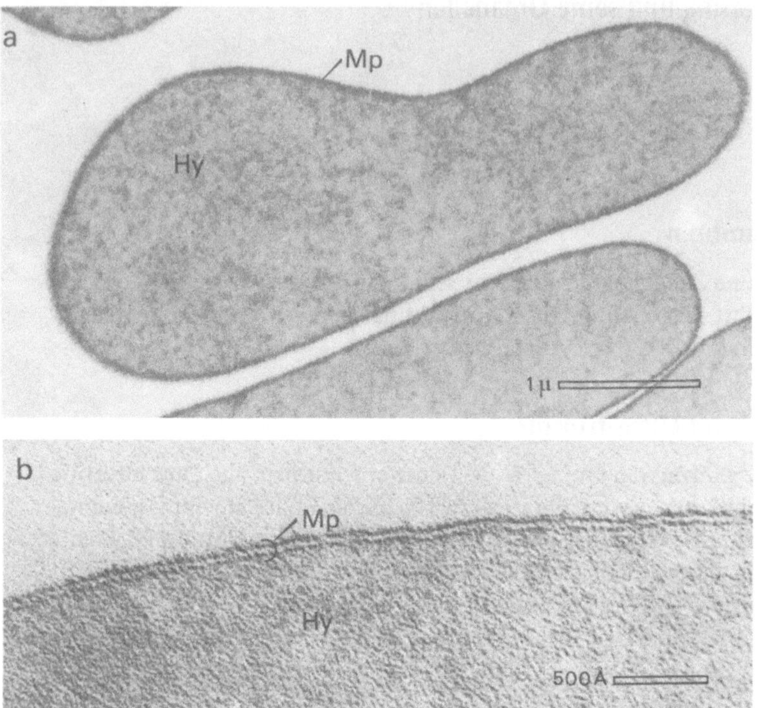

Bild 1. Die Zellmembran im elektronenmikroskopischen Bild. a) Schnitt durch ein rotes Blutkörperchen der Ratte. Fixierung: Osmiumtetroxid. Bei schwacher Vergrößerung erscheint die
Zellmembran Mp als schmale dunkle Schicht, die das Grundcytoplasma Hy begrenzt. 19 000fach
(Aufnahme: J.-P. THIÉRY, 1965). b) Schnitt durch ein rotes Blutkörperchen vom Menschen.
Fixierung: Kaliumpermanganat. Bei starker Vergrößerung erweist sich die Zellmembran Mp als
aus zwei dunklen Schichten aufgebaut, die durch eine helle Schicht getrennt werden. Hy=Grund-
cytoplasma; 25 000fach (Aufnahme: J. D. ROBERTSON, 1964)

1.2. Chemische Zusammensetzung

1.2.1. Untersuchungen in situ

So wie die Dicke der Zellmembran für das Auflösungsvermögen des Lichtmokro-
skops zu gering ist, so geben auch nur indirekte Beobachtungen Aufschluß über die
chemische Zusammensetzung. Lipoidlösliche Substanzen dringen gut in die Zellen
ein (OVERTON, 1902; siehe auch Kapitel IV), und Lipoidlösungsmittel sowie
Lipasen zerstören die Zellmembran. Daraus kann man schließen, daß Lipoide in
der Zellmembran enthalten sein müssen. Die Lipoide können jedoch nicht in direktem Kontakt mit dem extrazellulären Milieu stehen, weil die Oberflächenspannung sehr viel niedriger ist als bei einer Wasser-Lipoid-Phasengrenze. Diese Ver-

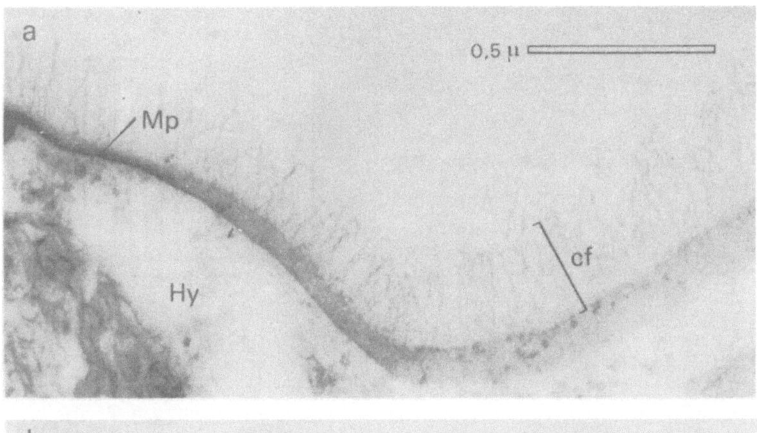

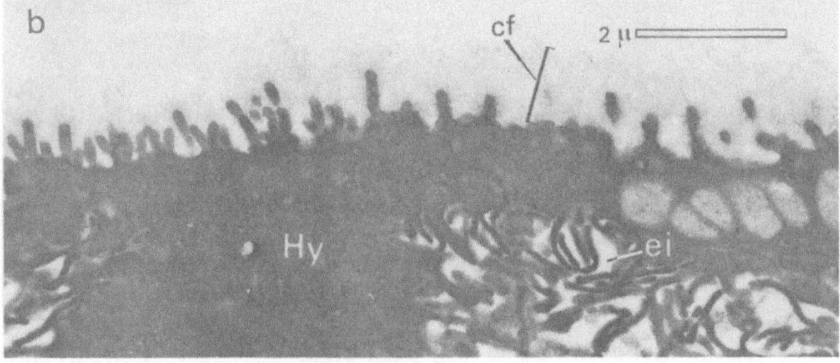

Bild 2. Die Zellmembran im elektronenmikroskopischen Bild. a) Schnitt durch eine Amöbe.
Den Schichten der Zellmembran Mp ist außen eine fibrilläre Schicht cf aufgelagert. Hy=Grund-
cytoplasma; 50 000fach (Aufnahme: P. W. BRANDT und G. D. PAPPAS, 1960). b) Schnitt
durch das Epithel der Harnblase vom Frosch. Der Teil der Zellmembran, der die Epithelzellen
gegen das Lumen der Harnblase begrenzt, weist eine fibrilläre Schicht cf auf. Im Bereich der
Interzellularspalten ei fehlt der Zellmembran eine solche Schicht. Hy=Grundcytoplasma;
9 000fach (Aufnahme: N. CARASSO und P. FAVARD, 1965)

minderung der Oberflächenspannung muß man Proteinen zuschreiben, die die Lipoide abdecken. Proteine sind, wie Enzymaktivität an der Zelloberfläche beweist,
ebenfalls am Aufbau der Zellmembran beteiligt. Bei bestimmten Zellen wie der
Amöbe läßt sich mit cytochemischen Nachweisreaktionen eine oberflächliche Po-
lysaccharidschicht nachweisen.

Aus den *in situ* gemachten Beobachtungen geht hervor, daß die Zellmembran aus
Lipoiden und Proteinen besteht, denen sich Polysaccharide zugesellen können.

Die Verfeinerung der Methoden zur Isolierung von Zellmembranen war die Voraussetzung für die Erforschung der chemischen Zusammensetzung dieses Organells, aus
der wiederum Rückschlüsse auf den molekularen Aufbau möglich wurden.

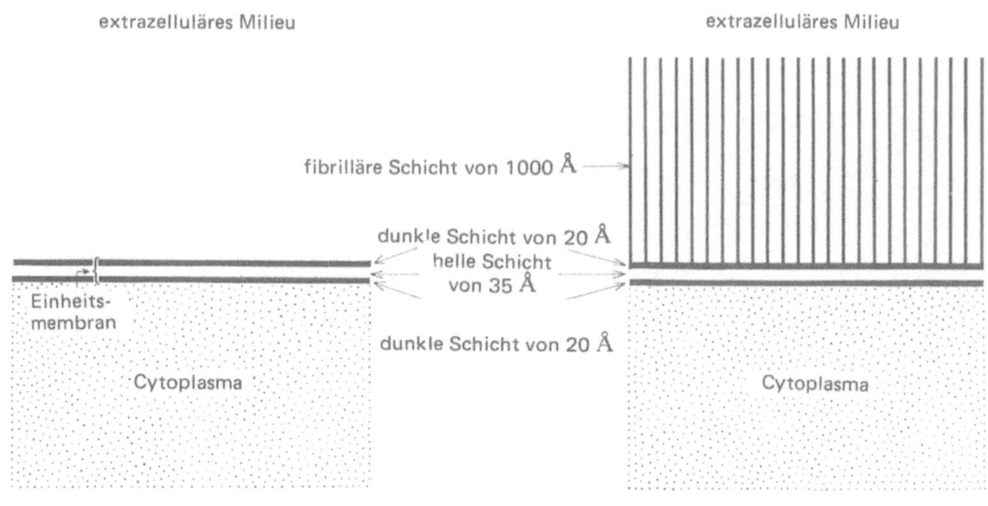

Bild 4. Isolierung der Zellmembranen: a) von roten Blutkörperchen, b) von Amöben.
Bei den roten Blutkörperchen gelingt die Trennung von Zellmembran und Cytoplasma durch
Hämolyse, bei den Amöben durch längeres Verbleiben in einer hypertonischen Lösung, wodurch ein Schrumpfen des Cytoplasmas bewirkt wird, so daß es sich von der Zellmembran
ablöst

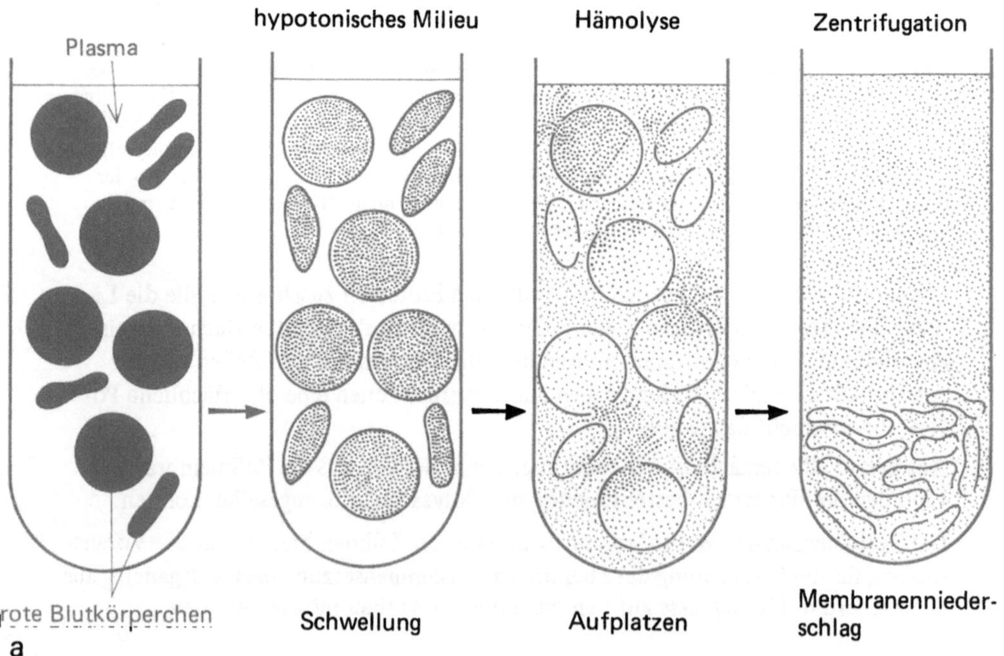

Bild 3. Ultrastruktur der Zellmembran eines roten Blutkörperchens und einer Amöbe. Nach Osmiumtetroxid- oder Kaliumpermanganatfixierung erscheint die Zellmembran aus zwei dunklen Schichten aufgebaut, die durch eine helle getrennt werden. Bei der Amöbe ist der Außenseite der Zellmembran noch eine zusätzliche fibrilläre Schicht aufgelagert

1.2.2. Isolierung von Zellmembranen

Die Isolierung von Zellmembranen stellt technische Probleme, die man bisher nur für freie Zellen wie die roten Blutkörperchen (Erythrocyten) der Säuger, die weder einen Kern noch andere Organellen besitzen, gelöst hat.

Isolierung von Erythrocytenmembranen

Die Organisation der Säugererythrocyten ist sehr einfach. Sie sind kernlos (der Kern geht schon während des Reifungsprozesses im Knochenmark verloren), besitzen auch keine anderen Organellen, und ihr Cytoplasma besteht zu 95 % aus Hämoglobin. Sie sind eigentlich nur kleine Säckchen aus Zellmembran, angefüllt mit einer hämoglobinreichen Lösung. Dieser Umstand erleichtert das Isolieren der Membranen. Nachdem man die Erythrocyten in isotoner Lösung (0,9 % NaCl) gewaschen hat, gibt man Aqua dest. hinzu und macht dadurch das Milieu hypotonisch (man verringert die NaCl-Konzentration auf ungefähr 0,5 %). Die Erythrocyten schwellen darin an, platzen und entleeren ihr Cytoplasma. Dieser Vorgang heißt *Hämolyse*. Zentrifugieren liefert dann die Membranen als Niederschlag (Bild 4a).

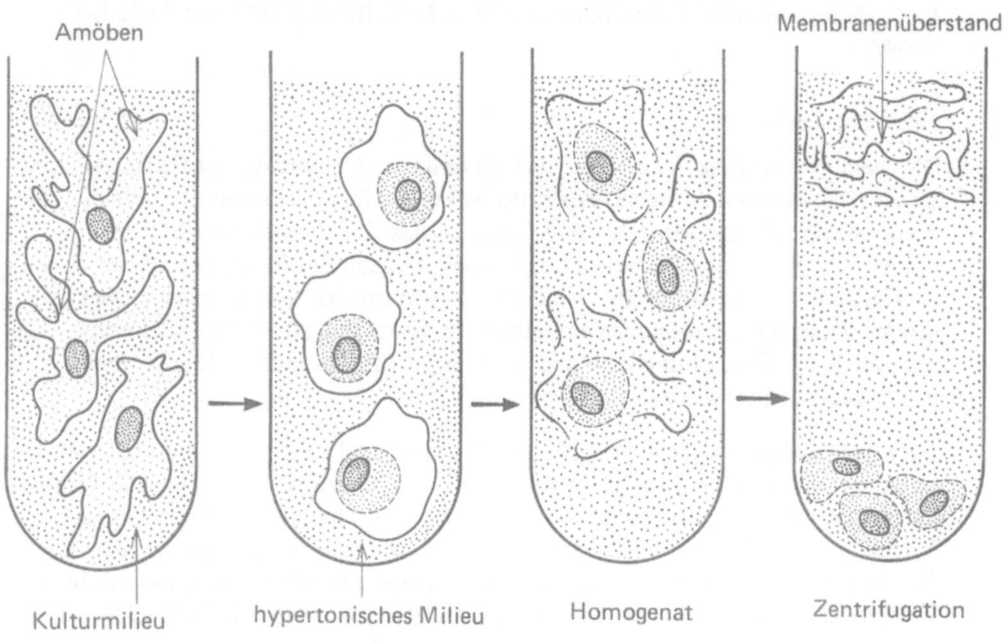

Isolieren der Zellmembranen von Amöben

Zur Isolierung der Zellmembranen brachte man die Erythrocyten in eine hypotonische Lösung, das heißt: die Konzentration an gelösten Stoffen ist im Außenmedium geringer als im Plasma der Zelle.

Man kann aber auch Zellmembranen isolieren, indem man Zellen in eine hypertonische Lösung bringt, das heißt, das Außenmedium hat eine höhere Konzentration als dasjenige, in dem sie normalerweise leben. Diese Methode wendet man bei den Amöben an.

Man setzt die Amöben eine Woche lang in eine 50%ige wäßrige Lösung von Glycerin. Unter dem Einfluß des hypertonischen Mediums löst sich das Plasma von der Zellmembran ab und zieht sich mit allen seinen Organellen um den Kern zusammen (Bild 4b). Durch Reiben zerreißen die Zellmembranen, und beim Zentrifugieren mit niedriger Drehzahl sammeln sich die Zellkörper als Niederschlag (Bild 5a) und die abgelösten Membranen als Überstand an (O'NEILL und WOLPERT, 1961–1964).

Isolieren der Zellmembranen von Leberzellen

Zu diesem Zweck wird Lebergewebe homogenisiert. Mit Hilfe der Ultrazentrifuge werden die verschiedenen Organellen dann getrennt (Bild 5b).

Diese Methode ist außerordentlich kompliziert, denn es gilt eine Verunreinigung der Membranfraktion durch andere Organellen möglichst auszuschalten, und das läßt sich nur sehr schwer verwirklichen (EMMELOT, BENEDETTI und RÜHMKE, 1964).

1.2.3. Chemische Analyse

Die chemische Analyse hat ergeben, daß die isolierten Membranen zur Hälfte aus Lipiden, zur anderen Hälfte aus Proteinen bestehen. Über die Proteine ist jedoch wenig bekannt. Einige von ihnen sind Enzyme, speziell Phosphatasen (ATPase, Nucleosidphosphatase, alkalische Phosphatase). Aus den Erythrocyten hat man ein fibrilläres Protein mit hohem Molekulargewicht isoliert: das *Stromatin*. Die in den Membranen der Leberzellen enthaltenen Proteine sind zu 30 % in Salzlösungen löslich. Der Rest ist unlöslich und mit Lipiden oder Zuckern zu Lipoproteinen und Glykoproteinen assoziiert.

Die Lipide sind überwiegend *Phosphatide* (Lecithine und Kephaline) und *Cholesterin* in unterschiedlicher Zusammensetzung (je nach Zelltyp 10 bis 40 Moleküle Cholesterin auf 100 Moleküle Phosphatide). Man hat auch Lipoide ohne Phosphat gefunden, die sich dafür durch den Besitz von Zuckermolekülen auszeichnen: die *Cerebroside*. Von ihnen sind die *Ganglioside* besonders erwähnenswert, die wie die Phosphatide ein hydrophobes und ein hydrophiles Ende haben. Der hydrophile

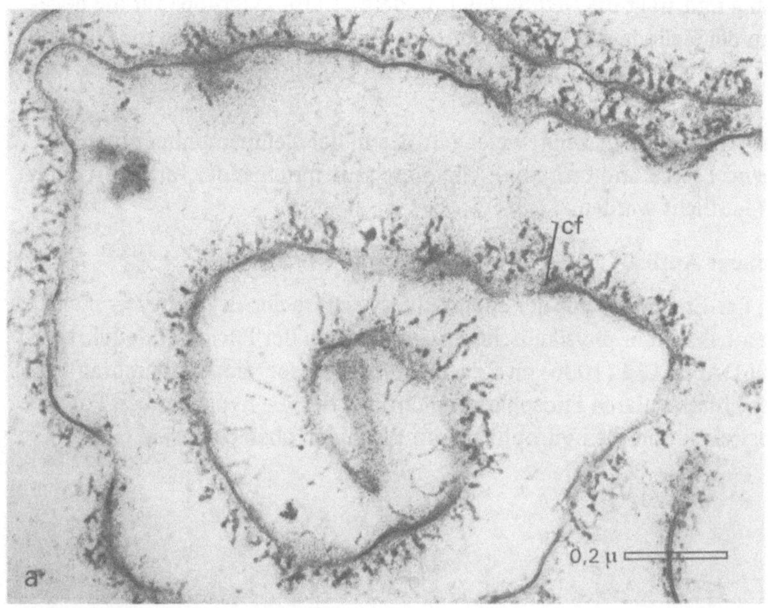

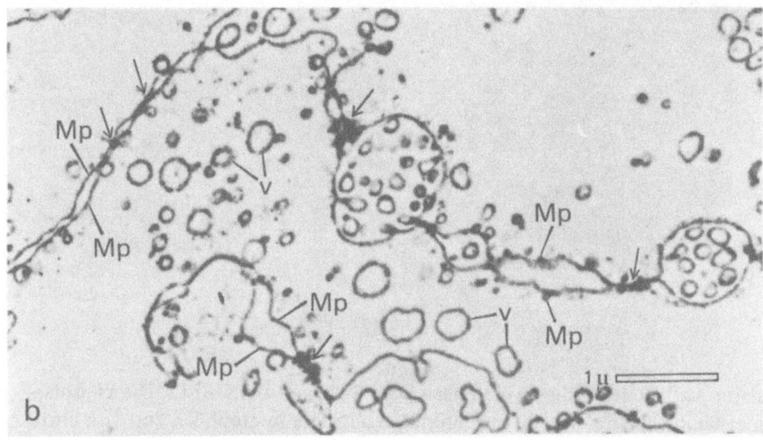

Bild 5. Isolierte Zellmembranen. a) Schnitt durch ein Sediment isolierter Zellmembranen von Amöben. Man erkennt die fibrilläre Schicht cf dieser Membranen; 45 000fach (Aufnahme: C. H. O'NEILL, 1963). b) Schnitt durch ein Sediment isolierter Zellmembranen aus Rattenleberzellen. Die Zellmembranen Mp benachbarter Zellen sind durch die Desmosomen miteinander verbunden geblieben (Pfeile). Die Vesikel v, die zwischen den Membranen liegen, sind zweifellos Verunreinigungen aus Bruchstücken des endoplasmatischen Reticulums; 14 000fach (Aufnahme: P. EMMELOT, C. J. BOS, E. L. BENEDETTI und P. RÜMKE, 1964)

Teil ist sehr lang und trägt die *Neuraminsäure,* deren Carboxylgruppe für die negative Ladung an der Zelloberfläche mitverantwortlich ist. Entfernt man die Neuraaminsäure mit Neuraminidase, so wird die negative Ladung der Zelloberfläche herabgesetzt.

Die chemische Analyse hat gezeigt, welche Stoffe in der Zellmembran enthalten sind (vorwiegend Lipide und Proteine). Wie diese aber miteinander verknüpft sind, muß noch verdeutlicht werden.

1.2.4. Molekularer Aufbau

Der Vergleich der Ergebnisse aus der chemischen Analyse der Erythrocytenmembranen mit den bekannten physikalischen Eigenschaften der Phosphatide führte DAWSON und DANIELLI (1936) zu folgender Hypothese: die Zellmembran besteht aus einer bimolekularen Phosphatidschicht, bei der die hydrophoben Pole sich gegenüberstehen und die hydrophilen von Proteinen überzogen sind (Bild 6).

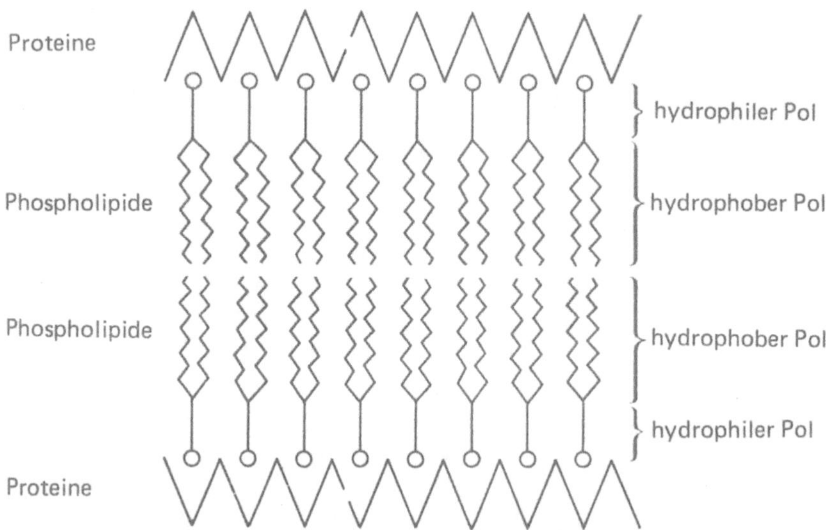

Bild 6. Molekularer Aufbau der Zellmembran nach DAWSON und DANIELLI. Die Phospholipide sind in einer bimolekularen Schicht angeordnet, wobei ihre hydrophilen Pole von Proteinen bedeckt werden

Elektronenmikroskopische Untersuchungen an künstlichen Phosphatidmembranen mit und ohne Anlagerung von Proteinen haben diese Hypothese bestätigt.

Phosphatide organisieren sich unter Wasser zu bimolekularen Schichten, die dann mehr oder weniger konzentrische Membranen bilden, die sogenannten *Myelinkugeln.* STOECKENIUS (1959) stellte solche Membranen her, indem er Phosphatidextrakte aus Menschenhirn in Wasser suspendierte. Nachdem er sie mit Osmiumtetroxid fixiert und in Methacrylat eingebettet hatte, untersuchte er sie im Elektronenmikroskop auf ihre Feinstruktur hin. Im Querschnitt haben diese Membranen eine Dicke von 40 Å und sind dreischichtig. Die beiden äußeren Schichten sind elektronendicht und haben eine Dicke von 8 Å, die mittlere helle hat einen Durchmesser von 25 Å (Bild 7a). Der starke Kontrast der dunklen Schichten wird durch die Anlagerung von Osmiumatomen an die hydrophilen Pole der Phosphatide hervorgerufen.

STOECKENIUS hat Phospholipidmembranen nicht nur in reinem Wasser hergestellt, sondern auch in einer Proteinlösung aus Globinen. Bei der Betrachtung der Dünnschnitte im Elektronenmikroskop zeigte sich, daß diese neuen Membranen eine Dicke von 75 Å hatten. Sie waren immer dreischichtig und hatten zwei dunkle Schichten von je 25 Å Dicke, die durch eine mittlere helle Schicht von ebenfalls 25 Å Dicke getrennt wurden (Bild 7b). Vergleichen wir diese Ergebnisse mit den vorangegangenen, so stellen wir fest, daß sich lediglich die Dicke der dunklen Schichten geändert hat, was man durch die Annahme erklären kann, daß sich die Proteine an beiden Seiten der bimolekularen Phospholipidschicht angelagert haben. Der Kontrast der dunklen Schichten beruht demnach darauf, daß sich Osmiumatome sowohl an die hydrophilen Pole der Phosphatide als auch an die sie bedeckenden Proteine angelagert haben.

Die Feinstruktur der künstlichen aus Phospholipiden und Proteinen in Wasser hergestellten Membranen ist durchaus der der Zellmembran in fixiertem Zustand vergleichbar. Man muß sich jedoch fragen, ob diese Feinstruktur auch in der lebenden Zelle vorhanden ist. Beobachtungen *in vivo* mit dem Polarisationsmikroskop bestätigen: Es gibt in der Zellmembran Moleküle, die senkrecht zur Oberfläche angeordnet sind und aufgrund ihrer Löslichkeit in Lipidlösungsmitteln zweifellos den Phosphatiden entsprechen, und solche, die tangential zur Oberfläche angeordnet sind und wahrscheinlich den Proteinen zugeordnet werden können. Man kann also an der Hypothese von DAWSON und DANIELLI, die Zellmembran sei eine bimolekulare Phospholipidschicht, die auf beiden Seiten von Proteinen bedeckt ist, festhalten. Neuere Untersuchungen lassen jedoch vermuten, daß die molekulare Struktur in der lebenden Zelle nicht dauerhaft ist, sondern sich reversibel verändern kann, je nach dem Bereich der Zellmembran oder dem physiologischen Zustand der Zelle.

Der schwerstwiegende Einwand gegen dieses Schema: Es gibt keine Erklärung für den Transport von Wasser und wasserlöslichen Substanzen, wenn die Phospholipidschicht lückenlos sein soll. Man muß also mit den Physiologen fordern (siehe Kapitel VII), daß sich in dieser Schicht Spalten oder Poren befinden. Durch Beobachtung mit dem Elektronenmikroskop hat man an fixierten Zellen nichts dergleichen finden können. Mit Hilfe des *negative staining* läßt sich jedoch nachweisen, daß

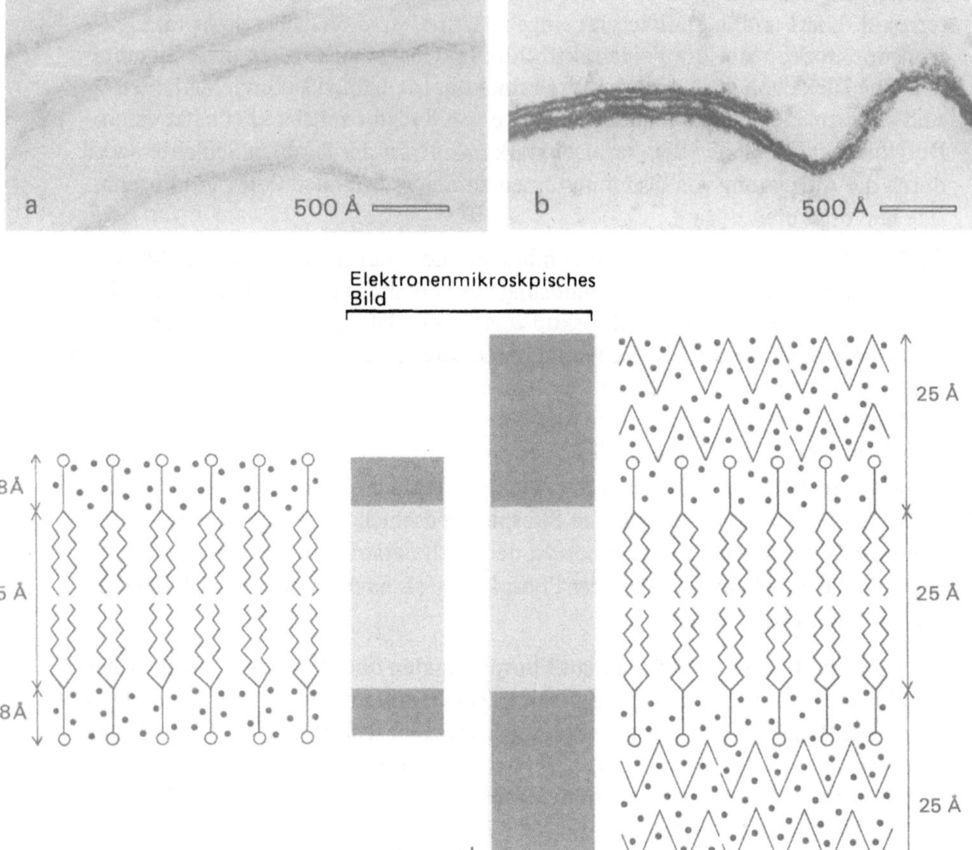

Bild 7. Ultrastruktur der *in vitro* hergestellten Phospholipidmembranen und Rückschluß auf ihren molekularen Aufbau: a) Schnitt durch eine in reinem Wasser hergestellte Phospholipidmembran. Jede Membran ist aus zwei dunklen Schichten und einer hellen, die die dunklen trennt, aufgebaut. b) Schnitt durch eine in einer Proteinlösung hergestellten Phospholipidmembran. Die dunklen Schichten sind wesentlich breiter als im vorhergehenden Fall. Fixierung bei a) und b): Osmiumtetroxid; 200 000fach (Aufnahmen: W. STOECKENIUS, 1962).
c) und d) Darstellung des molekularen Aufbaus dieser Membranen. Die dunklen Linien auf den Aufnahmen entsprechen Zonen, wo sich Osmiumatome angelagert haben. Im ersten Fall (c) reagierte das Osmiumtetroxid mit den hydrophilen Polen der Phospholipide, im zweiten Fall (d) reagierte es zusätzlich mit den Proteinen, die den hydrophilen Polen aufgelagert sind (nach W. STOECKENIUS, 1962)

Membranen von Leberzellen je nach den Bedingungen, bei denen sie isoliert wurden, eine unterschiedliche Struktur aufweisen. Präpariert man sie bei 0 °C, zeigen sie im Elektronenmikroskop eine kontinuierliche Struktur (Bild 8a). Arbeitet man dagegen bei 37 °C, scheint die Membran aus hexagonalen Feldern (Bild 8b) zu bestehen, deren Zentren in einem Abstand von 90 Å voneinander entfernt liegen (BENEDETTI und EMMELOT, 1965). Man nimmt an, daß diese Felderung auf einer micellären Organisation der Membranphosphatide beruht und daß in diesem Fall der Transport von Wasser und wasserlöslichen Substanzen durch die intermicellären Spalten möglich ist. Der Übergang der Phospholipide von der micellären Organisation in die lamelläre wäre reversibel vorzustellen, und es ist als wahrscheinlich anzunehmen, daß eine solche Umorganisierung der Zellmembran stattfindet.

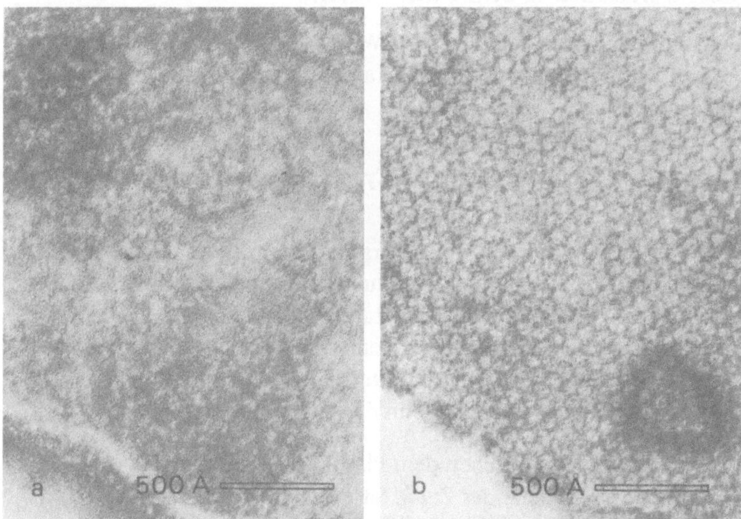

Bild 8. Isolierte Zellmembranen nach Negativkontrastierung. Dieses Material ist aus Leberzellen der Ratte auf die gleiche Weise gewonnen worden wie das in Bild 5b. a) Die Präparation der Membranen erfolgte bei 0 °C; eine regelmäßige Strukturierung ist nicht zu erkennen; 330 000 fach. b) Die Membranen sind bei 37 °C präpariert worden; es tritt eine hexagonale Felderung in Erscheinung; 300 000fach (Aufnahmen: E. L. BENEDETTI und P. EMMELOT, 1965)

Die Methoden der Fixierung, Entwässerung und Einbettung, die für die Herstellung von Ultradünnschnitten erforderlich sind, verändern die molekulare Struktur so sehr, daß sie irreversibel in die lamelläre Organisation übergeht.

Die Proteinschichten an der Innen- und Außenseite der Zellmembran sind nicht gleichartig. An der Außenseite handelt es sich überwiegend um Mucoproteine, die manchmal sehr mächtig sein können und wie bei der Amöbe einen fibrillären Überzug bilden. Diese äußere Mucoproteinschicht existiert auch bei anderen Zelltypen, doch wird sie im Elektronenmikroskop meistens nicht sichtbar. Die verschiedenen Blutgruppensubstanzen sind auch solche Muco-, d. h. Glykoproteine. Die Glykoproteinschicht ist ebenfalls sehr wichtig für die Erhaltung des physiko-chemischen Zustandes in der Umgebung der Zelle. Ist diese Schicht sehr dick, spielt sie die Rolle eines Filters und hält bestimmte, die Phosphatidschicht zerstörende Substanzen ab, zieht bestimmte Ionen an und bindet sie an die Zelloberfläche. Die letztgenannte Funktion ist, wie wir bald sehen werden, von größter Bedeutung für die Aufnahme von extrazellulärer Substanz.

1.3. Physiologische Bedeutung und Funktionen

Die Funktionen der Zellmembran sind vielfältig. Wir werden uns nur mit den wichtigsten näher befassen, vor allem mit solchen, die an der Wechselwirkung zwischen der Zelle und ihrer Umgebung beteiligt sind.

1.3.1. Austausch von Substanzen zwischen dem Cytoplasma und dem extrazellulären Milieu

Die Zellmembran trennt das Cytoplasma vom extrazellulären Raum. Um leben zu können, muß die Zelle Nahrung aus dem extrazellulären Raum aufnehmen und ihre Exkrete an diesen abgeben. Alle Stoffe, die ausgetauscht werden, müssen die Zellmembran passieren. Die Eigenschaft, Stoffe aus dem extrazellulären Raum in das Cytoplasma durchzulassen, nennt man *Permeabilität* der Zellmembran. Kapitel IV behandelt die Faktoren und Mechanismen, die in diesen Prozeß eingreifen.

Der Umfang des Stoffaustausches zwischen dem Plasma und dem extrazellulären Raum ist proportional zur Oberfläche der Zelle. Ist die Zelloberfläche groß, so kann der Austausch bedeutend sein. Zellen, die für die Aufnahme oder Abgabe von Stoffen spezialisiert sind, zeigen eine besondere Modifikation ihrer Oberfläche, die dadurch erheblich vergrößert wird, ohne das Volumen der Zelle zu verändern.

Diese Modifikation tritt in zweierlei Formen auf: als Ausstülpungen in Gestalt zahlreicher *Mikrovilli* oder als mehr oder weniger tiefe *Einfaltungen*. Die Darmepithelzellen z. B. sind an der dem Lumen zugewandten Seite mit zahlreichen Mikrovilli (Bild 9a u. 14a Seite 21) besetzt, die 0,8 μm lang und 0,1 μm breit sind. Jede dieser Zellen besitzt ungefähr 3000 Mikrovilli. Die Fläche der Zellmembran, die die Mikrovilli begrenzt, ist 10 000 mal größer als bei einer glatten Zellmembran. Die Mikrovilli sieht man nur im Elektronenmikroskop. Mit dem Lichtmikroskop erkennt man an ihrer Stelle lediglich eine feine Streifung *(Stäbchen- oder Bürstensaum)*.

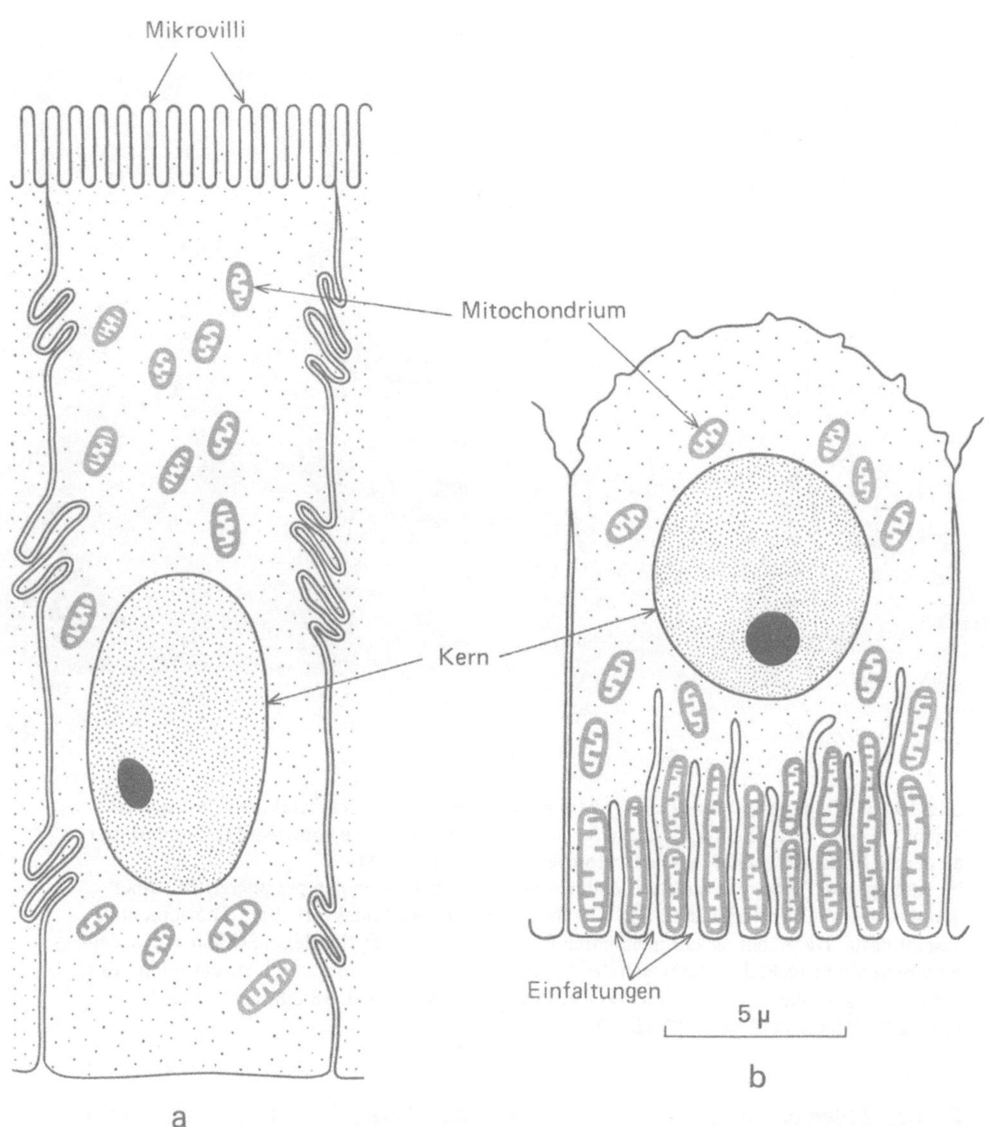

Bild 9. Vergrößerung der Zelloberfläche bei Zellen, die einen bedeutenden Stoffaustausch mit dem extrazellulären Milieu unterhalten.   a) Darmepithelzelle mit zahlreichen Mikrovilli. b) Zelle des distalen Tubulus contortus mit tiefen basalen Einstülpungen

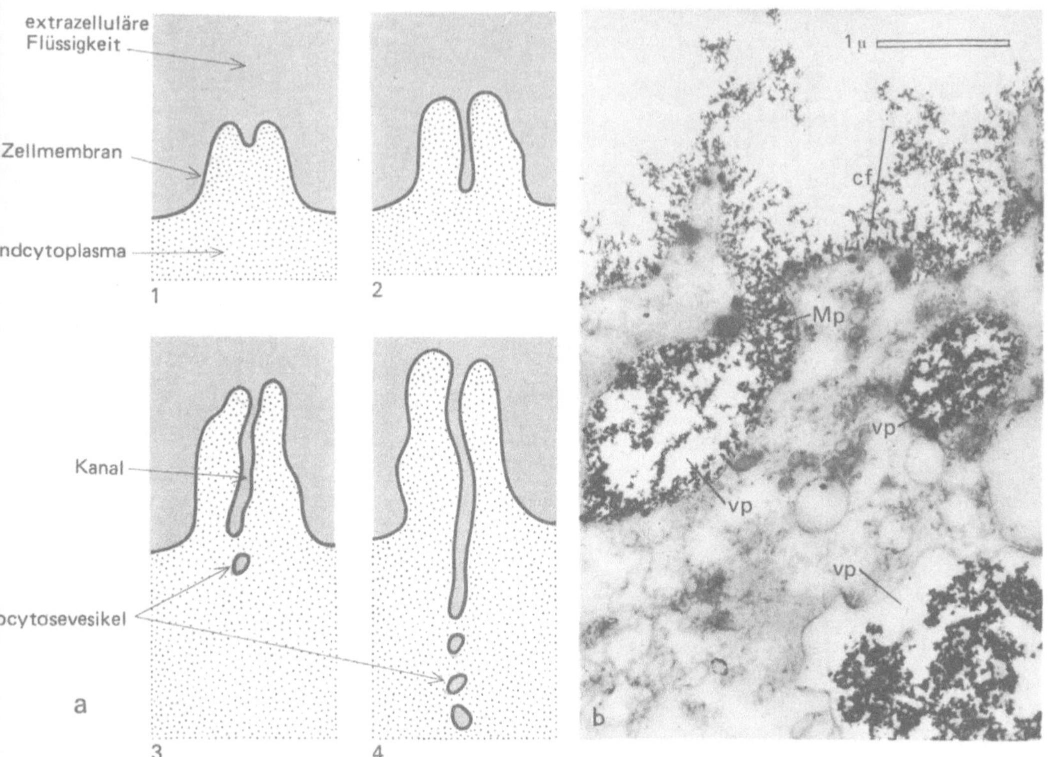

Bild 10. a) Bildung von Pinocytosevesikeln bei der Amöbe. Die Zellmembran stülpt sich zu
einem kleinen Kanal ein, der immer tiefer in das Grundcytoplasma vordringt (1, 2 und 3) und
an dessen Ende sich schließlich Pinocytosevesikel abschnüren (4)
b) Bildung von Pinocytosevesikeln bei der Amöbe. Schnitt durch den peripheren Teil einer
Amöbe, die man vor dem Fixieren in eine Suspension aus kolloidal verteiltem Thoriumoxid
gesetzt hatte. Diese sehr elektronendichten Partikeln sind an der fibrillären Schicht cf der Zellmembran Mp festgeklebt. Stülpt sich die Zellmembran ein, so werden die Thoriumoxidpartikeln
in Pinocytosevesikeln vp ins Innere des Cytoplasmas eingeschleust. 18 000fach (Aufnahme:
P. W. BRANDT und G. D. PAPPAS, 1960)

Bei den Zellen des distalen *Tubulus contortus* der Niere erfolgt die Oberflächenvergrößerung auf eine andere Weise, nämlich durch tiefe Einstülpungen an der dem
Lumen abgewandten Seite der Zelle (Bild 9b).

1.3.2. Einschleusen von extrazellulärer Substanz : Endocytose

Die Zellmembran kann sich einstülpen, zunächst eine kleine Vertiefung bilden, die
sich dann blasenförmig erweitert und etwas vom extrazellulären Milieu einschließt.

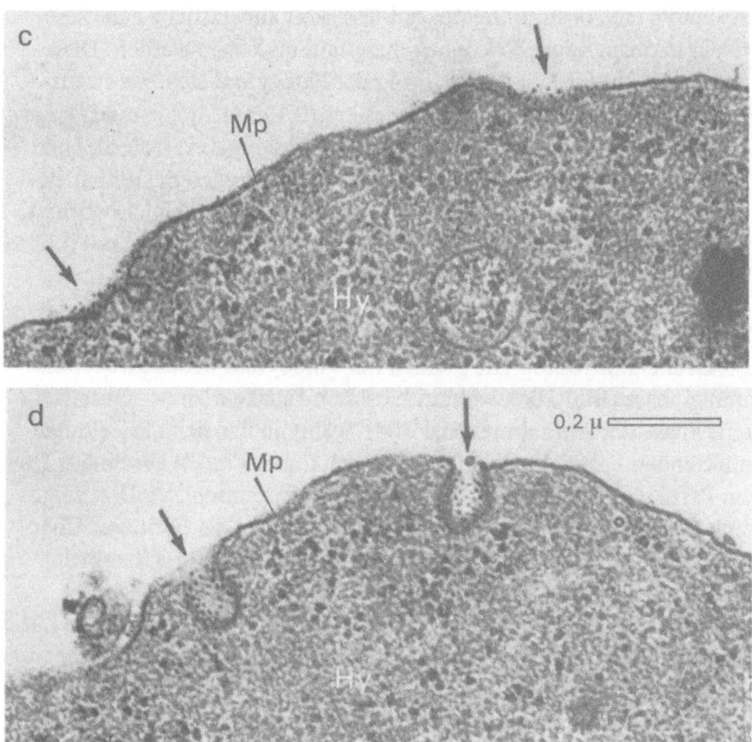

Bild 10 c und d

c und d) Entstehung von Pinocytosevesikeln bei einem jungen Erythrocyten des Meerschweinchens. Auf den elektronenmikroskopischen Aufnahmen ist die Entstehung von Pinocytosevesikeln gut zu erkennen (Pfeile). c) Anfangsstadium eines Vesikels, d) fortgeschrittenes Stadium. Beachte die dunklen Partikeln im Bereich der sich einstülpenden Zellmembran; es handelt sich dabei um die sehr eisenreichen Proteinmoleküle des Ferritins, die auf diese Weise in das rote Blutkörperchen eingeschleust werden. Hy=Grundcytoplasma, Mp=Zellmembran. 75 000fach (Aufnahmen: D. W. FAWCETT, 1965)

Diese blasenförmige Einstülpung wird schließlich von der Zellmembran nach innen abgeschnürt, wandert ins Grundcytoplasma und bleibt dabei von der Zellmembran umgeben.

Das Einschleusen von extrazellulärer Substanz ist ein allgemeiner Vorgang, den man *Endocytose* nennt.

Handelt es sich dabei um große feste Partikeln, die von der Zelle aufgenommen werden, so spricht man von *Phagocytose* (griechisch: *phagein* = fressen). Werden dagegen Flüssigkeitströpfchen eingeschleust, so spricht man von *Pinocytose* (griechisch: *pinein* = trinken).

Die Zelle nimmt ständig eine bestimmte Menge Flüssigkeit auf. Enthält nun diese
Flüssigkeit Partikeln in Suspension, so können diese miteingesogen werden. Diese
Eigenschaft hat man ausgenutzt, um den Vorgang der Pinocytose sichtbar zu machen. Wegen der geringen Größe der Pinocytosevesikel (0,1 μm Durchmesser) ist es
sehr schwierig, die einzelnen Etappen mit dem Lichtmikroskop zu verfolgen. Um
zu zeigen, daß die Pinocytosevesikel tatsächlich extrazelluläres Material enthalten
(Bild 10c u. d), fügt man dem extrazellulären Milieu, sofern es solche nicht enthält,
elektronendichte Partikeln von ungefähr 100 Å Durchmesser zu (Goldkolloid, kolloidal verteiltes Thoriumoxid, stark eisenhaltige Proteinmoleküle: Ferritin).

An Dünnschnitten von Zellen, die in einem solchen Milieu gewesen sind, lassen sich
dann mit dem Elektronenmikroskop alle Stadien der Pinocytose beobachten. Man
erkennt eine Sammelphase (Bild 10c), während der sich Partikeln an der Oberfläche
anheften, und eine Phase der Aufnahme (Bild 10d), während der sich die Zellmembran mit den anhaftenden Partikeln einstülpt und nach innen Vesikel abschnürt. Die
Ansammlung von Partikeln erfolgt an der äußeren Glykoproteinschicht. Dies zeigt
besonders deutlich die Amöbe, bei der die Glykoproteinschicht als fibrillärer Überzug ausgebildet ist (Bild 10a u. b). Bei jungen Erythrocyten erfolgt das Sammeln
nur an bestimmten Stellen der Oberfläche (Bild 10c u. d), was darauf hindeutet,
daß die Glykoproteinschicht von Region zu Region verschiedene Eigenschaften hat.
Die Glykoproteinschicht gestattet also, bestimmte Stoffe außerhalb der Zelle anzureichern, ehe sie eingeschleust werden. Bei der Amöbe treten dem Außenmedium
zugefügte, radioaktiv markierte Proteine an der Glykoproteinschicht 50mal konzentrierter auf als im übrigen Außenmedium.

Die Endocytose vollzieht sich also in zwei Schritten: beim ersten werden Partikeln
angesammelt, beim zweiten eingeschleust. Der erste ist ein überwiegend physikalischer Vorgang (Adsorption), der selbst bei niedrigen Temperaturen, bei denen jede
andere Zellaktivität eingestellt wird, abläuft; der zweite erfordert Arbeit von seiten der Zelle und wird gehemmt, wenn man etwa mit Cyanid die Zellatmung
blockiert. Der nächste Abschnitt zeigt, daß die Endocytose bei der Ernährung der
Zelle, Speicherung von Reservestoffen und der Durchschleusung von Substanzen
eine Rolle spielt.

Endocytose und Ernährung der Zelle

Ernährung durch Endocytose ist bei freien Zellen sehr verbreitet: weiße Blutkörperchen, Protozoen.

Phagocytose ist die Ernährungsweise bestimmter weißer Blutkörperchen, die sich
von anderen Zellen (z. B. Bakterien oder Zelltrümmern) ernähren. Zunächst wird
ein Bakterium aufgesucht und an die Zellmembran angeheftet (Bild 11). Dann
stülpt sich die Zellmembran mit dem Bakterium ein und wird als Nahrungsvakuole

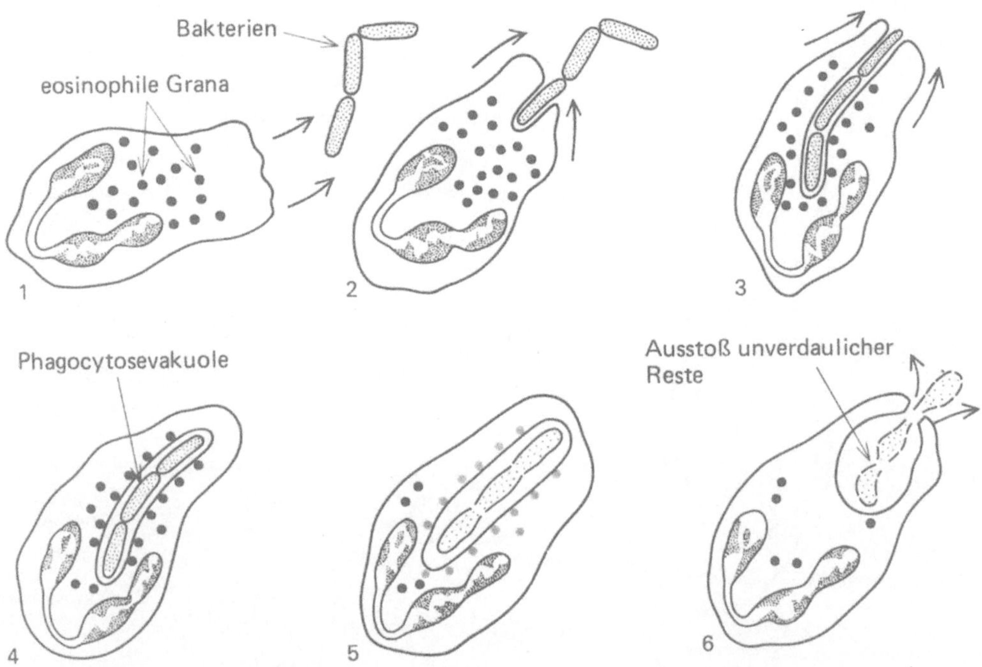

Bild 11. Phagocytose eines Bakteriums durch einen eosinophilen Granulocyten. Nachdem sich der Granulocyt mittels seiner Pseudopodien dem Bakterium genähert hat (1), umfließt er es (2) und schließt es in eine Phagocytosevakuole ein (3 und 4). Die in den eosinophilen Grana enthaltenen Verdauungsenzyme ergießen sich in die Vakuole (5) und verursachen die Degranulation bei den Granulocyten. Schließlich werden die unverdaulichen Reste wieder ausgestoßen (6)

in das Cytoplasma aufgenommen. Gleichzeitig werden Enzyme in die Vakuole abgegeben, die das Bakterium verdauen. Die bei dieser Verdauung entstehenden kleinen Moleküle können die Vakuolenmembran passieren und gelangen in das Grundcytoplasma. Nach Absorption der hydrolysierten Nährstoffe werden die nicht absorbierbaren Rückstände aus der Zelle ausgestoßen. Bei diesem letzten Schritt öffnet sich die Nahrungsvakuole an der Zellmembran in einer Art rückläufiger Endocytose und entläßt ihren Inhalt in das extrazelluläre Milieu. Die Vakuolenmembran vereinigt sich dabei mit der Zellmembran, aus der sie entstanden ist.

Bei bestimmten Protozoen ist der Vorgang der Endocytose komplexer. Bei *Epistylis* zum Beispiel sind daran Phagocytose und Pinocytose nacheinander beteiligt (Bild 12).

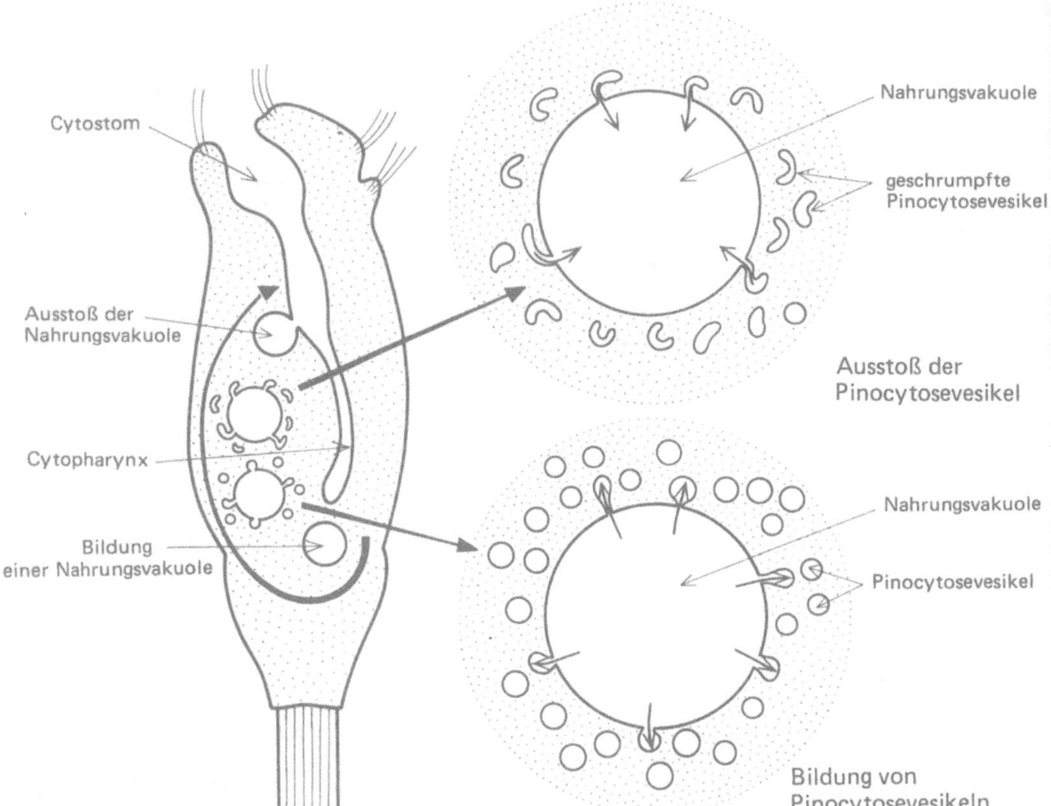

Bild 12. Endocytose bei der Ernährung von *Epistylis*. Von den am Grunde des Cytopharynx
in das Cytoplasma abgegebenen Nahrungsvakuolen werden zahlreiche Pinocytosevesikel abgeschnürt. Die Verdauung beginnt schon in der Nahrungsvakuole und setzt sich in den Pinocytosevesikeln fort, die dabei so entwässert werden, daß sie eine becherförmige Gestalt bekommen.
Die in den Pinocytosevesikeln verbleibenden Rückstände werden in die Nahrungsvakuole zurück-
gegeben

Die Nahrungsvakuolen entstehen durch Phagocytose am Grunde des Cytopharynx
und wandern ins Cytoplasma. Dabei wird schon im Innern einer Vakuole mit der
Verdauung der eingeschlossenen Nahrungsstoffe begonnen. Schließlich entstehen
aus der Vakuolenmembran Pinocytosevesikel, die einen Teil des Vakuoleninhalts
mitnehmen (Bild 12). In diesen Pinocytosevesikeln werden die Nahrungsstoffe zu
Ende verdaut. Nach Absorption der verdaulichen Nährstoffe werden die unverdaulichen Rückstände in einem rückläufigen Pinocytoseprozeß in die Vakuole zurück-
gegeben. Zum Schluß entleert die Nahrungsvakuole alle unverdaulichen Reste nach
außen.

Die Nahrungsaufnahme durch Endocytose scheint durch chemische Reize ausgelöst zu werden. Bringt man Ciliaten *(Tetrahymena)* in eine rein mineralische Kulturlösung, so bilden sie keine Nahrungsvakuolen. Fügt man dem Milieu Polypeptide zu, so fördert man die Bildung von Nahrungsvakuolen. Die bloße Anwesenheit von Nahrungsstoffen genügt jedoch nicht immer, um Endocytose auszulösen. Ein weißes Blutkörperchen phagocytiert z. B. kein lebendes rotes Blutkörperchen, sondern nur tote Erythrocyten und Bakterien. Die Zellmembran scheint die Nahrungsstoffe sehr genau unterscheiden zu können, doch der Mechanismus dieses Unterscheidungsvermögens ist noch nicht bekannt.

Endocytose und Speicherung von Reservestoffen

Die weiblichen Keimzellen, die Oocyten, sammeln in ihrem Cytoplasma Reserveproteine an, die Brocken von mehreren μm Durchmesser bilden können und Dotterschollen genannt werden. Bei einigen Insekten erfolgt die Einlagerung dieser Reservestoffe durch Endocytose. Bei Mücken z. B. (Bild 13) bildet die Zellmembran der Oocyte zahlreiche Pinocytosevesikel. Während ihrer Ausbildung beobachtet man an der Außenseite der Oocytenmembran eine Anhäufung von Proteinen (Sammelphase). Beim Ablösen von der Zellmembran haben die Pinocytosevesikel einen Durchmesser von ungefähr 700 Å und befördern die zuvor an der Außenseite der Zellmembran angesammelten Proteine in das Cytoplasma.

Beim Verschmelzen von Pinocytosevesikeln entstehen immer größer werdende Schollen. Die Membran dieser Schollen besteht aus den Membranen der verschmolzenen Vesikel. Der Inhalt der Schollen verdichtet sich und kristallisiert schließlich. Jedes dieser mit Eiweißkristallen angefüllten Säckchen stellt eine Dotterscholle dar, deren Membran von der Zellmembran der Oocyte abstammt.

Die Reserveeiweißstoffe, die in der Oocyte der Mücken gespeichert werden, sind nicht von dieser Zelle selbst synthetisiert worden, sondern gelangen durch Endocytose in sie hinein.

Endocytose und Stofftransport durch die Zelle hindurch

Die Ausbildung von Pinocytosevesikeln gestattet einen Stofftransport von einer Seite der Zelle zur andern, ohne daß diese Stoffe mit dem Grundcytoplasma direkt in Verbindung treten. Dieses Phänomen beobachtet man bei der Absorption von Fett durch die Darmepithelzellen (Bild 14a). Im Darmlumen liegt das Fett in Form kleiner Tröpfchen von 800 Å Durchmesser vor. Diese Tröpfchen werden durch Pinocytosevesikel eingefangen, die sich am Grunde der Mikrovilli bilden. In das Cytoplasma aufgenommen, wandern die Vesikel mit den Lipidtropfen durch die Zelle hindurch und geben an der Basis der Zelle den Inhalt wieder frei. So wie die Lipidtröpfchen das Darmepithel durchqueren, gelangen sie auch durch das Endothel der Kapillaren, um schließlich in die zirkulierende Lymphe entlassen zu werden (Bild 14b).

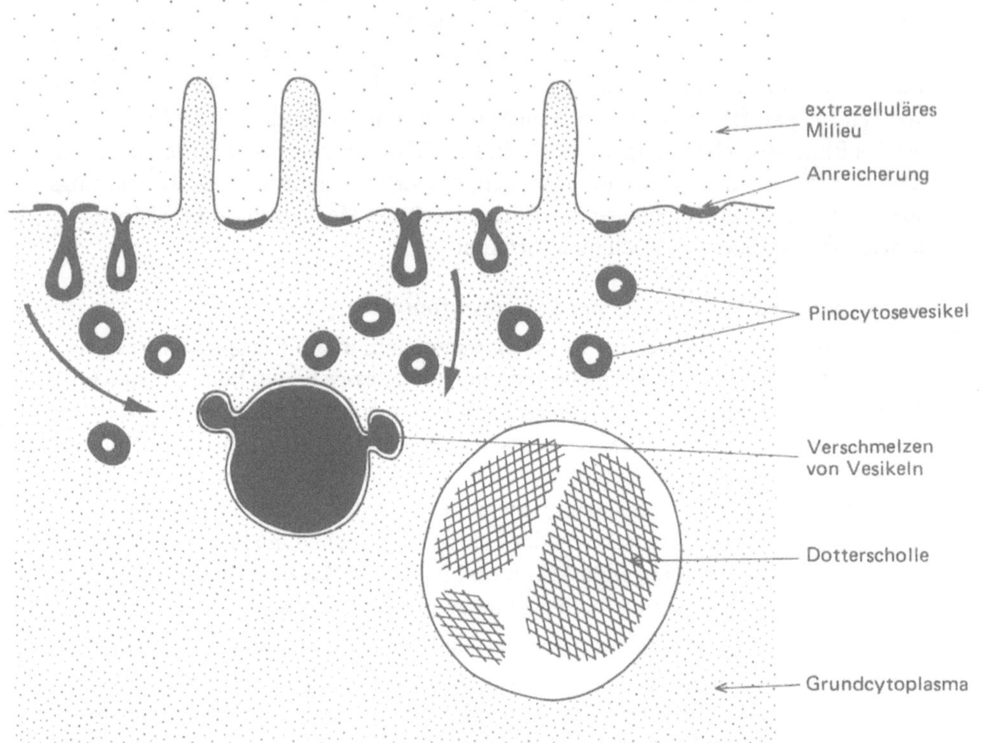

Bild 13. Anhäufung von Reserveproteinen durch Endocytose in einer Mücken-Oocyte. Die in der extrazellulären Flüssigkeit gelösten Proteine reichern sich an der Zellmembran an, die sich daraufhin einstülpt und Pinocytosevesikel in das Cytoplasma abschnürt. Durch Fusion dieser Vesikel entstehen große Dotterschollen (nach T. F. ROTH und K. R. PORTER, 1963)

Wir haben gesehen, daß die Einstülpungen der Zellmembran während der Endocytose, die das Einfangen von mehr oder weniger großen Portionen extrazellulären Milieus gestatten, bei verschiedenen physiologischen Prozessen eine Rolle spielen. Die Bildung der Endocytosevesikel erfordert Energie, besonders für die Vergrößerung der Zellmembran. Diese Energie wird zweifellos aus der Hydrolyse von ATP gewonnen, denn man beobachtet starke ATPase-Aktivität im Bereich der Pinocytosevesikel.

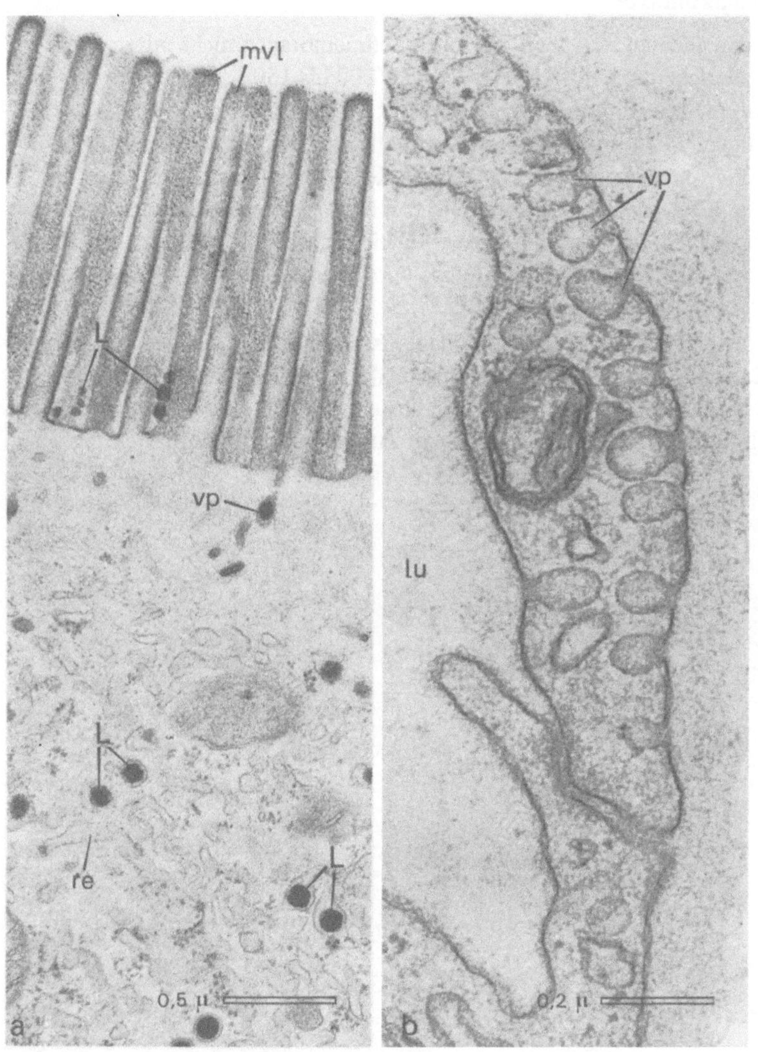

Bild 14. a) Absorption von Fett durch die Darmepithelzellen der Ratte. Zwischen den Mikrovilli mvl erkennt man Lipoidtröpfchen L. Die gleichen Tröpfchen findet man auch in den Zisternen des endoplasmatischen Reticulums re. Sie sind durch Pinocytose in die Zelle aufgenommen worden. Man erkennt Pinocytosevesikel vp mit Lipidtropfen, die sich von der Zelloberfläche ablösen. 30 000fach (Aufnahme: S. L. PALAY und J. P. REVEL, 1963). b) Teil einer Kapillarwand aus dem Myokard der Katze. Diese Wand wird aus stark abgeflachten Endothelzellen aufgebaut. An der dem Lumen lu zugekehrten wie auch an der gegenüberliegenden Seite sind zahlreiche Pinocytosevesikel vp zu erkennen. Diese Vesikel ermöglichen den Transport von Stoffen durch die Kapillarwand hindurch sowohl in die eine wie auch in die andere Richtung. 75 000fach (Aufnahme: D. W. FACETT, 1965)

1.3.3. Interzellularkontakte

Obwohl die Zellen aneinanderstoßen, sind ihre Zellmembranen nicht miteinander verschmolzen; zwischen ihnen liegt ein Spalt von 100 bis 150 Å Breite, der sog. *Interzellularraum.* Dieser Interzellularraum ist mit Stoffen angefüllt, die man ebenfalls noch nicht genau kennt und die bei der Erhaltung der Kohäsion des Zellgebäudes etwa die Rolle von Zememt spielen. Soll die Kohäsion wirksam sein, so ist die Anwesenheit von bivalenten Ionen, vor allem von Ca^{++}, unentbehrlich, denn bringt man ein Gewebestück in ein Medium, in dem Calcium ausgefällt wird, so trennen sich die Zellen voneinander. Diese Eigenschaft wird ausgenutzt, wenn man Zellen aus einem Gewebeverband isolieren möchte.

Wenn auch die Interzellularsubstanz die Zellen zusammenhält, so gibt es darüber hinaus noch Einrichtungen, die den Zusammemhalt der Zellen untereinander verstärken (Bild 15a). Eine dieser Einrichtungen besteht in einer *Verzahnung* von benachbarten Zellmembranen, eine Anpassung an Zug- und Druckbeanspruchung.

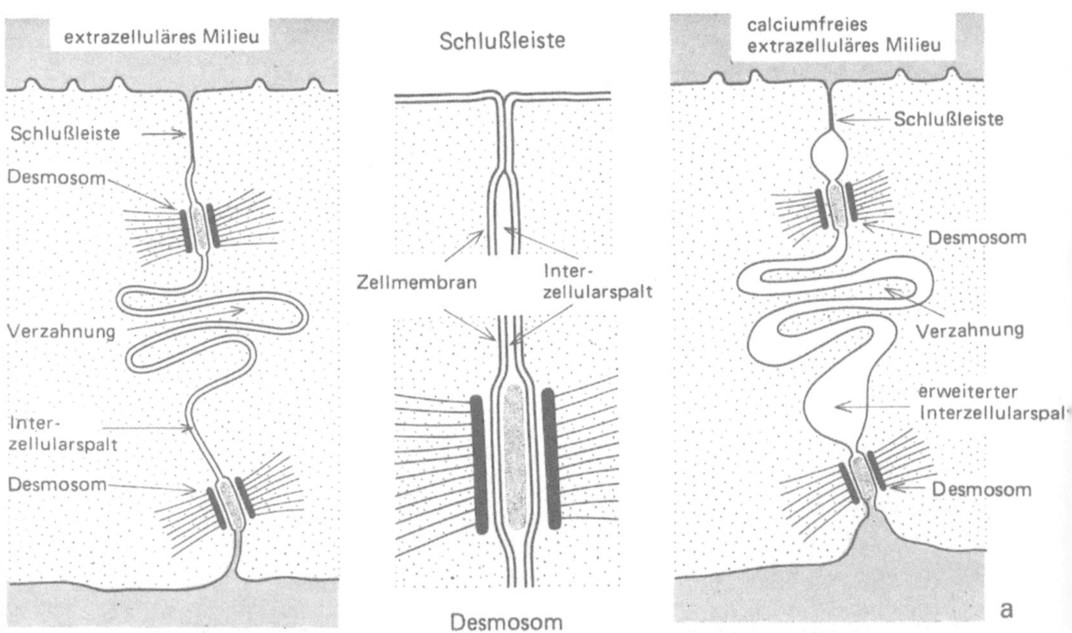

Bild 15. a) Haftstellen zwischen benachbarten Zellen. Wenn man die Zellen in ein calciumfreies Milieu bringt, trennen sie sich voneinander; im Bereich der Desmosomen und Schlußleisten bleiben sie am längsten miteinander verbunden. b) Desmosomen. Obgleich die Interzellularräume hier sehr erweitert sind, bleiben die benachbarten Zellen dennoch durch Haftpunkte oder Desmosomen D, auf die zahlreiche im darunterliegenden Grundcytoplasma vorhandene Tonofilamente tf ausgerichtet sind. c) Bei noch stärkerer Vergrößerung erscheint der Interzellularspalt ei im Bereich der Desmosomen mit elektronendichtem Material angefüllt; Mp = Zellmembran; tf = Tonofilamente. Zellen der Krötenepidermis. b) 46 000fach; c) 125 000fach (Aufnahmen: D. E. KELLY, 1966).

Eine weitere Möglichkeit stellt eine Verschmelzung der Zellmembranen zweier benachbarten Zellen dar. In diesem Falle fehlt der Interzellularraum im Bereich der Membranverschmelzung. Im Elektronenmikroskop erkennt man bei hoher Vergrößerung, daß die äußeren dunklen Schichten der benachbarten Zellmembranen zu einer einzigen Schicht von 20 Å verschmolzen sind. Diese Art Kontaktstelle hat den Namen *Schlußleiste* erhalten (Bild 15a) und ist bei Epithelzellen häufig, die ein Kanalsystem auskleiden (Darmkanal, Gallengänge). Bei diesen Epithelien sind die Schlußleisten an den Lateralwänden der Zellen dicht am Lumen angebracht, wo sie ein Eindringen von Lumeninhalt in den Interzellularraum verhindern.

Es gibt noch eine dritte Art von Zellkontakten, die als Haftpunkte ausgebildet sind und *Desmosomen* heißen. Im Bereich eines Desmosoms ist der Interzellularspalt doppelt so breit wie an anderen Stellen. Mit dem Elektronenmikroskop erkennt man in dem 240 Å breiten Spalt eine elektronendichtere Interzellularsubstanz, die auch eine andere Struktur aufweist. Ebenso ist das Cytoplasma unmittelbar an den Zellmembranen neben dem breiten Spalt sehr viel dunkler (Bild 15b).

Dies alles sind Einrichtungen, die aneinanderstoßende Zellen zusammenhalten. Zum Schluß noch einen besonderen Fall: das Aufrollen der SCHWANNschen Zellen (Bild 16a) um das Axon bestimmter Nervenzellen.

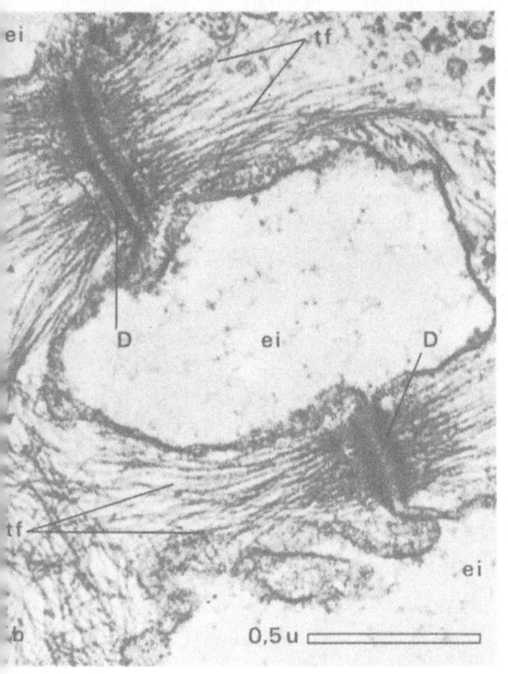

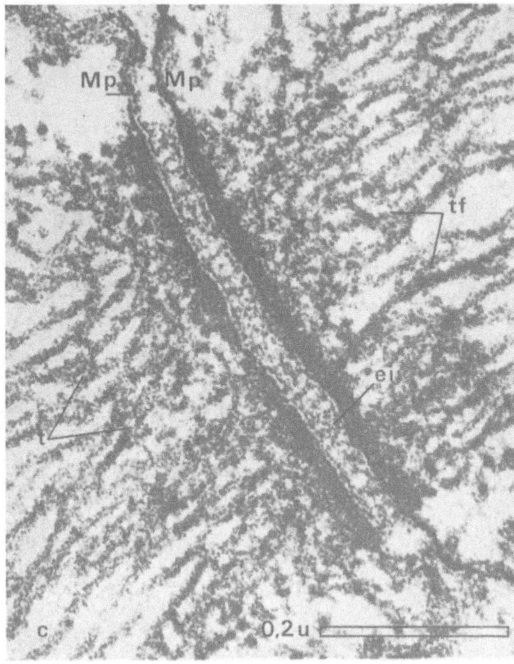

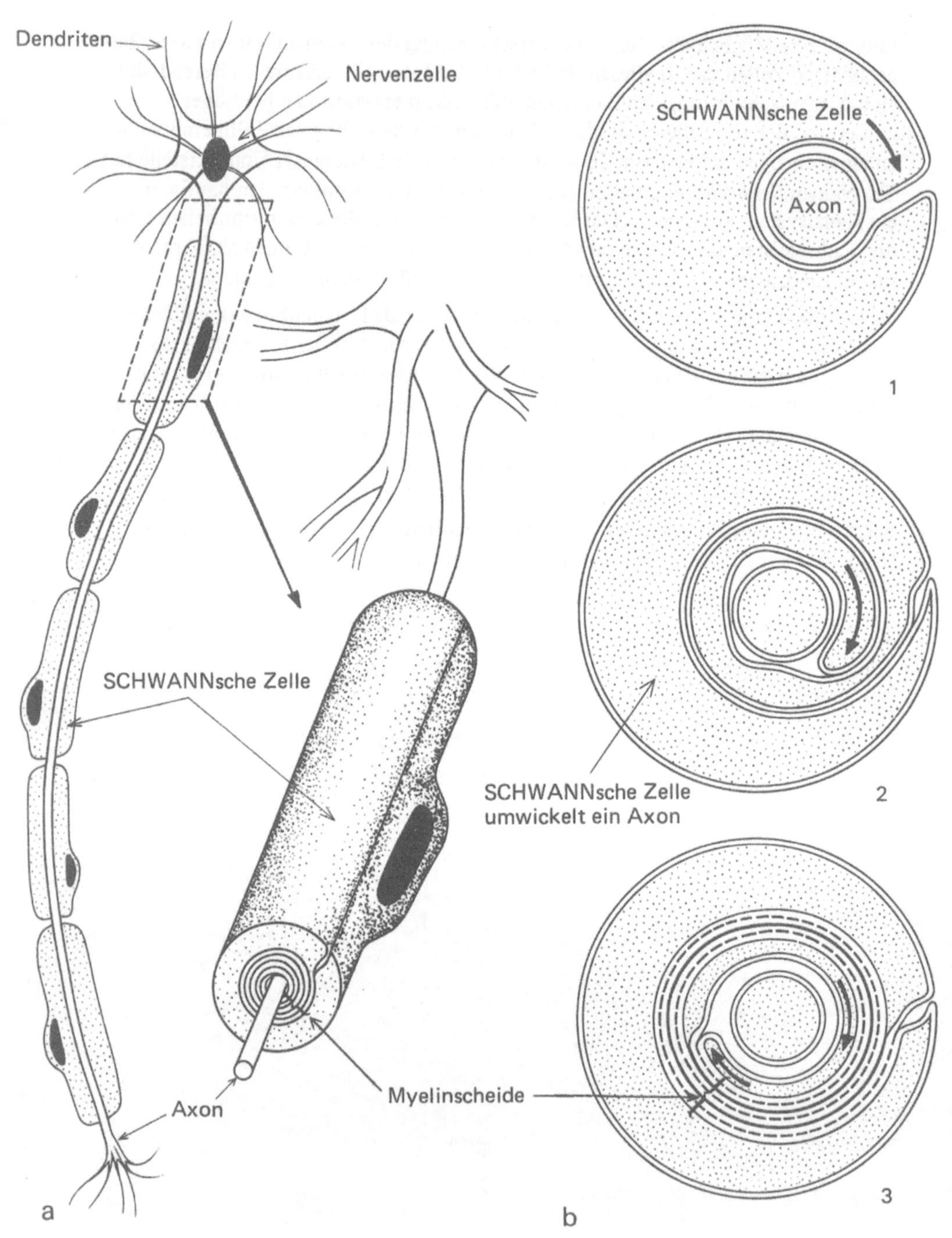
Dendriten
Nervenzelle
SCHWANNsche Zelle
Axon
SCHWANNsche Zelle
SCHWANNsche Zelle
umwickelt ein Axon
Myelinscheide
Axon
1
2
3
a
b

Eine Untersuchung der embryonalen Entwicklung des Nervensystems zeigt, daß bestimmte Zellen (SCHWANNsche Zellen) sich um die Axone bestimmter Neurone aufwickeln. Entlang des Axons liegen mehrere SCHWANNsche Zellen und bilden eine fortlaufende Kette. Im Verlauf der Entwicklung winden sie sich sehr viele Male um das Axon. Sobald das Aufrollen einsetzt, weicht das Cytoplasma zurück, so daß die Zellmembranen in Kontakt geraten. Andererseits verschwindet auch der Interzellularraum zwischen den benachbarten Umgängen, und die Zellmembranen der verschiedenen Umgänge verschmelzen miteinander (Bild 16b). Im Elektronenmikroskop erkennt man am Querschnitt einer SCHWANNschen Zelle (Bild 17) eine Spirale. Sie besteht aus einer dunklen Schicht von 30 Å Dicke, bei der jeder Umgang vom folgenden durch einen Spalt von ungefähr 120 Å Breite getrennt ist. In der Mitte dieser hellen Zone unterscheidet man eine sehr dunkle Bande von ungefähr 30 Å Breite (Bild 18a u. 19). Da der Interzellularraum zwischen den benachbarten Umgängen verschwunden ist, sind die Außenseiten der Zellmembran miteinander verschmolzen und bilden zusammen eine Schicht von 30 Å Dicke. Weil das Cytoplasma gleichfalls verschwunden ist, sind auch die dunklen Schichten der Membraninnenseiten verschmolzen und bilden die besonders dunkle Schicht in der Mitte der hellen Zone. Die dunklen Schichten entsprechen den hydrophilen Polen der Phospholipide mit den ihnen aufgelagerten Proteinen und die hellen Schichten den hydrophoben. Der Unterschied im Kontrast der beiden Schichten von 30 Å Dicke beruht vermutlich auf einer unterschiedlichen Zuasmmensetzung der Proteine, die den Phospholipiden an der äußeren oder der dem Cytoplasma zugekehrten Seite aufgelagert sind (Bild 18b) (sie reagieren verschieden mit Osmiumtetroxid oder mit Kaliumpermanganat).

Die aufgerollte SCHWANNsche Zelle stellt eine Hülle dar, die mehrere μm stark sein kann. Diese Hülle, die aus Phospholipiden, Cholesterin, Cerebrosiden und Proteinen besteht, heißt *Myelinscheide*. In dieser Scheide sind Phospholipide und Proteine regelmäßig geschichtet und ergeben ein periodisches Muster. Die Periodik in der Schichtenfolge läßt sich durch Beugung von Röntgenstrahlen bei kleinem Winkel darstellen, was beim lebenden Nerv besser gelingt als beim fixierten und eingebetteten. Die einzige Veränderung, die sich nach der Einbettung feststellen läßt,

Bild 16. a) Schematische Darstellung einer Nervenzelle, deren Axon von SCHWANNschen Zellen umgeben ist.
b) Schematische Darstellung des Einrollvorgangs bei einer SCHWANNschen Zelle um ein Axon während der Embryonalentwicklung. 1. Beginn des Einrollvorgangs; 2. der gleiche Vorgang weiter fortgeschritten; 3. durch das Aufeinanderschichten der Zellmembran entsteht die Myelinscheide

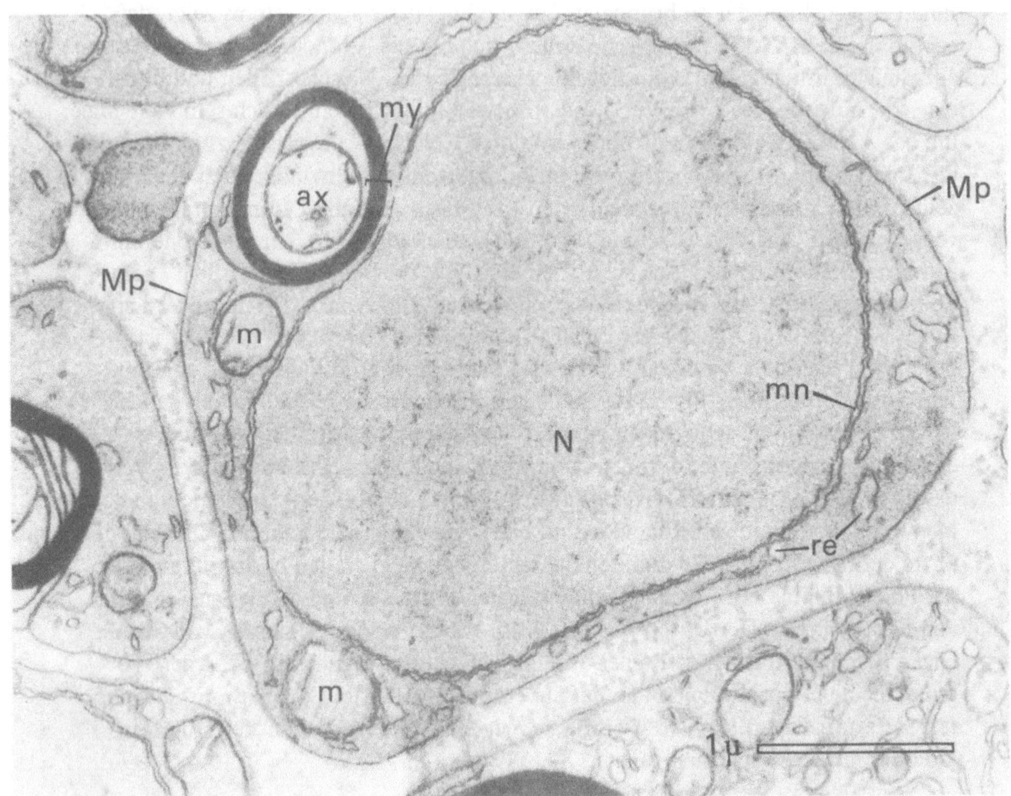

Bild 17. Schnitt durch den Ischiasnerv der Maus. Diese elektronenmikroskopische Aufnahme zeigt eine SCHWANNsche Zelle mit ihrem Kern N. Diese Zelle hat sich bereits in mehreren Windungen um ein Axon gelegt und bildet eine Myelinscheide my. m=Mitochondrien; mn=Kernmembran; Mp=Zellmembran; re=endoplasmatisches Reticulum. 26 000fach (Aufnahme: J. D. ROBERTSON, 1962)

besteht in einer Verkleinerung der Periode, die der Schrumpfung bei der Dehydrierung entspricht. Wir können also mit Sicherheit annehmen, daß die Schichtung von Phospholipid- und Proteinlagen im lebenden Zustand der Myelinscheide wirklich existiert. Wie wir gesehen haben, läßt diese lamelläre Struktur den Durchtritt von Wasser und wasserlöslichen Substanzen nicht zu. Zweifellos findet der Stoffaustausch einer SCHWANNschen Zelle an anderen Stellen der Zellmembran statt, nämlich dort, wo sie nicht um das Axon aufgerollt ist.

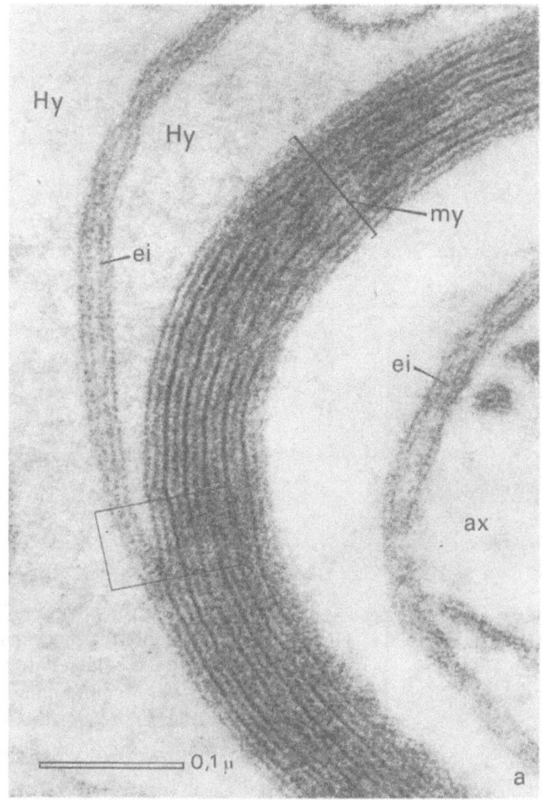

Bild 18a

a) Die Aufnahme zeigt den Ausschnitt einer Myelinscheide my,
wo die Zellmembranen einer
SCHWANNschen Zelle gerade
miteinander verschmelzen.
ax = Axon; ei = Interzellularspalt;
Hy = Grundcytoplasma der
SCHWANNschen Zelle. In Bild 18b
folgt die schematische Darstellung
des molekularen Aufbaus im um-
randeten Gebiet. 200 000fach
(Aufnahme: J. D. ROBERTSON,
1962).

1.4. Entstehung

Das Aufwickeln der SCHWANNschen Zelle beim Aufbau der Myelinscheide und
die Bildung zahlreicher Pinocytosevesikel zeigen uns, daß sich die Zellmembran
während des ganzen Lebens der Zelle ständig vergrößert. Diese Vergrößerung geschieht mehr oder weniger schnell, je nach Art der Zelle. So entspricht die Bildung
von Pinocytosevesikeln bei der Amöbe einem Wachstum der Zellmembran um 0,2 %
in der Minute. Das Einrollen der SCHWANNschen Zelle erfolgt langsamer; hierbei
beträgt das Wachstum nur 0,03 % in der Minute. Die schnellste Membranvergröße-
rung findet bei der Zellteilung statt, wenn sich die Tochterzellen trennen (*Cyto-
dierese,* siehe Kapitel VI). Bei einem sich teilenden Seeigelei kann sie 6 % pro Minute erreichen.

Selbst wenn die Zelle ihre Oberfläche nicht vergrößert, findet eine ständige Erneue-
rung der Membranbestandteile statt. An Zellen in Gewebekultur hat man zeigen
können (WARREN und GLICK, 1968), daß die Syntheserate von Membrannmateri-

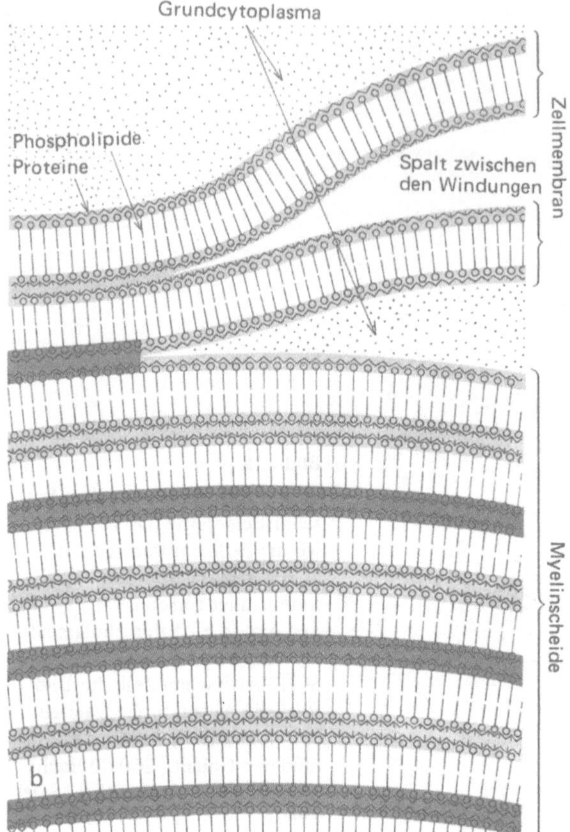

Bild 18b

b) Molekularer Aufbau der Myelinscheide. Nach Kaliumpermanganatfixierung zeigen die beiden Phospholipidschichten der Membraninnenseiten einen stärkeren Kontrast als
die der verschmolzenen Außenseiten

al stets gleich bleibt, ganz gleich, ob sich die Zelle gerade im Wachstum, in der Teilung oder in der Interphase befindet. Wenn die Zelle wächst oder sich teilt, dienen
die neuen Membranbausteine, die zweifellos im Grundcytoplasma synthetisiert werden, dem Aufbau der neuen Oberfläche, wenn nicht, so ersetzen sie die alten Bausteine, die ständig eliminiert werden. Auf molekularer Ebene sind die Mechanismen
des Auswechselns und des Zusammenfügens von Membranbausteinen allerdings
noch völlig unbekannt.

2. Das Grundcytoplasma

Das *Grundcytoplasma* ist das Milieu, in dem die cytoplasmatischen Organellen
schwimmen; es wird von der Zellmembran begrenzt und vom Kern durch die Kernmembran getrennt. Bei Organismen, die keine Kernmembran besitzen (Bakterien
und blaugrüne Algen), schließt es alle Organellen ein..

Bild 19. Querschnitt durch eine Myelinscheide. Man erkennt im Elektronenmikroskop alternierende dunkle (dünne Pfeile) und helle Schichten (dicke Pfeile). Diese Struktur entspricht der Stapelung von Zellmembranen. Ischiasnerv der Ratte. 300 000fach (Aufnahme: J. D. ROBERTSON, 1962)

2.1. Struktur und Ultrastruktur

Im Unterschied zu den anderen Bestandteilen der Zelle läßt sich die Morphologie des Grundcytoplasmas nicht in allgemeiner Form beschreiben. Es ist nicht nur je nach Zelltyp verschieden, sondern ändert in jeder Zelle seine Struktur und Zusammensetzung fortwährend. Im allgemeinen enthüllt das Lichtmikroskop keine Einzelheiten im Grundcytoplasma, deshalb hat man diesen Zellbestandteil oft als optisch leer beschrieben. In bestimmten Zellen kann man jedoch Unterschiede in der chemischen Beschaffenheit oder dem physikalischen Zustand besonderer Regionen des Grundcytoplasmas feststellen. So sind z. B. in Leberzellen bestimmte Bezirke des Grundcytoplasmas sehr glykogenreich, andere bestehen allein aus angesammelten Lipidtropfen. In einer Zelle der Milz ist das Grundcytoplasma unmittelbar unter der Zellmembran sehr viel viskoser als im Innern der Zelle. Bei *Epistylis* haben bestimmte Regionen eine fibrilläre Struktur und enthalten Myoneme.

Wichtig ist der dynamische Aspekt dieser physikalischen und chemischen Änderungen des Grundcytoplasmas. In den Leberzellen ändert sich die Ausdehnung der Glykogenflecken und die Anzahl der Lipidtropfen unaufhörlich. Das Grundcytoplasma der Weizenzelle oder der Myoblasten ist immer in Bewegung und führt die Organellen mit sich. Die fibrillären Strukturen, aus denen die Myoneme von *Epistylis* (Bild 20) bestehen, können sich kontrahieren und rufen dadurch eine Verkürzung

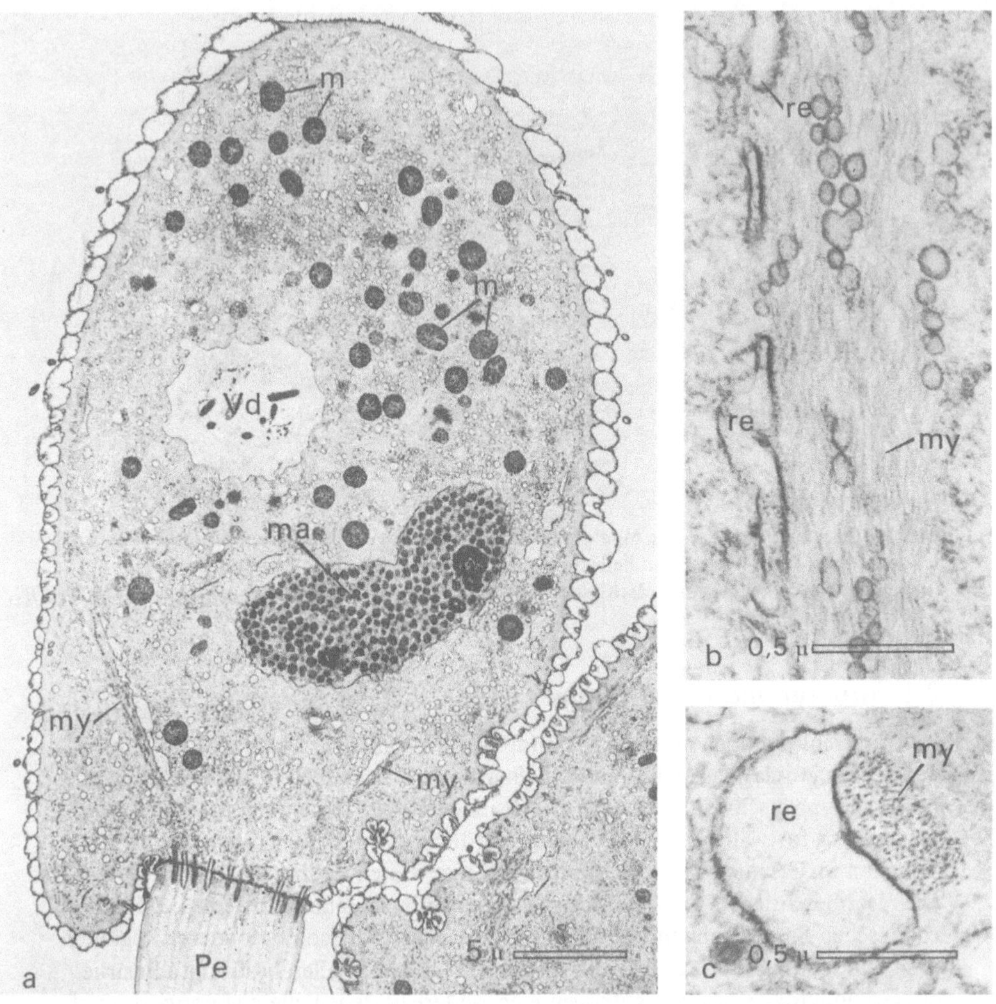

Bild 20. Myoneme bei *Epistylis*.   a) Gesamtansicht der Zelle. Dieser Einzeller ist mit einem extrazellulär gebildeten Stiel Pe am Untergrund befestigt. Man erkennt den Makronucleus ma, eine Nahrungsvakuole Vd und zahlreiche Mitochondrien m. In Nachbarschaft des Stieles gibt es im Cytoplasma fibrilläre, kontraktile Bezirke, die Myoneme my. 3 000fach.
b und c) Bei starker Vergrößerung erkennt man auch die Filamente, aus denen die Myoneme my bestehen; sie werden von Zisternen des endoplasmatischen Reticulums re begleitet.
b) Längsschnitt; c) Querschnitt. b und c) 38 000fach (Aufnahmen: E. FAURÉ-FREMIET, P. FAVARD und N. CARASSO, 1962)

der Zelle hervor. So enthüllt, zumindest in bestimmten günstigen Fällen, die lichtmikroskopische Beobachtung von lebenden oder fixierten Zellen die Uneinheitlichkeit des Grundcytoplasmas.

Diese Uneinheitlichkeit erscheint ebenfalls im Bereich der Ultrastruktur. In elektronenmikroskopisch untersuchten Dünnschnitten findet man nicht nur die schon erwähnten lokalen Unterschiedlichkeiten, manchmal mit einem unvermuteten Strukturenreichtum ausgestattet, sondern kann darüber hinaus fibrilläre oder granuläre Strukturen sichtbar machen, die das Lichtmikroskop nicht zeigt. Diese fibrillären oder granulären Strukturen liegen in einer cytoplasmatischen Grundsubstanz, die nach Osmiumtetroxid- oder Kaliumpermanganatfixierung homogen und weniger elektronendicht erscheint.

Die fibrillären Strukturen des Grundcytoplasmas können in zwei Gruppen eingeteilt werden: *Filamente* und *Mikrotubuli.*

Filamente

Man unterscheidet zwei Typen von Filamenten: *Tonofilamente* und *Myofilamente.* Die Tonofilamente haben einen Durchmesser von 50 Å und bestehen aus Keratin; im Grundcytoplasma verteilt, sind sie unterhalb der Zellmembran häufiger und auf die Desmosomen hin ausgerichtet (Bild 21 a). Die Myofilamente (Bild 27 und 28, Seite 44 und 47), Merkmale der kontraktilen Zellen, werden aus verschiedenen Proteinen gebildet. Ihr Durchmesser hängt von der jeweiligen Zelle und dem Protein ab, aus dem die Filamente bestehen. Im allgemeinen liegt er bei einer Größenordnung von 50 bis 100 Å. Diesen Myofilamenten kann man die *Plasmafilamente* zuordnen (HOFFMANN-BERLING, 1963), die kürzlich im Grundcytoplasma der Amöben nachgewiesen wurden. Sie haben einen Durchmesser von 70 Å und sind zweifellos für die amöboide Bewegung verantwortlich, wie wir später sehen werden.

Mikrotubuli

Erst die Verwendung von Aldehyden (Glutaraldehyd) zur Fixierung ließ diese fibrillären Strukturen des Grundcytoplasmas deutlich sichtbar werden. Die Mikrotubuli erscheinen als geradlinige Fasern von ungefähr 250 Å Durchmesser, deren Wände elektronendicht sind (Bild 21b). Diese Wände scheinen selbst noch aus fibrillären Untereinheiten von 40 Å Durchmesser (PORTER et al., 1963, 1965) zu bestehen. Die Mikrotubuli sind entweder im Grundcytoplasma verteilt oder auf bestimmte Regionen der Zelle beschränkt. In der Pflanzenzelle z. B. (Bild 34, Seite 56) sind sie unter der Zellmembran sehr zahlreich und parallel zu ihr angeordnet. In den Axonen von Nervenzellen (Bild 21b) sind sie ebenfalls sehr verbreitet, und bei bestimmten Spermatozoiden von Säugern bilden sie eine Art Manschette um den Kern. Während der Zellteilung werden sie sehr zahlreich und bauen die Teilungsspindel auf (siehe Kapitel III). Die verschiedenen fibrillären Strukturen sind sicherlich auch im Grundcytoplasma der lebenden Zellen vorhanden, denn die Beobachtung mit dem Polarisationsmikroskop zeigt, daß die Regionen, in denen sie nach der Fixierung gehäuft auftreten, *in vivo* stark doppelbrechend sind.

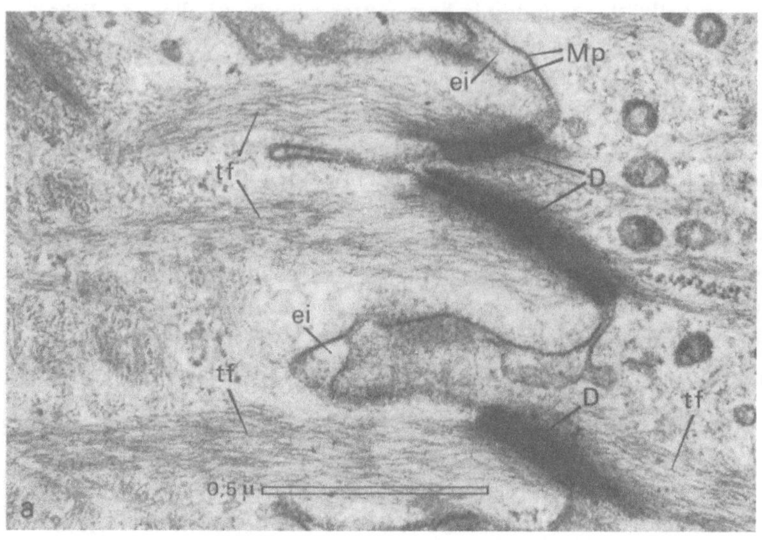

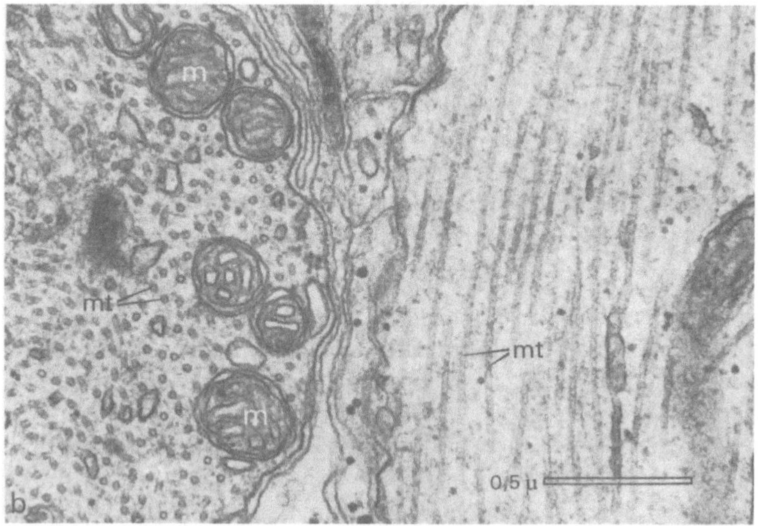

Bild 21. Tonofilamente und Mikrotubuli. a) Zu Bündeln angeordnete Tonofilamente tf, die auf die Desmosomen D zu ausgerichtet sind. Mp=Zellmembran; ei=Interzellularspalt. Schnitt durch die menschliche Haut. 60 000fach (Aufnahme: J.-P. THIÉRY, 1965).
b) Mikrotubuli mt in PURKINJE-Zellen der Ratte (Kleinhirn). Im Axon links erkennt man die Mikrotubuli mt im Querschnitt, in dem rechts im Längsschnitt. m = Mitochondiren. 40 000 fach (Aufnahme: K.R. PORTER, 1965)

Granuläre Strukturen

Wir haben gesehen, daß unabhängig von den fibrillären Strukturen des Grundcytoplasmas auch granuläre Strukturen existieren. In der tierischen Zelle trifft man häufig auf Partikeln von 500 Å Durchmesser, deren Kontrast durch Bleisalze erheblich verstärkt wird: Glykogenpartikeln (Bild 22). Man kann in den meisten Zellen auch Einschlüsse von Lipiden beobachten, die Tröpfchen von unterschiedlicher Größe bilden.

2.2. Chemische Zusammensetzung

2.2.1. Untersuchungen in situ

Mit cytochemischen Methoden lassen sich Regionen des Grundcytoplasmas sichtbar machen, die besonders reich an bestimmten Bestandteilen, wie Glykogen, Lipiden oder Proteinen sind. Im Falle der Proteine liefern die Methoden der Immuno-Fluoreszenz die genauesten Ergebnisse.

2.2.2. Isolierung und Extraktion bestimmter Bestandteile des Grundcytoplasmas

Verwendet man zur Isolierung der verschiedenen Zellorganellen die Methoden der differentiellen Ultrazentrifugation, so erhält man den löslichen Teil des Grundcytoplasmas stark verdünnt im Überstand. Chemische Analysen dieses Überstandes erlauben die Bestimmung der chemischen Zusammensetzung des löslichen Anteils des Grundcytoplasmas. Die fibrillären oder granulären Bestandteile lassen sich viel schwerer untersuchen, da sie im allgemeinen mit den Organellen zusammen sedimemtieren. Wenn sie jedoch reichlich vorhanden sind, ist es möglich, eine ziemlich reine Fraktion von Glykogenpartikeln, Lipidtropfen oder Myofilamenten zu erhalten.

Bei der Untersuchung der unlöslichen Bestandteile kann man ebenfalls Salzlösungen anwenden und bestimmte fibrilläre Strukturen selektiv extrahieren. Diese Methode wird bei der Analyse der filamentösen Strukturen, die mit der zellulären Bewegung verknüpft sind, häufig verwendet.

2.2.3. Chemische Analyse

Mit den verschiedenen Methoden, von denen wir lediglich das Prinzip wiedergeben können, lassen sich die Bestandteile des Grundcytoplasmas ermitteln. Es ist aber immer schwierig, genau zu sagen, ob die gefundenen Bestandteile auch wirklich im Grundcytoplasma der Zellen vorkommen oder ob sie aus den Organellen stammen. Umgekehrt können bestimmte Bestandteile des Grundcytoplasmas an der Oberfläche von Organellen adsorbiert werden und mit diesen zusammen sedimentieren, so daß sie dann nicht im Überstand zu finden sind.

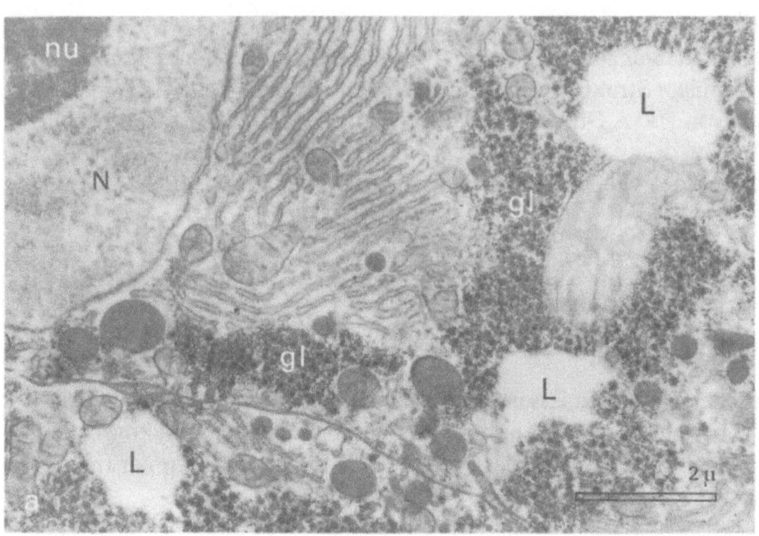

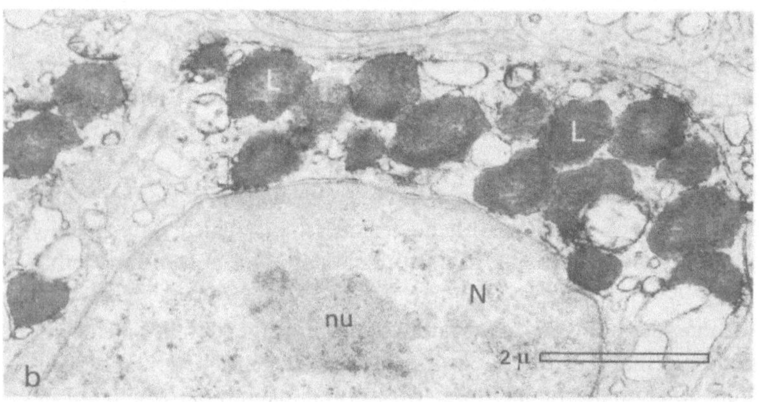

Bild 22. a) Lipid- und glykogenreiche Bezirke im Grundcytoplasma. In dieser Zelle aus dem Fettkörper der Grille erkennt man helle Flecken L, die lipoidreichen Stellen im Grundcytoplasma entsprechen. Die Lipide sind bei der Entwässerung der Zellen herausgelöst worden. Die dunkle Sprenkelung entspricht glykogenreichen Regionen gl im Grundcytoplasma. Den starken Kontrast erhält man durch Imprägnierung der Schnitte mit Bleisalzen. N = Kern; nu = Nucleolus. 9 500fach (Aufnahme: C. FAVARD-SÉRÉNO, 1965).   b) Lipidreiche Region im Grundcytoplasma einer Milchdrüsenzelle der Maus. Die Lipidtröpfchen L erscheinen dunkel. Bei der Fixierung haben sie Osmiumtetroxid reduziert und sind bei der Entwässerung der Zelle nicht herausgelöst worden. N = Kern; nu = Nucleolus. 11 000fach (Aufnahme: J.-P. THIÉRY, 1965)

Die Analyse des Grundcytoplasmas hat ergeben, daß dieser Bestandteil der Zelle
besonders wasserreich ist, nämlich 85 % im Durchschnitt, und daß die Proteine
den nächstgrößten Anteil stellen. Diese Proteine sind teils Strukturproteine und
teils lösliche Proteine, unter denen sich zahlreiche Enzyme befinden.

Darüber hinaus enthält das Grundcytoplasma verschiedene RNA, m-RNA und t-RNA,
die 10 bis 20 % der gesamten RNA der Zelle ausmachen. Desgleichen findet man
Zucker, Aminosäuren, Nucleoside, Nucleotide, eine große Anzahl von Bestandteilen des intermediären Stoffwechsels und Mineralsalze. Der unlösliche Anteil besteht
aus meist fibrillären Strukturproteinen und aus Glykogenpartikeln oder Lipidtropfen.

Die zahlreichen, im Grundcytoplasma enthaltenen großen Moleküle, ob fibrillär
oder globulär, verleihen diesem Zellbestandteil physikalische Eigenschaften, die den-
jenigen der Kolloide vergleichbar sind. Die Makromoleküle der Proteine stellen die
disperse Phase dieses cytoplasmatischen Kolloids dar, das Wasser und die kleinen
Moleküle das Dispersionsmittel. Benachbarte Makromoleküle können außerdem
durch verschiedene Kräfte zusammengehalten werden. Sind diese bindenden Kräfte
stark, so ist das Cytoplasmakolloid viskos und besitzt die Konsistenz eines Gels,
und man spricht von einem *Plasmagel*. Sind diese Kräfte schwach, so ist das Cytoplasmakolloid flüssig und einem Sol vergleichbar: *Plasmasol*.

In lebenden Zellen hat das Grundcytoplasma von einem Punkt zum andern niemals
die gleiche Konsistenz; in bestimmten Bezirken verhält es sich wie ein Plasmagel,
in anderen wie ein Plasmasol. Das Grundcytoplasma kann in gleicher Weise vom
Sol- in den Gelzustand übergehen und umgekehrt. Dieses Phänomen, *Thixotropie*
genannt, offenbart den unaufhörlichen Wechsel der Kräfte, die in der dispersen
Phase auf die benachbarten Makromoleküle einwirken.

2.3. Physiologische Bedeutung und Funktionen

2.3.1. Kreuzungsstelle der Stoffwechselwege

Das Grundcytoplasma ist das Milieu, in dem die verschiedenen Organellen schwimmen, aus dem sie alle für ihre Funktionen notwendigen Substanzen entnehmen und
in das sie ihre Rückstände abgeben. Grundcytoplama und Nucleoplasma sind die
Orte der Zelle, wo sich quasi die gesamten biochemischen Reaktionen abspielen.
Die verschiedenen biochemischen Reaktionen des Cytoplasmas der Reihe nach zu
beschreiben, hieße den gesamten Katalog der verschiedenen Stoffwechselwege und
-zyklen aufzuzählen. Das soll jedoch der reinen Biochemie vorbehalten bleiben und
würde auch den Rahmen dieser Ausführungen überschreiten.

Wir beschränken uns hier auf ein Beispiel: den Metabolismus der Kohlenhydrate,
der zum Gegenstand sehr vieler Arbeiten, insbesondere an Hefe-, Leber- und Muskelzellen der Säuger geworden ist. Wir werden sehen, daß Abbau und Synthese der

Kohlenhydrate auf Wegen des Stoffwechsels ablaufen, die alle einen gemeinsamen Kreuzungspunkt passieren: das Glucose-6-phosphat. Der Abbau von Glucose-6-phosphat zu kleineren Molekülen geht einher mit der Produktion von chemischer Energie, die bei der Synthese gebraucht oder in mechanische Energie umgewandelt wird. Einige der Zwischenprodukte, die beim Abbau entstehen, sind gleichzeitig auch Zwischenstufen für die Synthese anderer Bestandteile, nämlich von Lipiden, Proteinen oder Nucleinsäuren. Wir werden gleichfalls sehen, daß Glucose-6-phosphat der Ausgangsstoff für die Synthese eines Polymers der Glucose ist: das Glykogen.

Das Grundcytoplasma ist nicht nur der Ort für die Hauptwege des Stoffwechsels, sondern auch der Ort für die Umwandlung von chemischer Energie in mechanische, die die verschiedenen zellulären Bewegungen bewirkt. Außerdem trägt das Grundcytoplasma mittels einiger dieser Bestandteile zur Erhaltung der Zellform bei.

2.3.1.1. Stoffwechsel von Glucose-6-phosphat

Glucose-6-phosphat ist Ausgangspunkt mehrerer Stoffwechselwege, die zum Abbau des Moleküls oder zur Synthese größerer Moleküle führen. Glucose-6-phosphat wird entweder direkt durch Phosphorylierung von Glucose mittels ATP gewonnen oder indirekt aus Glykogen durch Phosphorolyse der endständigen Glucose an der 1—4 Bindung. Nach der Phosphorolyse, bei der die Glucose ein Phosphat verliert, folgt eine Isomerisierung zu Glucose-6-phosphat. Aus welcher Quelle das Glucose-6-phosphat auch stammt, es kann mehrere Abbauwege einschlagen; die beiden wichtigsten sind die *Glykolyse* und der *Pentosephosphat-Zyklus.* Die Glykolyse führt zur Bildung von Brenztraubensäure, im Pentosephosphat-Zyklus zur Bildung von C_5-Zuckern. Die Synthesewege gehen entweder direkt vom Glucose-6-phosphat aus und führen zum Glykogen, oder sie beginnen mit Zwischenprodukten, die beim Abbau auftreten.

Glykolyse

Dieser Abbauweg der Glucose heißt auch EMBDEN-MEYERHOF-Weg, benannt nach den beiden Biochemikern, die dieses Schema in der Hauptsache entworfen haben, ein Werk, zu dem u. a. ROBINSON, NEUBERG, WARBURG, PARNAS und die CORIs in hohem Maße beigetragen haben. Aus Glucose-6-phosphat werden über verschiedene Stufen zwei Moleküle Brenztraubensäure gebildet (Bild 23). Bei der Glykolyse wird kein Sauerstoff verbraucht; es handelt sich um einen Prozeß, der völlig anaerob abläuft. Ohne im einzelnen auf die Reaktionen, die jede durch ein spezifisches Enzym katalysiert wird, einzugehen, wollen wir die Gesamtbilanz ziehen.

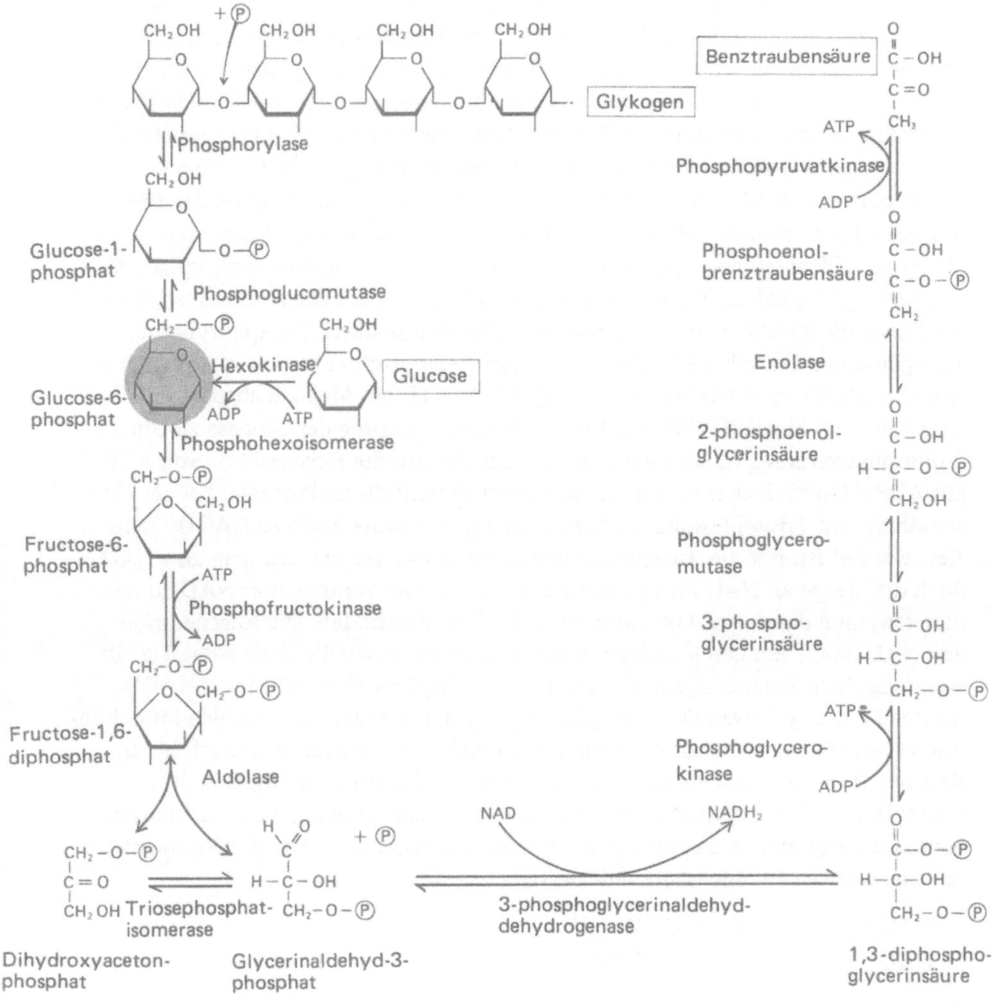

CH₂OH + Ⓟ CH₂OH CH₂OH CH₂OH

Benztraubensäure

Glykogen

Phosphorylase

Glucose-1-phosphat

Phosphoglucomutase

Hexokinase

Glucose

Glucose-6-phosphat

Phosphohexoisomerase

Fructose-6-phosphat

Phosphofructokinase

Fructose-1,6-diphosphat

Aldolase

Triosephosphat-isomerase

Dihydroxyaceton-phosphat

Glycerinaldehyd-3-phosphat

3-phosphoglycerinaldehyd-dehydrogenase

Phosphopyruvatkinase

Phosphoenol-brenztraubensäure

Enolase

2-phosphoenol-glycerinsäure

Phosphoglycero-mutase

3-phospho-glycerinsäure

Phosphoglycero-kinase

1,3-diphospho-glycerinsäure

Bild 23. Glykolyse

Nach der Isomerisierung von Glucose-6-phosphat zu Fructose-6-phosphat wird letzteres durch ATP zu Fructose-1,6-diphosphat phosphoryliert. Dieser Schritt verbraucht ein Molekül ATP, das zu ADP wird. Beim folgenden Schritt teilt sich das Fructosediphosphat in zwei Moleküle Triosephosphat: Dihydroxyacetonphosphat und Glycerinaldehydphosphat.

Darauf findet eine Oxydation von Glycerinaldehydphosphat in Anwesenheit von NAD statt, das zu $NADH_2$ reduziert wird. Diese Reaktion, gekoppelt mit einer Phosphorylierung durch anorganisches Phosphat, ergibt 1,3-Diphosphoglycerinsäure. Im Verlauf der Reaktionen, bei denen die Diphosphoglycerinsäure in Brenztraubensäure überführt wird, werden zwei Moleküle ATP pro Molekül Brenztraubensäure regeneriert. Während der Glykolyse ist bei der Phosphorylierung von Glucose-6-phosphat ein Molekül ATP verbraucht, aber vier sind bei der Bildung der zwei Moleküle Brenztraubensäure regeneriert worden. Die Bilanz lautet demnach: drei Moleküle ATP entstehen beim Abbau von einem Molekül Glucose-6-phosphat. Wird Glucose-6-phosphat aus Glykogen gewonnen (Leber- oder Muskelzellen), so bleibt die Bilanz die gleiche, denn Glucose-6-phosphat wurde durch Phosphorylierung mit anorganischem Phosphat erhalten. Wird Glucose-6-phosphat jedoch aus Glucose gewonnen (Hefe), so entstehen nur zwei Moleküle ATP pro Molekül abgebauter Glucose, denn ein Molekül ATP wird bei der Phosphorylierung der Glucose zu Glucose-6-phosphat verbraucht. Die Glykolyse ermöglicht also die Regeneration von ATP aus ADP. Man muß aber hervorheben, daß im Verlauf dieses Prozesses bei der Umwandlung von Triosephosphat zu Diphosphoglycerinsäure NAD zu $NADH_2$ reduziert worden ist. Für die Aufrechterhaltung der Glykolyse braucht man also NAD, doch die Menge an NAD im Cytoplasma ist gering. Um verbrauchtes NAD zu regenerieren, muß daher eine Oxydation von $NADH_2$ stattfinden. Die Regeneration von NAD hängt von den jeweiligen Bedingungen ab, denen die Zelle ausgesetzt ist. Wenn die Zelle Sauerstoff zur Verfügung hat, erfolgt die Oxydation von $NADH_2$ während der oxydativen Decarboxylierung von Brenztraubensäure in den Mitochondrien (siehe 6.3.1.). Verfügt die Zelle jedoch nicht über Sauerstoff, so erfolgt die Regeneration von NAD bei einem Gärungsprozeß, der vom jeweiligen Zelltyp abhängt. In den Muskelzellen, die häufig Sauerstoffmangel haben, wird die Brenztraubensäure selbst zum Akzeptor für den Wasserstoff (Bild 24); gemäß dem folgenden Schema wird sie zu Milchsäure reduziert:

$$NADH_2 \;\rangle \;\Big\langle\; CH_3{-}CO{-}COOH$$
$$NAD \;\swarrow \;\Big\langle\; CH_3{-}CHOH{-}COOH$$

Dieser Reaktionsschritt, der zu einer Ansammlung von Milchsäure in der Zelle führt, heißt Milchsäuregärung. Bei den Hefen dient ein Derivat der Brenztraubensäure als Wasserstoffakzeptor und oxydiert das $NADH_2$. Die Brenztraubensäure erfährt dabei eine Decarboxylierung zu Acetaldehyd und danach eine Umwandlung zu Äthylalkohol nach folgendem Schema:

$$NADH_2 \;\rangle \;\Big\langle\; CH_3{-}CHO$$
$$NAD \;\swarrow \;\Big\langle\; CH_3{-}CH_2OH$$

Diese Reaktion, die zur Bildung von Äthylalkohol führt, stellt die *alkoholische Gärung* dar.

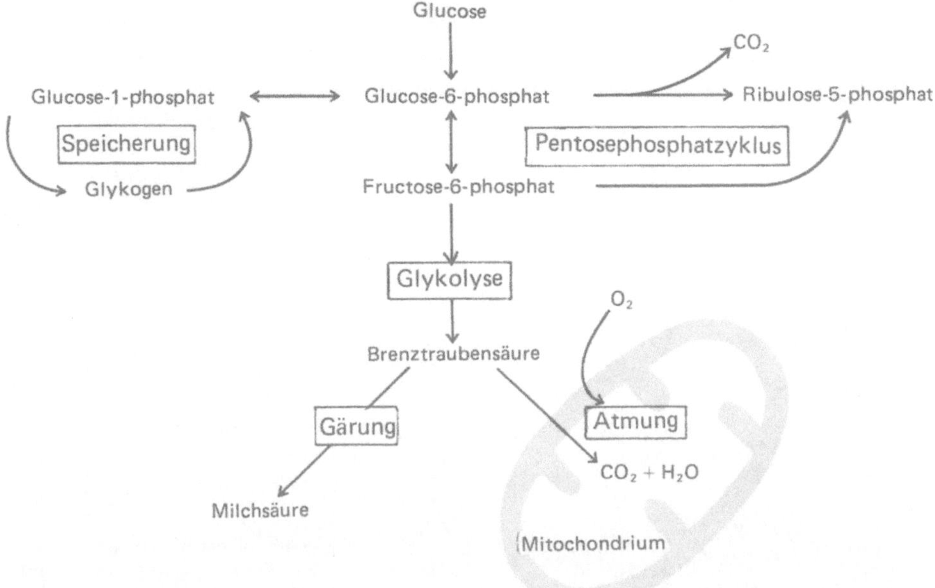

Bild 24. Die hauptsächlichsten Stoffwechselwege, die vom Glucose-6-phosphat ausgehen. Die im Grundcytoplasma ablaufenden sind anaerob. Der aerobe Abbau von Brenztraubensäure findet in den Mitochondrien statt

Gärungsprodukte bleiben nicht im Cytoplasma, sondern werden von der Zelle an das extrazelluläre Milieu abgegeben. Verschiedene Gärungsprodukte der Bakterien (Milchsäure, Buttersäure, Äthylalkohol, Butylalkohol, Butandiol usw.) werden industriell erzeugt, da deren Gewinnung durch Gärung geringere Kosten verursacht als die synthetische Herstellung.

Pentosephosphat-Zyklus

Wie HORECKER und RACKER (1958) gezeigt haben, geht dieser Stoffwechselweg ebenfalls vom Glucose-6-phosphat aus (Bild 25). Zwei Dehydrierungen und eine Decarboxylierung führen zur Bildung von zwei C_5-Zuckern: dem Xylose-5-phosphat und dem Ribose-5-phosphat. Bei der Oxydation von Glucose durch Dehydrierung reduziert der Wasserstoff NADP zu $NADPH_2$. Die C_5-Zucker ergeben wiederum C_6-Zucker, Fructose-6-phosphat, dann Glucose-6-phosphat durch fortlaufende Rekombination, in deren Verlauf C_3-, C_4- und C_7-Zucker gebildet werden. Diese Rekombinationen sind reversibel. Es gibt jedoch zwei Wege, um zu Ribose-5-phosphat zu kommen: einen oxydativen Weg, auf dem sich $NADPH_2$ und CO_2 bilden, und einen nicht oxydativen Weg, der über Fructose-6-phosphat, das mit einem C_4-Zucker und anderen Zwischenstufen von C_3- und C_7-Zuckern rekombiniert, zum Schluß zwei C_5-Zucker ergibt, nämlich das Ribose-5-phosphat.

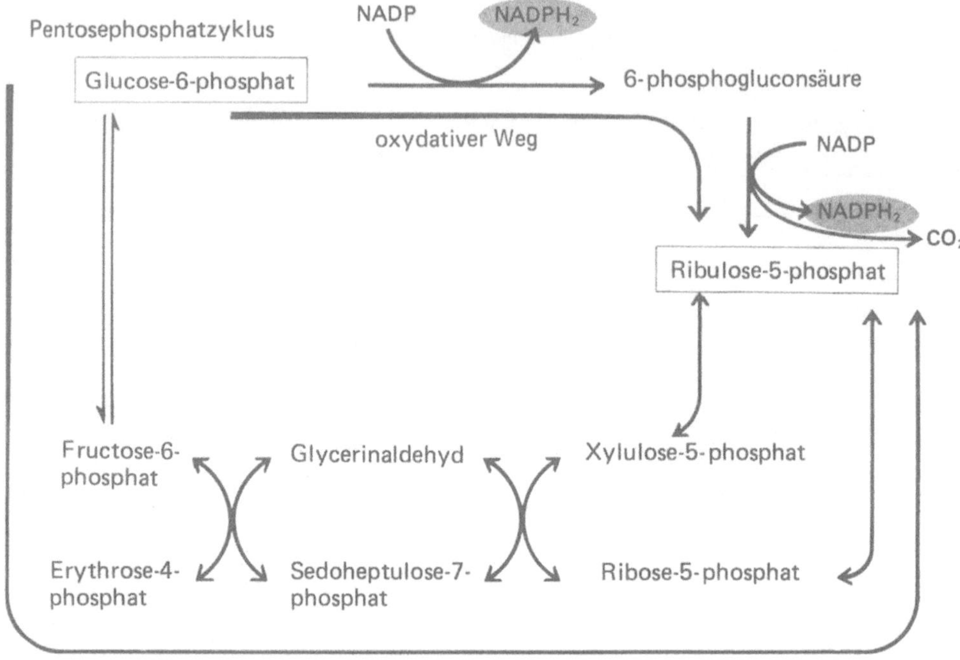

Bild 25. Pentosephosphatzyklus

Der Zweck dieses Pentosephosphat-Zyklus liegt darin, ein Reduktionsmittel zu schaffen: das $NADPH_2$, das bei zahlreichen Syntheseprozessen gebraucht wird, insbesondere bei der Synthese von Fettsäuren. Bestimmte Zwischenprodukte werden auch noch für andere Synthesen benötigt: Ribose-5-phosphat für die Synthese von Nucleosiden, der C_4-Zucker für die Synthese von Benzol- und Indolringen.

Glykogensynthese

Das Glucose-6-phosphat ist gleichfalls Ausgangsstoff für die Synthese von Glykogen. Durch Einwirkung von Phosphoglucomutase wird Glucose-6-phosphat zu Glucose-1-phosphat. Letzteres reagiert mit einem Nucleotid, dem Uridintriphosphat (UTP), zu Uridindiphosphat-glucose (UDPG):

Glucose-1-phosphat + UTP → UDPG + P–P

Die Glucose wird vom UDPG an eine Amylosekette angehängt nach folgendem Schema:

UDPG + Glykogen → UDP + Glucose-1,4-Glykogen

Die Verlängerung der Kette erfolgt so Schritt für Schritt. Das Enzym, das diese Reaktion katalysiert, ist aber nur aktiv, wenn bereits eine Amylosekette im Grundcytoplasma vorhanden ist.

Die Regeneration von UTP erfolgt mittels ATP gemäß der Reaktion:

$$UDP + ATP \rightarrow UTP + ADP$$

2.3.1.2. Bedeutung der verschiedenen Stoffwechselwege von Glucose-6-phosphat

Vom funktionellen Standpunkt haben Glykolyse, Pentosephosphat-Zyklus und die Glykogensynthese verschiedene Bedeutung. Beim Abbau von Glucose durch Glykolyse entsteht eine energiereiche Verbindung: das ATP, das für Syntheseprozesse unentbehrlich ist. Beim Abbau über den Pentosephosphat-Zyklus entsteht ein Reduktionsmittel: das $NADPH_2$, das gleichfalls für bestimmte Synthesen unentbehrlich ist. Darüber hinaus sind Zwischenstufen des Pentosphosphat-Zyklus Ausgangsstoffe für weitere Synthesen.

Diese beiden Abbauwege der Glucose kommen im Grundcytoplasma nebeneinander vor, werden aber in unterschiedlichem Umfang von den Zellen genutzt. In den Muskelzellen ist die Glykolyse praktisch der einzige Abbauweg von Glucose-6-phosphat. In den Zellen der Milchdrüsen, wo die Lipidsynthese sehr groß ist, verläuft der Abbau hauptsächlich über den Pentosephosphat-Zyklus. Was die Glykogensynthese anbetrifft, so stellt sie für die Zelle eine Möglichkeit dar, Glucose in unlöslicher Form zu speichern. Diese Reserve kann dazu benutzt werden, von neuem Glucose-6-phosphat zu liefern, wenn es gebraucht wird.

2.3.2. Erzeugung von Bewegung

Das Grundcytoplasma ist nicht nur Hauptsitz der meisten biochemischen Reaktionen der Zelle, sondern in seinem Bereich erfolgt auch die Umwandlung von chemischer Energie in mechanische. Es ist also kein starres Milieu ohne Eigenbewegung, in dem die Moleküle lediglich der BROWNschen Molekularbewegung unterworfen sind, sondern kann weitgehend gerichtete Ortsveränderungen ausführen. Das Cytoplasma ist also in der Lage, Arbeit zu leisten, um Moleküle von einem Ort zum andern zu befördern. Die Zellen, deren Organisation wir bereits in einem früheren Band[1]) untersucht haben, liefern Beispiele für die verschiedensten Bewegungsformen. Werden die Zellen von einem inneren oder äußeren Skelett gestützt, so führt das Cytoplasma eine innere Fließbewegung durch, bei der die Organellen mitgeschleppt werden: das ist die *Zirkulationsbewegung* oder *Plasmaströmung*. Handelt es sich um freie Zellen wie Amöben oder Granulocyten, bei denen das Cytoplasma

---

[1]) Siehe Band „Die Zelle" aus derselben Reihe.

durch seine Bewegung die Zelle verformen kann, so daß sich Pseudopodien ausbilden, so spricht man von der *amöboiden Bewegung*. Bei bestimmten Zellen wie *Epistylis* löst die Bewegung des Cytoplasmas an der Oberfläche der Zelle das pendelnde Schlagen von Cilien aus: die *Cilienbewegung*.

Der letzte Bewegungstyp umfaßt schließlich Ortsveränderungen, die immer in gleicher Richtung erfolgen: das sind die *Kontraktionsbewegungen*, die eine Verkürzung der Zelle hervorrufen. Das Cytoplasma der Muskelzellen ist fast ausschließlich darauf spezialisiert, Kontraktionen durchzuführen. Bei Protozoen wie *Epistylis* sind nur bestimmte Gebiete des Cytoplasmas kontraktionsfähig: die Myoneme.

Alle diese Bewegungsarten des Cytoplasmas sind an das Vorhandensein bestimmter fibrillärer Proteinmoleküle gebunden, deren Eigenschaften am Beispiel des quergestreiften Muskels untersucht worden sind. Deshalb beginnen wir mit ihnen unsere Untersuchungen der Bewegungsformen des Cytoplasmas. Danach kommen die Plasmaströmung und die amöboide Bewegung zur Sprache, über die noch wenig bekannt ist. Der Cilienschlag ist Gegenstand späterer Betrachtungen (8.3.2.).

2.3.2.1. Kontraktion der quergestreiften Muskelzellen

Das Cytoplasma der quergestreiften Muskelzellen besteht zum größten Teil aus Bündeln von *Myofibrillen* (Bild 26), die parallel zur Längsachse der Zelle ausgerichtet sind. Die Myofibrillen haben einen Durchmesser von 1 bis 2 μm und erstrecken sich über die ganze Länge der Muskelfaser. Zwischen den Myofibrillen liegen im Grundcytoplasma zahlreiche Glykogenpartikeln. Außerdem enthält die Muskelfaser eine große Anzahl von Mitochondrien, und die Zisternen des endoplasmatischen Reticulums schmiegen sich eng an die Myofibrillen an (Bild 48). Ferner ist zu beachten, daß es sich bei den Muskelfasern um Riesenzellen handelt, die jeweils etwa 100 randständige Kerne besitzen.

Im Lichtmikroskop sieht man, daß die Myofibrillen aus periodisch angeordneten hellen und dunklen Banden bestehen. Diese Banden liegen bei allen Myofibrillen einer Faser in gleicher Höhe, so daß die charakteristische Querstreifung entsteht (Bild 26). Im polarisierten Licht sind die dunklen Banden stark lichtbrechend, wonach sie ihren Namen anisotrope oder *A-Banden* haben. Die hellen Banden sind nur ganz schwach doppelbrechend, das sind die isotropen oder *I-Banden*. Die A-Bande ihrerseits zeigt in ihrer Mitte eine helle Zone, die *H-Bande*. Die I-Bande wird in ihrer Mitte durch eine sehr dunkle Linie geteilt, das ist der *Z-Streifen*. Der zwischen zwei Z-Streifen eingeschlossene Teil der Myofibrille wird *Sarkomer* genannt, und eine Myofibrille kann als eine Aneinanderreihung von identischen Sarkomeren angesehen werden. Die Myofibrillen sind die kontraktilen Elemente im Cytoplasma dieser Zellen. Man kann sie isolieren und ihre Kontraktion auch außerhalb der Zelle hervorrufen. Man kann gleichfalls mit Hilfe von Mikroelektroden, die man in eine Muskelfaser einsticht, durch elektrische Reizung einzlene Myofibrillen unabhängig von den übrigen zur Kontraktion bringen.

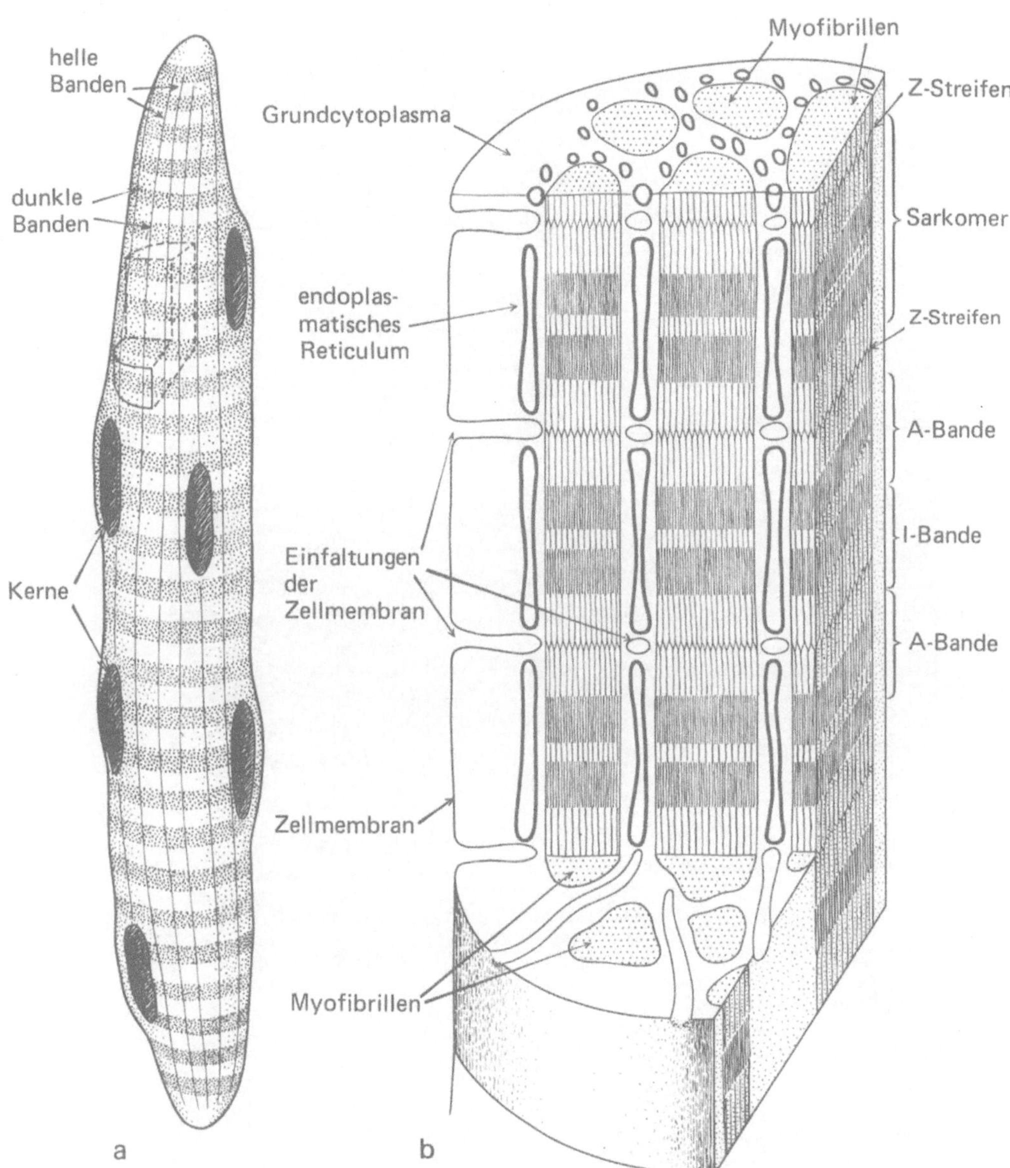

Bild 26. Allgemeine Organisation einer quergestreifen Muskelzelle. a) Gesamtansicht, bei der die Streifung und die randständigen Kerne zu erkennen sind. b) Dieses Blockdiagramm zeigt einen Ausschnitt bei stärkerer Vergrößerung. Man erkennt die parallel zur Hauptachse angeordneten Myofibrillen mit ihrer charakteristischen Folge von A- und I-Banden. Die I-Banden werden durch die Z-Streifen unterteilt. Die Zisternen des endoplasmatischen Reticulums sind den Myofibrillen eng angelegt. Im Bereich des Z-Streifens bildet die Zellmembran tiefe Einfaltungen (nach K.R. PORTER und C. FRANZINI-ARMSTRONG, 1965)

Bild 27 a

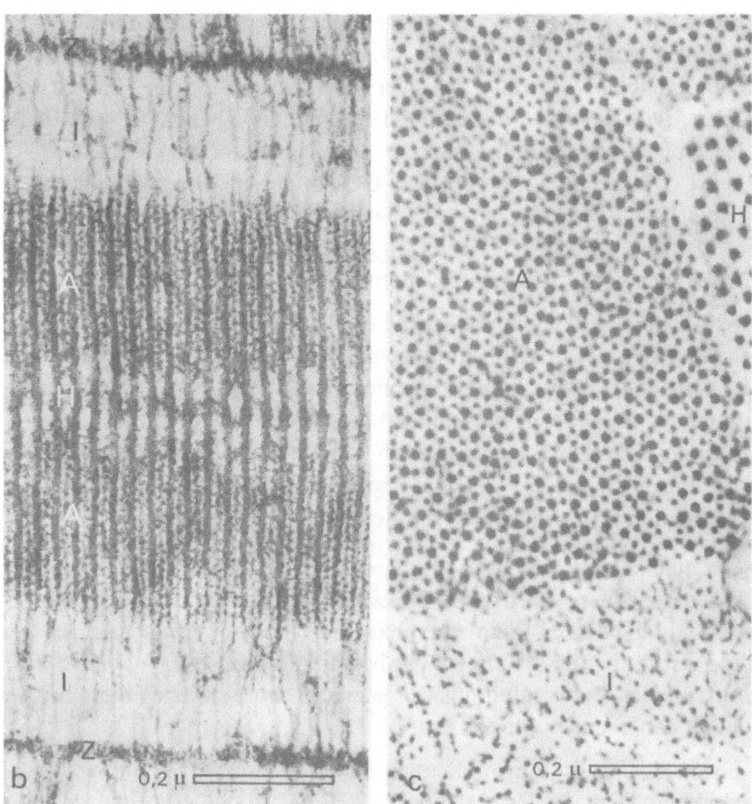

Bild 27b und c

Bild 27. a) Längsschnitt durch eine Faser des großen Lendenmuskels des Kaninchens. Das Grundcytoplasma dieser Zelle enthält zahlreiche Myofibrillen mf, die aus einer Folge identischer Sarkomeren Sa bestehen. Bei jeder Myofibrille wechseln A- und I-Bande miteinander ab. Jede I-Bande ist durch einen Z-Streifen geteilt. Die A-Bande zeigt eine helle oder H-Zone. Man erkennt, daß die Myofibrillen aus parallel angeordneten Myofilamenten bestehen. 45 000fach (Aufnahme: H. E. HUXLEY, 1957). b und c) Ultrastruktur eines Sarkomers. b) Längsschnitt durch eine Myofibrille. Im Bereich der A-Bande erkennt man dicke Myofilamente und in der I-Bande dünne, die sich teilweise zwischen die dicken Myofilamente einschieben. Beachte die Brücken, die dicke und dünne Filamente miteinander verbinden. Es handelt sich dabei um die Bindungen zwischen dem Myosin der dicken und dem Actin der dünnen Filamente. H=H-Bande; Z=Z-Streifen. 95 000fach. c) Querschnitt durch eine Myofibrille. Je nach dem Niveau der Schnittführung trifft man entweder die eine oder die andere Kategorie der Myofilamente (H- und I-Bande) oder beide zusammen (A-Bande). 85 000fach (Aufnahmen: H. E. HUXLEY, 1957)

Im Elektronenmikroskop erkennt man im Längsschnitt die verschiedenen hellen
und dunklen Banden entlang einer Myofibrille wieder (Bild 27). Eine sehr starke
Vergrößerung zeigt, daß die Myofibrillen aus zwei Arten langgestreckter Filamente
aufgebaut sind: den *Myofilamenten.* Die erste Art besteht aus Elementen von 100 Å
Durchmesser, die sich über die gesamte Länge der A-Bande erstrecken: das sind
die *dicken Filamente.* Die zweite Art besteht aus Elementen mit einem Durchmesser von 50 Å: den *dünnen Filamenten,* die sich beiderseits des Z-Streifens bis zwischen die dicken Filamente erstrecken. Der Z-Streifen entspricht der Zone, wo die
dünnen Filamente benachbarter Sarkomeren miteinander in Verbindung stehen.

Die I-Bande besteht allein aus den dünnen Filamenten, die A-Bande aus den dicken,
zwischen die sich die dünnen Filamente einschieben. Da die dünnen Filamente nicht
bis zur Mitte der A-Bande reichen, gibt es dort eine Zone, die nur aus dicken Filamenten besteht, und die der helleren H-Bande entspricht, die man bereits im Lichtmikroskop beobachten kann. Dort wo die dünnen und die dicken Filamente nebeneinander liegen, erkennt man bei sehr starker Vergrößerung Brücken, die die beiden Arten von Filamenten untereinander verbinden.

Die Anordnung der dünnen und dicken Myofilamente ist im allgemeinen sehr regelmäßig. Bei den Fasern der quergestreiften Muskulatur von Insekten oder Vertebraten sind die dünnen und die dicken Filamente hexagonal angeordnet und ergeben
eine parakristalline Struktur (Bild 28). Beugungsdiagramme von Röntgenstrahlen,
die man von Insekten- oder Vertebratenmuskeln gemacht hat, bestätigen diese hexagonale Anordnung in der lebenden Muskelfaser.

Die Myofibrillen bestehen aus Proteinen, die man mit stark konzentrierten Salzlösungen extrahieren kann. Diese Proteine stellen zu 80 % *Aktin* und *Myosin* dar.

Aktin, das 25 % der Myofibrillenproteine ausmacht, hat ein Molekulargewicht von
ungefähr 70 000. Sein Molekül kann in zweierlei Form auftreten: einer globulären
und einer fibrillären. Die fibrilläre Form ist 300 Å lang und hat einen Durchmesser
von 25 Å.

Myosin (55 % der Myofebrillenproteine) hat ein Molekulargewicht von 450 000
und ist ein Molekül von 1 600 Å Länge und ungefähr 25 Å Breite. Durch Einwirkung eines proteolytischen Enzyms kann Myosin in zwei Teile mit unterschiedlichem Molekulargewicht gespalten werden: die *Meromyosine* (leichtes Meromyosin:
M. G. 100 000, schweres Meromyosin: M. G. 350 000). Das Myosin hat zwei wichtige Eigenschaften: es ist ein Strukturprotein mit Enzymaktivität. Es katalysiert
die Hydrolyse von ATP zu ADP, und diese ATPase-Aktivität tritt nur am schweren
Meromyosin auf. Zudem kann es mit Aktin einen Komplex bilden: das *Aktomyo-*
sin. Aus einem Aktomyosin-Gel kann man Fasern herstellen, die sich um etwa 10 %
verkürzen können, wenn man ATP und K$^+$-Ionen hinzufügt. Bei der Verkürzung
wird ATP in ADP und P$_i$ gespalten (SZENT-GYÖRGYI, 1941; WEBER, 1956).

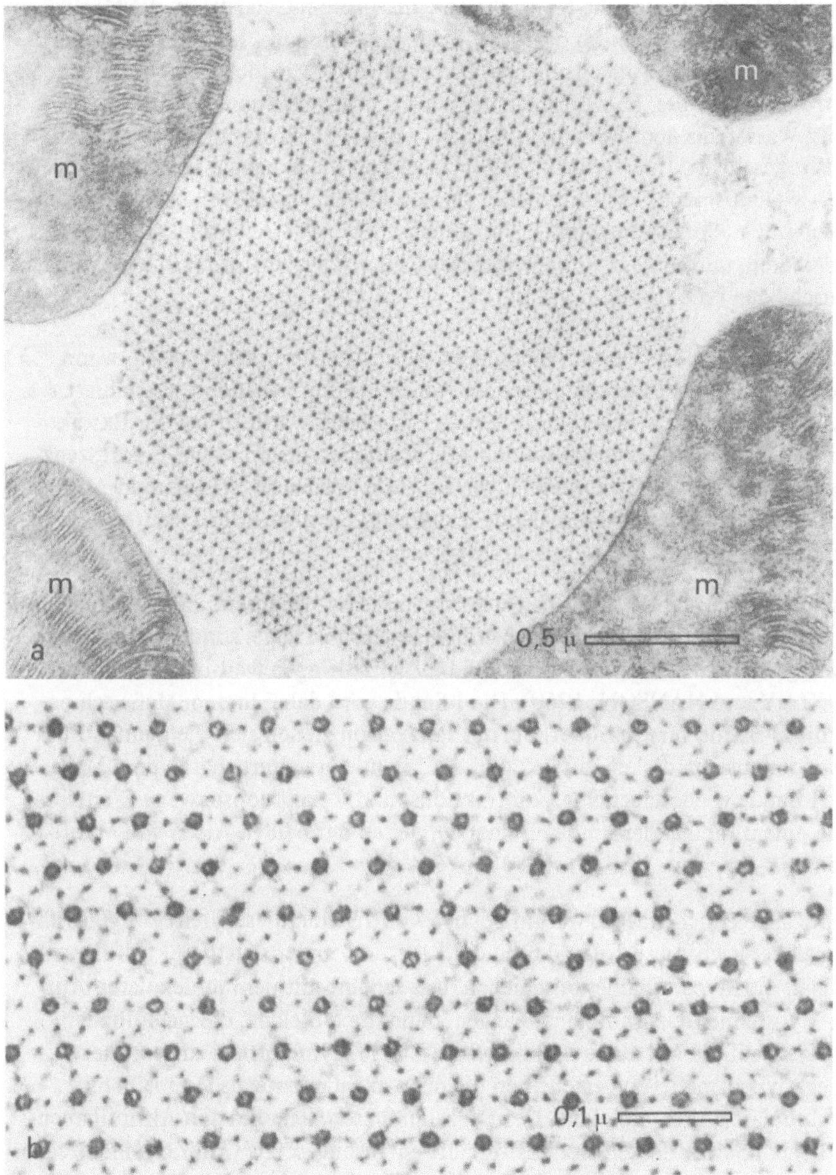

Bild 28. Querschnitt durch eine Myofibrille im Bereich der A-Bande. Die dicken und die dünnen Myofilamente sind in einem hexagonalen Muster angeordnet. Beachte die Mitochondrien m, die die Myofibrille umgeben. Flugmuskel der Fliege.　a) 40 000fach,　b) 150 000fach (Aufnahmen: J. AUBER und R. COUTEAUX, 1963)

Man erreicht damit *in vitro* die Kontraktion eines Protein-Gels, die an die Muskelkontraktion erinnert. Das Aktin-Myosin-ATP-System ist ein gutes Modell für das Verständnis des Kontraktionsmechanismus. Dieses Modell ist jedoch recht verschieden von dem Vorgang in den Myofibrillen, denn bei der Kontraktion der Aktomyosinfaser wird Wasser aus dem Gel ausgeschieden, was bei der Kontraktion der Myofibrille nicht geschieht. In einem Aktomyosin-Gel sind die Moleküle nicht parallel ausgerichtet wie im Innern der Myofibrille, sondern bilden ein dreidimensionales Netzwerk. Man hat auch Aktomyosin-Gel herstellen können, dessen Moleküle parallel ausgerichtet waren, und dieses Gel kontrahierte sich bei Zugabe von ATP, ohne Wasser abzuscheiden (HAYASHI, 1952).

Man kann die Muskelproteine im Bereich der Ultrastrukturen nachweisen, wenn man die Fasern mit KCl-Lösung passender Konzentration behandelt. Extrahiert man das Myosin, so verschwinden die dicken Filamente, während bei der Extraktion von Aktin die dünnen verschwinden. Die Methoden der Immuno-Fluoreszenz zeigen gleichfalls, daß Myosin in Höhe der A-Bande lokalisiert ist, während Aktin in der I-Bande liegt und auf die A-Bande übergreift. Die dünnen Filamente bestehen demnach aus Aktin, die dicken aus Myosin.

Was geschieht, wenn die Myofibrillen sich kontrahieren? Während der Kontraktion ändern weder die Aktin- noch die Myosinfilamente ihre Länge, sondern die dünnen Filamente gleiten zwischen die dicken (Bild 29) und dringen weit in die A-Bande ein (HUXLEY und HANSON, 1960). Die I-Bande wird dabei in dem Maße schmaler, wie die H-Bande verschwindet. Bei der Relaxation ziehen sich die dünnen Filamente wieder aus den dicken zurück, und die I-Bande erweitert sich in dem Maße wie die H-Bande wiedererscheint. Kontraktions- und Relaxationsbewegung entsprechen also einem Ineinander- und Auseinandergleiten der beiden Arten von Myofilamenten.

Man sollte sich jedoch fragen, warum bei der Kontraktion diese Gleitbewegung immer in gleicher Richtung erfolgt, d.h. in der Richtung, in der sich die Aktinfilamente zwischen die Myosinfilamente schieben. Das scheint mit dem molekularen Aufbau der Myofilamente zusammenzuhängen, denn die Moleküle, die sie aufbauen, sind in bezug auf die Mitte des Sarkomers (H-Bande) symmetrisch angeordnet. Nach Negativkontrastierung erscheinen die dünnen Filamente als Doppelhelix zweier Ketten globulärer Aktinmoleküle. Der Drehsinn dieser Helix bei den Aktinfilamenten auf beiden Seiten des Z-Streifens verläuft entgegengesetzt. Unter gleichen Präparationsbedingungen erweisen sich die Myosinfilamente als aus einer Reihe von Molekülen (etwa 200) aufgebaut, die leicht gegeneinander geneigt angeordnet sind (Bild 30). Es ist bemerkenswert, daß die *in vitro* durch Ausfällen aus einer Myosinlösung gewonnenen Myosinfilamente die gleichen morphologischen Eigenschaften haben wie die aus Myofibrillen isolierten dicken Filamente (HUXLEY, 1962).

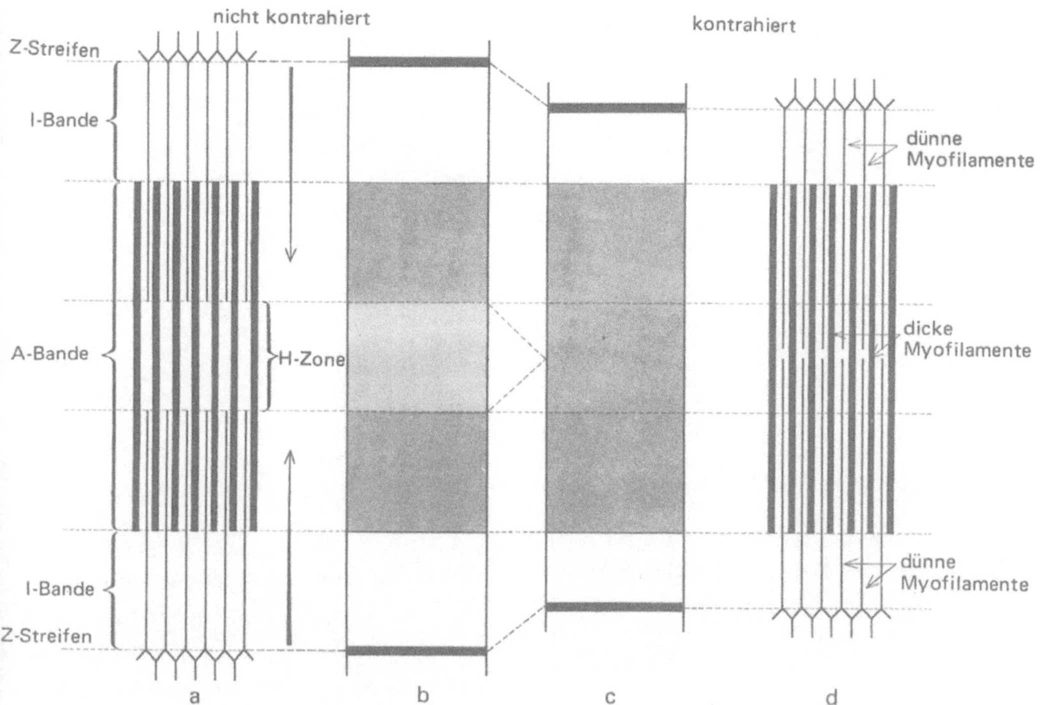

Bild 29. Das Schema zeigt die Veränderung eines Sarkomers im Verlauf der Kontraktion.
Wenn sich der Muskel kontrahiert, schieben sich die dünnen Filamente zwischen die dicken
(a und d). Im Lichtmikroskop erkennt man lediglich, daß die I-Bande schmaler wird und
die H-Zone verschwindet (b und c)

Allein die Kontraktion ist mit der Produktion von mechanischer Energie verbunden.
Die Bewegung der Myofilamente bei der Relaxation wird durch antagonistische
Muskelfasern, die an den Myofibrillen ziehen, hervorgerufen; die Myofilamente
gleiten dabei ungehindert aneinander vorbei. Die Relaxation ist also nicht Folge
einer Arbeitsleistung innerhalb derselben Muskelfaser. Die durch Kontraktion er-
zeugte mechanische Energie stammt also aus Energie, die durch Hydrolyse von ATP,
katalysiert durch den Aktin-Myosinkomplex in Anwesenheit von Mg^{++}- und Ca^{++}-
Ionen, freigesetzt worden ist. Der Mechanismus, durch welchen die Hydrolyse von
ATP ein Verschieben der Aktinfilamente zwischen die Myosinfilamente hervorruft,
ist noch unbekannt. Wie er auch sein mag, bei der Kontraktion tritt ein Verbrauch
von ATP auf, und es gibt in der Muskelzelle verschiedene Stoffwechselwege, die
eine Regeneration von ATP aus ADP ermöglichen.

4 Berkaloff

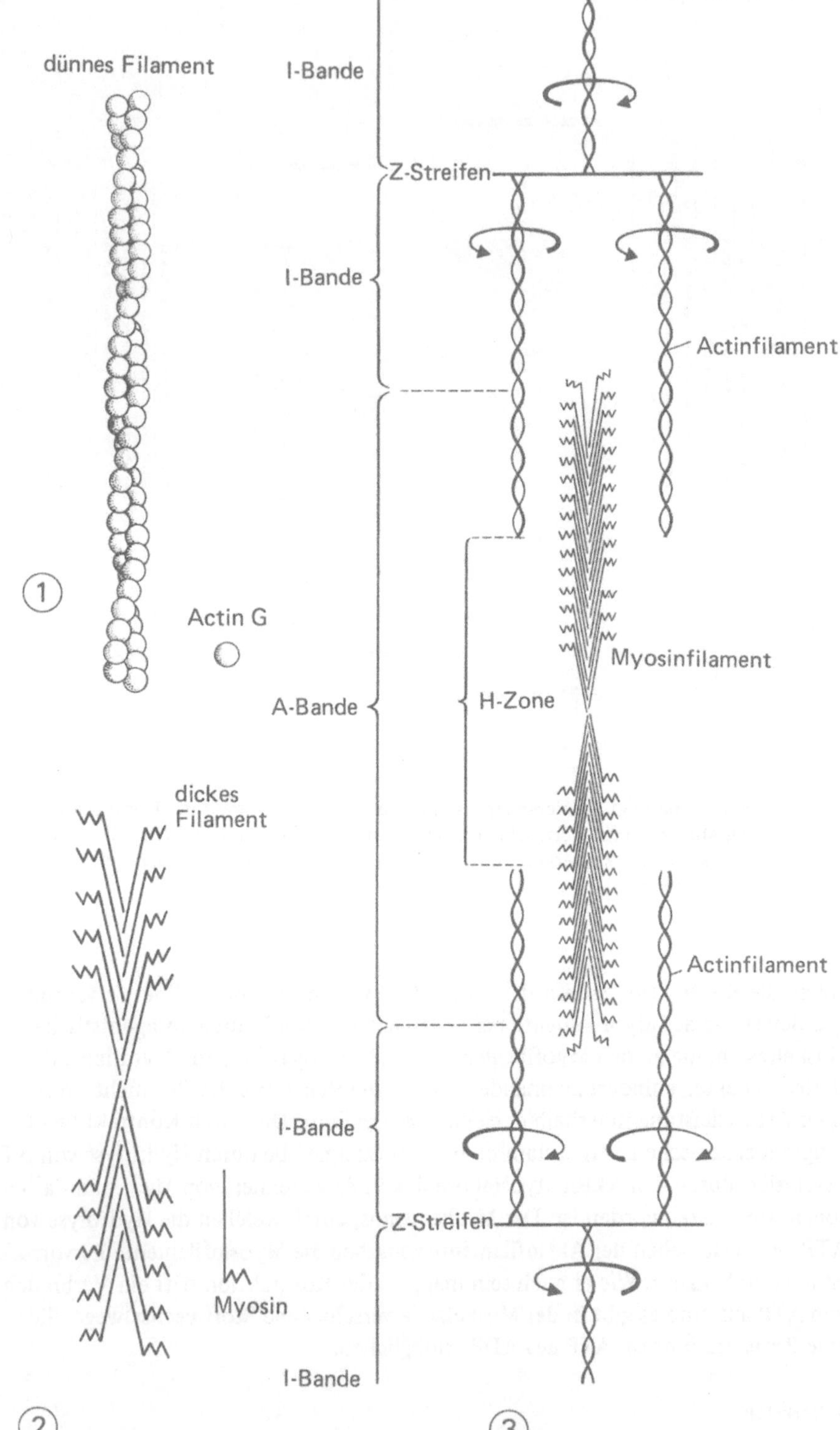
dünnes Filament
①
Actin G
②
dickes
Filament
Myosin
a
I-Bande
Z-Streifen
I-Bande
Actinfilament
Myosinfilament
H-Zone
A-Bande
Actinfilament
I-Bande
Z-Streifen
I-Bande
③

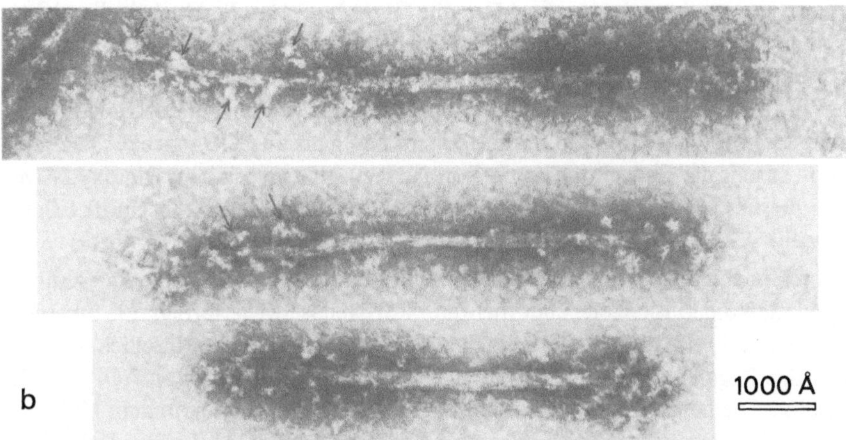

Bild 30. a) Organisation der Myofilamente auf molekularer Ebene. 1. Die Actinfilamente bestehen aus zwei spiralig umeinandergewundenen Ketten glubulärer Actinmoleküle. 2. Die Myosinfilamente bestehen aus einer Ansammlung von Myosinmolekülen. Das Myosinmolekül ist länglich mit einem dickeren Kopfstück, das durch die Zickzacklinie wiedergegeben ist. Dieses Kopfstück besitzt eine Affinität zu Actin und weist ATPase-Aktivität auf. 3. Anordnung der Actin- und Myosinmoleküle in den Sarkomeren. Auf der einen und auf der anderen Seite des Z-Streifens zeigen die Actinfilamente einen entgegengesetzten Drehsinn; die Myosinmoleküle sind zur Mitte des Sarkomers symmetrisch angeordnet (nach H. E. HUXLEY, 1965).

b) Durch Ausfällen aus einer Myosinlösung in vitro hergestellte dicke Filamente. Nach Negativkonstrastierung zeigen diese Filamente verschiedene Größen (da sie aus einer mehr oder minder großen Anzahl von Myosinmolekülen aufgebaut sind) und seitliche Knoten (Pfeile), die den dickeren Enden der Myosinmoleküle entsprechen. 100 000fach (Aufnahmen: H. E. HUXLEY, 1963)

Einer dieser Wege für die Regeneration von ATP geht direkt über eine Transphosphorylierungsreaktion, die durch Myokinase, ein spezielles Enzym der Muskelzellen, katalysiert wird: zwei Moleküle ADP ergeben ein Molekül ATP und ein Molekül AMP.

Der zweite Weg erlaubt ebenfalls eine schnelle Wiederherstellung von ATP. Das Cytoplasma der Muskelfasern enthält eine sehr energiereiche Verbindung: das Kreatinphosphat bei den Vertebraten und das Argininphosphat bei den Invertebraten. Eine Transphosphorylierung, die durch Kreatinphosphatkinase katalysiert wird, bewirkt die Regeneration eines Moleküls ATP entsprechend der Reaktion:

Kreatinphosphat + ADP → Kreatin + ATP

Schließlich führt noch ein letzter Weg über die Glykolyse. Hat die Muskelzelle nicht
genug Sauerstoff zur Verfügung, so endet die Glykolyse mit der Produktion von
Milchsäure. Die Anhäufung von Milchsäure behindert jedoch die Kontraktion. Man
sagt, daß die Faser ermüdet. Ist die Zelle jedoch mit genügend Sauerstoff versorgt,
so wird in den Mitochondrien die Brenztraubensäure ganz zu CO_2 abgebaut. Diese
Oxydation ist mit der Phosphorylierung von ADP zu ATP verbunden. Die oxydative
Phosphorylierung, wie dieser Prozeß genannt wird, soll uns noch in Abschnitt 6.3.1.
beschäftigen.

Im Zusammenhang mit dem Abbau der Kohlenhydrate haben wir schon einmal un-
terstrichen, daß die Muskelzelle über mehrere Stoffwechselwege verfügt, die zu einer
Regeneration von ATP führen. Die schnellen und anaeroben Wege ermöglichen ihr
eine sofortige Regeneration von ATP durch Transphosphorylierung von ADP oder Kreatinphosphat. Die langsamen, aeroben oder anaeroben Wege werden in dem Maße
genutzt, wie die Zelle über Sauerstoff verfügt oder nicht (Bild 31). Bei der Relaxation müssen die Bindungen zwischen Aktin und Myosin, die während der Kontraktion geschlossen wurden, gelöst und gleichzeitig die ATPase-Aktivität des Aktomyo-
sinkomplexes gehemmt werden. Wie neuere Forschungsergebnisse gezeigt haben,
hängt es von der Konzentration von Ca^{++}-Ionen im Bereich der Myofilamente ab,
ob sich die Myofibrillen kontrahieren oder entspannen können. Unter einer bestimmten Konzentration an Ca^{++}-Ionen (10^{-7} M) ist die Bewegung der Myofilamente möglich und die ATPase-Aktivität des Aktomyosins gehemmt. Liegt die Konzentration
über diesem Wert, so sind die Myofilamente miteinander verbunden, und die Hydrolyse von ATP löst die Kontraktion aus.

Die Relaxation ist nicht mehr möglich, wenn der Prozentsatz an Calcium im Cytoplasma unter einen bestimmten Wert fällt; Calcium ist demnach ein Entspannungs-
faktor. Für die Relaxation ist also eine Zufuhr von Calcium ins Grundcytoplasma
nötig, und es scheint, daß die Membranen des endoplasmatischen Reticulums diese
Zufuhr übernehmen. Das Calcium wird in den Zisternen des endoplasmatischen Reticulums gespeichert und verläßt diese bei Reizung. Diese Hypothese scheint mit
der Beobachtung übereinzustimmen, daß aus Muskelzellen isolierte Vesikel des
endoplasmatischen Reticulums in der Lage sind, *in vitro* in ihrem Innern Calcium
sehr stark anzureichern (HASSELBACH, 1964).

2.3.2.2. Amöboide Bewegung

Die amöboide Bewegung ist für die Ortsveränderung bestimmter Zellen typisch.
Das gilt für die weißen Blutkörperchen, die Amöben und Organismen wie die Myxomyceten (niedere Pilze, die aus einer großen Plasmamasse mit vielen Kernen bestehen). Bei der Amöbe hat das Grundcytoplasma unter der Zellmembran die Konsistenz eines Gels, während die inneren Regionen viel flüssiger sind und die Konsistenz eines Sols aufweisen. Wenn die Amöbe sich fortbewegt, sieht man das innere Cytoplasma sich nach vorne schieben und dann nach den Seiten strömen, ähnlich

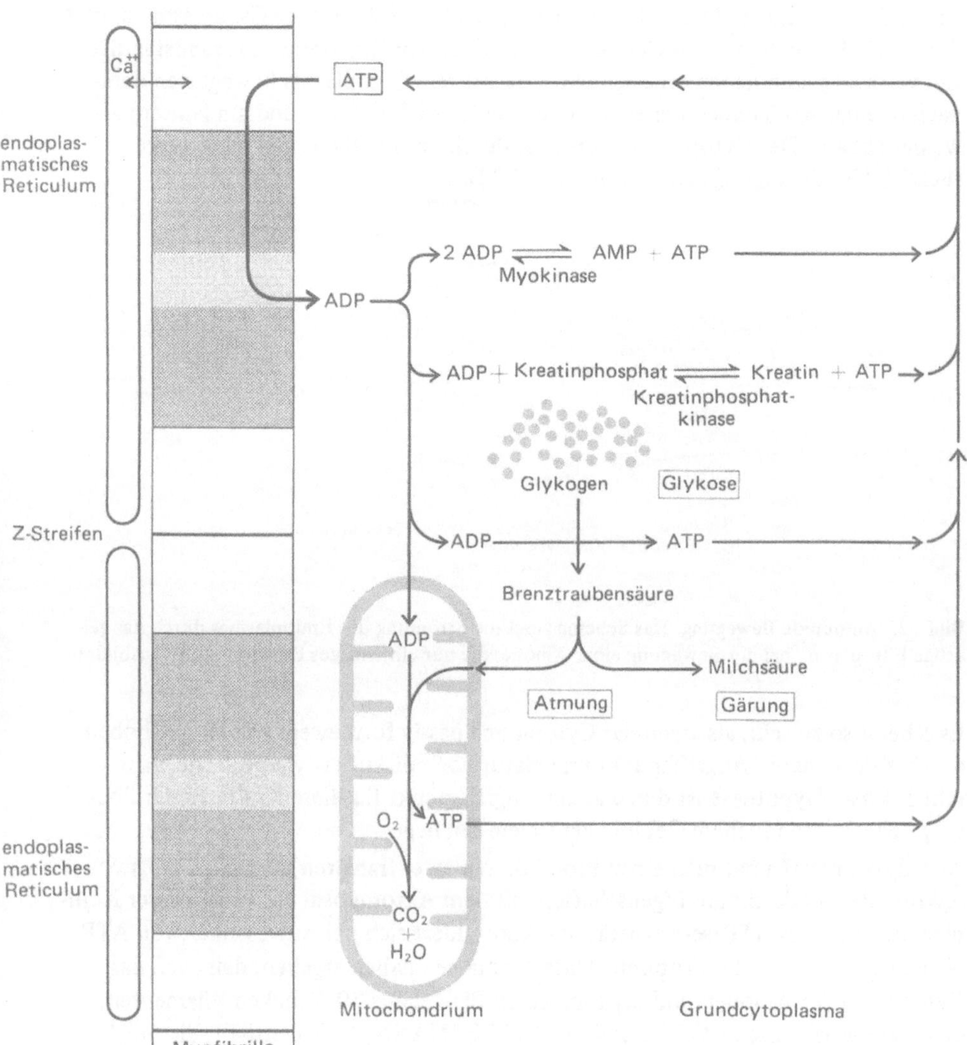

Bild 31. Verschiedene Stoffwechselwege, die die Regeneration des bei der Muskelkontraktion hydrolysierten ATP ermöglichen. Die einen wirken schnell (Transphosphorylierung von ADP oder Kreatinphosphat), die anderen langsamer und verbrauchen Glykogen. Bei der Erschlaffung des Muskels muß der Calciumgehalt im Bereich der Myofilamente geringer sein als zum Zeitpunkt der Kontraktion. Das endoplasmatische Reticulum wirkt zweifellos als Calciumpumpe

einem Springbrunnen. Das sich nach den Seiten hin ausbreitende Cytoplasma nimmt darauf die Konsistenz eines Gels an, während sich am Hinterende das randständige Gel verflüssigt und nach vorne schiebt. Das mittlere Cytoplasma bewegt sich demnach in einer Art Tunnel, der sich vorne unaufhörlich aufbaut und am Hinterende wieder abbaut. Der Cytoplasmastrom, der durch das randliche Gel nach vorne fließt, bildet dort das *Pseudopodium* (Bild 32).

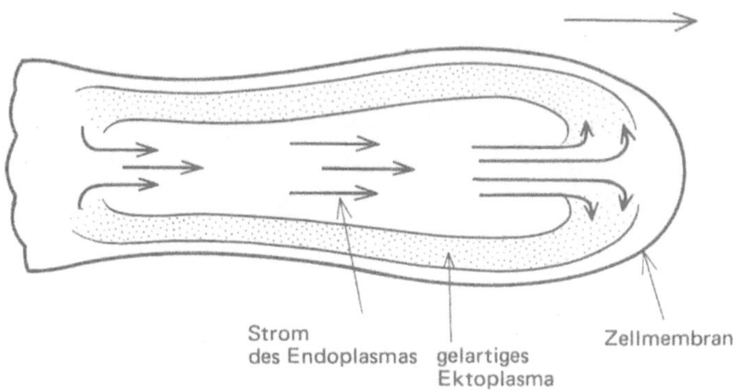

Bild 32. Amöboide Bewegung. Das Schema zeigt die Strömung des Endoplasmas durch das gelartige Ektoplasma bei der Bewegung einer Amöbe, die nur ein einziges Pseudopodium ausbildet

Es scheint so zu sein, als wenn das Cytoplasma passiv fortbewegt würde, geschoben durch Kräfte, deren Angriffspunkt und Natur noch diskutiert werden. Die wahrscheinlichste Hypothese ist die, daß der Angriffspunkt für diese Kräfte an der Phasengrenze von randlichem Gel und zentralem Sol liegt.

Aus Myxomyceten hat man einen Proteinkomplex extrahieren können, das *Myxomyosin,* das vergleichbare Eigenschaften mit dem Aktomyosin aufweist. Dieser Komplex hat ebenfalls ATPase-Aktivität und kontrahiert sich bei Anwesenheit von ATP. Neuere elektronenmikroskopische Untersuchungen haben ergeben, daß auch das Cytoplasma der Amöben und Myxomyceten Bündel aus 70 Å dicken Filamenten, den Plasmafilamenten (WOHLFARTH-BOTTERMANN, 1964) enthält, die möglicherweise ebenfalls ATPase-Aktivität besitzen. Ob diese Filamente, die wahrscheinlich instabil sind, wirklich einen kontraktilen Apparat darstellen, ist jedoch noch unbekannt.

2.3.2.3. Plasmaströmung

Die Plamaströmung kann man besonders leicht bei Pflanzenzellen beobachten, die eine große zentrale Vakuole besitzen. Gleich unter der Zellmembran bildet das Cytoplasma eine dünne Gelrinde, das Ektoplasma, aus, unter dem das viel flüssigere Endoplasma strömt. Wie bei der amöboiden Bewegung scheinen die Kräfte, die das

Endoplasma treiben, ihren Ansatzpunkt an der Phasengrenze von Ekto- und Endoplasma zu haben (Bild 33). Wenn man das Ektoplasma an einer Stelle zerstört, etwa
durch Einführen einer Fixierungsflüssigkeit mittels einer Mikropipette, so hört die
Plasmaströmung im Bereich des fixierten Ektoplasmas auf.

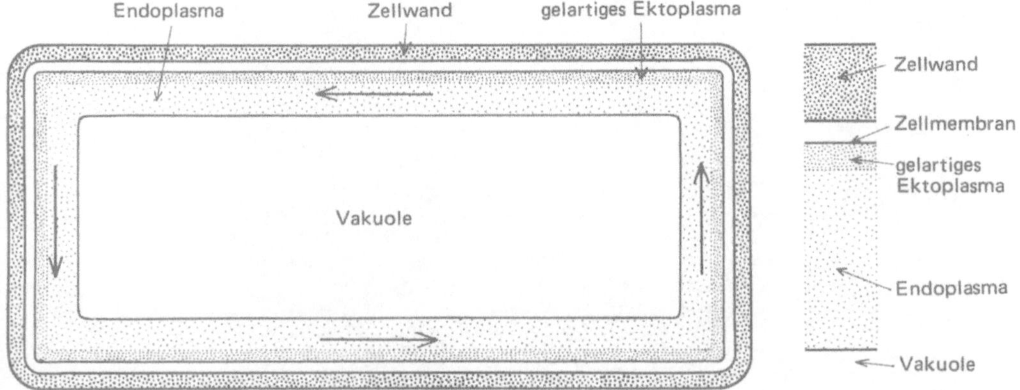

Bild 33. Zirkulatilnsströmung. Das Schema zeigt die Strömung des Endoplasmas unterhalb des
gelartigen Ektoplasmas bei einer Pflanzenzelle

Im Elektronenmikrolskop zeigt das Ektoplasma zahlreiche Mikrotubuli, die parallel
zur Zelloberfläche angeordnet sind (Bild 34). Wahrscheinlich tragen die Mikrotubuli
zur Orientierung der Plasmaströmung bei. Es ist möglich, daß sie als Ansatzstellen
für die kontraktilen Proteinkomplexe dienen, die auf das Edoplasma einen Zug ausüben. Doch alle diese Hypothesen haben sich bei weitem noch nicht bestätigt.

2.3.2.4. Erhaltung der Zellform

Die Zellform kann sehr verschiedengestaltig sein. Für ihre Erhaltung muß es starre
Strukturen geben, die eine Verformung der Zellen in eine sphärische, wenn es sich
um freie Zellen, oder in eine polyedrische Gestalt, wenn es sich um solche in einem
Zellverband handelt, verhindern. Eine derartige Verformung würde nach den Geset-
zen der Oberflächenspannung eintreten. Diese starren Bestandteile des Cytoplasmas
sind sehr verschiedener Art. Einige Beispiele hierfür:

Bestimmte Protozoen, wie *Trichodynopsis,* ein Verwandter von *Epistylis,* haben
die Form eines Kegels, dessen Basis die Funktion eines Saugnapfes ausübt und die
Haftung am Untergrund bewirkt. Die kreisrunde Form dieser Haftscheibe wird durch
einen Kranz von Proteinleisten aufrechterhalten (Bild 35).

Die Mikrovilli des Darmepithels enthalten parallel zur Längsachse Mikrofibrillen,
die ihnen Festigkeit verleihen.

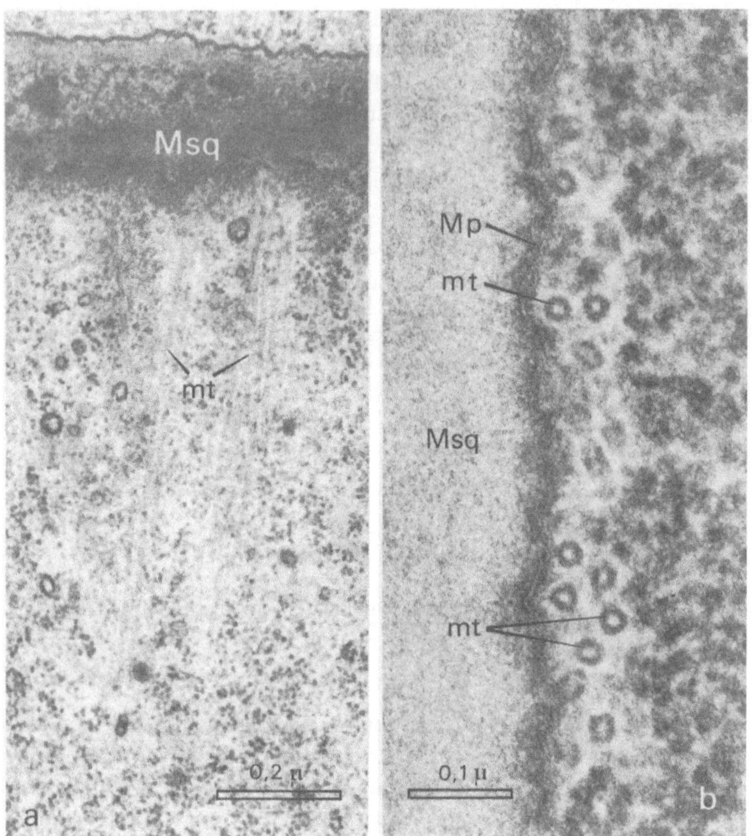

Bild 34. Mikrotubuli in der Randzone einer Pflanzenzelle (Wurzelzellen einer Graminee, *Phleum pratense*. a) Tangentialschnitt. Beachte die langen Mikrotubuli mt. Msq=Zellwand. 33 000fach. b) Im Schnitt rechtwinklig zur Oberfläche erkennt man unter der Zellmembran Mp die Mikrotubuli mt im Querschnitt. Msq=Zellwand. 140 000fach (Aufnahme: M. C. LEDBETTER und K. R. PORTER, 1963)

Wenn die Zellen durch Desmosomen untereinander verankert sind, laufen zahlreiche Tonofilamente auf diese Haftpunkte zu (Bild 21). Die Tonofilamente sind aber auch im Ektoplasma sehr häufig und tragen mit dazu bei, die Deformation der Zellen zu verhindern.

Auch die Mikrotubuli tragen zur Aufrechterhaltung der Zellform bei. Sie sind besonders zahlreich in den Axonen von Nervenzellen. In den Mittelstücken bestimmter Spermatozoiden kommen sie ebenfalls in großer Anzahl vor und verleihen dieser Region eine gewisse Starrheit.

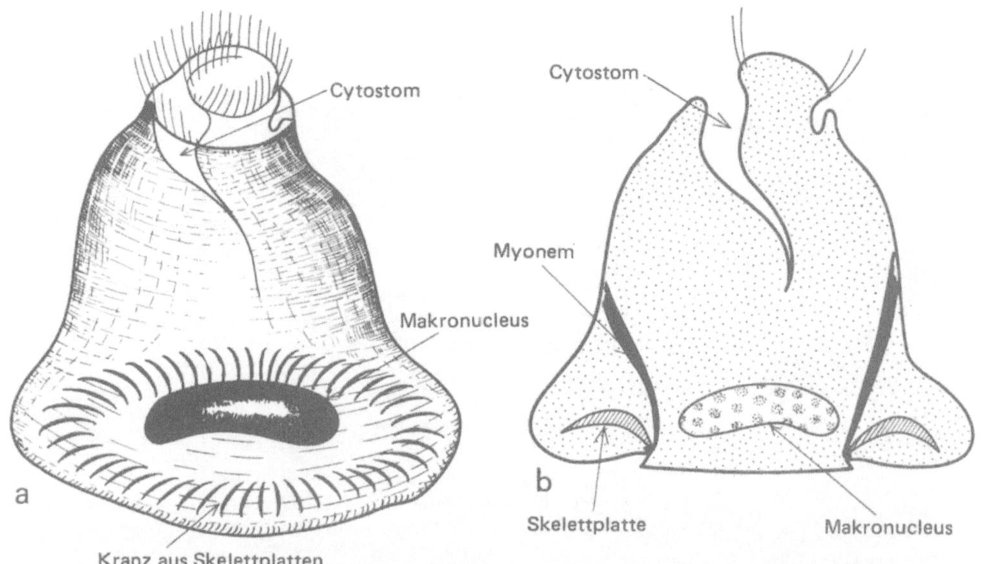

Bild 35. Cytoplasmatische Proteinplatten erhalten die Form von *Trichodynopsis*. Dieser Ciliat heftet sich mit seiner saugnapfartigen Basis an die Unterlage an; in diesem Teil der Zelle befindet sich ein Kranz von Proteinplatten, die als Ansatz für die Myoneme dienen. a) Gesamtansicht. b) Längsschnitt

Diese starren Elemente des Cytoplasmas können auch als Anheftungspunkte für die kontraktilen Systeme dienen. Wir haben auf diese hypothetische Funktion der Mikrotubuli bei der Besprechung der Plasmaströmung aufmerksam gemacht. Bei *Trichodynopsis* inserieren die Myoneme für das Anziehen der Haftscheibe an den Skelettleisten.

3. Ribosomen

3.1. Struktur und Ultrastruktur

Nur mit dem Elektronenmikroskop lassen sich diese Organellen, die von PALADE 1953 erstmals beschrieben wurden, beobachten. Nach Osmiumtetroxidfixierung erscheinen die *Ribosomen* in den Zellen als runde Partikeln von ungefähr 150 Å Durchmesser.

Ribosomen gibt es in allen Zellen, aber ihre Verteilung innerhalb der Zelle kann von Region zu Region variieren. Man findet sie frei im Grundcytoplasma oder an die Membranen des endoplasmatischen Reticulums angeheftet. Frei kommen sie entweder isoliert (Bild 36a) oder in Ketten aus 5 bis 40 Ribosomen vor, denen man den Namen *Polysomen* (Bild 36b) gegeben hat. Sind die Polysomen an die Membranen des endoplasmatischen Reticulums angeheftet, so nennt man den Komplex aus Polysomen und endoplasmatischem Reticulum *Ergastoplasma* (Bild 36c).

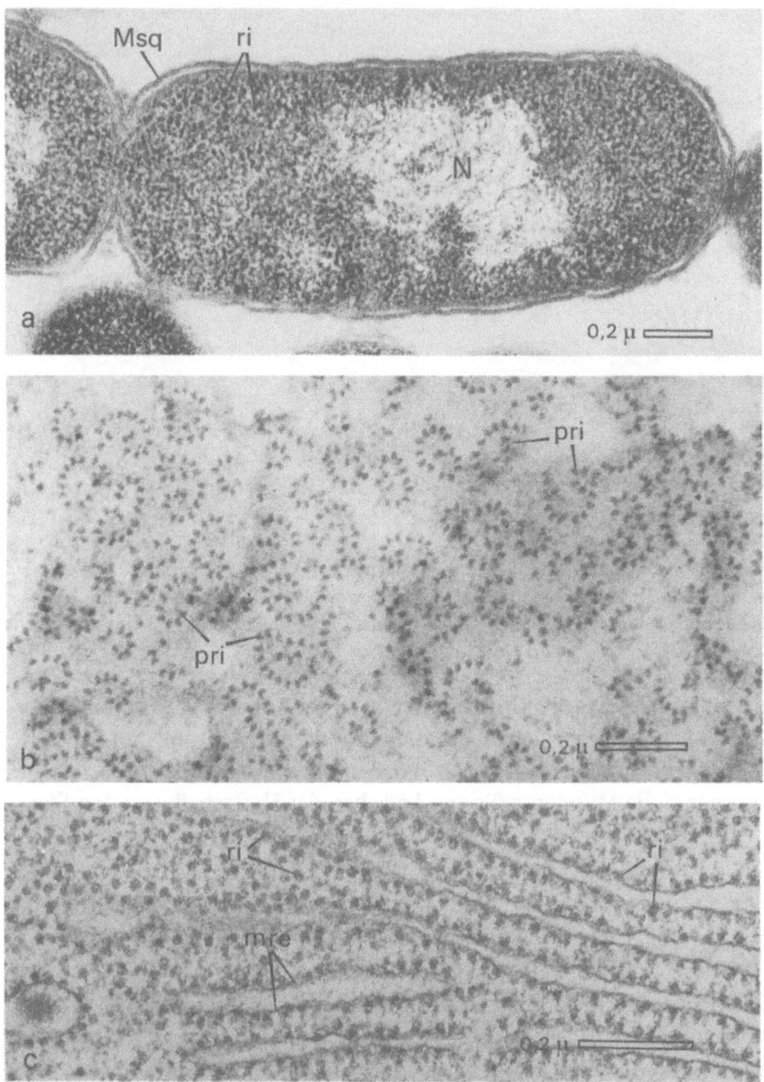

Bild 36. Ribosomen. a) Ribosomen ri im Grundcytoplasma einer Bakterienzelle (*Escherichia coli*). Beachte die große Menge der Ribosomen. Msq=Zellwand oder Bakterienwand; N=Kern. 45 000fach (Aufnahme: E. KELLENBERGER und A. RYTER, 1964). b) Zu Ketten oder Polysomen pri vereinigte Ribosomen in einer Leberzelle der Ratte. 60 000fach (Aufnahme: P. FAVARD, 1965). c) Ribosomen ri an den Membranen des endoplasmatischen Reticulums mre in einer Acinuszelle des Pankreas der Fledermaus. 75 000fach (Aufnahme: K.R. PORTER und S. BADENHAUSEN, 1965)

Die Anzahl der Ribosomen pro Zelle ist sehr verschieden; sie hängt vom Typ und vom Volumen der Zelle ab. Die Konzentration dieser Organellen schwankt auch von Region zu Region im Cytoplasma derselben Zelle. Für ein Bakterium wie *Escherichia coli* schätzt man etwa eine Zahl von 10 000 Ribosomen. Bei jungen Erythrocyten, die noch Hämoglobinsynthese durchführen, rechnet man mit 100 Ribosomen pro μm^3 Cytoplasma.

Nach Negativkontrastierung zeigt sich, daß jedes Ribosom aus zwei zusammenhängenden globulären Untereinheiten aufgebaut ist (Bild 37a u. b). Wendet man dieses Verfahren bei Polysomen an, so erkennt man, daß die einzelnen Ribosomen eines Polysoms durch einen Faden von 15 Å Durchmesser verbunden sind.

Dieser Aufbau der Ribosomen ist bei allen Zelltypen gleich. Entspricht jedoch der Aspekt, den man im Elektronenmikroskop wahrnimmt, den Organellen, die tatsächlich in einer lebenden Zelle vorhanden sind? Ein erster Hinweis für die Gültigkeit der Beobachtungen liegt in der Gleichheit der Ribosomenstruktur nach Anwendung verschiedener physikalischer oder chemischer Fixierungsmethoden. Ferner zeigen biochemische Untersuchungen, die an isolierten Ribosomen durchgeführt wurden, daß die biochemische Aktivität der Ribosomenfraktion an Partikeln von 150 Å Durchmesser gebunden ist (der Durchmesser läßt sich aus der beim Zentrifugieren gemessenen Sedimentationsgeschwindigkeit berechnen).

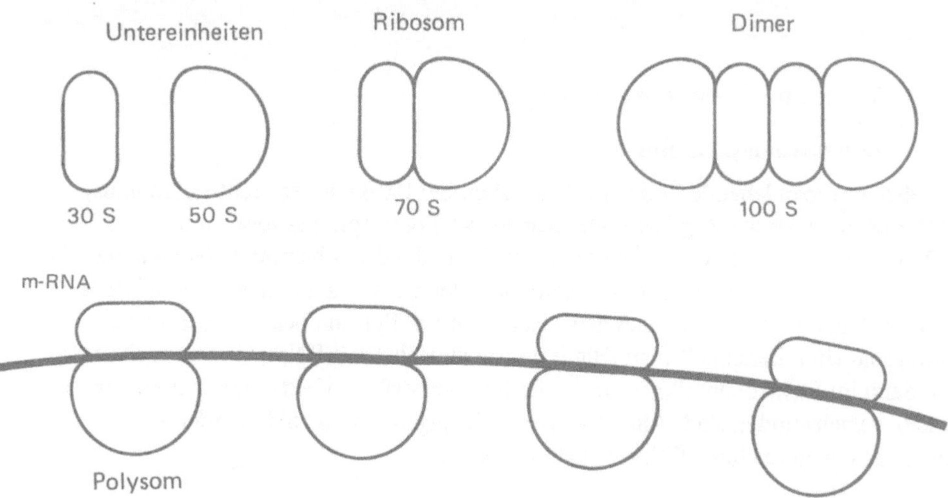

Bild 37. a) Organisation der Bakterienribosomen. Jedes Ribosom besteht aus zwei Untereinheiten. Bei der Isolierung verbinden sich die Ribosomen häufig zu Paaren und bilden Dimere, wie es auch in Bild 37b zu sehen ist. Ribosomen, die dabei sind, die Messenger-RNA zu entziffern, bilden Ketten oder Polysomen.

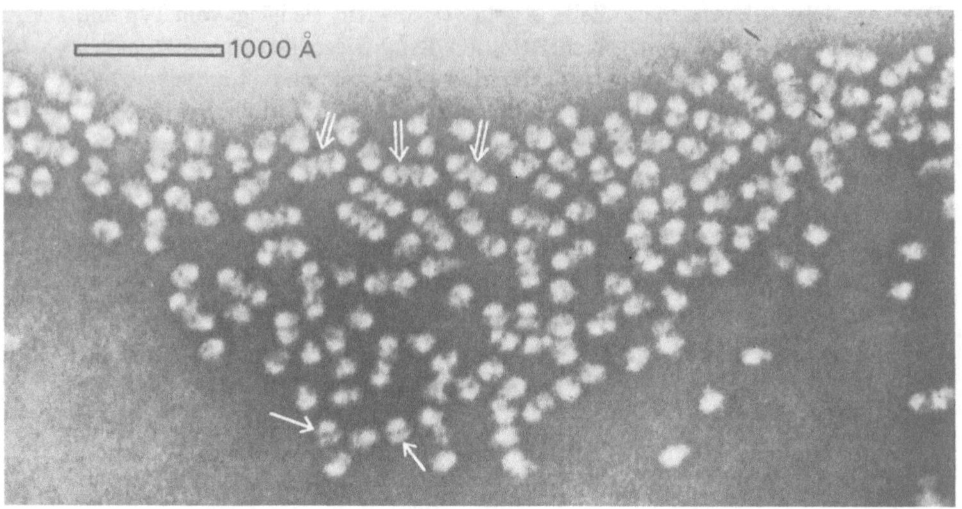

Bild 37b

b) Aus *Escherichia coli* isolierte Ribosomen nach Negativkontrastierung. Beachte die beiden Untereinheiten jedes Ribosoms (einfache Pfeile) und die Dimeren (Doppelpfeile). 190 000fach (Aufnahme: H.E. HUXLEY und G. ZUBAY, 1960)

3.2. Chemische Zusammensetzung

3.2.1. Untersuchungen in situ

Beobachtet man lebende Zellen im Mikroskop bei UV-Licht, so stellt sich heraus, daß ribosomenreiche Regionen oder solche, wo Ergastoplasma vorkommt, stark UV absorbieren, und zwar bei einer Wellenlänge, die den Absorptionsbanden der Nucleinsäuren entspricht (Bild 41, Seite 68). Beim cytochemischen Test auf RNA nach BRACHET zeigt sich, daß diese Regionen mit Pyronin besonders intensiv anfärbbar sind. Behandelt man Dünnschnitte zunächst mit RNase und betrachtet sie dann im Elektronenmikroskop, so findet man, daß die elektronendichten Partikeln verschwunden sind. Alle diese Beobachtungen führen zu dem Schluß, daß die Ribosomen reichlich RNA enthalten müssen.

3.2.2. Isolierung von Ribosomen und deren Untereinheiten

Das technische Problem stellt sich unterschiedlich dar, je nachdem ob die Ribosomen aus Zellen zu isolieren sind, in denen sie frei vorkommen, oder aus solchen, wo sie an die Membranen des endoplasmatischen Reticulums gebunden sind.

Zellen mit freien Ribosomen (Bakterien, Hefen, junge Erythrocyten) werden in
einer 0,88 molaren Saccharoselösung mit 0,01 Mol Magnesiumchlorid mechanisch
zerstört. Das Homogenat wird bei 10 000 g zentrifugiert, um die Kerne, Mitochondrien und Zelltrümmer, die sich im Niederschlag sammeln, abzutrennen. Dann wird
der Überstand eine Stunde lang bei 100 000 g zentrifugiert. Nun sammeln sich die
Ribosomen im Sediment und bilden die Ribosomenfraktion der Zelle.

Sind die Ribosomen an den Membranen des endoplasmatischen Reticulums angeheftet (Ergastoplasma von Zellen des exokrinen Pankreas oder von Leberzellen),
so ist ihre Isolierung sehr viel schwieriger. Die Zerstörung der Zellen führt nicht
dazu, die Ribosomen vom endoplasmatischen Reticulum abzulösen; im Gegenteil,
die normalerweise abgeflachten Zisternen des endoplasmatischen Reticulums zerfallen in kleine, runde Vesikeln, die an ihrer Außenseite die Ribosomen tragen.
Diese Vesikeln von 0,1 bis 0,2 μm Durchmesser wurden erstmals von CLAUDE
(1947) isoliert, der ihnen den Namen *Mikrosomen* gab. Durch schondendes Zentrifugieren des Homogenats erhält man die Mikrosomen im Überstand (Bild 43a
u. b, Seite 70). Die am häufigsten angewandte Methode, Ribosomen von den Membranen des endoplasmatischen Reticulums zu lösen, ist die, die Membranen mittels
Detergentien wie Natriumdesoxycholat oder anderer Salze von Gallensäuren aufzu-
lösen (Methode von PALADE und SIEKEVITZ, 1956). Nach dieser Behandlung
mit Detergentien kann man die Ribosomen durch Zentrifugieren bei 100 000 g
als Sediment erhalten (Bild 37b).

Wir haben gesehen, daß die Ribosomen in einer Saccharoselösung isoliert werden,
die 0,01 Mol Magnesiumchlorid enthält. Werden die Ribosomen in ein Medium mit
weniger Magnesium (MgCl$_2$ 0,001 M) gebracht, so zerfällt jedes Ribosom in zwei
Untereinheiten von verschiedener Größe; die eine repräsentiert ungefähr zwei Drittel der Masse eines Ribosoms und die andere den restlichen Teil.

Man bezeichnet diese Untereinheiten mit ihrem Sedimentationskoeffizienten, die
bei der Ultrazentrifugation gemessen worden sind und in SVEDBERG-Einheiten
angegeben werden[1]). Die Ribosomen der Bakterien mit einem Sedimentationskoeffizienten von 70 S (70 S-Ribosomen) zerfallen in zwei Untereinheiten mit dem
Sedimentationskoeffizienten von 50 S und 30 S (Bild 37a). Die Ribosomen der anderen Zellen, die etwas größer sind als die der Bakterien, haben einen Sedimentationskoeffizienten von 80 S und sind ebenfalls aus zwei Untereinheiten aufgebaut:
60 S und 40 S. Diejenigen, die an den Membranen des endoplasmatischen Reticulums festsitzen, sind zweifellos mit ihrem schweren Teilstück daran befestigt (60 S).

---

[1]) Siehe Band „Die Zelle", erschienen in derselben Reihe.

3.2.3. Chemische Analyse

Die chemische Analyse der Ribosomenfraktion und der Fraktionen ihrer Untereinheiten erlauben eine Vervollständigung und Präzisierung der mit cytochemischen
Methoden gewonnenen Resultate. Die Bakterienribosomen oder 70 S-Ribosomen
sind die am besten untersuchten. Es handelt sich um sehr poröse Gebilde, die 50%
Wasser enthalten. Ihr Molekulargewicht in Lösung beträgt ungefähr $2,7 \cdot 10^6$. Die
Trockenmasse besteht zu 63 % aus RNA und zu 27 % aus Protein. Die relative Zusammensetzung von RNA zu Protein ist in den beiden Untereinheiten von 50 S und
30 S die gleiche, deren Molekulargewicht in Lösung man mit $1,8 \cdot 10^6$ und $0,9 \cdot 10^6$
bestimmt hat.

Die RNA jeder Untereinheit besteht nur aus einer Kette, deren Molekulargewicht
für das 50 S-Teilstück $1,2 \cdot 10^6$ und für das 30 S-Teilstück $0,6 \cdot 10^6$ beträgt. Die Sedimentationskoeffizienten der ribosomalen RNA oder r-RNA sind .23 S bzw. 16 S.
Der Proteinanteil besteht aus verschiedenen Polypeptidketten, deren Molekulargewicht ungefähr 25 000 beträgt. Jede Untereinheit enthält ein RNA-Molekül; die
60S-Untereinheit eine RNA von 28S mit dem Molekulargewicht von $1,5 \cdot 10^6$, die
40S-Untereinheit eine von 18S mit einem Molekulargewicht von $0,8 \cdot 10^6$.

Darüber hinaus hat man kürzlich entdeckt, daß die großen Untereinheiten von 50S
und 60S noch eine RNA von 5S enthalten, die ihrer Größe nach den kleinen Molekülen der Transfer-RNA vergleichbar wäre, jedoch enthält sie nicht die seltenen Basen wie diese.

Anders als bei Bakterien enthalten die Ribosomen anderer Zellen, die 80 S Ribosomen, noch mehr Wasser: etwa 80 %. Ihr Teilchengewicht in Lösung beträgt ungefähr $4 \cdot 10^6$, die Trockenmasse besteht zu 50 % aus RNA und zu 50 % aus Protein.
Wie bei den Bakterien ist das Verhältnis von RNA zu Protein in den beiden Untereinheiten von 40 S und 60 S gleich.

Wie die chemische Analyse zeigt, sind die Ribosomen im wesentlichen aus Ribonucleinsäure (daher auch der Name) und Protein aufgebaut.

Man nimmt an, daß die Proteine innerhalb jeder Untereinheit einen Kern bilden und
die RNA-Kette oberflächlich auf ihm angeordnet ist. Diese Hypothese wird durch
die Beobachtung gestützt, daß die Mg^{++}-Ionen die beiden Untereinheiten zusammenhalten, vermutlich dadurch, daß sie Brücken zwischen den Phosphatgruppen der
beiden RNA-Ketten bilden. Diese Bindung wäre nicht möglich, wenn die RNA eine
zentrale Lage innerhalb der Untereinheiten einnähme, denn dann wären die Phosphatgruppen durch die Polypeptidketten maskiert.

Sind die Ribosomen zu Polysomen aufgereiht, so handelt es sich bei dem verbindenden Filament von 15 Å Durchmesser um eine messenger-RNA.

3.3. Physiologische Bedeutung und Funktionen

Es kommen hier nicht alle Einzelheiten der Experimente zur Sprache, die dazu geführt haben, die Rolle der Ribosomen im Stoffwechselgeschehen der Zelle zu verstehen (siehe auch Band „Genetik" derselben Reihe), sondern lediglich die wichtigsten Ergebnisse.

Die Ribosomen sind Organellen, die an der Proteinsynthese beteiligt sind. Sie sind die Maschinen für die Entzifferung der messenger-RNA und fügen die Aminosäuren zu Proteinketten zusammen. Die Verknüpfung der Aminosäuren in einer ganz bestimmten Reihenfolge, die von der messenger-RNA diktiert wird, kann nur dann erfolgen, wenn die Ribosomen intakt sind, d.h. wenn ihre Untereinheiten zusammenhängen. Sind die Ribosomen einzeln im Grundcytoplasma verteilt, so sind sie inaktiv; sind sie zu Polysomen verbunden, so synthetisieren sie Proteine. Liegen die Polysomen frei im Grundcytoplasma, dann verbleiben die aufgebauten Proteine im Grundcytoplasma; sind sie dagegen an die Membranen des endoplasmatischen Reticulums gebunden, dann verlassen die synthetisierten Proteine das Grundcytoplasma und sammeln sich in den Zisternen des endoplasmatischen Reticulums an.

3.4. Entstehung

In allen Zellen, abgesehen von Bakterienzellen, wird die Ribosomen-RNA an einer bestimmten Stelle eines bestimmten Chromosoms synthetisiert, an der sich der Nucleolus ausbildet und die man deshalb Nucleolusorganisator nennt. Einen Beweis für die Bedeutung des Nucleolusorganisators erbringt eine letale, nucleoluslose Mutante von Xenopus (südamerikanischer Krallenfrosch), die nicht imstande ist, Ribosomen zu produzieren. Zunächst wird eine 45S-RNA synthetisiert, Vorläufer sowohl der 18S-RNA als auch der 28S-RNA. Die 45S-RNA wird in der Masse des Nucleolus gespeichert und teilt sich dann erst in ein Molekül Ribosomen-RNA von 18S und ein Molekül von 32S-RNA; das letztere wird, indem es ein Drittel seiner Länge verliert, zum Molekül Ribosomen-RNA von 28S. Man weiß jedoch nicht, wo die Vereinigung von RNA und Proteinen, aus denen ein Ribosom aufgebaut ist, stattfindet. Sie scheint nicht mehr im Kern zu geschehen, sondern wahrscheinlich im Grundcytoplasma.

Bei den Bakterien, die weder einen Nucleolus noch eine Kernmembran haben, konnte man zeigen, daß eine bestimmte Stelle am Bakterienchromosom die Ribosomen-RNA aufbaut.

4. Endoplasmatisches Reticulum

Im Innern des Cytoplasmas kann man mit dem Elektronenmikroskop häufig Ansamm-
lungen von sehr verschiedengestaltigen Hohlräumer, beobachten, die diesem Bereich
der Zelle eine schwammartige Struktur verleihen. Nach Osmiumtetroxidfixierung
erscheinen diese Hohlräume meistens abgeflacht und vom Grundcytoplasma durch
eine Membran getrennt. Die Hohräume kommunizieren häufig miteinander und bilden so ein Kanalnetz, das PORTER *endoplasmatisches Reticulum* genannt hat. Im
Bereich der ungeordneten Hohlräume des endoplasmatischen Reticulums bemerkt
man noch andere Zisternen, die sehr viel regelmäßiger in Form von Stapeln angeordnet sind. Diese Stapel entsprechen einem Organell, das man seit langem kennt:
dem GOLGI-Apparat. Den intercytoplasmatischen Zisternen gehören demnach zwei
Kategorien von Organellen an: das endoplasmatische Reticulum und der GOLGI-
Apparat. Die Verschiedenheit dieser Organellen ist nicht allein morphologischer
Art: ihre Funktionen sind zwar häufig komplementär, jedoch physiologisch verschieden.

4.1. Struktur und Ultrastruktur

Wie schon hervorgehoben, wird das endoplasmatische Reticulum aus Zisternen gebildet (Bild 38), die von einer 75 Å dicken Membran begrenzt werden. Bei starker
Vergrößerung erkennt man, daß diese Membran aus zwei dunklen Schichten besteht, die durch einen hellen Spalt getrennt werden und folglich den Aspekt einer
Einheitsmembran bietet. Die Zisternen des Reticulums sind von sehr variabler Form;
meistens sind sie abgeflacht und überschreiten nicht die Dicke von 250 bis 500 μm.
Einige sind gelegentlich sehr erweitert wie diejenigen, die die Vakuolen der Pflanzenzellen bilden; andere bilden gewundene Kanäle oder Vesikel von 250 bis 1 000 μm
Durchmesser.

Im allgemeinen ist das Reticulum im Innern des Cytoplasmas sehr polymorph
(Bild 39). Es gibt jedoch einen Bezirk in der Zelle, wo es immer die gleiche Struktur aufweist: an der Grenze zwischen Grundcytoplasma und Nucleoplasma. Dort
umgibt das Reticulum das Nucleoplasma vollständig und bildet das, was wir Kernmembran nennen. Die Kernmembran ist nicht lückenlos, sondern wird regelmäßig
von 500 Å großen Poren unterbrochen. Nach Osmiumfixierung erscheint der Rand
der Poren elektronendichter, so daß im Tangentialschnitt die Kernmembran mit
dunklen Ringen übersät ist (Bild 40). Diese für die Grenze zwischen Grundcytoplasma und Nucleoplasma typische Struktur des Reticulums findet sich gelegentlich
auch in den Lamellen des Reticulums mitten im Grundcytoplasma. Dieser mit dunklen Ringen besetzte Typ des Reticulums heißt *annulate lamellae.*

Die Form der Zisternen ist nicht die einzige morphologische Eigenart des endoplasmatischen Reticulums (ER). Man beobachtet häufig, daß sich Ribosomen an der
Außenseite der ER-Membranen anlagern. Je nach Vorhandensein oder Fehlen von

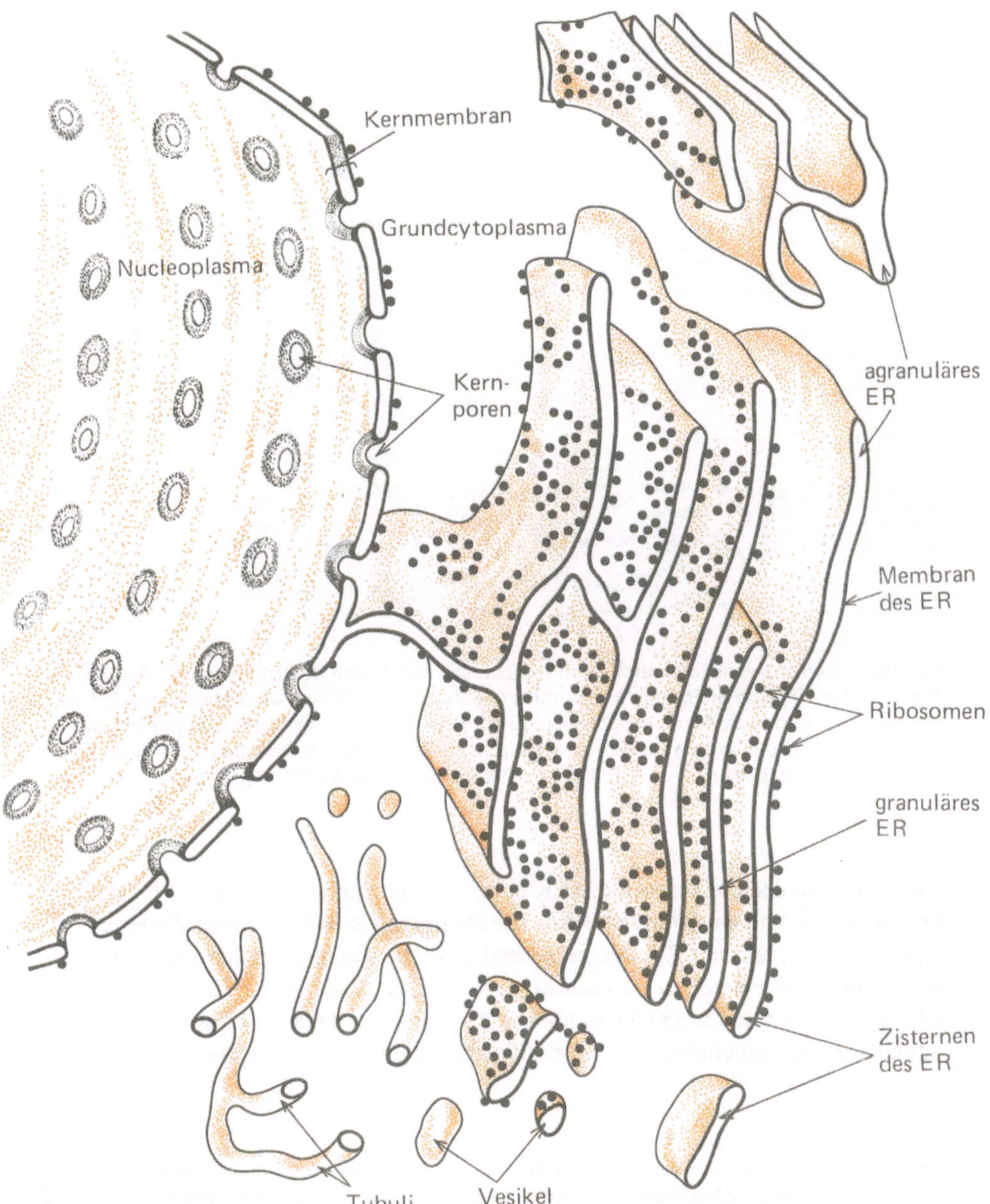

Bild 38. Verschiedene Aspekte des endoplasmatischen Reticulums. Die Membranen des ER begrenzen Zisternen von sehr variabler Form, die manchmal untereinander kommunizieren können. Sind an die Membranen Ribosomen angeheftet, so spricht man von einem granulären ER. Die Grenze zwischen Grundcytoplasma und Nucleoplasma besteht aus einer perforierten Sonderbildung des ER, der Kernmembran

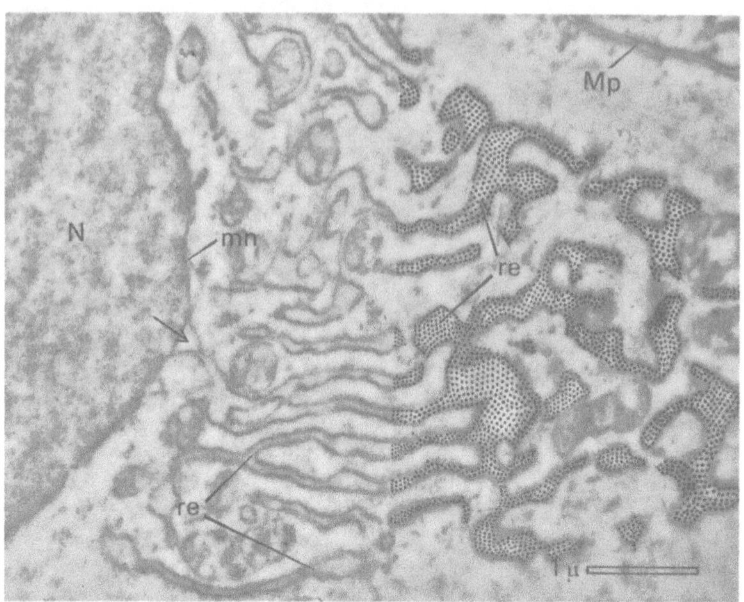

Bild 39. Zisternen des endoplasmatischen Reticulums. Auf diesem Bild ist erkennbar, daß die Zisternen des ER re untereinander kommunizieren. Rechts im Bild sind die Zisternen des ER punktiert, damit sie sich deutlicher abheben. Ein Teil des ER bildet die Kernmembran mn, die mit den Zisternen des übrigen ER in Verbindung steht (Pfeil). Mp=Zellmembran; N=Kern. Zellen eines Amphibienembryos. 15 000fach (Aufnahme: K. R. PORTER, 1960)

Ribosomen an den Membranen des ER unterscheidet man ein *granuläres ER* oder *Ergastoplasma* und ein *agranuläres ER*. Die Membran ein und derselben Zisterne kann teils glatt, teils mit Ribosomen besetzt sein. Die den Membranen angehefteten Ribosomen sind generell zu Polysomen vereinigt. Der Inhalt der ER-Zisternen ist sehr häufig wenig elektronendicht, aber es gibt Fälle, bei denen die Zisternen mit dunkler erscheinendem Material angefüllt sind. Die oben gegebene Beschreibung

Bild 40. Kernmembran und annulate lamellae. a und b) Kernmembran einer Molch-Oocyte. a) Nach Osmiumtetroxidfixierung erscheinen die Ränder der Poren im Tangentialschnitt als dunkle Ringe. b) Querschnitt durch eine Kernmembran mit Poren (Pfeile). Hy=Grundcyto-plasma; N=Kern. 44 000fach (Aufnahmen: P. FAVARD, 1958). c und d) Annulate la-mellae im Cytoplasma eines Seeigeleis. Hier zeigen die Lamellen des ER eine ähnliche Struktur wie die Kernmembran. c) Tangentialschnitt; d) Querschnitt. 28 000fach (Aufnahmen: P. FAVARD, 1958)

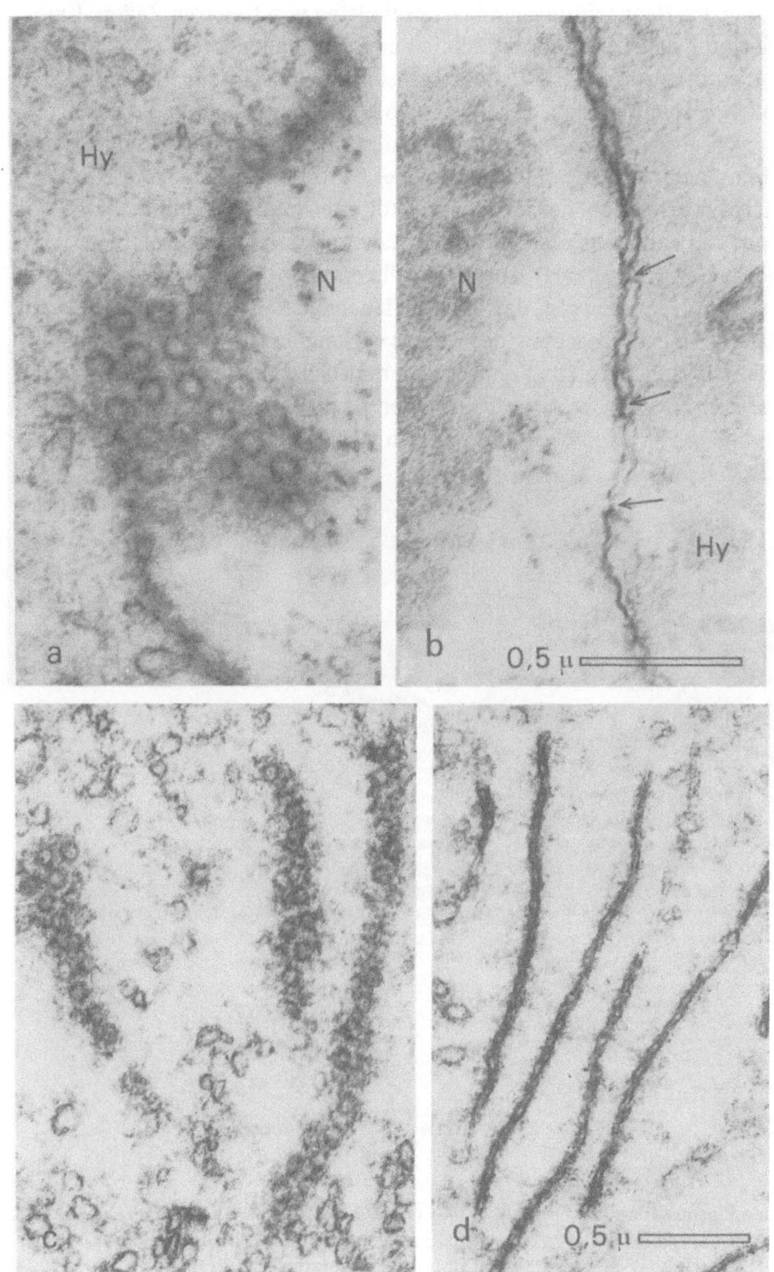

Hy
N
N
Hy
b
0,5 µ
a
c
d
0,5 µ

des ER stützt sich auf Beobachtungen an Dünnschnitten von fixierten Zellen. Existiert dieses Netz aus Zisternen aber tatsächlich in der lebenden Zelle? Obwohl die Dicke der Zisternen an der Grenze des Auflösungsvermögens des Lichtmikroskops liegt, so ist es doch möglich, das ER in vivo an Zellen von geringer Dicke (Zellen in Gewebekultur, Blutzellen) zu beobachten. Im Phasenkontrastmikroskop erkennt man feine Lamellen, die die Strömung des Cytoplasmas ablenken. Das Elektronenmikroskop zeigt bei den Zellen des exokrinen Pankreas um den Kern herum eine Zone mit zahlreichen parallel zueinander ausgerichteten Zisternen des granulären ER. Dieselbe Zone einer lebenden Zelle erscheint im Polarisationsmikroskop doppelbrechend, was beweist, daß auch im lebenden Zustand tatsächlich ein geordnetes Material in der Umgebung des Kernes vorhanden ist. Im UV-Licht sind die Ränder der Zisternen des granulären ER sehr deutlich zu erkennen, denn die UV-Strahlen werden von der RNA der Ribosomen an den Membranen sehr stark absorbiert (Bild 41). Alle diese Beobachtungen in vivo bestätigen das von fixierten Zellen her bekannte Bild.

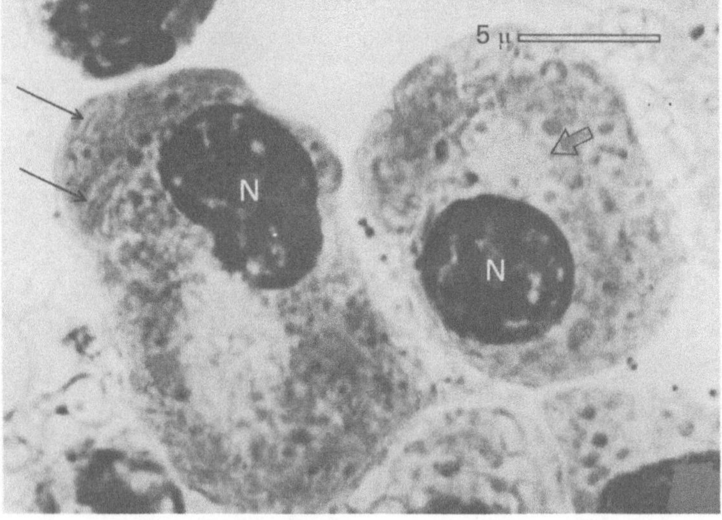

Bild 41. Lebende Plasmazellen im UV-Licht. Von der DNA im Kern N wird das UV-Licht stark absorbiert. Der Kern erscheint daher in der Aufnahme besonders dunkel. Die dunklen Linien im Cytoplasma (dünne Pfeile) entsprechen den ribosomenbesetzten Membranen des ER. Die helle Zone in der Nähe des Kernes entspricht der Zentrosphäre (dicker Pfeil). 3 800 fach (Aufnahme: J.-P. THIÉRY, 1963)

4.2. Chemische Zusammensetzung

4.2.1. Untersuchungen in situ

Bei sehr erweiterten ER-Zisternen ist es möglich, ihren Inhalt in situ zu studieren. Die Zellsaftvakuolen der Pflanzenzellen sind dazu besonders gut geeignet. Man hat zeigen können, daß sie im wesentlichen eine wäßrige Lösung organischer und anorganischer Salze enthalten, aus der bei Sättigung Kristalle ausfallen können (Calciumoxalat und Calciumsulfat). Die Vakuolen bestimmter Zellen enthalten außerdem gelegentlich Heteroglykane, z. B. Gerbstoffe oder Farbstoffe (Flavone und Anthocyane).

Mit histochemischen Methoden lassen sich im Bereich des ER verschiedene Phosphatasen nachweisen: Nucleosiddiphosphatase, Glucose-6-phosphatase (Bild 42), saure Phosphatase u. a.. Diese Reaktionen sind nicht so sauber, daß man diese Aktivität elektiv an den Membranen oder in den Zisternen lokalisieren könnte, denn das Reaktionsprodukt (Bleiphosphat) ist über das gesamte ER verteilt (NOVIKOFF, 1962, 1963). Dieses Ergebnis kann jedoch durch die Analyse von Fraktionen vervollständigt werden.

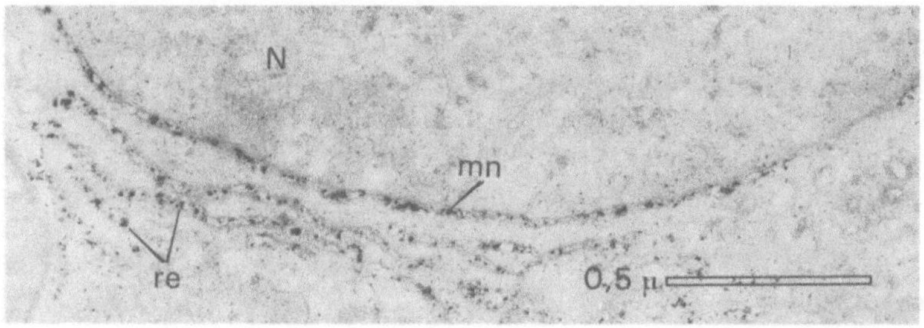

Bild 42. Nachweis von Phosphatase-Aktivität im ER. Diese Aufnahme zeigt einen Ausschnitt von einer Leberzelle der Ratte. Nach dem Fixieren wurde diese Zelle in einer Lösung inkubiert, die Glucose-6-phosphat und Bleinitrat enthielt. Der schwarze Niederschlag von Bleiphosphat, der in den Zisternen des Er re zu erkennen ist, weist auf das Vorhandensein von Glucose-6-phosphatase in diesem Organell hin. Dieses Enzym ist sowohl in den im Cytoplasma verteilten Zisternen des ER wie auch in der Kernmembran mn vorhanden. N=Kern. 45 000fach (Aufnahme: S. GOLD-FISCHER, E. ESSNER und A. B. NOVIKOFF, 1964)

4.2.2. Isolieren von ER-Fraktionen

Wie wir gesehen haben, sind die Membranen des ER oft sehr stark mit Ribosomen besetzt. Es kommt selten vor, daß Zellen nur agranuläres ER enthalten. Beim Homogenisieren und Zentrifugieren der Zellen erhält man eine Fraktion des ER, die aus Vesikeln besteht, die an ihrer Außenseite Ribosomen tragen (Bild 43a u. b).

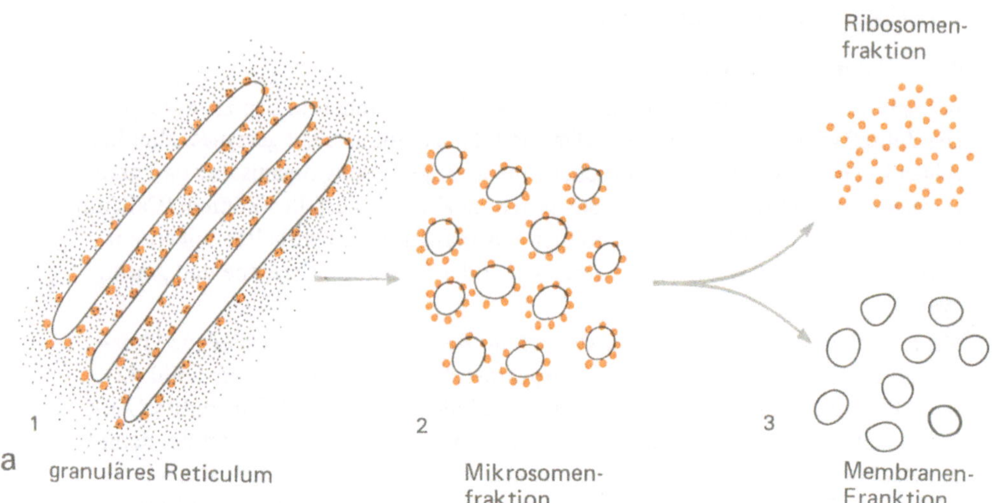

Bild 43. a) Schematische Darstellung der wichtigsten Schritte zur Gewinnung einer Ribosumen-
fraktion aus Zellen mit granulärem ER

Diese Fraktion wird Mikrosomenfraktion genannt (siehe Seite 61) und kann durch
vorsichtige Behandlung mit Natriumdesoxycholat von den Ribosomen befreit werden, ohne daß die Membranen zerstört werden. Danach wird bei 20 000 g zentrifugiert, und man erhält zum Schluß die ribosomenfreien Vesikel als Sediment
(Bild 43a). Die Ribosomen bleiben im Überstand (ERNSTER, PALADE und SIE-
KEVITZ, 1962).

4.2.3. Chemische Analyse

Die Analyse der aus Mikrosomen gewonnenen Fraktion ergibt, daß die Membranen
aus Phospholipiden (35 % des Trockengewichts) und Proteinen, zum Teil Enzym-
proteinen, besteht (60 %). Unter den Enzymen finden wir verschiedene Phosphatasen (Glucose-6-phosphatase, Nucleosidphosphatasen), Esterasen und in bestimmten Zellen (Nebennierenrindenzellen) Enzyme, die die Steroidhormonsynthese aus
Cholesterin katalysieren. Diese Bestandteile stellen im wesentlichen die der Membranen des ER dar, während der Inhalt der Vesikel bei der Präparation meistens
verlorengeht und durch das bei der Isolierung verwendete Milieu ersetzt wird.

4.3. Physiologische Bedeutung und Funktionen

Die Erforschung der physiologischen Funktionen des ER steckt noch in ihren An-
fängen. Die derzeitigen Kenntnisse sind überwiegend aus morphologischen Daten
gewonnen und bedürfen der Präzisierung und Vervollständigung durch andere Methoden.

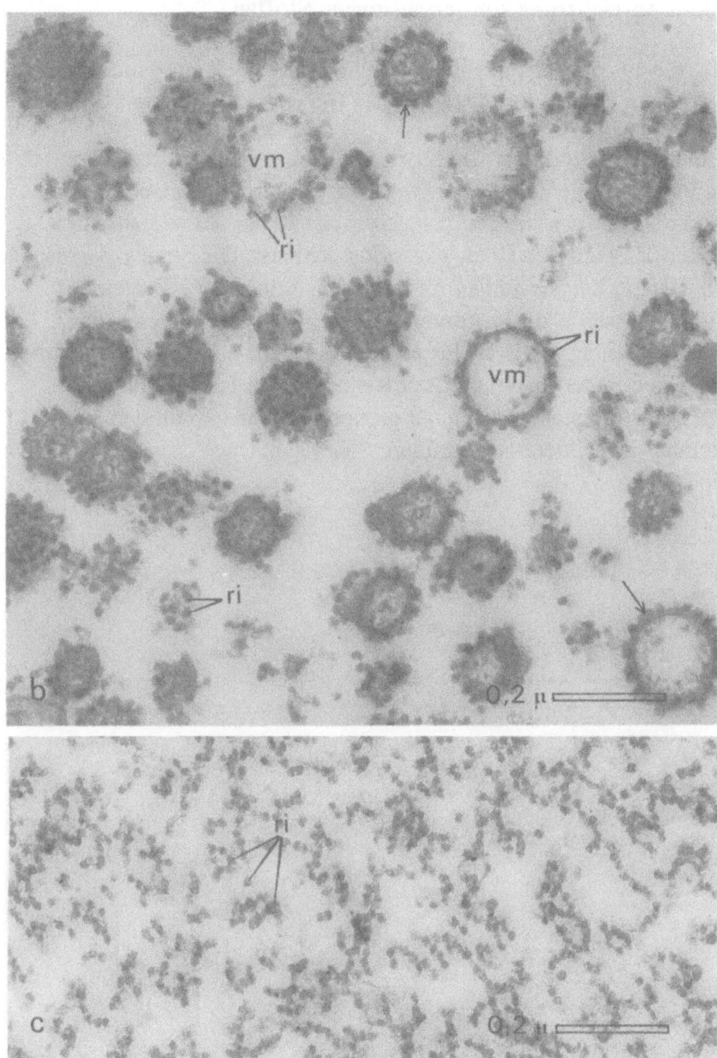

Bild 43b und c

b und c) Mikrosomen- und Ribosomenfraktion aus Pankreas vom Meerschweinchen. b) Beim Homogenisieren der Zellen zerfallen die Zisternen des ER zu kleinen ribosomentragenden Vesikeln, den Mikrosomen; man gewinnt sie durch differentielles Zentrifugieren. Auf dieser Aufnahme erkennt man die Vesikel vm und die daran festsitzenden Ribosomen ri. Die Membran der Mikrosomen besteht aus drei Schichten (Pfeile). 75 000fach. c) Wie die Aufnahme zeigt, können die freien Ribosomen ri als reine Fraktion gewonnen werden. Eine solche Fraktion kann auch aus Mikrosomen hergestellt werden, wenn man die Ribosomen von den Membranen ablöst. 75 000fach (Aufnahme: P. SIEKEWITZ und G. PALADE, 1960)

4.3.1. Abtrennung und Anreicherung von verschiedenen Stoffen

Verschiedene Stoffe, die aus dem extrazellulären Milieu oder auch aus dem Innern der Zelle stammen, können sich in den Zisternen des ER sammeln und anreichern.

Zum Beispiel kann man das Anreichern von Stoffen, die aus dem extrazellulären Milieu aufgenommen werden, im Verlauf der Oogenese der Grille beobachten. Bei diesem Insekt werden die Reserveproteine, die sich später in der Oocyte ansammeln, aus dem extrazellulären Milieu durch Pinocytose eingeschleust. Die Pinocytosevesikel, die sich von der Oberfläche her einstülpen und ablösen, bringen die Proteine in das Cytoplasma und geben sie in die Zisternen des im peripheren Bereich der Oocyte sehr gut entwickelten agranulären ER ab (Bild 44). Die auf diese Weise aus dem extrazellulären Milieu in die Zisternen des ER eingeschleusten Proteine sammeln sich an den Verzweigungsstellen zu immer größer werdenden Schollen an, die schließlich die proteinhaltigen Dottergrana bilden.

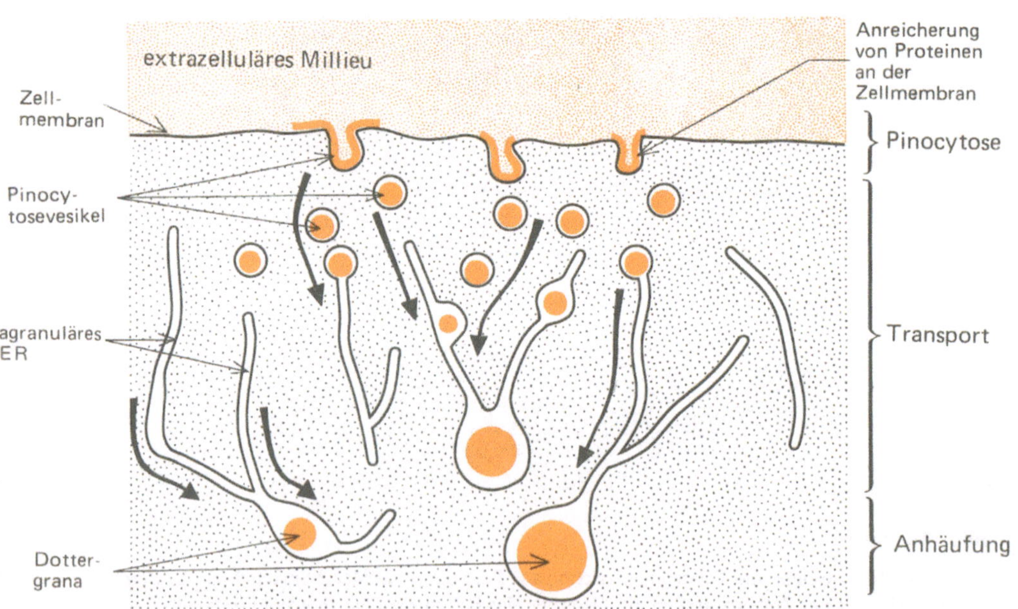

Bild 44. Anreicherung von extrazellulären Proteinen im endoplasmatischen Reticulum. Bei der Oocyte der Grille werden extrazelluläre Proteine durch Pinocytose eingeschleust und bis in die Zisternen des ER transportiert. Dort sammeln sie sich an bestimmten Stellen und nehmen allmählich die Form von Dotterschollen an

Für die Anreicherung von Stoffen aus dem intrazellulären Milieu gibt es zahlreiche
Beispiele. Die meisten Untersuchungen befassen sich mit der Konzentration von
Proteinen, die an den Ribosomen des granulären ER synthetisiert werden. Diese
Proteine passieren auf eine noch nicht geklärte Weise die Membran des ER und
sammeln sich in den Zisternen an. Die zu den Blutzellen gerechneten Plasmazellen
sammeln die Antikörper in den Zisternen des ER, wo sie manchmal in kristallisier-
ter Form nachweisbar sind (Bild 45). Dieser Erscheinung werden wir später in anderen Beispielen begegnen.

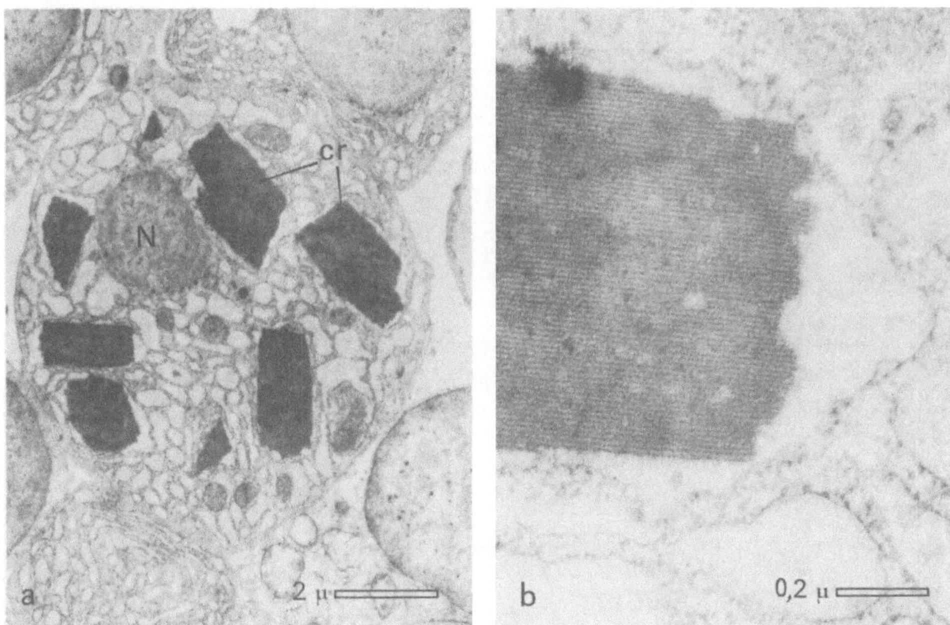

Bild 45. Proteinkristalle in den Zisternen des endoplasmatischen Reticulums. a) Bei dieser
Gesamtansicht einer Plasmazelle erkennt man zahlreiche Zisternen des ER, von denen einige
Kristalle cr enthalten. N=Kern. 7 000fach. b) Bei sehr starker Vergrößerung erkennt man
auch die periodische Struktur eines solchen Proteinkristalls. 60 000fach (Aufnahmen: J.-P.
THIÉRY, 1965)

In diesen beiden Fällen spielt das ER die Rolle eines Sammelorganells, das Proteine
aufnimmt, die an anderer Stelle synthetisiert worden sind.

Ein ähnlicher Vorgang spielt sich bei der Bildung von Reservestoffen in der Pflanzenzelle ab. Das vakuoläre ER der Eiweißzellen (Speichergewebe) zerfällt in kleinere Vakuolen, in denen sich Proteine und Phytin (Hexaphosphorsäureester des

zyklischen Alkohols Mesoinosit) anreichern. Solche Vakuolen heißen Aleuronkörner (Bild 46b). In einigen von ihnen sammelt sich das Phytin allein als globuläre
Komponente oder Globoid an; in anderen kommt es zusammen mit Proteinen
vor, die kristallisieren können und das Kristalloid eines Aleuronkornes bilden.

Die Reservestoffe werden bei der Keimung verbraucht; die Aleuronkörner verlieren ihre Proteine und ihr Phytin und werden wieder zu wasserhaltigen Vakuolen.

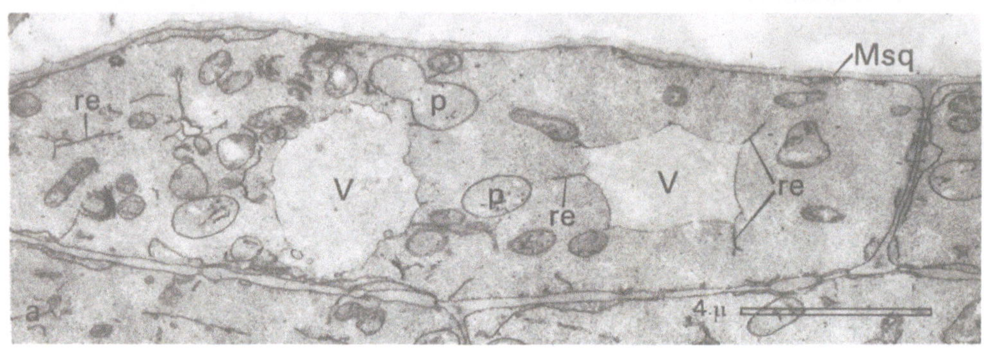

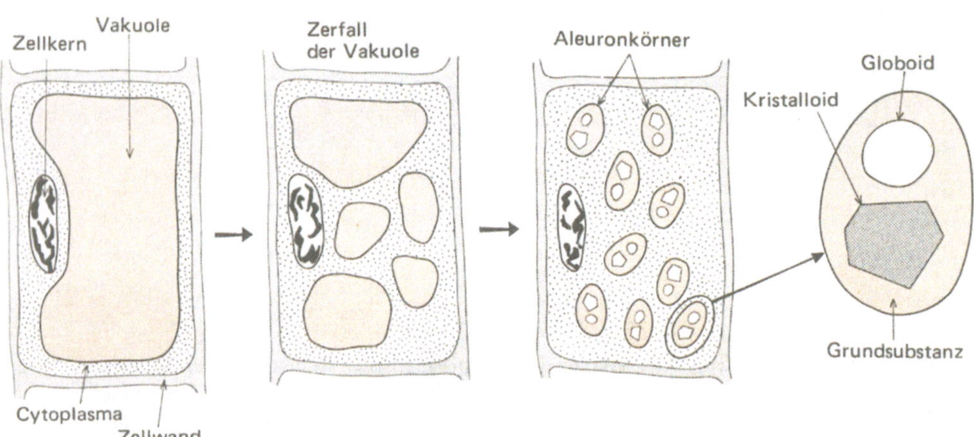

Bild 46. a) Die Vakuolen der Pflanzenzellen. Das ER re dieser Gramineenzelle ist stellenweise
zu Vakuolen V erweitert. Msq=Zellwand; p=Plastiden. 6 500fach (Aufnahme: N. POUX, 1962)
b) Bildung von Aleuronkörnern. In den Zellen der Getreidekörner zerfallen die großen Vakuolen
in viele kleine, in denen sich dann verschiedene Substanzen anreichern. Die Vakuolen sind zu
Speichern von Reservestoffen, den Aleuronkörnern, geworden. Sie enthalten Proteine, die kristallisieren können und dann als Kristalloid auftreten, sowie Phytin als rundlichen Einschlußkörper
oder Globoid

4.3.2. Stofftransport innerhalb der Zelle

Die Zisternen des ER dienen gleichfalls dem Transport verschiedener zelleigener
und aus dem extrazellulären Milieu stammender Stoffe von einem Ort der Zelle
zum anderen.

Bei den Darmepithelzellen durchqueren die von Pinocytosevesikeln eingefangenen
Lipidtropfen (Seite 19) das Cytoplasma innerhalb der Zisternen des ER (selbst in
der Kernmembran kann man sie antreffen) und werden basal wieder aus der Zelle
ausgestoßen. In diesem Fall haben die Zisternen des ER als Transportweg für Lipide durch das Darmepithel gedient, ohne daß diese mit dem Grundcytoplasma
in Berührung gerieten, da sie durch die Membranen des ER von der übrigen Zelle
isoliert blieben.

Ein anderes Beispiel für einen Stofftransport innerhalb des ER finden wir bei der
Dotterbildung in den Oocyten des Krebses. In diesen Zellen ist das innerste ER gra-
nulär, und seine Zisternen enthalten zahlreiche Proteingrana (Bild 47). Diese Grana
sind ein Beweis für die Aktivität der Ribosomen an der Außenseite der ER-Membranen. Wir haben hier ein weiteres Beispiel für die Konzentration von Proteinen,
die an den Ribosomen synthetisiert worden sind und sich in den Zisternen des ER
angesammelt haben. Die Zisternen des granulären ER stehen mit denen des agranulären ER in Verbindung und spielen die Rolle von Sammelkanälen, durch die Proteine in die periphere Zone des Eis geleitet werden. Dort ballen sich die Proteine
zu größeren Dotterschollen zusammen (BEAMS und KESSEL, 1963).

4.3.3. Stoffverteilung in der Zelle

Das ER dient auch der Verteilung von Stoffen innerhalb der Zelle. Ein solches Verteilernetz besteht entweder dauernd oder nur vorübergehend.

In den quergestreiften Muskelzellen sind die Myofibrillen von einem agranulären ER
umgeben, dessen Zisternen je nach Lage des gegenüberliegenden Sarkomers unterschiedlich geformt sein können (Bild 48). Dieses auch *sarkoplasmatisches Reticulum*
(PORTER, 1956) genannte ER steht in engem Kontakt mit den Einstülpungen der
Zellmembran, die bis in die Mitte der Muskelfasern eindringen. Nach den neuesten
Hypothesen (PORTER und FRANZINI-ARMSTRONG, 1965) sieht man im sarko-
plasmatischen Reticulum ein Reservoir für Calcium und ATP. Wenn diese Stoffe
die Zisternen des ER verlassen, können sie sich sehr schnell in der Masse der Myofibrillen verteilen und die Kontraktion auslösen (auf Seite 49 war von der Bedeutung dieser Stoffe für die Muskelkontraktion die Rede). Die Ausschüttung von ATP
und Calcium wird bei Erregung der Zellmembran ausgelöst. Solche Erregungen werden durch Einstülpungen der Zellmembran auf die ER-Membran übertragen. So ermöglicht das zwischen den Myofibrillen angeordnete sarkoplasmatische Reticulum
zweifellos eine schnelle Verteilung von Calcium und ATP im Bereich des kontraktilen Systems, eine Verteilung, die schwierig wäre, wenn die Zelle nicht von diesem

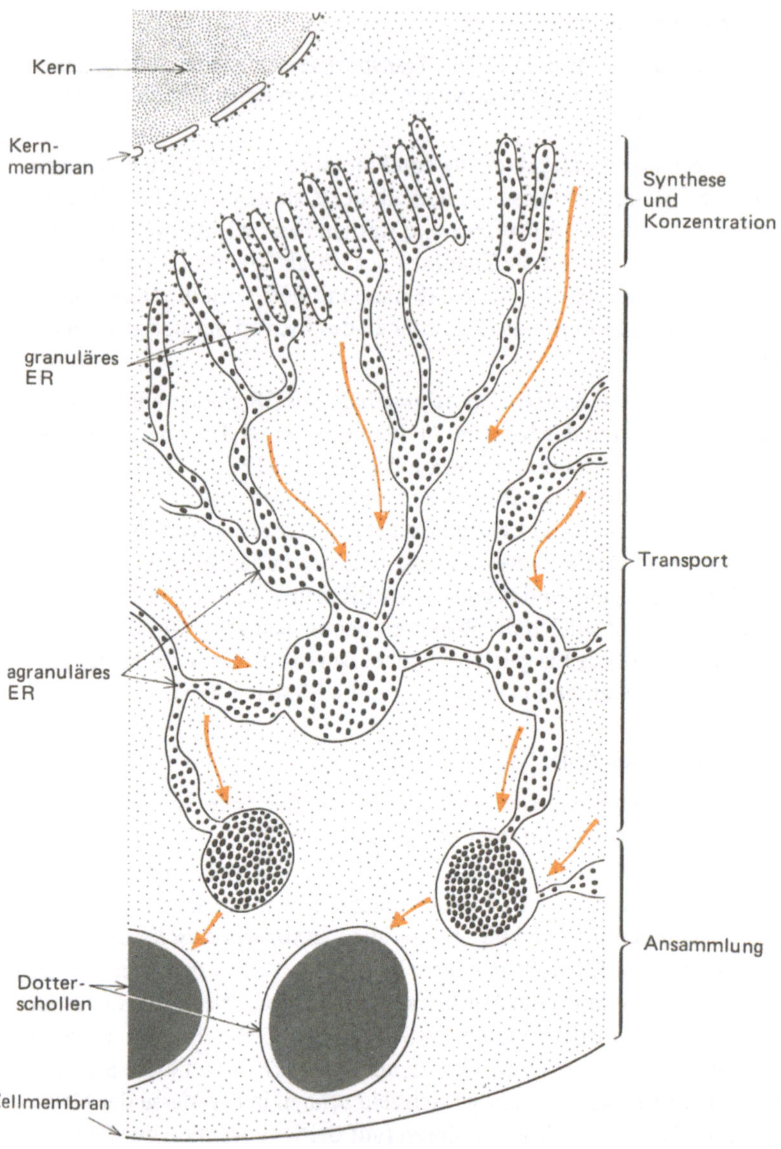

Bild 47. Transport von Proteinen bei einer Krebsoocyte innerhalb der Zisternen des endoplasmatischen Reticulums. Die Proteine werden von den Ribosomen synthetisiert und anschließend in die Zisternen des granulären ER gegeben, wo sie sich anreichern. Von dort wandern sie in den agranulären Teil des ER an der Peripherie der Oocyte, wo sie sich zu Dotterschollen anhäufen (nach H. W. BEAMS und R. G. KESSEL, 1963)

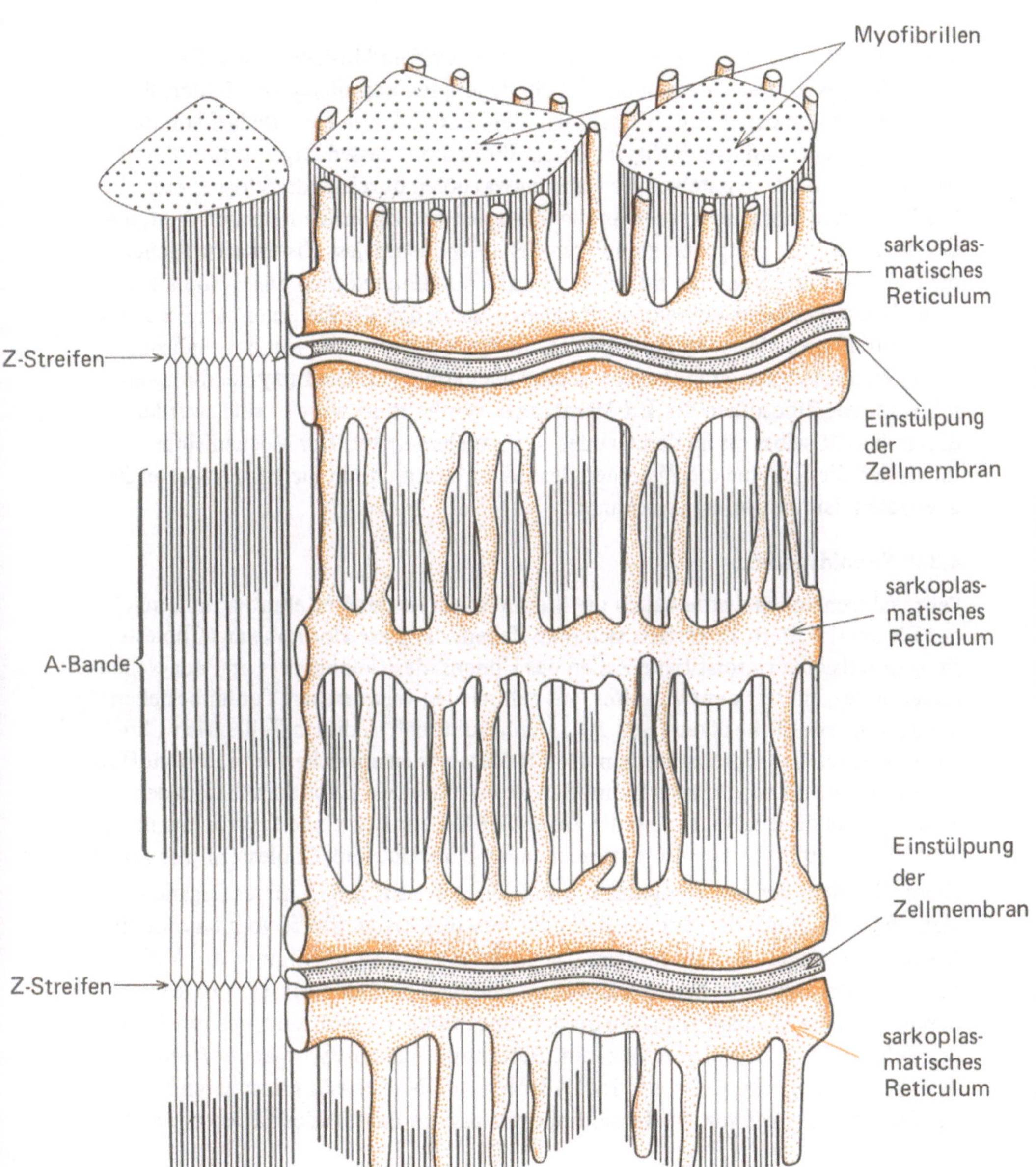

Bild 48. Endoplasmatisches Reticulum einer quergestreifen Muskelzelle. Dieses Reticulum, das auch sarkoplasmatisches Reticulum genannt wird, umgibt die Myofibrillen und hat die Funktion eines Verteilernetzes für Calcium und ATP, die beide für die Kontraktion notwendig sind. Es ist vorwiegend senkrecht zu den tiefen Einstülpungen der Zellmembran angeordnet

Verteilernetz durchzogen würde. In den quergestreiften Muskelfasern haben wir einen Zelltyp vor uns, bei dem das ER ein dauerndes Verteilersystem bildet. Betrachten wir nun einen Fall, bei dem das Verteilersystem je nach Bedarf von der Zelle aufgebaut wird. Bei *Epistylis,* einem Protozoon, dessen Organisation schon beschrieben wurde, entstehen die Nahrungsvakuolen durch Endocytose (Seite 18). Die Verdauungsenzyme werden an die Vakuolen von Zisternen herangetragen, die sich vom peripher gelegenen granulären ER ausstülpen. Diese Zisternen umgeben die Vakuolen und begleiten sie während ihrer Wanderung durch das Cytoplasma. Cytochemische Nachweisreaktionen haben gezeigt, daß die Zisternen des ER reichlich saure Phosphatasen enthalten. Diese Enzyme treten in die von den Nahrungsvakuolen abgeschnürten Pinocytosevesikel über (Bild 49). Die Enzyme, die zweifellos an den Ribosomen der ER-Membranen synthetisiert worden sind, werden durch das ER selbst bis an den Ort des Verbrauchs geleitet. Der Mechanismus, durch den die Enzyme die Zisternen des ER verlassen und in die Pinocytosevesikel übertreten, ist noch völlig unbekannt.

4.3.4. Steroidsynthese

Sehr wahrscheinlich werden auch die Steroidhormone der Vertebraten im Bereich des ER synthetisiert. Es erweist sich, daß Zellen, die diese Hormone aus Cholesterin synthetisieren (interstitielle Zellen des Hodens, des Gelbkörpers und der Nebennierenrinde), ein stark entwickeltes, aus zahlreichen verworrenen Tubuli bestehendes agranuläres ER besitzen (Bild 50). Man glaubt, daß in diesen Zellen sich Cholesterin gleich den Lipidbausteinen der ER-Membranen anreichert und dort zu Hormonen umgebaut wird. Einen indirekten Beweis für diese Hypothese liefert der Hamster. Bei diesem Nager sind die Zellen der Nebennierenrinde frei von agranulärem ER, die zur Synthese der entsprechenden Hormone kein Cholesterin verwenden.

Diese Übersicht der physiologischen Funktionen des ER zeigt: dieses Organell stellt ein Zellkompartiment dar, worin die verschiedensten Stoffe vom Grundcytoplasma abgesondert werden können. Die Membran des ER übernimmt die Aufgabe, den Austausch zwischen den Zisternen und dem Grundcytoplasma zu kontrollieren, doch die Mechanismen, die diese Permeabilität steuern, sind, genau wie bei der Zellmembran, noch kaum bekannt. Bestimmte Austauschvorgänge erfordern Energie, die möglicherweise aus der Hydrolyse von Nucleosiddiphosphaten stammt, wie die Anwesenheit von Nucleosiddiphosphatase im Bereich des ER vermuten läßt.

4.4. Entstehung

Im Verlauf des Lebens der Zellen ist das ER nicht immer gleich stark entwickelt. In den embryonalen Zellen ist es noch sehr unentwickelt, und erst bei der Differenzierung erlangt es eine größere Ausdehnung. Die neuen Membranabschnitte bilden sich durch Vergrößerung der bereits vorhandenen Membranen des ER. Der Aufbau

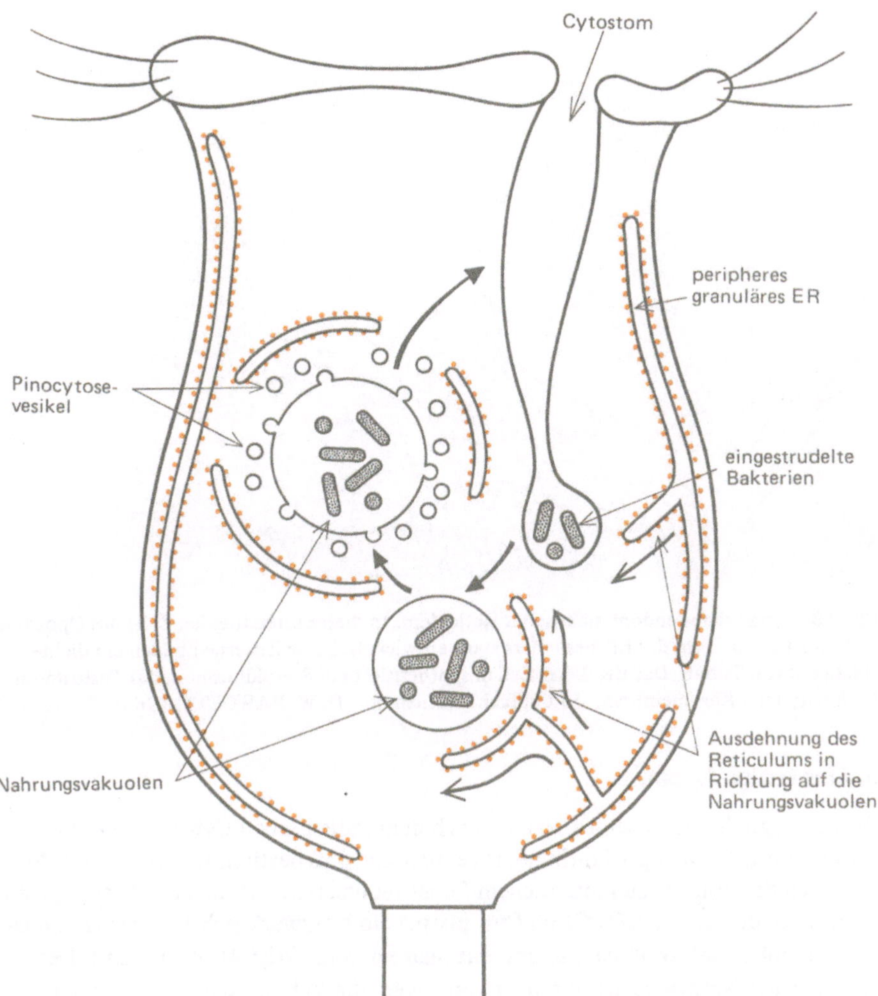

Bild 49. Zufuhr von Verdauungsfermenten durch das endoplasmatische Reticulum. Bei *Epistylis* werden je nach Menge der am Grunde des Cytopharynx abgeschnürten Nahrungsvakuolen Lamellen des peripheren ER in das Innere der Zelle verlagert, wo sie dann die Nahrungsvakuolen umgeben. Die Zisternen des ER enthalten Phosphatasen, die in die aus den Nahrungsvakuolen entstehenden Pinocytosevesikel überwechseln

der neuen Membranoberfläche vollzieht sich in mehreren Stufen: Zunächst findet ein Einbau von Phospholipiden und Proteinen statt, denen schließlich die für die physiologische Aktivität des ER verantwortlichen Enzyme zugefügt werden (DALLNER, SIEKEWITZ und PALADE, 1966).

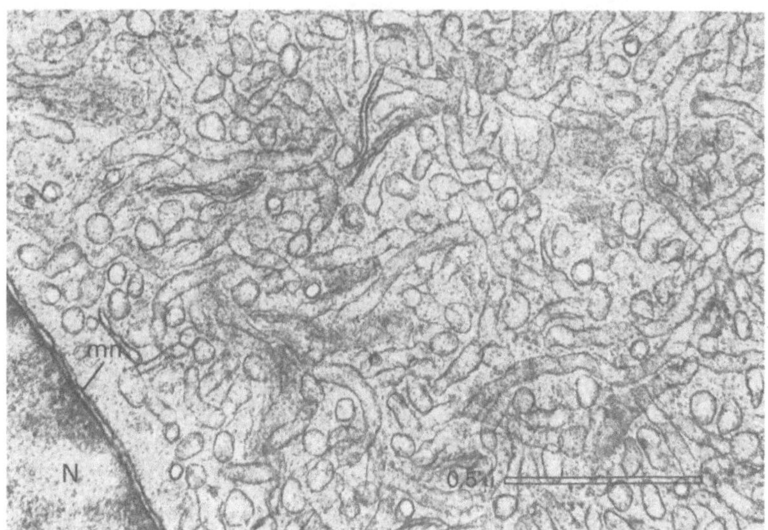

Bild 50. Agranuläres endoplasmatisches Reticulum. In dieser interstitiellen Zelle des Opossum-
hodens ist diese Form des ER besonders stark entwickelt. Seine Zisternen bilden ein dichtes
Netzwerk von Tubuli. Das ER dieser Zellen synthetisiert ein Steroidhormon, das Testosteron.
N=Kern; mn=Kernmembran. 53 000fach (Aufnahme: D. W. FAWCETT, 1963)

5. Der Golgi-Apparat

Dieses Organell erhielt seinen Namen nach dem italienischen Cytologen GOLGI,
der am Ende des vorigen Jahrhunderts entdeckte, daß bestimmte Regionen in Nervenzellen Silbernitrat zu metallischem Silber reduzieren. Mit dieser Silberimprägnationsmethode machte GOLGI im Cytoplasma ein Netzwerk sichtbar, das er „appa-
rato reticulare interno" nannte und das man seitdem *Golgi-Apparat* nennt. Der
Aspekt eines Netzwerks ist nur einer von vielen, die sich mit der Silberimprägnationsmethode ergeben. In bestimmten Zelltypen erscheint der GOLGI-Apparat in
Form kleiner, von einander isolierter, schuppenförmiger Komplexe, die als *Dictyosomen* bezeichnet werden. Da der GOLGI-Apparat nur an fixierten Zellen beobachtet werden kann, wurde seine Existenz so lange in Zweifel gezogen, bis die Untersuchung seiner Feinstruktur zeigte, daß es sich um ein Organell mit individuellen morphologischen und physiologischen Eigenschaften handelt.

5.1. Struktur und Ultrastruktur

Der GOLGI-Apparat gehört zu den Systemen membranbegrenzter Zisternen des
Cytoplasmas, von denen wir als erstes Organell das endoplasmatische Reticulum
kennengelernt haben.

Im Unterschied zu dem sehr vielgestaltigen ER erkennt man den GOLGI-Apparat
an der strengen Anordnung der Zisternen. Es handelt sich um Stapel abgeplatteter
Zisternen, die im Cytoplasma verteilt liegen. Jeder dieser Stapel entspricht einem
Dictyosom. Wendet man nach der Fixierung die Silberimprägnationsmethode an,
so sieht man im Elektronenmikroskop die Silberniederschläge auf den Zisternen
liegen.

Die Zisternen, aus denen die Dictyosomen aufgebaut sind, werden von einer 75 Å
dicken Membran begrenzt. Die GOLGI-Zisternen haben die Form konkaver Scheibchen von 1 bis 3 µm Durchmesser, und 4 bis 5 dieser Scheibchen bilden ein Dictyosom (Bild 51). Die Breite der Zisternen beträgt 100 bis 200 Å. Der Inhalt der Zisternen ist nur wenig elektronendicht, manchmal kann er jedoch sehr kontrastreich
sein, wie der der GOLGI-Vesikel, die sich am Rande der Dictyosomen befinden.
Diese Vesikel mit einem Durchmesser von 500 bis 1000 Å schnüren sich an den
Rändern der Zisternen ab, die häufig ausgeweitet erscheinen. Oft kann man feststellen, daß die Dictyosomen in unmittelbarer Nähe einer ER-Zisterne liegen. In

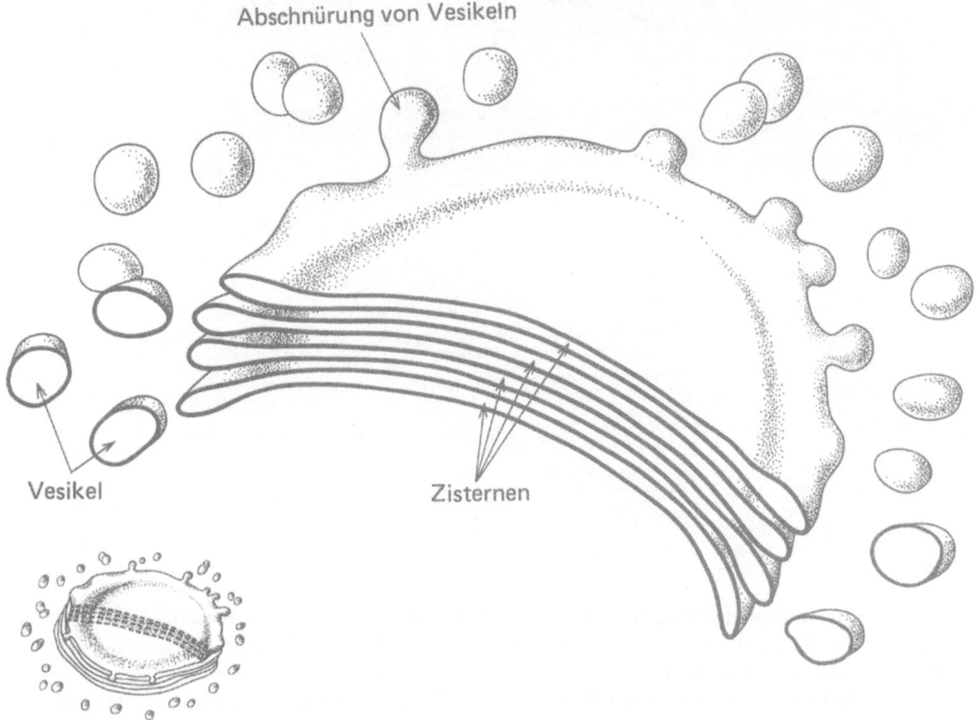

Bild 51. Das Schema zeigt die Ultrastruktur eines Dictyosoms. Es besteht aus einem Stapel
abgeflachter Zisternen, die an ihren Rändern Vesikel ausknospen lassen (nach R. BUVAT, 1957)

6 Berkaloff

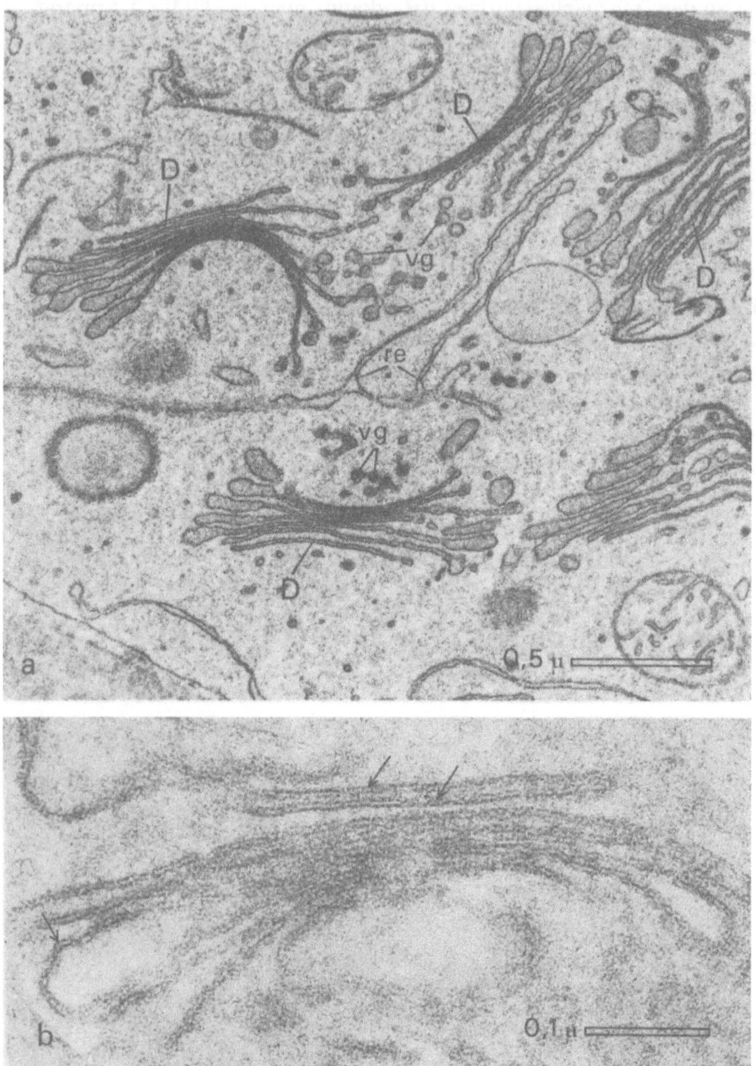

Bild 52. Ultrastruktur des GOLGI-Apparates. a) Dictyosomen in einer Pflanzenzelle (Maiswurzel). Die Dictyosomen D bestehen aus einem Stapel abgeflachter Zisternen, die an den
Rändern Vesikel vg abschnüren. re=endoplasmatisches Reticulum. 38 000fach (Aufnahme:
H. H. MOLLENHAUER, J. H. LEECH und W. G. WHALEY, 1961). b) Dictyosomen in einer
tierischen Zelle (SCHWANNsche Zelle der Ratte). Bei starker Vergrößerung erkennt man, daß
die Membranen der GOLGI-Zisternen aus zwei dunklen Schichten bestehen, die durch eine helle
getrennt werden (Pfeile). Diese Ultrastruktur ist bei allen Membranen einer Zelle anzutreffen.
160 000fach (Aufnahme: J. D. ROBERTSON, 1962)

diesem Fall sind die GOLGI-Zisternen, die einer ER-Zisterne genähert liegen, abgeplattet, während die weiter entfernten ausgeweitet sind (Bild 52). Diese Ultrastruktur der Dictyosomen, deren Gesamtheit den GOLGI-Apparat einer Zelle darstellt, ist allgemeingültig und kann mit Ausnahme der Bakterien und Cyanophyceen in allen pflanzlichen und tierischen Zelltypen beobachtet werden.

In den Spermatocyten der Weinbergschnecke sind die Dictyosomen relativ groß (4 bis 5 μm) und gruppieren sich eng um den Kern. Beobachtet man diese Zellen in lebendem Zustand im Polarisationsmikroskop, so zeigt sich: die Region um den Kern, wo sich der GOLGI-Apparat befindet, ist doppelbrechend. Diese Doppelbrechung weist auf eine lammelläre Organisation dieser Zone hin und ist ein Beweis dafür, daß die in fixierten Zellen angetroffenen Membranstapel der Dictyosomen auch in lebenden Zellen existieren.

5.2. Chemische Zusammensetzung

Von der chemischen Zusammensetzung des GOLGI-Apparates ist noch wenig bekannt.

Histochemische Methoden ergaben, daß der GOLGI-Apparat reich an Phospholipiden ist und daß verschiedene Phosphatasen in ihm nachweisbar sind (Bild 53).

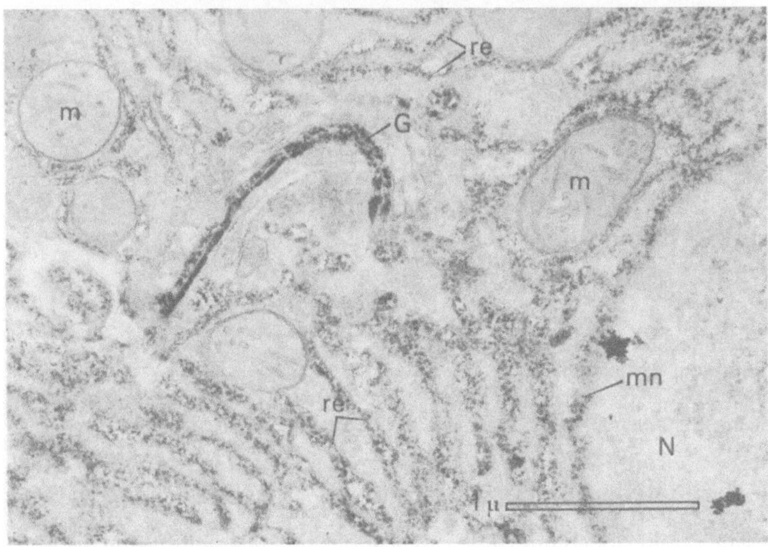

Bild 53. Nachweis von Phosphatase-Aktivität im GOLGI-Apparat. Diese Aufnahme zeigt den Ausschnitt einer Leberzelle der Ratte. Nach der Fixierung hat man diese Zelle in einer Lösung inkubiert, die Thiaminpyrosphosphat und Bleinitrat enthielt. Der Bleiphosphatniederschlag liegt sowohl über den Zisternen des GOLGI-Apparates als auch über den Zisternen des ER. Diese Organellen enthalten demnach Thiaminpyrophosphatase. m=Mitochondrien; mn=Kernmembran; N=Kern. 26 000fach (Aufnahme: S. GOLDFISCHER, E. ESSNER und A. B. NOVIKOFF, 1964)

Bisher wurden nur wenige Versuche unternommen, dieses Organell zu isolieren.
Die einzigen reinen Dictyosomenfraktionen stammen aus Zellen der Epididymis
der Ratte (Bild 54) (KUFF und DALTON, 1959) und des Blattparenchyms (MOL-
LENHAUER u.a., 1965). Die Analyse der aus Epididymiszellen der Ratte gewonnenen „GOLGI-"Fraktion ergab, daß die Dictyosomen zu fast gleichen Teilen aus
Phospholipiden und Proteinen aufgebaut sind. Ferner ist die Fraktion reich an
saurer Phosphatase.

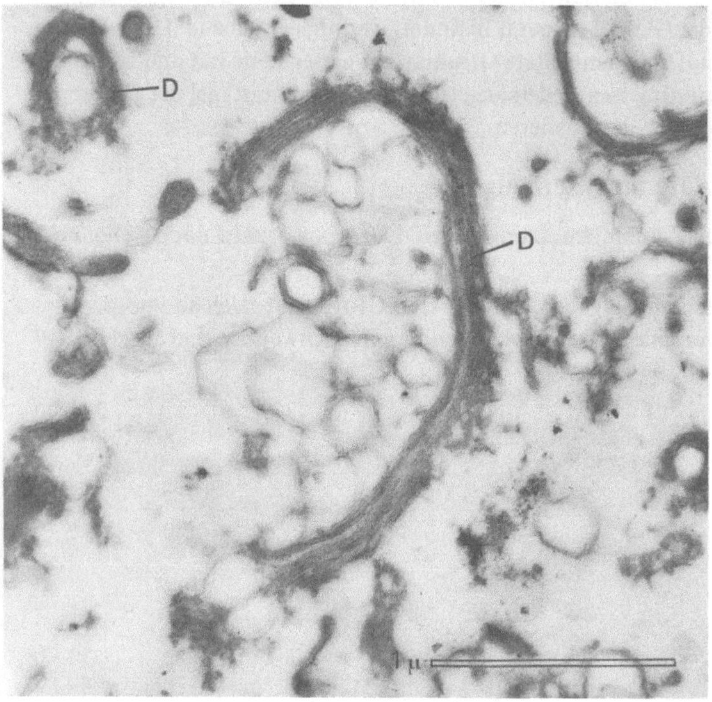

Bild 54. GOLGI-Fraktion aus der Epididymis der Ratte. Man erkennt die Dictyosomen D, doch
die Fraktion ist nicht vollständig sauber, denn man sieht noch verschiedene Vesikel, die zweifellos
vom ER herstammen. 33 000fach (Aufnahme: E. L. KUFF und A. J. DALTON, 1959)

5.3. Physiologische Bedeutung und Funktionen

Die physiologischen Funktionen des GOLGI-Apparates sind ebenfalls wenig bekannt. Genau wie beim ER stammen alle Daten überwiegend aus morphologischen
Beobachtungen. In den Zisternen des GOLGI-Apparates können sich verschiedene
Stoffe ansammeln und konzentrieren. Diese Stoffe bleiben nicht in den Zisternen;
sie werden mit den Vesikeln, die am Rande aussprossen, abgeschnürt. Diese Vesikel
bilden Sektretgrana, die entweder im Cytoplasma verbleiben oder aus der Zelle ausgestoßen werden können.

5.3.1. Anreicherung von Polysacchariden

Zwei Beispiele sollen diese für den GOLGI-Apparat besonders charakteristische Funktion zeigen; eins betrifft tierische, das andere pflanzliche Zellen.

Bildung des Akrosoms der Spermatozoiden

Im Verlauf der Spermatogenese ordnen sich die Dictyosomen um den Zellkern der späteren Spermatozoide an. Die GOLGI-Zisternen schnüren an ihren Rändern zahlreiche Vesikel ab, die miteinander fusionieren und immer größere Vesikel bilden (Bild 55). Auf diese Weise entsteht am Kern der Spermatozoide schließlich eine einzige große Vesikel: das *Akrosom.* Cytochemische Nachweise haben ergeben, daß der Inhalt des Akrosoms hauptsächlich aus Polysacchariden besteht. In den männlichen Keimzellen hat der GOLGI-Apparat demnach ein Sekret aufgebaut.

Beteiligung am Aufbau der pflanzlichen Zellwand

In jungen, sich differenzierenden Pflanzenzellen, etwa einer Maiswurzel (WHALEY, MOLLENHAUER und KEPHART, 1959–1963), werden von den zahlreich vorhandenen Dictyosomen Vesikel abgeschnürt, deren Inhalt nach Fixierung mit Permanganat sehr dunkel erscheint. Diese Vesikel wandern an die Zellmembran und entleeren ihren Inhalt nach außen (Bild 56). Der Inhalt besteht aus einem Polysaccharid (Pektin), das zusammen mit der Zellulose Bestandteil der Zellwand ist. Hierbei handelt es sich ebenfalls um einen Sektretionsvorgang, doch im Gegensatz zu der Akrosombildung bleibt das Sekretionsprodukt nicht in der Zelle. Wenn sich die Vesikel nach außen öffnen, verschmilzt ihre Membran mit der der Zelle.

Bei den genannten Beispielen werden Polysaccharide, die sich in den GOLGI-Zisternen ansammeln, in die Vesikel abgegeben. Proteine können jedoch gleichfalls in den Dictyosomen angereichert werden.

5.3.2. Anreicherung von Proteinen

Die in konzentrierter Form in den Zisternen der Dictyosomen vorhandenen Enzyme sind mit cytochemischen Methoden nachweisbar (NOVIKOFF). Das Vorhandensein großer Mengen saurer Phosphatase in den GOLGI-Zisternen und GOLGI-Vesikeln läßt daran denken, daß die in bestimmten Zellen vorkommenden, als *Lysosomen* bezeichneten, mit Hydrolasen angefüllten großen Vesikel vom GOLGI-Apparat abstammen.

In den Acinuszellen des exokrinen Pankreas kann man gleichfalls beobachten, daß die *Zymogengrana* (Vesikel mit zahlreichen Enzymen in konzentrierter, inaktiver Form) aus dem GOLGI-Apparat hervorgehen (PALADE, 1956). Diese Grana wandern an die Zellmembran und schütten ihren Inhalt in das Acinuslumen (Bild 57).

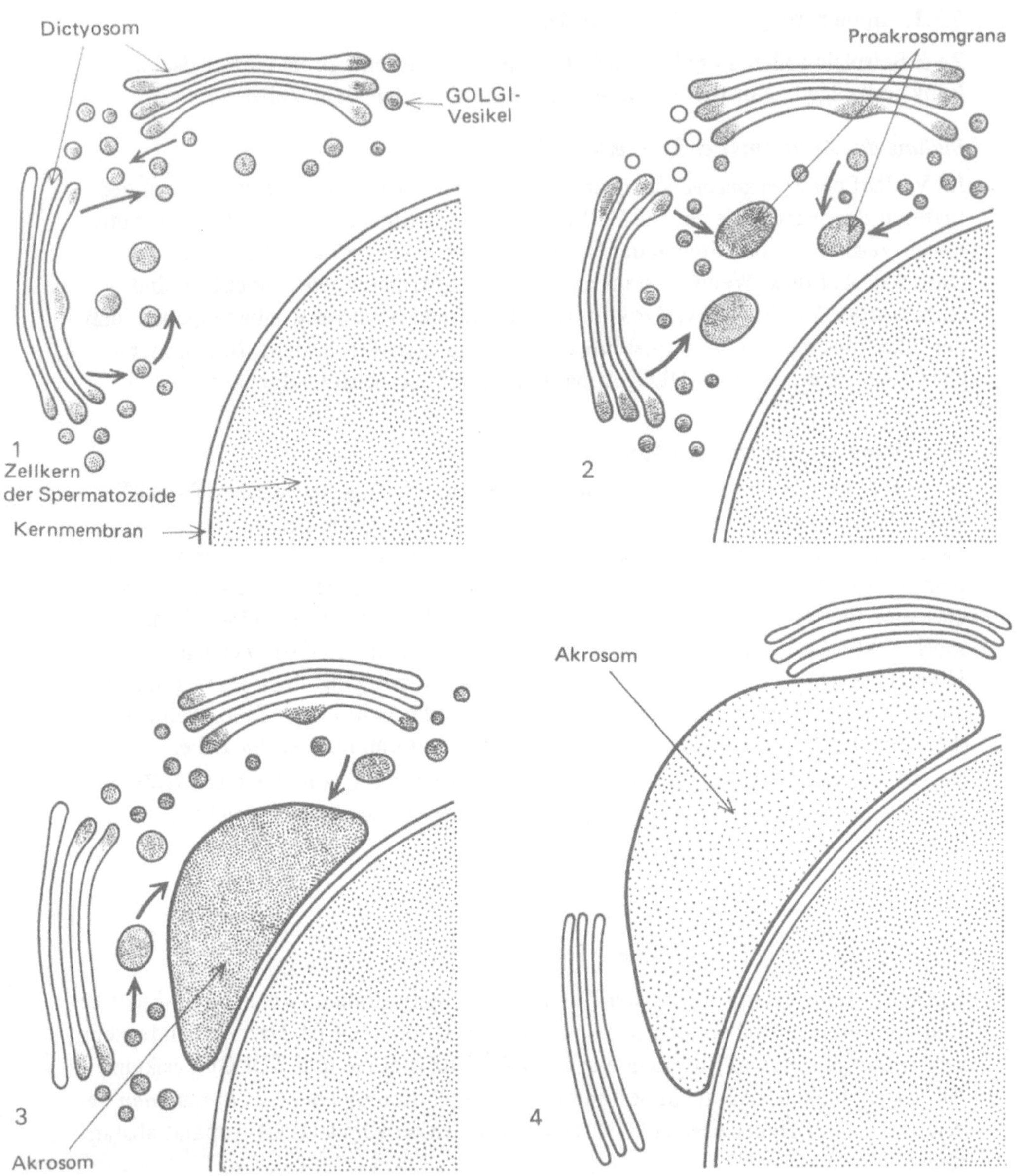

Bild 55. Bildung des Akrosoms. Die Dictyosomen der Spermatozoide ordnen sich in der Nähe des Kernes an (1); sie geben zahlreiche Vesikel ab, die zusammenfließen (2) und so allmählich das Akrosom aufbauen (3). Danach geben die Dictyosomen keine Vesikel mehr ab (4), und ihre Zisternen werden sehr flach

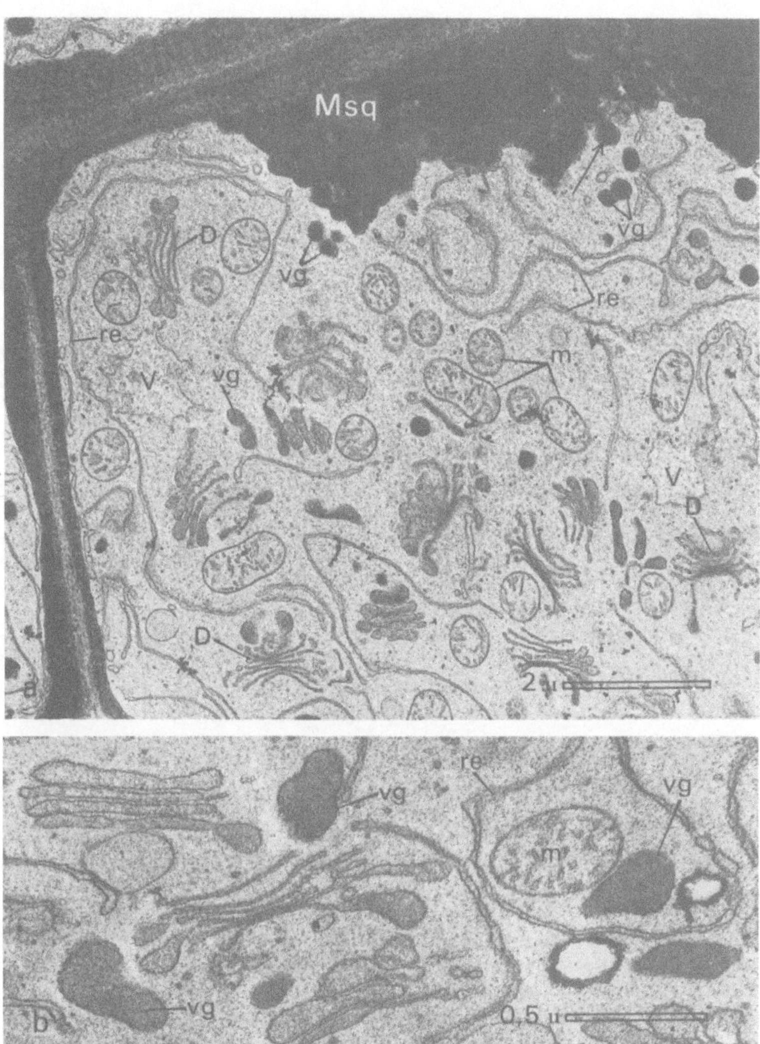

Bild 56. Funktion des GOLGI-Apparates bei der Bildung der Zellwand. Auf dieser Aufnahme
eines Schnitts durch eine Maiswurzel erkennt man zahlreiche Dictyosomen D. Die Zisternen der
Dictyosomen haben erweiterte Ränder und sind mit einer dunkleren Masse angefüllt. Sie schnüren
Vesikel vg ab, die an die Peripherie der Zelle wandern und dort ausgestoßen werden (Pfeil). Der
Inhalt dieser Vesikel trägt zum Aufbau der Zellwand Msq bei. m=Mitochondrien; re=endoplasma-
tisches Reticulum; V=Vakuolen. a) 10 000fach, b) 38 000fach (Aufnahmen: H. H. MOLLEN-
HAUER, W. G. WHALEY und J. H. LEECH, 1961)

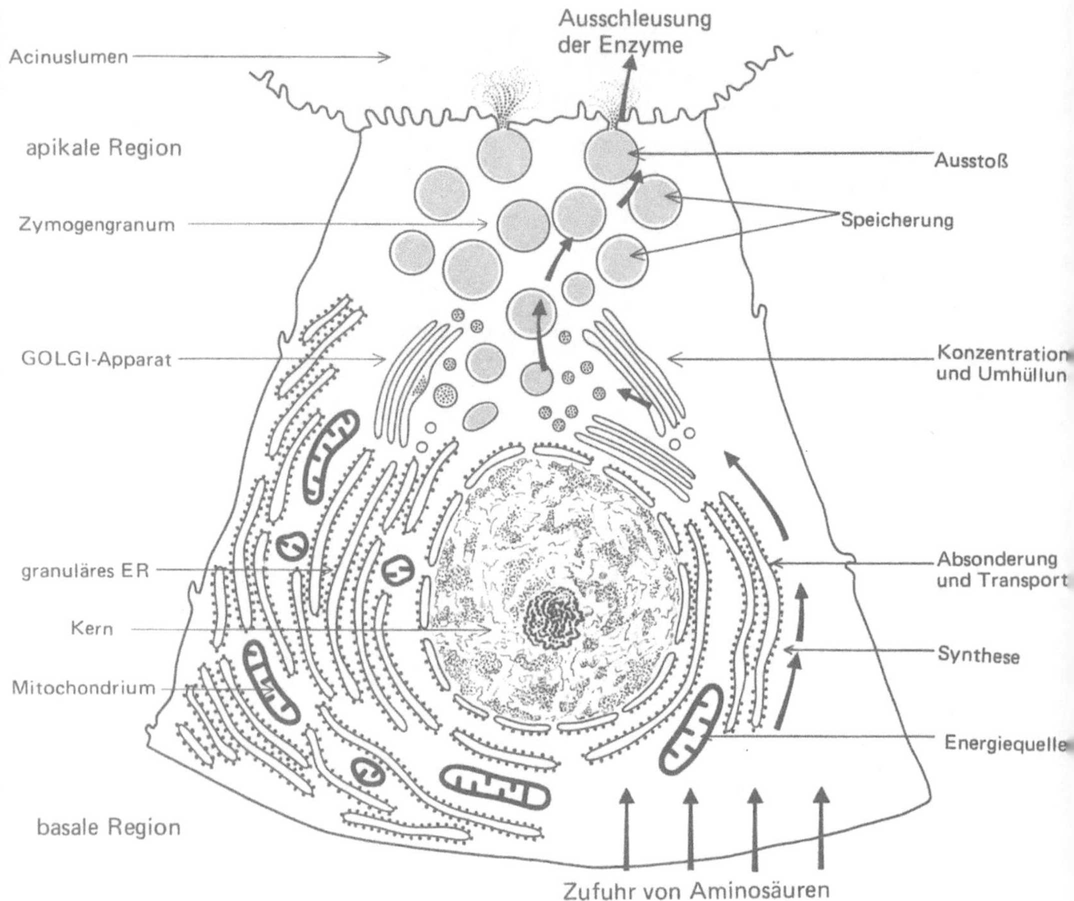

Bild 57. Beziehung zwischen GOLGI-Apparat und endoplasmatischem Reticulum bei einer Acinuszelle des Pankreas. Autoradiographische Untersuchungen haben ergeben, daß markierte Aminosäuren an der Basis in die Zelle eintreten. Sie werden in Proteine eingebaut und gelangen in die Zisternen des granulären ER. Die Proteine wandern in den Zisternen des ER und gelangen schließlich in die der Dictyosomen. Bald darauf findet man sie in den Zymogengranula, die sich am apikalen Pol der Zelle ansammeln und schließlich in das Lumen des Acinus ausgeschüttet werden (nach L. G. CARO und D. W. FAWCETT, 1964)

Nun muß man sich nach dem Ursprung der Stoffe fragen, die sich im Bereich des GOLGI-Apparates ansammeln. Werden sie an Ort und Stelle synthetisiert, oder kommen sie aus anderen Teilen der Zelle? Autoradiographische Untersuchungen erbrachten die Lösung dieses Problems.

5.3.3. Polysaccharidsynthese

Autoradiographische Untersuchungen haben ergeben, daß im GOLGI-Apparat die Synthese von Polysacchariden und Mucopolysacchariden stattfindet. Das läßt sich am Beispiel der Schleimzellen (Becherzellen) im Epithel des Zwölffingerdarmes zeigen. Diese Zellen sezernieren einen Schleim aus Mucoproteinen, der von den GOLGI-Zisternen in Form von Vesikeln abgeschnürt wird. Injiziert man einer Ratte mit Tritium markierte Glucose, so stellt man nach ungefähr einer Stunde fest, daß sich die Radioaktivität im GOLGI-Apparat wiederfindet. Etwas später läßt sie sich dann auch in den Sekretgrana nachweisen. Dieser Befund bestätigt, daß im GOLGI-Apparat Polymere von Glucose oder deren Abkömmlingen synthetisiert werden (LEBLOND, 1963).

Beim gleichen Versuch, diesmal jedoch mit ^{35}S-markiertem Natriumsulfat, beobachtet man ebenfalls, daß die Radioaktivität zuerst in den Dictyosomen auftritt und danach in den Sekretgrana. Nicht nur die Synthese der Polysaccharide im GOLGI-Apparat läuft also ab, wie es das vorige Experiment gezeigt hat, sondern auch die Anlagerung von Schwefelgruppen an die Zucker. Das gleiche Ergebnis bekommt man für den GOLGI-Apparat der Chondrocyten (Knorpelzellen), der die Synthese der Mucopolysaccharide des Knorpels durchführt.

Die Mucopolysaccharide, die man im Schleim der Becherzellen oder im Knorpel findet, sind gewöhnlich an Proteine gebunden und stellen Mucoproteine dar. Woher stammen diese Proteine, die sich im GOLGI-Apparat mit den Polysacchariden verbinden?

5.3.4. Beziehung zwischen GOLGI-Apparat und endoplasmatischem Reticulum

In Zellen, deren Dictyosomen Proteine anreichern, die sich noch mit anderen Bestandteilen verbinden können, stellt man fest, daß sich in unmittelbarer Nachbarschaft der GOLGI-Zisternen abgeflachte Vesikel des granulären ER befinden. Wir haben bereits erfahren, daß die Ribosomen Proteine synthetisieren und daß, wenn die Ribosomen an den Membranen des ER festsitzen, die gebildeten Proteine in die Zisternen des ER geschleust werden. Man kann daher annehmen, daß die Proteine, die sich in den Zisternen des ER anreichern, zu den GOLGI-Zisternen wandern. Die Bestätigung dieser Hypothese erbrachten die autoradiographischen Arbeiten von CARO, PALADE und SIEKEWITZ (1962–1964) an Zellen des exokrinen Pankreas. Injiziert man einem Meerschweinchen eine markierte Aminosäure (z. B. Tritiumleucin), so findet man sie 5 Minuten nach der Injektion in Proteine eingebaut im granulären ER liegen. Die Synthese der Proteine hat an den Ribosomen stattgefunden, anschließend sind diese Proteine in die Zisternen des ER eingeschleust worden. Bereits 20 Minuten nach der Injektion ist die Radioaktivität sowohl im ER als auch im GOLGI-Apparat festzustellen. Vom granulären ER sind nur noch die Teile in unmittelbarer Nähe von Dictyosomen markiert; die Proteine verlassen demnach das ER und sammeln sich im GOLGI-Apparat an. Eine Stunde nach der Injektion ist die Radioaktivität nur noch in den vom GOLGI-Apparat abgeschnürten Sekretgrana lokalisiert. Nach Ablauf von 4 Stunden sind die Sekretgrana (Zymogengrana) von den Zellen ausgestoßen worden, und die Radioaktivität ist nur noch in den Lumina der Acini nachweisbar.

Nachdem die Proteine im GOLGI-Apparat angereichert worden sind, sind sie als Sekretgrana in den extrazellulären Raum ausgewandert. Dabei sind sie immer von einer Membran umgeben gewesen, die das Sekret vom Grundcytoplasma abgetrennt hat.

Diese schönen, an den Zellen des exokrinen Pankreas mit Hilfe der Autoradiographie gewonnenen Resultate, die inzwischen an anderen Zellen wiederholt werden konnten (Bild 58), zeigen, daß die Proteine, die sich im GOLGI-Apparat anreichern, am granulären ER synthetisiert werden. Der Transport der Proteine vom ER zum GOLGI-Apparat erfolgt mit Hilfe von Vesikeln. Diese Vesikel werden von Zisternen des ER, die sich gerade in der Nachbarschaft von Dictyosomen befinden, abgeschnürt und öffnen sich anschließend in die GOLGI-Zisternen (Bild 59). Die Membranen, die diese Vesikel begrenzen, halten die Proteine während des Transports von einem Kompartiment zum anderen stets vom Grundcytoplasma getrennt (JAMIESON u. PALADE, 1967).

5.4. Entstehung

Die Entstehung neuer Dictyosomen, die während des cytoplasmatischen Wachstums nach einer Zellteilung oder während der Differenzierung von Drüsenzellen auftreten, ist noch unbekannt. Möglicherweise entstehen die neuen Dictyosomen durch Teilung bereits bestehender, wobei sich die Zisternenstapel durchschnüren, oder sie entstehen aus Vesikeln, die vom ER abgeschnürt werden und dann zu den GOLGI-Zisternen fusionieren (Bild 59). Die neueren Arbeiten scheinen zu bestätigen, daß sich die GOLGI-Zisternen aus Elementen des ER aufbauen.

6. Mitochondrien

6.1. Struktur und Ultrastruktur

Die *Mitochondrien* treten entweder als Stäubchen mit abgerundeten Enden oder in runder Form auf. Der Durchmesser dieser Organellen schwankt zwischen 0,3 μm und 0,7 μm und ihre Länge im Durchschnitt zwischen 1 und 4 μm. Die Anzahl der Mitochondrien ist je nach Art der Zelle sehr verschieden. In einer Leberzelle kann man ungefähr 800 auszählen, in sehr viel größeren Zellen wie den Amöben schätzt man eine Zahl von ungefähr 50 000 Mitochondrien. Wenn auch von geringer Größe, so stellen die Mitochondrien wegen ihrer großen Zahl doch einen bedeutenden Anteil der Zelle dar. In einer Leberzelle z. B. nehmen die Mitochondrien 18 % des Zellvolumens und 22 % des Cytoplasmas ein.

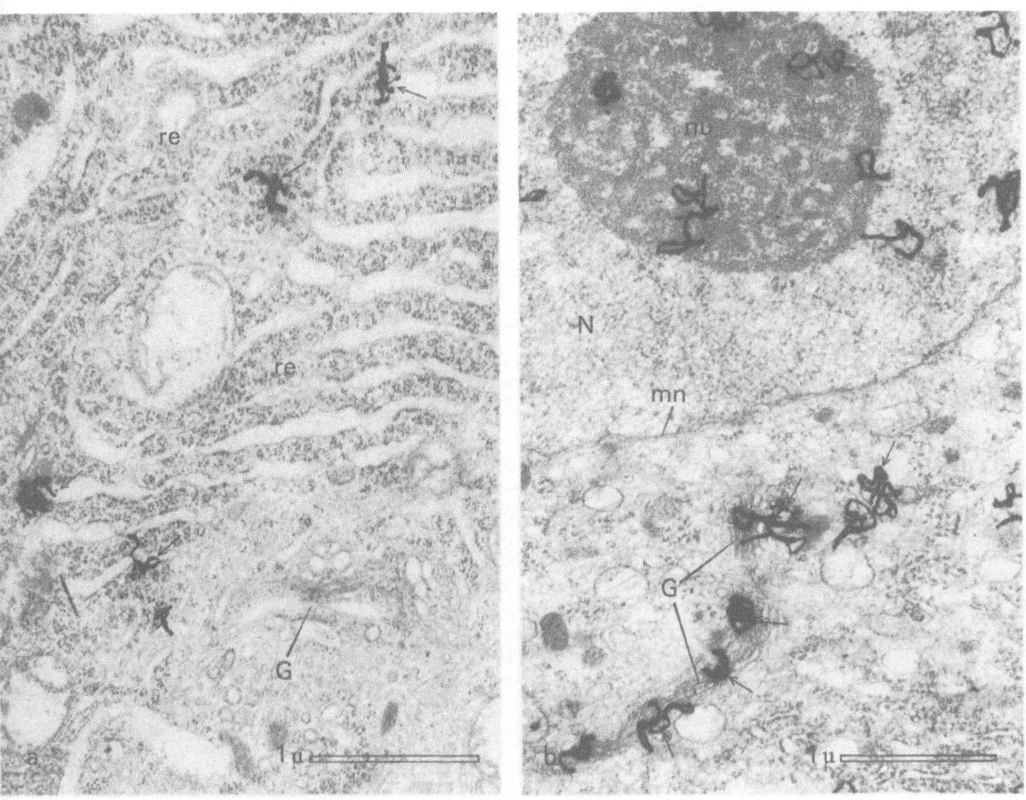

Bild 58. Beziehung zwischen endoplasmatischem Reticulum und GOLGI-Apparat in einer Nervenzelle der Ratte. Elektronenoptische Aufnahmen nach ^{3}H-Leucin-Injektion zur Autoradiographie.
a) 10 min nach der Injektion: die Silberkörner (Pfeile) sind über dem granulären ER re verteilt,
der GOLGI-Apparat G ist frei davon (die an granulärem ER besonders reichen Bezirke in einer
Nervenzelle werden NISSL-Schollen genannt). b) 30 min.nach der Injektion: die Silberkörner
sind über dem GOLGI-Apparat verteilt (Pfeile). Man beobachtet sie gleichfalls über dem Kern N
und seinem Nucleolus nu. Das ^{3}H-Leucin ist in Proteine eingebaut worden, die an den Ribosomen
des ER synthetisiert worden sind; später sind sie in die Zisternen des GOLGI-Apparates gewandert. mn=Kernmembran. a) 23 000fach, b) 21 000fach (Aufnahmen: B. DROZ, 1965)

Diese Organellen haben einen dem Grundcytoplasma sehr ähnlichen Brechungs-
index. Bei lebenden Zellen kann man sie daher lediglich im Phasenkontrastmikroskop beobachten. Mit Hilfe der Mikrokinematographie konnte man zeigen, daß
die Mitochondrien von der Strömung des Cytoplasmas verdriftet werden. Darüber
hinaus sind sie aber auch zur Eigenbewegung befähigt und verändern ihre Form:
sie können sich krümmen und strecken, aufblähen und zusammenziehen.

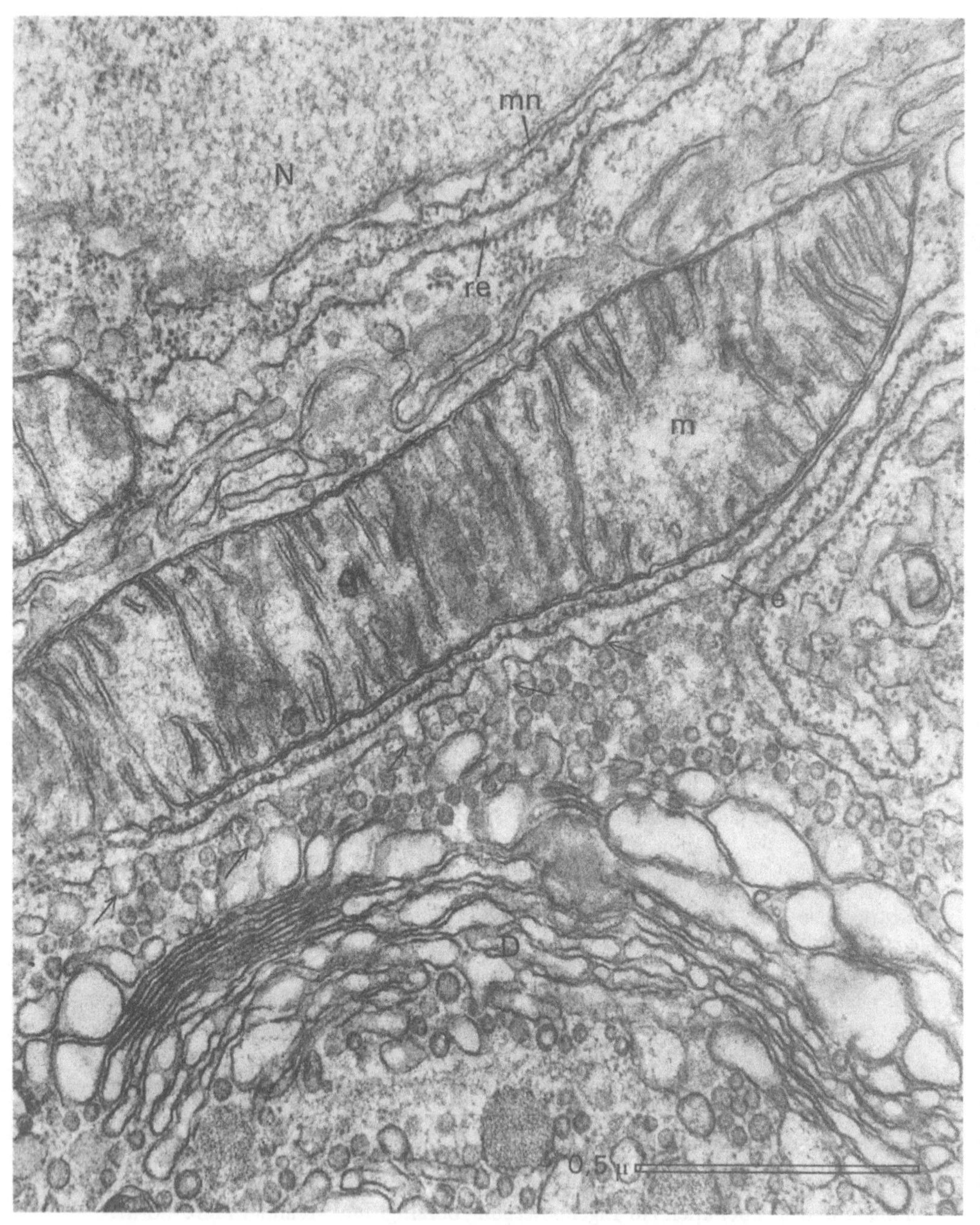
mn
N
re
m
er
D
0,5 μ

In fixierten Zellen lassen sie sich mit bestimmten Farbstoffen wie Fuchsin oder Kristallviolett anfärben. Diese Farbstoffe sind aber nicht spezifisch für Mitochondrien. Sie verleihen auch anderen Organellen Kontrast, und das kann zu Verwechslungen führen, die nur bei Untersuchungen mit dem Elektronenmikroskop vermieden werden können.

Im Elektronenmikroskop zeigt sich, daß die Mitochondrien eine charakteristische Feinstruktur besitzen. Sie werden von einer äußeren Membran von 75 Å Dicke begrenzt, unter der eine zweite Membran liegt, die ebenfalls 75 Å dick ist. Beide Membranen werden durch einen 100 Å breiten Spalt getrennt. Die innere Membran stülpt sich vielfach ein und bildet in das Innere des Mitochondrions hinein Falten, die man *Cristae mitochondriales* nennt (Bild 60 u. 61). Diese Cristae sind im allgemeinen senkrecht zur Hauptachse der Mitochondrien angeordnet. Bei starker Vergrößerung zeigt sowohl die innere wie die äußere Membran eine Feinstruktur, die der der Zellmembran vergleichbar ist. Im Querschnitt erkennt man, daß sie aus zwei dunklen Schichten von 20 Å Dicke bestehen, die durch eine helle Schicht von 35 Å Dicke getrennt werden. Die innere Membran begrenzt eine Substanz, die im Elektronenmikroskop amorph erscheint: die *Matrix mitochondrialis.* Hier und da sind elektronendichte Grana von ungefähr 500 Å Durchmesser in der Matrix eingeschlossen.

Diese Feinstruktur der Mitochondrien, die Begrenzung durch zwei Membranen, von denen die innere Cristae ausbildet, ist allgemein verbreitet und kann wahrscheinlich in allen Zelltypen beobachtet werden. Lediglich die Anordnung, Häufigkeit und Form der Cristae ändert sich. Die Mitochondrien bestimmter Zellen (z. B. junger Spermatocyten der Weinbergschnecke) besitzen Cristae, die parallel zur Hauptachse ausgerichtet sind. Bei den Mitochondrien der quergestreiften Muskelfasern sind die Cristae so zahlreich, daß sie diesen Organellen ein blättriges Aussehen verleihen. Schließlich kann die innere Membran handschuhfingerförmige Ausstülpungen von ungefähr 500 Å Durchmesser ausbilden, die man *Tubuli* nennt (Bild 62b). Die Ciliaten, einige Algen und die Zellen der Nebenniere z. B. besitzen ausschließlich Mitochondrien mit Tubuli.

Bild 59. Beziehung zwischen endoplasmatischem Reticulum und GOLGI-Apparat. In dieser Drüsenzelle des Darms (BRUNNERsche Drüse) erkennt man, daß sich eine Lamelle des ER einem Mitochondrium m angelegt hat. Von dieser Lamelle werden Vesikel (Pfeile) abgeschnürt, die sich zweifellos in die Zisternen der Dictyosomen D ergießen werden. Durch solche Vesikel erfolgt möglicherweise der Transport von Stoffen, die sich in den Zisternen des ER angesammelt haben, zum GOLGI-Apparat. mn=Kernmembran; N=Kern. 80 000fach (Aufnahme: D. S. FRIEND, 1965)

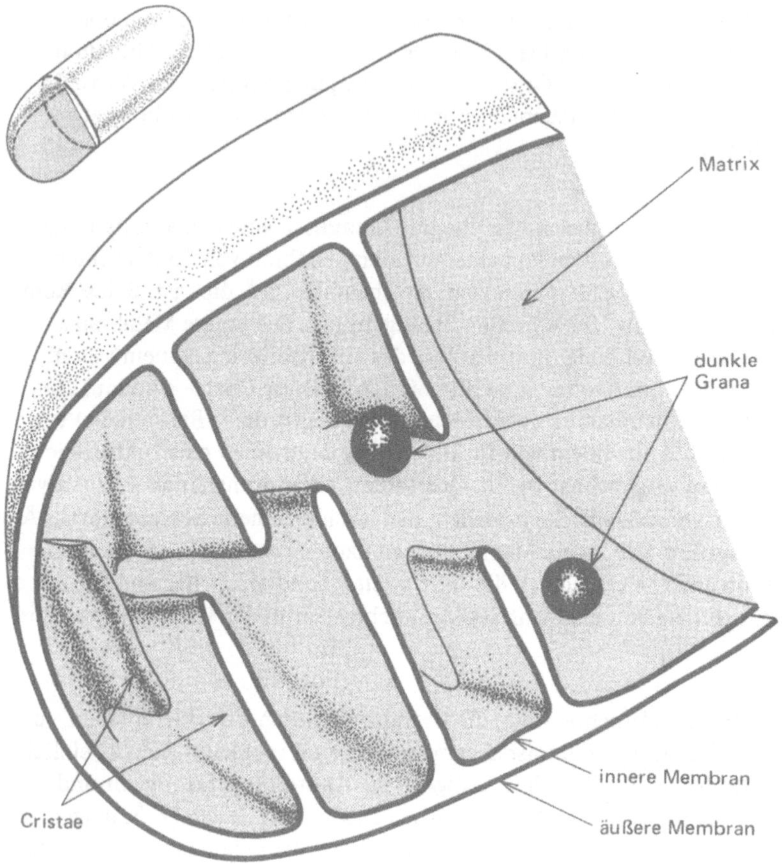

Bild 60. Das Schema zeigt die Ultrastruktur eines Mitochondriums. Diese Organelle wird durch eine äußere Membran begrenzt, unter der eine innere liegt, die Cristae ausbildet. Die Matrix enthält dunkle Grana

Weitere Einzelheiten der Ultrastruktur von Mitochondrien treten hervor, wenn man Bruchstücke von ihnen nach Negativkontrastierung im Elektronenmikroskop betrachtet. Man sieht, daß die innere Membran zur Matrixseite hin mit Partikeln von 85 Å Durchmesser besetzt ist, die ihr mit einem kleinen Stiel aufsitzen (Bild 63). Der äußeren Membran fehlen diese Partikeln, die man *Elememtarpartikeln* genannt hat (GREEN und FERNANDEZ-MORÁN, 1962).

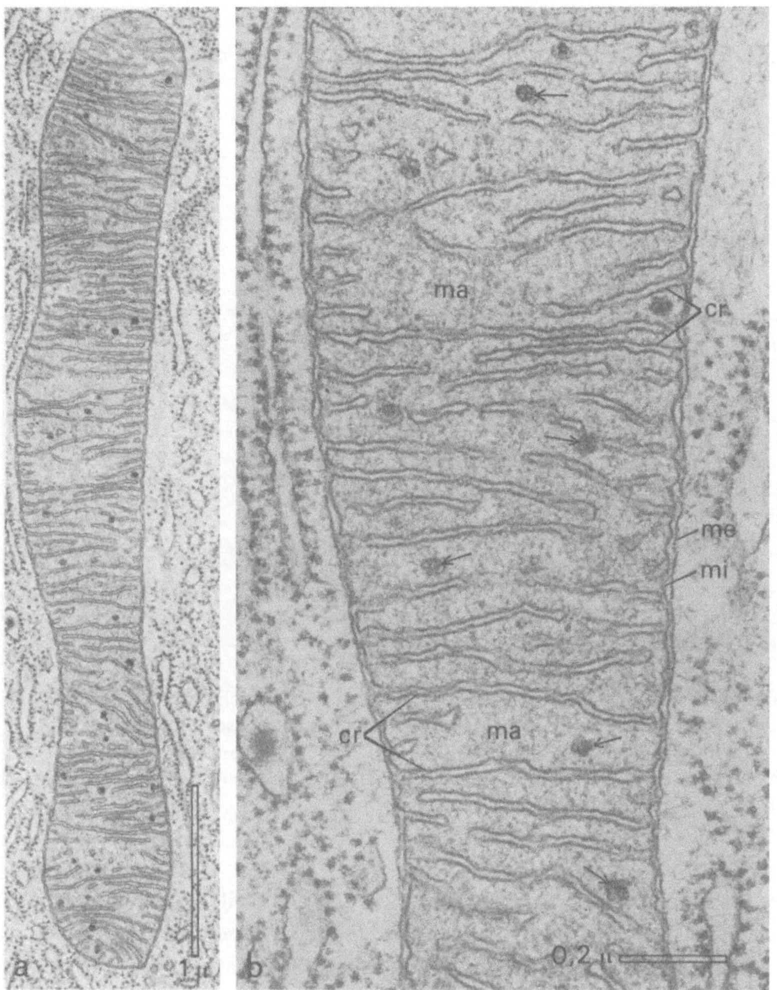

Bild 61. Ultrastruktur der Mitochondrien. Im Elektronenmikroskop erscheinen die Mitochondrien von einer äußerem Membran me begrenzt, unter der eine innere Membran mi Falten oder Cristae cr ausbildet. Die Matrix ma der Mitochondrien enthält elektronendichte Grana (Pfeil). Acinuszelle des Pankreas der Fledermaus. a) 23 000fach, b) 75 000fach (Aufnahmen: K.R. PORTER und S. BADENHAUSEN, 1965)

Wenn auch die Existenz der Mitochondrien außer Zweifel steht, weil man sie in der lebenden Zelle beobachten kann, so muß man sich doch fragen, ob das elektronenmikroskopische Bild die getreue Wiedergabe der Organisation dieses Organells darstellt. Da Mitochondrien je nach dem osmotischen Druck des Milieus ihr Volumen verändern können, ist sicher, daß sie von einer Membran begrenzt werden.

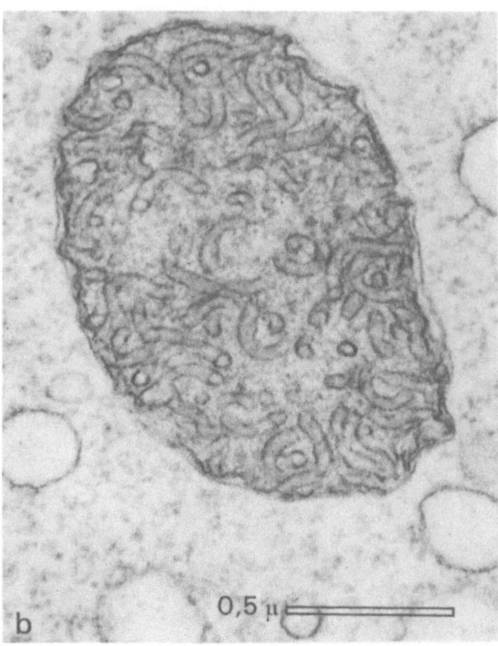

Bild 62. Abwandlungen der Ultrastruktur von Mitochondrien. a) Mitochondrien aus einer Spermatocyte der Weinbergschnecke, deren Cristae parallel zur Längsachse der Organelle ausgerichtet sind. 62 000fach (Aufnahme: J. ANDRÉ, 1960). b) Mitochondrium aus dem Ciliaten *Epistylis*; die innere Membran bildet statt Cristae Tubuli aus. 45 000fach (Aufnahme: E. FAURÉ-FREMIET, P. FAVARD und N. CARASSO, 1962)

Was die innere Membran und die von ihr gebildeten Cristae betrifft, so kann man sie gelegentlich einigermaßen gut im lebenden Zustand nachweisen. Die Untersuchung der Doppelbrechung der Mitochondrien in jungen Spermatocyten der Weinbergschnecke zeigt, daß sie ein Material enthalten, das parallel zu ihrer Längsachse ausgerichtet ist. Dieses Material entspricht den längsverlaufenden Cristae, die man im Elektronenmikroskop beobachten kann. Da sich außerdem nach den verschiedensten Fixierungsprozessen im Elektronenmikroskop immer das gleiche Bild von der Ultrastruktur der Mitochondrien ergibt, so ist das eine weitere Bestätigung der Beobachtungen.

Von den der inneren Membran angehefteten Partikeln, die nur nach Negativkontrastierung sichtbar werden, weiß man, daß sie bestimmte biochemische Eigenschaften besitzen (Seite 99), doch hat man bis heute nicht beweisen können, daß sie in den lebenden Mitochondrien die gleiche Gestalt haben.

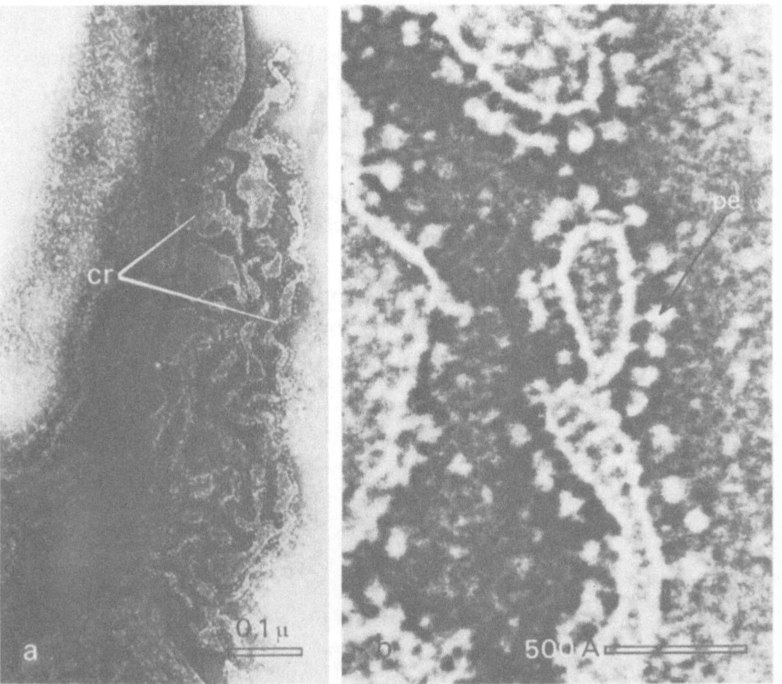

Bild 63. Ultrastruktur der Mitochondrien, wie sie nach Negativkontrastierung erkennbar wird. Aus Rinderherz isolierte Mitochondrien, die in einem hypotonischen Milieu zum Platzen gebracht worden sind. Negativkontrastierung. Die Membran der Cristae trägt Granula von 85 Å Durchmesser, die ihr mit einem kleinen Stiel aufsitzen; diese Granula werden Elementargranula genannt. a) 100 000fach, b) 400 000fach (Aufnahmen: H. FERNANDEZ-MORAN, 1964)

6.2. Chemische Zusammensetzung

6.2.1. Untersuchungen in situ

Cytochemische Reaktionen zeigen in situ, daß die Mitochondrien Lipide und Proteine enthalten, von denen einige Enzyme sind, speziell Dehydrogenasen und Oxydasen. Die Anfärbbarkeit der Mitochondrien in vivo mit Janusgrün beruht auf dem Vorhandensein von Oxydasen, die den Farbstoff in seine oxydierte Form überführen, während er in der übrigen Zelle in der reduzierten, farblosen Form vorliegt.

Cytophotometrisch lassen sich in lebenden Mitochondrien Cytochrome nachweisen (Seite 100).

6.2.2. Isolieren von Mitochondrienfraktionen und deren Unterfraktionen

Den ersten Versuch, eine Mitochondrienfraktion zu gewinnen, hat CLAUDE (1940) unternommen. Später haben HAGEBOOM, SCHNEIDER und PALADE (1948) die Methode verbessert, indem sie als Isolierungsmedium eine 0,88 M Saccharoselösung verwendeten.

Die Reinheit der Fraktion wurde an Dünnschnitten von Proben des Mitochondrien-
sediments im Elektronenmikroskop überprüft (Bild 64).

Läßt man auf eine reine Mitochondrienfraktion oberflächenaktive Stoffe oder Ultraschall einwirken, so kann man diese Organellen aufbrechen. Wenn die Membranen aufgerissen sind, löst sich die Matrix im Isolierungsmedium, und nach erneutem
Zentrifugieren erhält man die Membranen als Niederschlag, während die verdünnte
Matrix im Überstand bleibt.

Bringt man diesen Niederschlag von Membranen wieder in Suspension und behandelt sie mit Ultraschall, so lösen sich dadurch Grana von ungefähr 85 Å Durchmesser ab, die zweifellos mit den Elemtarpartikeln der innern Membran übereinstimmen.

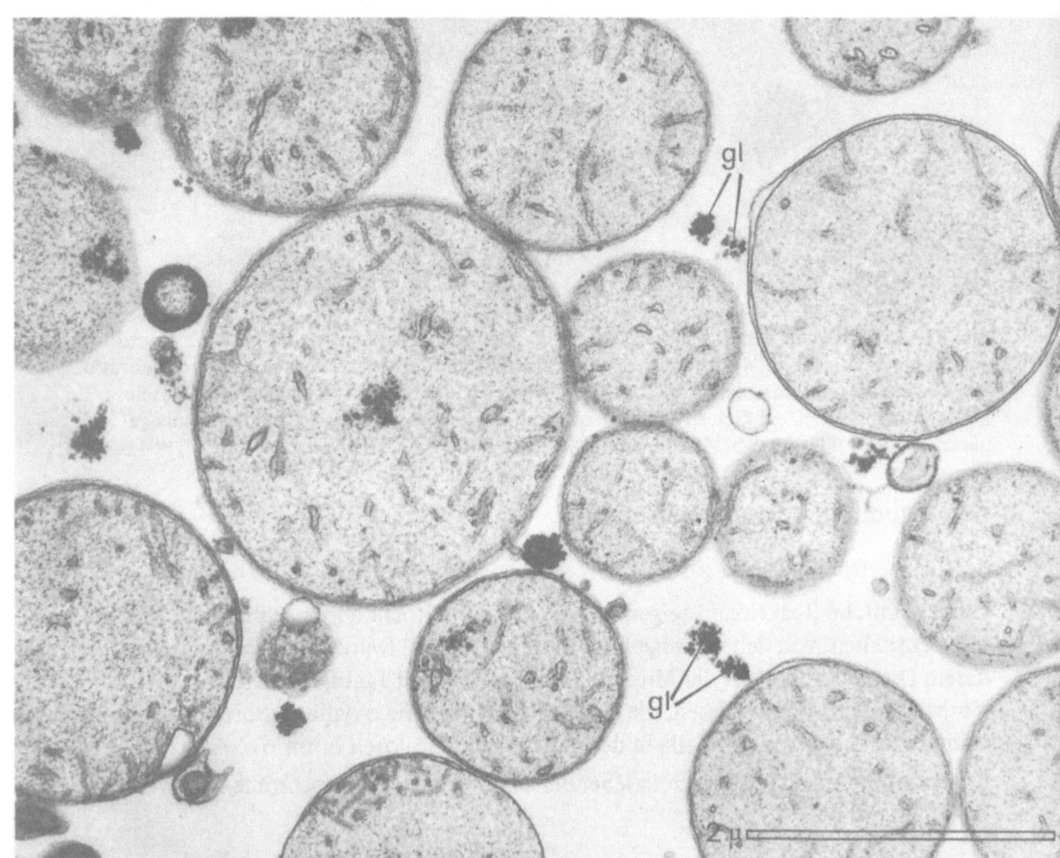

Bild 64. Aus Rattenleber isolierte Mitochondrienfraktion. Die Fraktion ist nicht ganz rein:
zwischen den Mitochondrien sind Glykogenpartikeln gl sichtbar. 20 000fach (Aufnahme:
J. ANDRÉ, M. LÉVY und R. TOURY, 1965)

6.2.3. Chemische Analyse

Die chemische Analyse isolierter Mitochondrien hat folgende Zusammensetzung
ergeben:

Wasser	66 %
Proteine	22 %
Lipide	11 %
Nucleotide Ionen	} 1 %

Dieser Tabelle kann man entnehmen, daß die Mitochondrien, verglichen mit anderen Bestandteilen der Zelle, wasserarm sind. Unter den Proteinen findet man zahlreiche Enzyme und Strukturproteine. Von den Enzymen sind einige wasserlöslich,
andere sind es nicht. Die vorhandenen Lipide sind zur Hälfte Phospholipide (Lecithine und Kephaline). An diese Phospholipide sind die wasserunlöslichen Enzyme
gebunden. Von den Nucleotiden findet man hauptsächlich ATP, ADP und die als
Wasserstoffakzeptoren dienenden Coenzyme: FAD, NAD und NADP. An Ionen
kommen vorwiegend Na^+, K^+, Ca^{++} und Mg^{++} vor. Aus der Analyse der Unterfraktionen ergibt sich, daß die Membranen die Phospholipide und die wasserunlöslichen
Enzyme enthalten und die Matrix die löslichen Enzyme, die Ionen und wahrscheinlich kontraktile Proteine. Die Elemtarpartikeln bestehen hauptsächlich aus den was-
serstoffübertragenden Coenzymen und den eisenhaltigen Proteinen: den Cytochro-
men.

Die Isolierung von Mitochondrienfraktionen und deren Unterfraktionen ermöglicht
nicht nur die Bestimmung der verschiedenen Komponenten, sondern auch die Untersuchung deren physiologischer Bedeutung.

6.3. Physiologische Bedeutung und Funktionen

Nach Untersuchungen vorwiegend von LEHNINGER, GREEN und CHACE seit
1948 lassen sich die physiologischen Reaktionen der Mitochondrien in mehrere
Komplexe aufgliedern: oxydative Phosphorylierung, Stoffanreicherung, Synthesen
und Bewegung.

6.3.1. Die Atmungskette

In den Mitochondrien werden bestimmte Metaboliten oxydiert, und die bei der
Oxydation freiwerdende Energie dient zum Teil der Regeration von ATP durch
Phosphorylierung von ADP. Die Reaktionen der Oxydation und der Phosphorylie-
rung werden zusammen als *oxydative Phosphorylierung* bezeichnet.

Die Oxydation in den Mitochondrien erfolgt durch Dehydrierung. Der vom „Brennstoff“ oder Substrat abgespaltene Wasserstoff wird von einem Akzeptor auf den
anderen übertragen und zuletzt auf Sauerstoff. Bei den verschiedenen Stoffwech-
selwegen der Glucose haben wir einen Dehydrierungsprozeß kennengelernt, bei dem

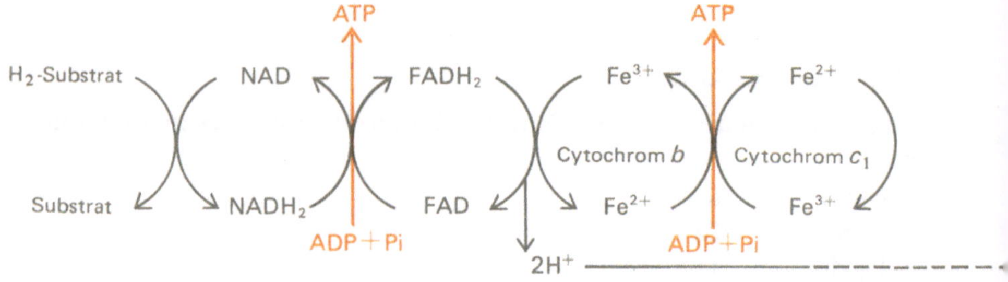

H_2-Substrat   NAD   ATP   FADH$_2$ Fe^{3+} ATP   Fe^{2+}

Cytochrom b Cytochrom c_1

Substrat   NADH$_2$ ADP + Pi   FAD   Fe^{2+} Fe^{3+} ADP + Pi

2H$^+$

der letzte Akzeptor für den Wasserstoff eine organische Verbindung war. Diesen
Prozeß haben wir als Gärung bezeichnet. In den Mitochondrien, wo der letzte Akzeptor der Sauerstoff ist, sprechen wir von *Atmung*.

Die bei der Dehydrierung abgegebenen Elektronen werden stufenweise von sogenannten Elektronenüberträgern bis auf den Sauerstoff übertragen. Schließlich wird
dieser durch die Elektronen aktivierte Sauerstoff Akzeptor für Protonen, und es
entsteht Wasser. Die ersten Akzeptoren für den Wasserstoff sind die Nucleotide:
NAD, NADP und FAD. Die Elektronenüberträger, die *Cytochrome*, sind Proteine
mit einem dem Häm des Hämoglobins verwandten Porphyrinringsystem. Sie enthalten ein Eisenatom, und der Übergang vom reduzierten in den oxydierten Zustand ist mit einem Valenzwechsel des Eisens verbunden. Man hat verschiedene
Cytochrome aus den Mitochondrien isoliert und sie mit den Buchstaben a, b, c benannt. Die Cytochrome a und b sind in Wasser unlöslich und nur dann aktiv, wenn
sie mit Phospholipiden assoziiert sind; Cytochrom c ist dagegen sehr gut in Wasser
löslich. Durch den Wechsel von Oxydation und Reduktion wird die Übertragung
des vom Substrat abgespaltenen Wasserstoffs auf den Sauerstoff möglich (Bild 65).

Der Transport von Elektronen und Protonen ist mit bestimmten Proteinen und
Nucleotiden verbunden. Einige der Nucleotide wie das FAD sind Coenzyme von
Dehydrogenasen wie NADH$_2$-Dehydrogenase und Succinatdehydrogenase. Diese
Dehydrogenasen mit einem Flavin-Coenzym heißen Flavoproteine. Sie haben eine
gelbe Farbe, und diese gelbe Farbe der Flavoproteine ist charakteristisch für die
gesamte Mitochondrienfraktion. Andererseits haben neuere Untersuchungen ergeben, daß im Verlauf des Elektronentransportes noch ein Chinon beteiligt ist, das
Ubichinon oder *Coenzym Q*. Es kann ebenso reduziert und oxydiert werden und
ist zweifellos zwischen FAD und Cytochrom b eingeschaltet. Die Gesamtheit der
Komponenten, die am Transport des Wasserstoffs bis zum Sauerstoff beteiligt sind,
stellen die *Atmungskette* dar, wobei aber verschiedene Komponenten noch nicht
vollständig bekannt sind. Einige dieser Komponenten sind wasserlöslich, andere
nicht. Die Analyse der Atmungskette ist wegen der Schwierigkeiten, die sich bei
der Trennung der einzelnen Komponenten ergeben, sehr mühevoll.

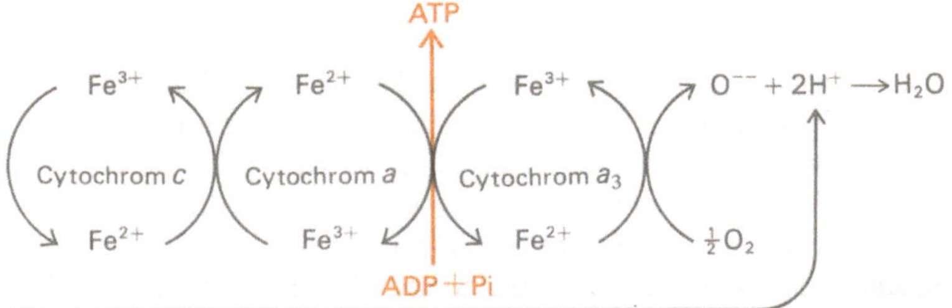

Bild 65. Die Atmungskette. Der Transport der Elektronen und Protonen bis zum Sauerstoff erfolgt über zwischengeschaltete Nucleotide und Cytochrome. Die von den Elektronen verlorene Energie wird zur Regeneration von ATP durch Phosphorylierung von ADP verwendet

Im Verlauf der Untersuchungen gelang es bereits, Teile der Atmungskette zu isolieren, die, wie sich zeigte, mit mehreren Überträgerstoffen übereinstimmen. So hat man eine wasserlösliche Fraktion gewonnen ($NADH_2$-Cytochrom-c-Reduktase), die die Reduktion von Cytochrom c durch $NADH_2$ katalysiert. Diese Fraktion enthält eine $NADH_2$-Dehydrogenase, die ein FAD als Coenzym hat, das Coenzym Q (Ubichinon) und die Cytochrome b und c_1. Eine andere Fraktion *(Cytochromoxydase)*, die die Reoxydation von Cytochrom c durch molekularen Sauerstoff katalysiert, ist in Wasser unlöslich. Diese Fraktion enthält zwei verschiedene Cytochrome: das Cytochrom a und das Cytochrom a_3. Außerdem enthält sie mehrere Atome Kupfer, von denen man weder weiß, an was für einen Körper sie gebunden sind, noch welche Bedeutung sie haben.

Die beim Transport des Wasserstoffs bis zum Sauerstoff freiwerdende Energie ermöglicht durch Phosphorylierung von ADP-Molekülen die Regeneration von ATP. Diese Phosphorylierung erfolgt an drei Stellen der Atmungskette: bei der Oxydation von FAD durch $NADH_2$ (oder $NADPH_2$, da das NADP gleichfalls ein Akzeptor für Wasserstoff ist wie das NAD), bei der Oxydation von Cytochrom b durch Cytochrom c_1 und schließlich bei der Oxydation von Cytochrom a durch Cytochrom a_3. Wird der Wasserstoff von $NADH_2$ oder $NADPH_2$ aufgenommen, so werden drei Moleküle ATP regeneriert, wird er dagegen von $FADH_2$ aufgenommen, so entstehen nur zwei Moleküle ATP (Bild 65). In welcher Weise die Phosphorylierung von ADP mit den Oxydationsprozessen gekoppelt ist, weiß man noch nicht. Vermutlich sind daran Enzyme beteiligt, die noch unbekannt sind.

Betrachten wir nun die „Brennstoffe" oder Substrate, die in den Mitochondrien oxydiert werden.

6.3.1.1. Oxydation von gesättigten Fettsäuren: LYNEN-Spirale

Die aus einer geradzahligen Kette von C-Atomen aufgebauten gesättigten Fettsäuren werden fortlaufend am β-C-Atom oxydiert. Bei dieser Oxydation wird ein Bruchstück von zwei C-Atomen abgespalten, das dabei zu einer aktivierten Essigsäure wird. Die Arbeiten des Biochemikers LYNEN (1955) haben gezeigt, daß die Fettsäuren sich vor ihrer Oxydation mit Coenzym A verbinden müssen (Bild 66).

In vier aufeinander folgenden Reaktionsschritten werden ein Acetyl-CoA und
vier Atome Wasserstoff abgespalten. Es bleibt dann eine Fettsäure zurück, die um
zwei C-Atome kürzer und gleich mit einem Acetyl-CoA verbunden ist; sie kann
sofort einer erneuten β-Oxydation unterworfen werden. LYNEN stellte den Ablauf der β-Oxydation schematisch in Form einer Spirale dar, bei der jede Windung
der Abspaltung eines Acetyl-CoA und von vier Atomen Wasserstoff entspricht. Der
Wasserstoff wird von entsprechenden Akzeptoren aufgefangen: zwei Atome vom
FAD und zwei vom NAD. Erfolgt die Übertragung des Wasserstoffs vom $FADH_2$
aus auf den Sauerstoff, so wird die Energie für die Regeneration von zwei Molekülen ATP, vom $NADH_2$ aus für drei Moleküle ATP, also zusammen für fünf Moleküle ATP pro abgespaltenes Acetyl-CoA freigesetzt.

6.3.1.2. Oxydation von Acetyl-CoA: KREBS-Zyklus

Das Acetyl-CoA wird in den Mitochondrien beim Ablauf eines Zyklus oxydiert, in
dem Di- und Tricarbonsäuren mit vier, fünf und sechs C-Atomen auftreten. Die Aufeinanderfolge der Reaktionen und ihre Verkettung hat KREBS (1938) aufgeklärt.
Diese Reaktionskette heißt deshalb KREBS- oder *Zitronensäurezyklus* (Bild 67).

Der Zyklus beginnt mit einer Kondensation von Acetyl-CoA mit Oxalessigsäure zu
Zitronensäure. Nach zwei Decarboxylierungsschritten erhält man Dicarbonsäuren
mit vier C-Atomen und schließlich die Oxalessigsäure, womit der Kreislauf wieder
von vorne beginnen kann.

Durch Dehydrierung und Decarboxylierung wird die aktivierte Essigsäure vollständig zu CO_2 und H_2O oxydiert. Der abgespaltene Wasserstoff wird von entsprechenden Wasserstoffakzeptoren, den Nucleotiden FAD, NAD und NADP aufgenommen
und über die Atmungskette auf den Sauerstoff übertragen.

Vom energetischen Standpunkt betrachtet, stellen die Oxydationsprozesse in den
Mitochondrien die Hauptquelle für den Gewinn von ATP in der aerob lebenden
Zelle dar. Im Verlauf der Oxydation von Acetyl-CoA wird im Zyklus selbst lediglich eine einzige energiereiche Bindung hergestellt, nämlich bei der Reaktion Suc-
cinyl-CoA $\rightarrow$ Bernsteinsäure + CoA, bei der ATP oder ein dem ATP verwandtes
Nucleosid, das Guanosintriphosphat (GTP) durch Phosphorylierung von Guanosindi-
phosphat (GDP) gebildet wird. In der Atmungskette entstehen 11 energiereiche Bindungen durch oxydative Phosphorylierung von ADP (3 ausgehend vom $NADPH_2$,
6 von $2NADH_2$ und 2 vom $FADH_2$). Bei der Oxydation von einem Acetyl-CoA
werden zusammen 12 energiereiche Bindungen geknüpft.

Das im KREBS-Zyklus oxydierte Acetyl-CoA kann verschiedener Herkunft sein.
Die β-Oxydation der Fettsäuren ist eine Quelle, die darüber hinaus auch die Brenz-
traubensäure für die oxydative Decarboxylierung unter Mitwirkung von CoA und
NAD liefert (Bild 67).

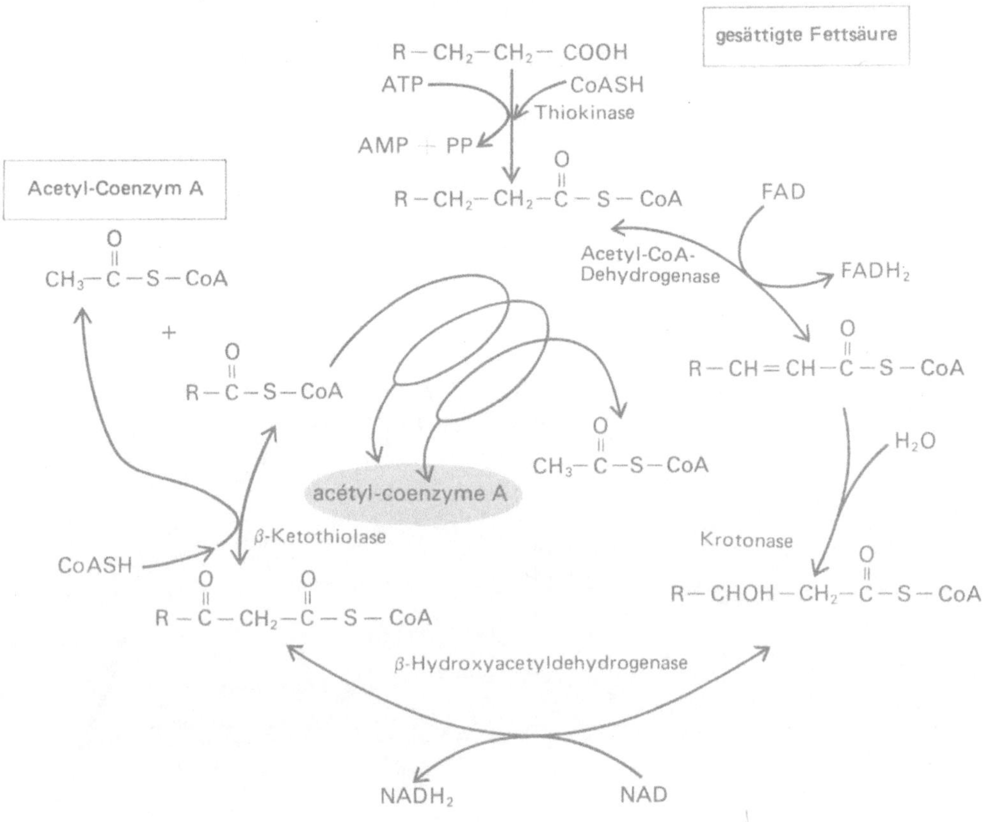

Bild 66. Oxydation gesättigter Fettsäuren: Lynen-Spirale. Die Fettsäure verbindet sich mit Coenzym A. Dabei wird ein Molekül ATP verbraucht. Im Verlauf von vier aufeinanderfolgenden Reaktionsschritten werden ein Acetyl-CoA und vier Atome Wasserstoff abgespalten. Der Wasserstoff wird von FAD und NAD aufgefangen. Auf diese Weise hat die Fettsäure zwei C-Atome verloren und kann sofort in eine neue β-Oxydation eintreten

Wir haben gesehen (Seite 38), daß die Brenztraubensäure beim Abbau der Glucose, der Glykolyse, entsteht. Leben die Zellen anaerob, so ist dieser Abbau unvollständig und mündet in die Milchsäuregärung. Leben die Zellen dagegen aerob, so unterliegt die Brenztraubensäure einer oxydativen Decarboxylierung, wird in Acetyl-CoA überführt und schließlich im KREBS-Zyklus vollständig oxydiert. Der Abbau von Glucose unter aeroben Bedingungen beginnt mit der Glykolyse im Grundcytoplasma und wird in den Mitochondrien vollendet. Er gestattet die Regeneration einer sehr viel größeren Zahl von energiereichen Bindungen als der Abbau unter anaeroben Bedingungen. Im Falle des anaeroben Abbaus werden zwei Moleküle ATP pro Molekül Glucose gebildet, während bei der vollständigen Oxydation unter aeroben Bedingungen die Regeneration von 38 Molekülen ATP ermöglicht wird. Im ersten Falle werden drei energiereiche Bindungen, im letzten 39 geknüpft.

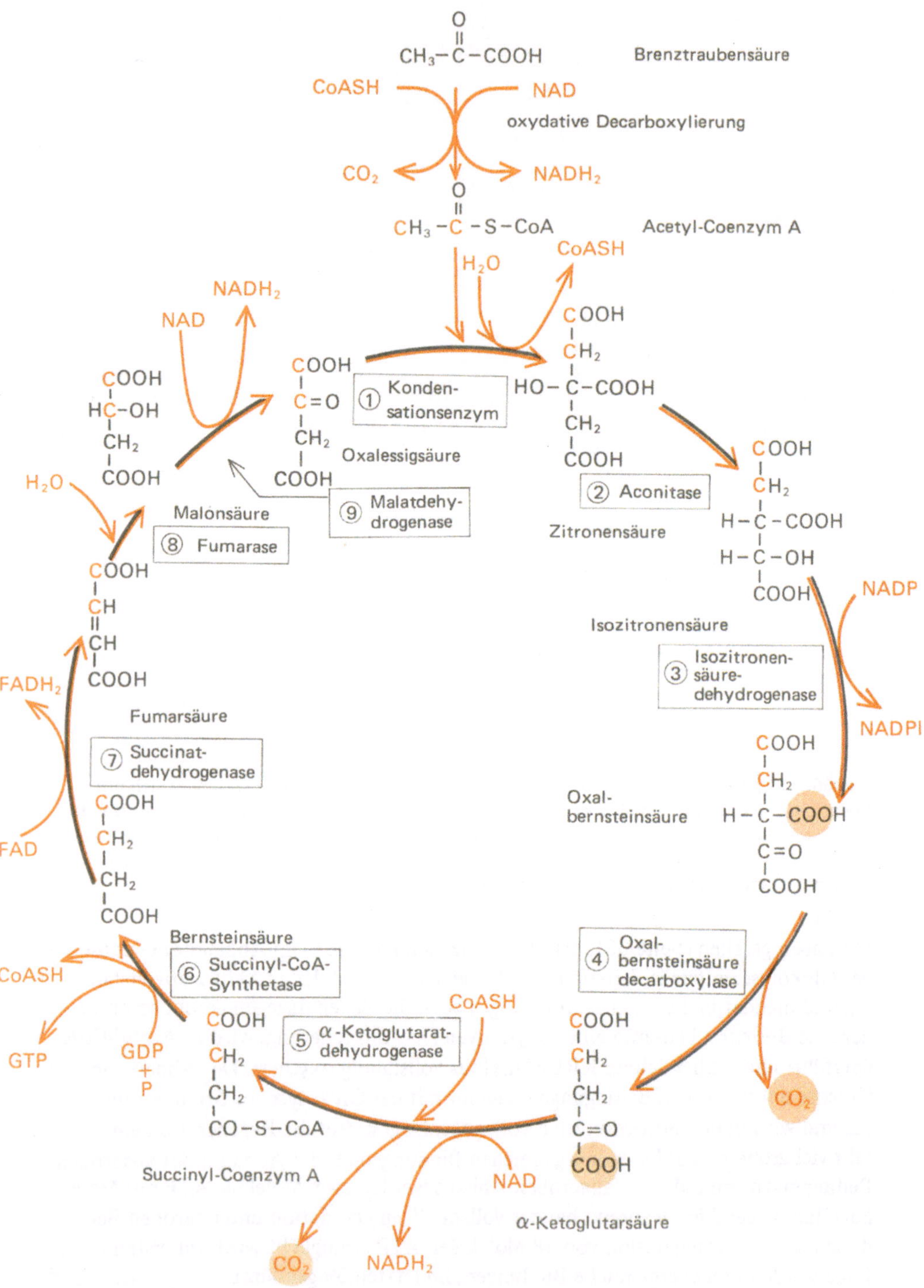

O
CH₃–C–COOH   Brenztraubensäure
CoASH   NAD
oxydative Decarboxylierung
CO₂   NADH₂
O
CH₃–C–S–CoA   Acetyl-Coenzym A
H₂O   CoASH
COOH
CH₂
HO–C–COOH
CH₂
COOH
① Konden-sationsenzym
NADH₂
NAD
COOH
C=O
CH₂
COOH
Oxalessigsäure
COOH
HC–OH
CH₂
COOH
Malonsäure
H₂O
⑨ Malatdehy-drogenase
② Aconitase
Zitronensäure
COOH
CH₂
H–C–COOH
H–C–OH
COOH
Isozitronensäure
NADP
③ Isozitronen-säure-dehydrogenase
NADPI
⑧ Fumarase
COOH
CH
CH
COOH
Fumarsäure
FADH₂
FAD
⑦ Succinat-dehydrogenase
COOH
CH₂
CH₂
COOH
Bernsteinsäure
CoASH
GTP
GDP+P
⑥ Succinyl-CoA-Synthetase
COOH
CH₂
CH₂
CO–S–CoA
Succinyl-Coenzym A
⑤ α-Ketoglutarat-dehydrogenase
CoASH
Oxal-bernsteinsäure
COOH
CH₂
H–C–COOH
C=O
COOH
④ Oxal-bernsteinsäure decarboxylase
CO₂
COOH
CH₂
CH₂
C=O
COOH
α-Ketoglutarsäure
NAD
CO₂   NADH₂

	Anzahl der geschlossenen energiereichen Bindungen
anaerober Weg	
– Glykolyse	
Glucose $\rightarrow$ 2 Brenztraubensäure	
+ 2NADH$_2$	2
– Milchsäuregärung	
2 Brenztraubensäure + NADH$_2$ $\rightarrow$	
2 Milchsäure + 2NAD	
Total	2
aerober Weg	
– Glykolyse	
Glucose $\rightarrow$ 2 Brenztraubensäure	
+ 2NADH$_2$	2
– Atmung	
2NADH$_2$ $\rightarrow$ 2NAD	6
2 Brenztraubensäure $\rightarrow$	
2 Acetyl-CoA + 2NADH$_2$	
2NADH$_2$ $\rightarrow$ 2NAD	6
2 Acetyl-CoA $\rightarrow$ 2 CO$_2$ + H$_2$O	24
Total	38

Andererseits können Komponenten wie die Ketoglutarsäure oder die Oxalessigsäure, die beim Abbau von bestimmten Aminosäuren anfallen, ebenfalls in den
KREBS-Zyklus eintreten.

So erfolgt in den Mitochondrien die Endoxydation verschiedener Komponenten,
die beim Abbau von Lipiden, Glucosiden und Proteinen anfallen. Eine bestimmte
Anzahl von Zwischenprodukten des KREBS-Zyklus sind selbst Ausgangsstoffe für
die Synthese bestimmter Aminosäuren. Diese Zwischenprodukte, die den KREBS-
Zyklus verlassen, können aus anderen Quellen ergänzt werden.

6.3.2. Trennung und Anreicherung verschiedener Stoffe

Verschiedene Stoffe können in den Mitochondrien angereichert werden oder sich
dort ansammeln: Ionen, kleine Moleküle oder selbst auch große.

Ionen

Die Ionen K$^+$ und Na$^+$ reichern sich in den isolierten Mitochondrien selbst dann an,
wenn ihre Konzentration im Isolierungsmilieu nur sehr gering ist. Diese Anreicherung ist nur möglich, wenn die oxydative Phosphorylierung normal abläuft. Schal-
tet man die Atmung durch Cyanid, das das Cytochrom a$_3$ blockiert, aus, so hört
die Ionenkonzentration auf.

Bild 67. Oxydation von Acetyl-CoA: Krebs-Zyklus. Acetyl-CoA kondensiert mit Oxalessigsäure zu Zitronensäure; im Verlauf dieser Reaktion wird CoA regeneriert. Dehydrierung und
Decarboxylierung der Zitronensäure führt zu Oxalessigsäure, die sich aufs neue mit Acetyl-CoA
verbinden kann. Der im Verlauf dieses Zyklus freiwerdende Wasserstoff wird von Akzeptoren
aufgefangen und in der Atmungskette bis auf den Sauerstoff übertragen.

Versuche gleicher Art an isolierten Lebermitochondrien der Ratte (LEHNINGER
u. a., 1964) zeigten, daß sich Ca^{++}-Ionen in den Mitochondrien so lange anreichern,
wie die oxydative Phosphorylierung ungestört abläuft. Wird diese blockiert, so findet
keine Konzentration von Calcium in den Mitochondrien mehr statt, es sei denn, man
fügt dem Milieu ATP zu.

Die Konzentration dieser Ionen erfordert Energie, die aus der Hydrolyse von ATP
bestritten wird. Es handelt sich hierbei also um einen aktiven Transport (s. Kapitel VII).

Bei der Anreicherung von Ca^{++}-Ionen stellt man ein gleichzeitiges Anwachsen der
anorganischen Phosphatmenge fest. Das Calcium lagert sich also in der Mitochondrienmatrix (Bild 68 a u. b) als Phosphat ab (Hydroxyapatit: $[Ca_3 (PO_4)_2]_3$
$Ca(OH)_2$).

Die Ansammlung bivalenter Kationen in der Mitochondrienmatrix kann auch in
situ nachgewiesen werden, z. B. in den Epithelzellen der Harnblase vom Frosch
(PEACHEY, 1962). Dazu bringt man die Harnblase des Frosches in eine physiologische Lösung, die arm an Calcium ist. Nach dem Fixieren kann man im Elektronenmikroskop feststellen, daß die Matrix der Mitochondrien dunkle Grana von
500 Å Durchmesser enthält. Die gleichen Grana sind auch in den Mitochondrien
von Epithelzellen vorhanden, die gleich nach der Entnahme fixiert worden sind.
Läßt man jedoch die Harnblase in einer calciumreichen physiologischen Lösung
längere Zeit verweilen, so bemerkt man nach dem Fixieren, daß die dunklen Grana
in der Matrix erheblich größer geworden sind. Das gleiche Phänomen tritt ein, wenn
man Calcium durch andere bivalente Ionen wie Barium oder Strontium ersetzt
(Bild 68c u. d).

Kleine Moleküle

Die Mitochondrien sind in der Lage, in ihrer Matrix kleine Moleküle anzureichern.
Bei der Ratte beobachtet man nach einer Intraperitonealinjektion von Silicagel
in den Mitochondrien bestimmter Nierenzellen eine Anhäufung von Silicium, das
elektronendicht erscheint (POLICARD, 1961). Wie sich zeigte, können die Mitochondrien in ihrer Matrix auch Eisenhydroxid anreichern.

Bild 68. Anreicherung von Ionen in den Mitochondrien. a und b) Anreicherung von Calcium-
salzen *in vitro*. Die aus Rattenleber isolierten Mitochondrien sind in einem Milieu inkubiert worden, in dem $CaCl_2$ und ATP enthalten sind. a) Zu Beginn der Inkubationszeit sind bereits in der
Matrix der Mitochondrien dunkle Granula (Pfeile) zu erkennen, die aber noch relativ klein sind.
b) nach 20 min sind die Mitochondrien stark angeschwollen und enthalten große Granula gd.
Diese Granula bestehen aus Calciumphosphat, das sich in den Mitochondrien angesammelt hat.
a und b) 30 000fach (Aufnahmen: J. W. GREENWALT, C. S. ROSSI und A. L. LEHNINGER,
1964). c und d) Anreicherung von Bariumsalzen *in vivo* bei Epithelzellen der Frosch-Harnblase.
Nach Inkubation in physiologischer Lösung mit Ba^{++}-Ionen enthalten die Mitochondrien m in ihrer
Matrix sehr viel größere Granula gd als die der Kontrollzellen. Mp=Zellmembran; N=Kern.
c) 13 000fach; d) 42 000fach (Aufnahmen: L. D. PEACHEY, 1964)

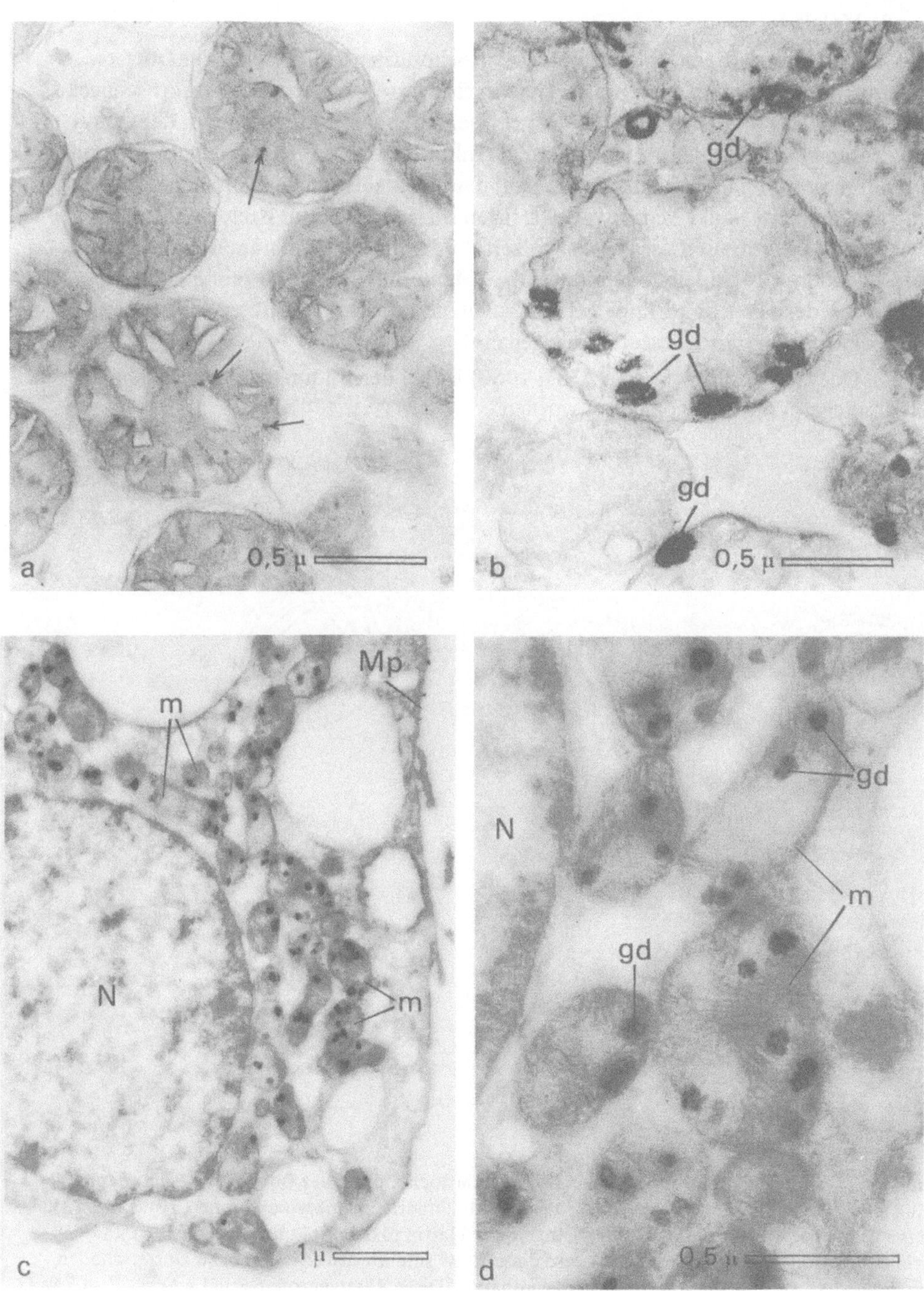
a
0,5 µ
b
gd
gd
gd
0,5 µ
Mp
m
N
m
c
1 µ
N
gd
N
m
gd
d
0,5 µ

Große Moleküle

Die Ansammlung großer Moleküle in den Mitochondrien läßt sich bei der Dotterbildung in den Oocyten bestimmter Tiere in situ verfolgen. Bei der Posthornschnecke
z. B. (FAVARD und CARASSO, 1958) erscheinen in den Mitochondrien der Oocyten Proteingrana, die elektronendicht sind (Bild 69 a u. b). Die Größe der Mitochondrien nimmt in dem Maße zu, wie die Zahl der eingeschlossenen Proteingrana anwächst. Zunächst in der Matrix verteilt, fügen sie sich nach und nach zu Kristallen
zusammen. Im Verlauf dieses Prozesses zerfällt die innere Membran, und die Cristae
verschwinden. Übrig bleibt allein die äußere Membran, die die Proteinkristalle einschließt. Jedes Mitochondrium, das sich zu einem Behälter von Reserveproteinen
umgewandelt hat, wird Dotterscholle genannt.

In den Oocyten des Frosches (WARD, 1960) ist bei der Bildung von Dotterschollen
ein ähnlicher Vorgang beobachtet worden.

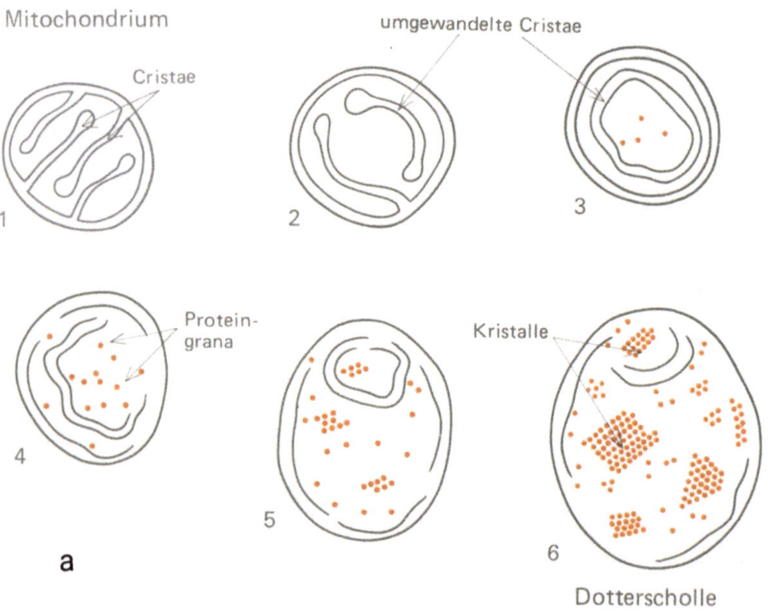

Bild 69. a) Anreicherung von Proteingrana in den Mitochondrien der Oocyte von *Planorbarius*.
Zunächst erfolgt eine Umwandlung der inneren Mitochindrienmembran und ihrer Cristae (1, 2, 3);
dann folgt eine Anhäufung von Proteingrana in der Matrix (4), die ständig zunehmen (5) und sich
schließlich zu Kristallen anordnen (6). Auf diese Weise sind die Mitochondrien zu Dotterschollen
umgewandelt worden, die Reserveproteine enthalten. Diese Reserveproteine sind sehr reich an Eisen.

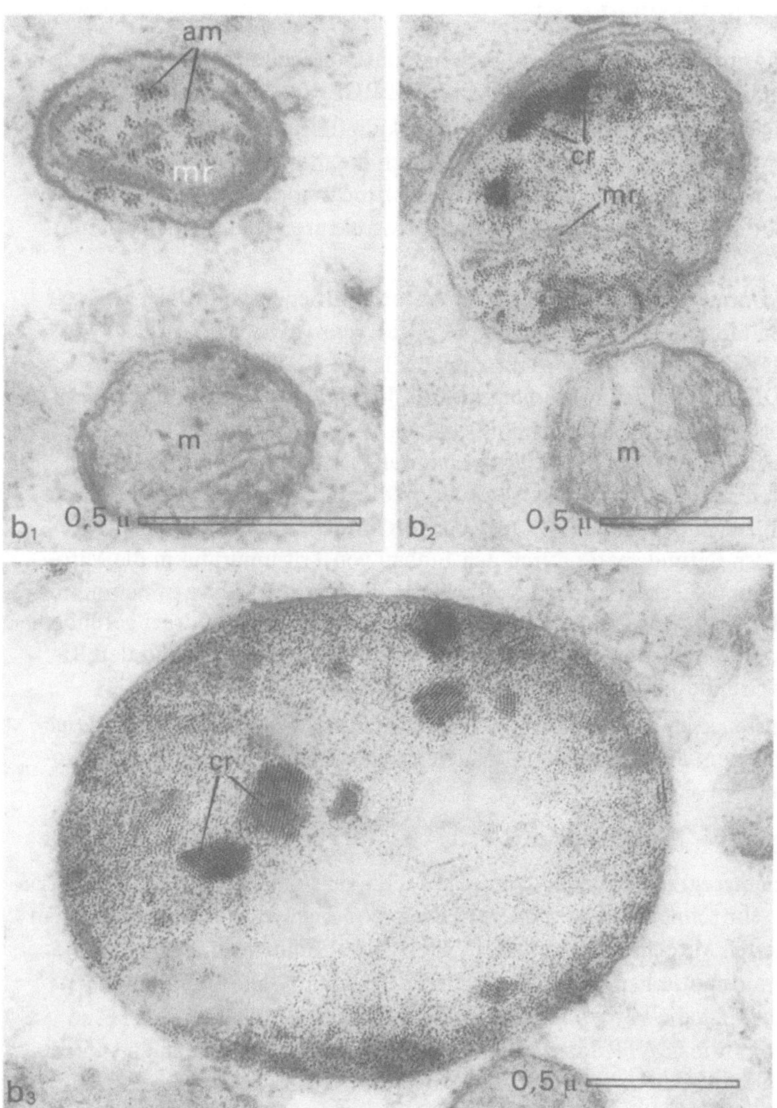

Bild 69b

b) Aufnahmen zu dem vorher schematisch dargestellten Vorgang. b₁) Normale m und umgewandelte Mitochondrien mr mit elektronendichten Proteinpartikeln, die auch größere Aggregate am bilden. b₂) Gleichzeitig mit dem Erscheinen der Proteingrana erfolgt ein Abbau der inneren Mitochondrienmembran mr. Die Proteingrana ordnen sich zu Kristallen cr an. m=normales Mitochondrium. b₃) Dotterscholle mit Proteinkristallen cr. Vergrößerung: b₁) 60 000fach, b₂ und b₃) 40 000fach (Aufnahmen: P. FAVARD und N. CARASSO, 1958)

6.3.3. Synthese in den Mitochondrien

Mit Hilfe der Autoradiographie gelang es, eine kontinuierliche Proteinsynthese in den Mitochondrien nachzuweisen (DROZ und BERGERON, 1965).

Wie schon früher hervorgehoben, erfolgt die Verknüpfung der Aminosäuren zu Proteinketten an den Ribosomen, die dabei die durch die messenger-RNA überbrachte Information entziffern und anwenden. Bei den Mitochondrien muß man sich nun auch fragen, ob die Proteinsynthese an ähnliche Strukturen, wie sie im Kern und im Grundcytoplasma existieren, gebunden ist.

Nach letzten Untersuchungen enthalten die Mitochondrien sowohl DNA als auch RNA. Aus den Mitochondrien des Schimmelpilzes *Neurospora* hat LUCK (1964) eine DNA mit einem Molekulargewicht von annähernd 12 Millionen isoliert. Diese ringförmige DNA ist der des Bakteriengenoms sehr ähnlich[1]). Die Reduplikation dieser DNA erfolgt unabhängig von der DNA des Kerns. Tritiummarkiertes Thymidin wird nicht gleichzeitig in die Mitochondrien-DNA und Kern-DNA eingebaut, wie sich beim Ciliaten *Tetrahymena* autoradiographisch nachweisen ließ. RNA hat man zuerst bei chemischer Analyse von Mitochondrienfraktionen entdeckt und diesen Befund später durch den Einbau von Tritiumuridin in die Mitochondrien in situ bestätigen können. Kürzlich hat man mit dem Elektronenmikroskop Partikeln von 120 Å Durchmesser in der Matrix der Mitochondrien gefunden, die zweifellos Ribonucleoproteinen entsprechen. Diese Partikeln dürften den Ribosomen des Grundcytoplasmas äquivalent sein.

Diese Ergebnisse lassen die Mitochondrien inmitten der Zelle als autonome „Organismen" erscheinen, die ihre eigene Ausstattung für die Synthese bestimmter Proteine besitzen.

6.3.4. Bewegung der Mitochondrien

Die Mikrokinematographie zeigte, daß die Mitochondrien imstande sind, sich aufzublähen oder sehr schnell zu kontrahieren. Diese Volumenveränderungen hat man auch an isolierten Mitochondrien studiert. Einige der Volumenveränderungen beruhen auf dem osmotischen Druck des Isolierungsmediums, andere verbrauchen Energie. Bringt man die Mitochondrien in ein isotonisches Milieu ohne ATP, so schwellen sie, gibt man ATP dazu, so tritt eine Kontraktion ein, die zu einer Volumenverminderung führt. Zu den Stoffen, die Mitochondrien schwellen lassen, zählen z. B. Ca^{++}, Fettsäuren, Phosphate und Hormone wie Thyroxin und Insulin. Diese Stoffe scheinen auf die oxydative Phosphorylierung oder die Struktur der äußeren Mitochondrienmembran einzuwirken.

Die Bewegung ist zweifellos an kontraktile Proteine in der Mitochondrienmatrix gebunden, die dem Actomyosin der Muskelzellen vergleichbar sind.

---

[1]) Analoge Resultate hat man auch bei Mitochondrien aus tierischen Zellen gewonnen (NASS, 1966).

6.4. Beziehung zwischen Physiologie und Morphologie

Nachdem die verschiedenen physiologischen Reaktionen der Mitochondrien der Reihe nach zur Sprache gekommen sind, werden wir jetzt die Beziehungen untersuchen, die zwischen diesen Reaktionen und der Ultrastruktur der Mitochondrien einerseits und den übrigen Strukturen der Zelle andererseits bestehen.

6.4.1. Beziehung zwischen physiologischer Aktivität und Ultrastruktur der Mitochondrien

Die Untersuchung der durch Zertrümmerung der Mitochondrien gewonnenen Teilfraktionen und ihrer Reaktionen erlaubt es, die Bedeutung jeder einzelnen Komponente für die Gesamtaktivität der Mitochondrien zu bestimmen (Bild 70). Da auch auf diesem Gebiet die Ergebnisse noch unvollständig sind, beschränken wir uns darauf, die Hypothesen wiederzugeben, die zur Zeit als die wahrscheinlichsten anzusehen sind.

Physiologische Reaktionen der Matrix

In der Matrix der Mitochondrien findet die Oxydation der Fettsäuren (LYNEN-Spirale) und des Acetyl-CoA (KREBS-Zyklus) statt. Ferner können sich verschiedene Stoffe in der Matrix anreichern. Die elektronendichten Grana, die man hier

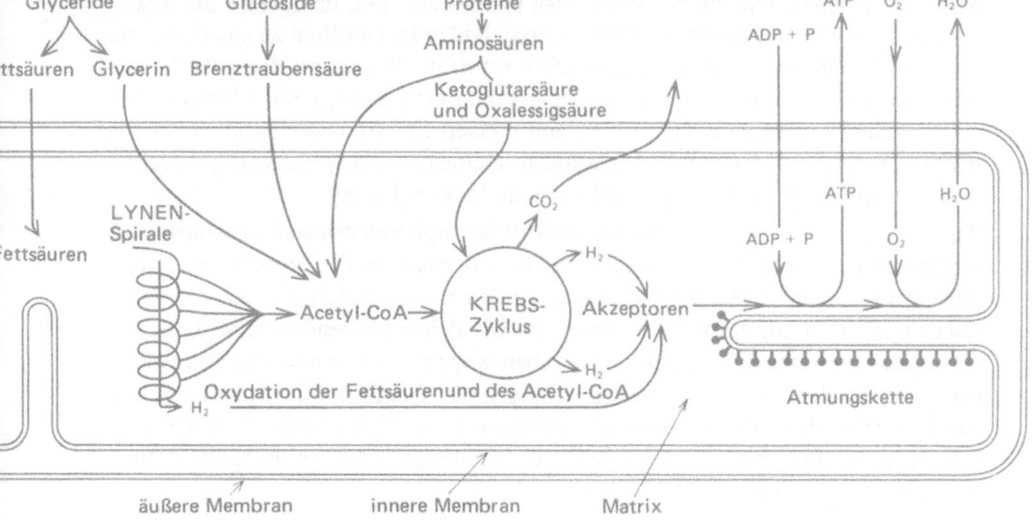

Bild 70. Lokalisierung der biochemischen Reaktionen in den Mitochondrien. Die äußere Membran kontrolliert den Stoffaustausch mit dem Grundcytoplasma. Die Oxydation von Acetyl-CoA und Fettsäuren erfolgt in der Matrix. Die Komponenten der Atmungskette sind an die innere Membran gebunden, möglicherweise stellen sie die 85 Å großen Partikeln dar, die dieser Membran angeheftet sind

beobachtet hat, entsprechen Anhäufungen von bivalenten Kationen (hauptsächlich Calcium) als Phosphate. Die kontraktilen Proteine, die für das Anschwellen und die Kontraktion der Mitochondrien verantwortlich sind, scheinen ebenfalls in der Matrix zu liegen.

Physiologische Reaktionen der Membranen

Die Ultrastruktur der Mitochondrienmembran und die biochemische Analyse haben übereinstimmend gezeigt, daß sie wie die Zellmembran aus einer von Proteinen überzogenen bimolekularen Phospholipidschicht besteht. Diese Membran kontrolliert den Austausch zwischen dem Grundcytoplasma und dem Mitochondrium. So erklärt es sich, daß 20 % der sie aufbauenden Proteine Enzyme sind. Von den nachgewiesenen Enzymsystemen sind die einen am aktiven Transport von Stoffen zwischen dem Mitochondrium und dem Grundcytoplasma beteiligt, während die anderen der Atmungskette angehören, die die Phosphorylierung von ADP katalysiert. Beim gegenwärtigen Stand der Forschung weiß man, daß die Enzyme der Atmungskette in der inneren Membran liegen und die Faktoren, die die Kopplung der oxydativen Reaktionen mit der Phosphorylierung von ADP bewirken, eben jene Partikeln von 85 Å darstellen, die man an dieser Membran befestigt findet (GREEN, 1968; RACKER, 1968).

6.4.2. Beziehung zwischen den physiologischen Vorgängen und der Zellstruktur

Wir haben gesehen, daß die Mitochondrien in der Lage sind, Energie für die Regeneration von ATP aus der Oxydation von oxydablen Metaboliten zu gewinnen. Im allgemeinen handelt es sich bei diesen „Brennstoffen" um kleine Moleküle (Brenztraubensäure, α-Ketoglutarsäure, Oxalessigsäure, Fettsäuren), die im Grundcytoplasma gelöst vorliegen. In diesem Zustand können die Mitochondrien ihre „Brennstoffe" direkt aus dem Grundcytoplasma aufnehmen, wo sie gleichmäßig verteilt vorkommen; diese Verteilung ist jedoch vom Zufall abhängig.

Betrachten wir den Fall, bei dem die im Grundcytoplasma gelösten „Brennstoffe" verbraucht und nicht wieder ersetzt werden. Läßt man ein Tier längere Zeit hungern (Meerschweinchen etwa 5 bis 6 Tage), so werden alle normalerweise mit der Nahrung zugeführten „Brennstoffe" verbraucht. Die Zellen verwenden daher Lipide, die als Reservestoffe in bestimmten Geweben gespeichert und über den Blutweg herantransportiert werden, als einzige „Brennstoff"-Quelle und reichern sie in Form von Lipidtröpfchen von mehreren μm Durchmesser im Cytoplasma an. In diesem Fall stellt man fest, daß sich die Mitochondrien dicht um die Lipidtropfen legen, und deren Inhalt oxydieren (Bild 71).

Bild 71. a) Mitochondrium, das sich einem Lipidtropfen L angelegt hat. Pankreaszelle eines jungen Meerschweinchens. 48 000fach (Aufnahme: G.E. PALADE, 1959). b) Mitochondrien m, die sich um den Schwanzfaden F einer Spermatozoide der Fledermaus angesammelt haben; T = Kopf der Spermatozoide. 22 000fach (Aufnahme: D.W. FAWCETT und S. ITO, 1965).

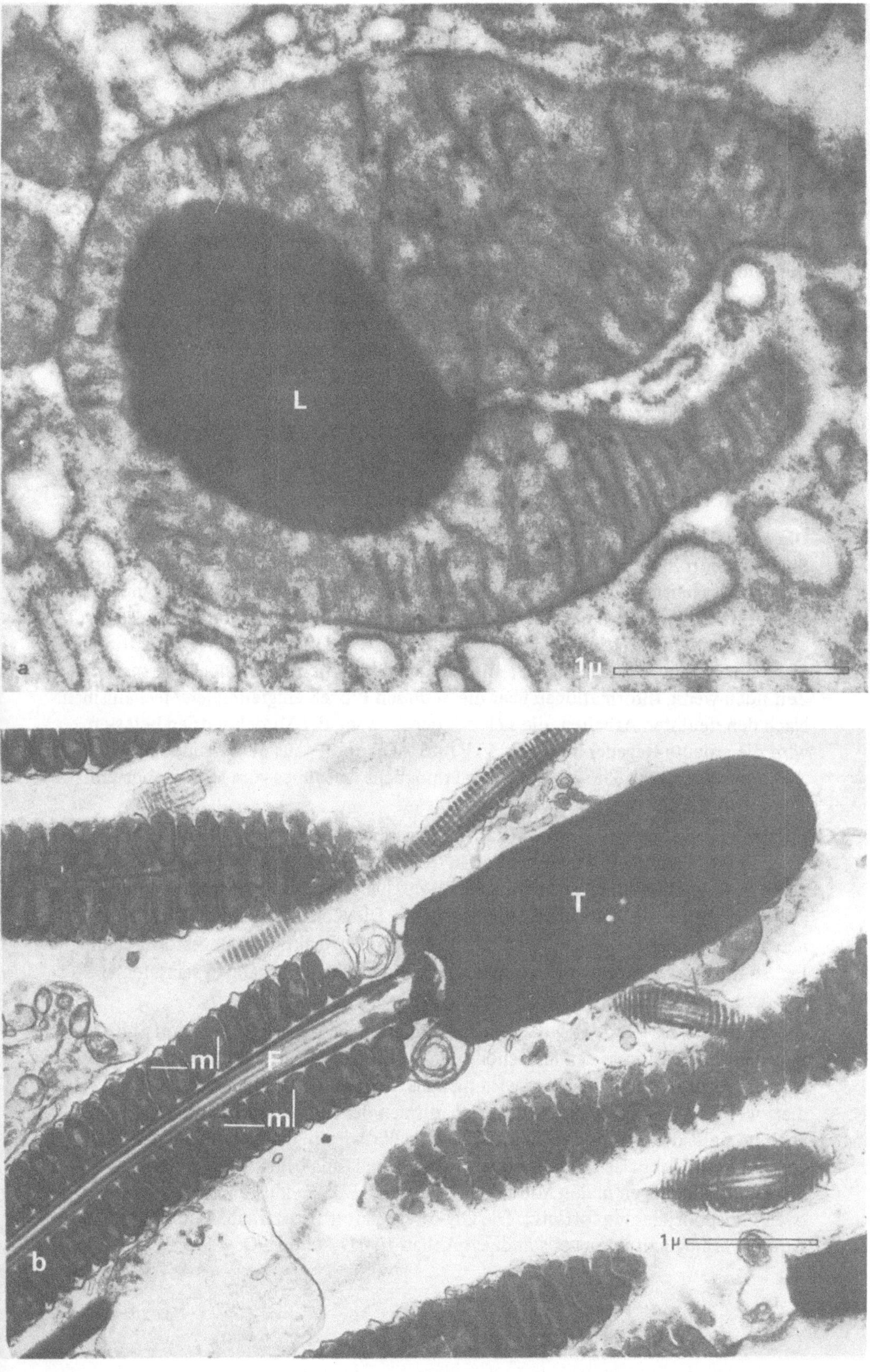

L
1μ
a

T
m
F
m
1μ
b

Wenn auch die Verteilung der Mitochondrien, mit einigen Ausnahmen, unabhängig von der Verteilung der „Brennstoffe" ist, so wird sie doch häufig vom ATP-Bedarf bestimmter Zellregionen beeinflußt. Es gibt in der Zelle Strukturen, die große Mengen von ATP verbrauchen und um die sich die Mitochondrien ansammeln.

Die vom ATP der Mitochondrien gelieferte Energie wird an sehr verschiedenen Stellen gebraucht, wie aus der Verteilung der Mitochondrien in bestimmten Zellen zu ersehen ist. Man findet z. B. Mitochondrien in der Nachbarschaft von Ribosomen, die Protein synthetisieren, man beobachtet sie gehäuft an kontraktilen Strukturen wie den Myofibrillen des quergestreiften Muskels (Bild 28, Seite 47), an den Flagellen der Spermatozoen oder sehr nahe der Zellmembran bei Zellen, die einen bedeutenden Stoffaustausch mit dem extrazellulären Milieu unterhalten (z. B. Zellen der Nierentubuli, Bild 9).

6.5. Regulierung der physiologischen Reaktionen

Die physiologischen Reaktionen der Mitochondrien wie oxydative Phosphorylierung, Stoffkonzentration, Synthesen, Schwellung und Kontraktion haben wir kennengelernt. In der lebenden Zelle kann sich das Ausmaß jeder dieser Reaktionen ändern. Es gibt Faktoren, die, je nach den Bedürfnissen der Zelle oder des Oragnismus, die eine oder andere Reaktion hemmen oder steigern. Die Gesamtheit dieser Faktoren stellt ein System zur Regelung der Mitochondrienfunktionen dar, doch hat man zur Zeit noch wenig Informationen über die in diesen Prozeß eingreifenden Mechanismen. Nach den neuesten Arbeiten, die sich mit der Atmung der Mitochondrien befassen, wird die erneute Regeneration von ATP (aus ADP und P_i aus dem Grundcytoplasma) durch oxydative Phosphorylierung ermöglicht, sobald es vom Mitochondrium abgegeben worden ist.

Für den geregelten Ablauf der oxydativen Phosphorylierung ist die Anwesenheit einer Reihe bestimmter Komponenten in den Mitochondrien erforderlich: O_2, ADP, P_i, Tricarbonsäuren aus dem KREBS-Zyklus und verschiedene Substrate (Brenztraubensäure, Fettsäuren, Aminosäuren). Die Konzentration dieser Komponenten stellt einen Begrenzungsfaktor dar. Sollen die Reaktionen ungestört ablaufen, so müssen alle Komponenten in ausreichender Menge vorhanden sein; fehlt nur eine, so wird die oxydative Phosphorylierung unterbrochen.

Es gibt in der Zelle auch Regulationsmechanismen, die die Produktion von Substrat und seine Oxydation in den Mitochondrien im Gleichgewicht halten, so daß der Nutzen optimal ist, das heißt, es wird niemals mehr Substrat produziert, als oxydiert werden kann. Die Regulationsmechanismen der Substratproduktion hat man auch im Falle des Glucosidabbaus untersucht. Wir wissen, daß der Abbau von Glucose-6-phosphat mit der Glykolyse im Grundcytoplasma beginnt und sich unter aeroben Bedingungen in den Mitochondrien im KREBS-Zyklus und in der oxydativen Phosphorylierung fortsetzt. Die Glykolyse liefert Brenztraubensäure, und die Atmung ermöglicht ihren vollständigen Abbau zu CO_2 und H_2O.

Es gibt auch ein Gleichgewicht zwischen Glykolyse und Atmung. Werden beim Abbau von Glucose für den weiteren Ablauf ungünstige Bedingungen geschaffen, so wird die Reaktion gebremst; stellen sich die Ausgangsbedingungen wieder ein, so kann der Abbau erneut beginnen. Dieser Regulationsmechanismus ist eine Retroinhibition („Rückkopplungshemmung" oder "feed-back control"), von der im Band „Genetik" derselben Reihe noch andere Beispiele angeführt werden. Der aerobe Abbau von Glucose erfolgt über zwei aufeinanderfolgende Stoffwechselwege: die Glykolyse und die Atmung, die sich in zwei verschiedenen Zellkompartimenten, nämlich dem Grundcytoplasma und den Mitochondrien, abspielen. Glykolyse und Atmung sind Antagonisten: die Atmung hemmt die Glykolyse *(Pasteur-Effekt)*, und umgekehrt hemmt die Glykolyse die Atmung *(Crabtree-Effekt)*. Dieser Antagonismus wird durch die Konkurrenz beider Wege um ADP und P_i hervorgerufen, denn der eine wie der andere benötigt die beiden Komponenten.

Die Produktion von Brenztraubensäure ist nur gesichert, wenn $NADH_2$ in der Atmungskette wieder oxydiert wird. Die Rückkehr von $NADH_2$ in die Mitochondrien ist für den Ablauf der Gärung wie auch der Atmung gleichermaßen nötig. Die äußere Membran der Mitochondrien spielt eine wichtige Rolle bei der Regulierung dieser Vorgänge, denn schließlich kontrolliert sie den Stoffaustausch zwischen Grundcytoplasma und Mitochondrien. Hier haben wir wieder eine Regulation zwischen den Austausch- und Abbauvorgängen, denn wie wir gesehen haben, können Stoffe wie ATP die Permeabilität der Membran beeinflussen. Hormone wie Thyroxin und Insulin greifen gleichfalls in die Regulation der Permeabilität der Mitochondrienmembran ein.

6.6. Entstehung

In wachsenden Zellen nimmt die Zahl der Mitochondrien zu. Werden sie de novo im Cytoplasma gebildet, oder entstehen sie durch Teilung bereits bestehender Mitochondrien? Die Experimente von LUCK (1963) brachten die Antwort. LUCK untersuchte die Entstehung von Mitochondrien beim Schimmelpilz *Neurospora,* und zwar an einer Mutante, die nur wachsen kann, wenn das Kulturmilieu Cholin enthält. Das Cholin, eine azotierte Base, ist, wie wir uns erinnern, ein Bestandteil bestimmter Phospholipide.

Bringt man *Neurospora* in ein Milieu, das radioaktives Cholin (tritiummarkiert) enthält, so sind nach 10 Minuten alle Mitochondrien markiert. Die Radioaktivität läßt sich mittels Autoradiographie an Präparaten von isolierten Mitochondrien nachweisen. Das radioaktive Cholin ist also ein Bestandteil von Lipiden der Mitochondrienmembran geworden, und zwar in allen Mitochondrien. In einem zweiten Versuch wurde *Neurospora* 10 Minuten in einem Milieu mit radioaktivem Cholin belassen und dann in ein Milieu mit „kaltem" (nicht radioaktivem) Cholin umgesetzt (Bild 72).

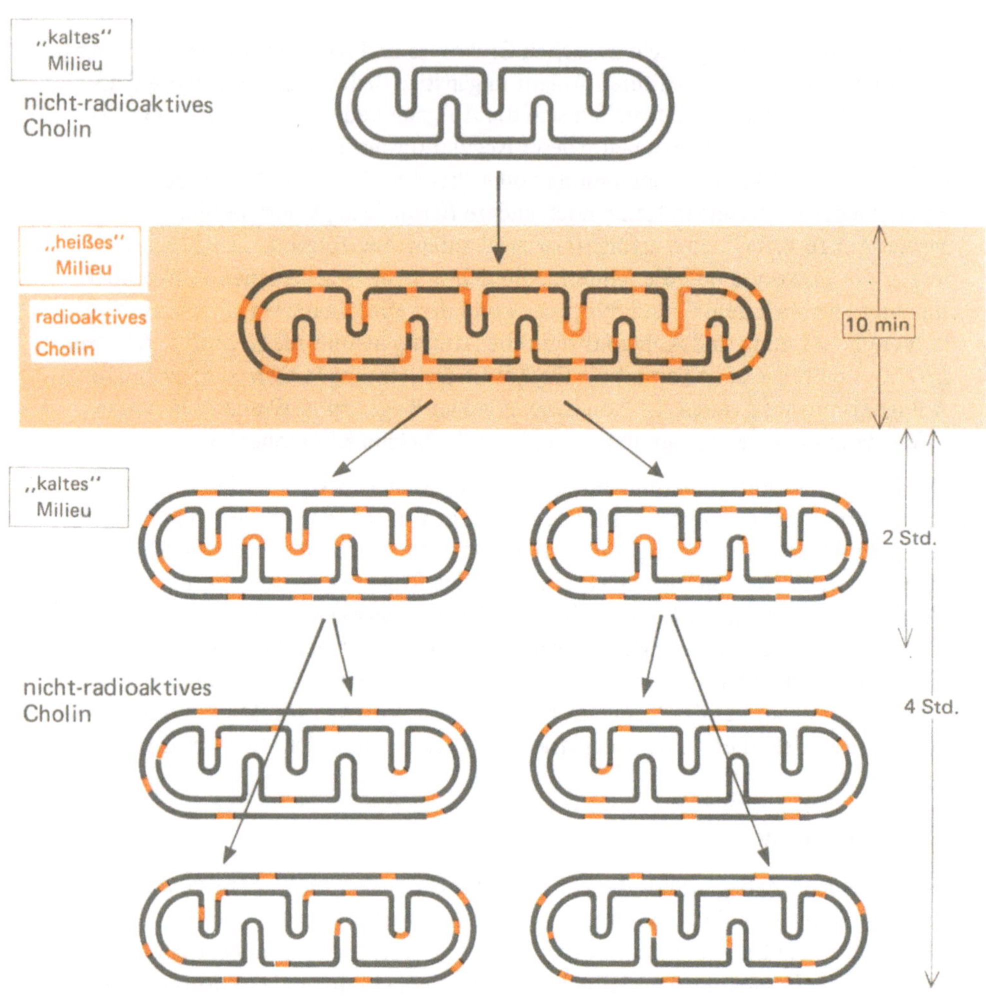

Bild 72. Versuch von LUCK mit *Neurospora*. In einem „heißen" Milieu mit radioaktivem Cholin sind die Mitochondrien gewachsen und haben ihre Membran vergrößert. Die neu synthetisierten Membranteile enthalten radioaktives Cholin. Alle Mitochondrien sind jetzt markiert. Überführt man *Neurospora* wieder in ein „kaltes" Milieu, so hat sich nach zwei Stunden die Anzahl der Mitochondrien verdoppelt. Alle Mitochondrien sind jedoch radioaktiv; das beweist, daß die neuen Mitochondrien durch Teilung der alten entstanden sind. Nach 4 Std. im „kalten" Milieu sind ebenfalls noch alle Mitochondrien radioaktiv, ihre Anzahl hat sich jedoch unterdessen vervierfacht. Nach der Überführung vom „heißen" ins „kalte" Milieu hat also zweimal eine Teilung der Mitochondrien stattgefunden

In diesem neuen Milieu ließ man den Schimmelpilz zwei Stunden lang wachsen. Am Ende der Zeitspanne konnte man feststellen, daß sich das Volumen so wie auch die Zahl der Mitochondrien des Pilzes verdoppelt hatten. Die autoradiographische Untersuchung der Mitochondrienfraktion ergab, daß alle Mitochondrien radioaktiv waren. Ein Vergleich mit dem ersten Versuch zeigte jedoch für das einzelne Mitochondrium, daß sich die Radioaktivität um die Hälfte verringert hatte.

Wie sind diese Befunde zu interpretieren? Nach zwei Stunden in einem „kalten" Milieu erschienen Mitochondrien, die den bereits vorhandenen glichen. Diese neuen Mitochondrien, die natürlich auch dann entstehen, wenn man den Zellen kein radioaktives Cholin bietet, wären nicht radioaktiv, entständen sie de novo. Folglich sind alle neuen Mitochondrien markiert, weil sie aus Material der ursprünglichen Mitochondrien aufgebaut wurden (das während der 10 Minuten im Milieu mit radioaktivem Cholin markiert worden ist). Die Verminderung der Radioaktivität um die Hälfte pro Mitochondrium beruht auf einer Zweiteilung der ursprünglichen Mitochondrien. Diese Interpretation wird durch ein drittes Experiment gestützt, bei dem man die Wachstumszeit im nicht radioaktiven Milieu auf vier Stunden verlängerte. Nach dieser Zeit hatte sich das Ausgangsvolumen von *Neurospora* vervierfacht, desgleichen die Anzahl der Mitochondrien. Alle Mitochondrien waren markiert, aber die Radioaktivität betrug nur noch ein Viertel von der im ersten Experiment gemessenen.

Die Mitochondrien sind Zellkompartimente, die eng mit der aeroben Lebensweise der Zellen verknüpft sind. Zur gleichen Zeit, in der bei Anwesenheit von Sauerstoff ATP regeneriert wird, können verschiedene Stoffe angereichert und bestimmte Proteine synthetisiert werden. Außerdem besitzen diese Organellen im Innern der Zelle eine gewisse Autonomie, da sie DNA und RNA enthalten. Zwischen Mitochondrien und Bakterien bestehen in der Organisation und Funktion gewisse Analogien. Die Bakterien, denen Mitochondrien fehlen, besitzen eine ringförmige DNA. Da sie die oxydative Phosphorylierung durchführen können (aerobe Bakterien), sind die Enzyme der Atmungskette an der Zellmembran hauptsächlich im Bereich der Mesosomen lokalisiert, während sie bei den Mitochondrien an der inneren Membran sitzen. Darüber hinaus entstehen die neuen Mitochondrien durch Teilung der alten.

Alle diese Analogien zwischen Mitochondrien und Bakterien lassen eine Hypothese wieder aufleben, die bereits von den Cytologen, die Ende des vorigen Jahrhunderts die Mitochondrien entdeckt haben, geäußert wurde. Danach handelt es sich bei den Mitochondrien um symbiontische Bakterien, die die Fähigkeit, außerhalb der Zellen zu leben, verloren haben. Die Zelle ihrerseits profitiert von der Anwesenheit dieser „Organismen", die ihr neue Energiequellen für die Durchführung der oxydativen Phosphorylierung zuführen. Wir werden noch sehen, daß die Chloroplasten der grünen Pflanzen gleichfalls mit symbiontischen Bakterien verglichen werden können. Sie vermitteln den Zellen die Fähigkeit zur Photosynthese.

7. Chloroplasten

Die *Chloroplasten* gehören zu einer Familie von Zellorganellen, die nur in Pflanzenzellen vorkommen und *Plastiden* genannt werden. Diese Organellen speichern Stoffe, die sie manchmal selbst synthetisieren. Je nach der Art der gespeicherten Stoffe, Stärke, Lipide oder Proteine, spricht man von Amyloplasten, Oleoplasten oder Proteoplasten. Die farblosen Plastiden bilden die Gruppe der *Leukoplasten*. Plastiden, die Pigmente enthalten, heißen *Chromoplasten,* und die wichtigsten dieser Gruppe sind die *Chloroplasten,* die das grüne Pigment *Chlorophyll* enthalten. In den Chloroplasten findet die *Photosynthese* statt, die es den grünen Pflanzen ermöglicht, die Lichtenergie der Sonnenstrahlung in chemische Energie umzuwandeln.

7.1. Struktur und Ultrastruktur

Im allgemeinen erscheinen die Chloroplasten als linsenförmige Scheibchen von 3 bis 10 μm Durchmesser und von 1 bis 2 μm Dicke. Sie schwimmen im Grundcytoplasma und kommen, je nach Art der Zellen oder Organismen, in unterschiedlicher Anzahl vor. Durchschnittlich zählt man etwa 50 in einer Zelle, doch bei fadenförmigen oder einzelligen Algen sind es nur ein oder zwei (Bild 73). Bei *Spirogyra* z. B. besitzt jede Zelle zwei bandförmige, spiralisierte Chloroplasten; eine Zelle von *Zygnema* enthält zwei sternförmige Chloroplasten; bei der einzelligen Grünalge *Chlorella* wird der Kern ganz von einem einzigen kelchförmigen Chloroplasten umgeben.

Diese Organellen sind im Lichtmikroskop gut sichtbar, denn das in ihnen enthaltene Chlorophyll verleiht ihnen eine charakteristische grüne Farbe. Bei einigen Stämmen des Pflanzenreiches wird die grüne Farbe des Chlorophylls durch andere Pigmente verdeckt, die diesen Pflanzen eine andere Färbung geben. Das ist der Fall bei den Braun- und Rotalgen (auch Phaeophyceen und Rhodophyceen genannt).

Bei hoher Vergrößerung kann man in den meisten Chloroplasten der grünen Algen mehrere helle sphärische Gebilde von 2 μm Durchmesser erkennen, die von Stärkekörnern umringt sind: die *Pyrenoide* (Bild 73). Bei den Moosen und Gefäßpflanzen unterscheidet man in jedem Chloroplasten dunkelgrüne Körnchen von 0,5 μm Durchmesser: die *Grana.* Ferner erkennt man in den Chloroplasten dieser Pflanzen ebenfalls Stärkekörner von verschiedener Größe.

In der lebenden Zelle werden die Chloroplasten von der Plasmaströmung verdriftet. An Dünnschnitten erkennt man im Elektronenmikroskop, daß sie von einer durchgehenden Membran von 75 Å Dicke, der äußeren Plastidenmembran, begrenzt werden. Bei starker Vergrößerung erscheint diese äußere Membran aus zwei dunklen Schichten von 20 Å Dicke aufgebaut, die durch eine helle Schicht von 35 Å Dicke

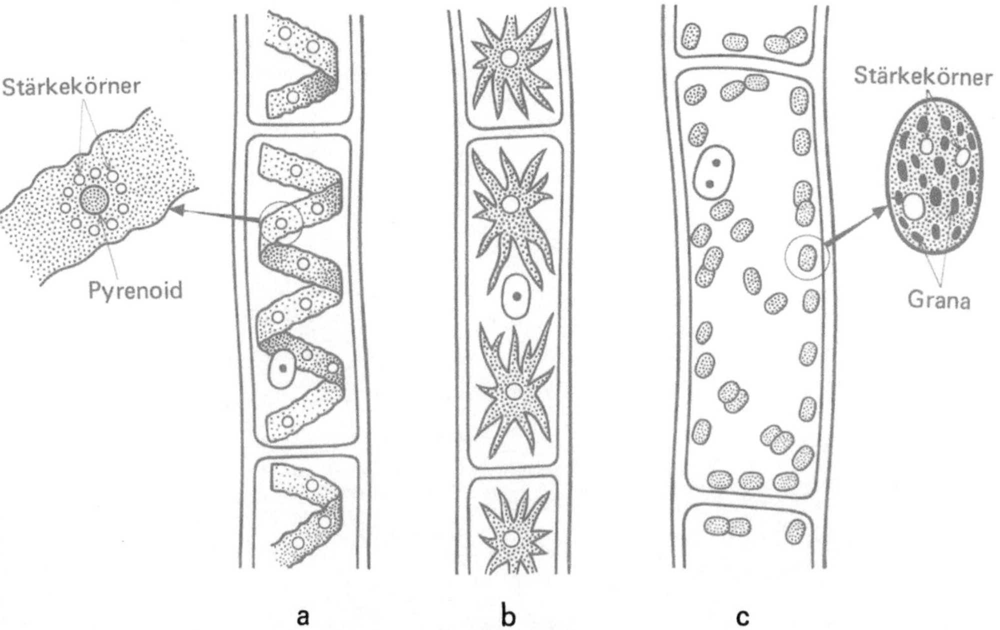

Bild 73. Struktur der Chloroplasten. a) Spiralförmiger Chloroplast von *Spirogyra*. b) Chloroplasten von *Zygnema*. c) Linsenförmige Chloroplasten der höheren Pflanzen. Die Chloroplasten der fadenförmigen Grünalgen enthalten Pyrenoide, die von Stärkekörnern umgeben werden; die der höheren Pflanzen enthalten grüne Körnchen oder Grana

getrennt werden — eine Ultrastruktur — wie bei der Zell- oder der Mitochondrienmembran. Unter dieser äußeren befindet sich noch eine innere Plastidenmembran von ebenfalls 75 Å Dicke, die an eine amorphe Substanz, das *Stroma*, angrenzt.

Das Stroma enthält im allgemeinen Lipidtröpfchen und Stärkekörner. Besonders charakteristisch für die Ultrastruktur der Chloroplasten sind jedoch eine Vielzahl von Plättchen von 75 Å Dicke, die abgeflachte Vesikel von etwa 200 Å Dicke begrenzen. Die helle Mitte dieser Vesikel mißt ungefähr 60 Å. Diese abgeflachten Vesikel oder Lamellen liegen im Stroma (Bild 74), sind oft sehr zahlreich und je nach Pflanzengruppe verschieden angeordnet. Meistens sind die Lamellen in der Hauptachse der Chloroplasten streng parallel zueinander ausgerichtet.

Bei den Rotalgen (Bild 74a) sind die Lamellen deutlich voneinander getrennt, bei den Braun- und Grünalgen liegen sie zu zweien oder mehreren dicht aufeinandergepackt (Bild 74 b u. c). Wenn ein Pyrenoid vorhanden ist, wie bei zahlreichen Grün-

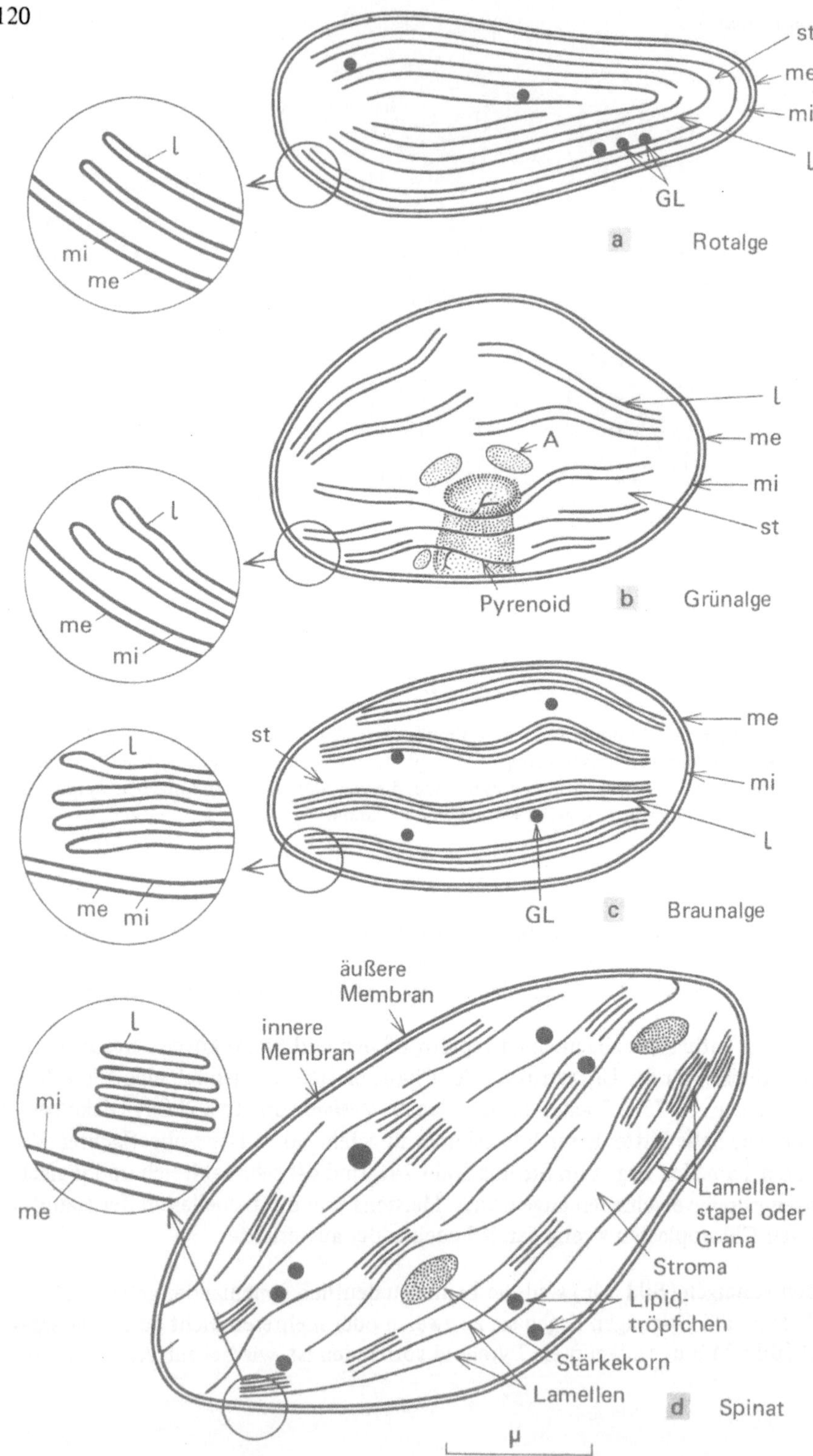
l
mi
me
st
me
mi
l
GL
a   Rotalge
l
me
mi
st
A
me
mi
Pyrenoid   b   Grünalge
L
st
me
mi
me
mi
l
GL   c   Braunalge
L
mi
me
äußere
Membran
innere
Membran
Lamellen-
stapel oder
Grana
Stroma
Lipid-
tröpfchen
Stärkekorn
Lamellen
d   Spinat
μ

algen, erscheint es im Elektronenmikroskop als dunkle Stelle, die von den Lamellen durchzogen wird, von denen tubuläre oder lamelläre Divertikel ausgehen. Bei den höheren Pflanzen (Moose und Gefäßpflanzen) beobachtet man zwischen den langen, das Stroma durchziehenden Lamellen Stapel kurzer Lamellen, die dicht aufeinandergepackt sind (Bild 74d). Diese Lamellenstapel von 0,5 μm Durchmesser entsprechen den dunklen Grana, die man bei diesen Chloroplasten bereits mit dem Lichtmikroskop erkennen konnte. Diese Ultrastruktur mit einer äußeren und einer inneren Plastidenmembran und darin eingeschlossenem, von unterschiedlich angeordneten Lamellen durchzogenem Stroma ist sehr verbreitet und gilt für alle Arten von Chloroplasten (Bild 75 u. 76).

Andere Eigentümlichkeiten der ultrastrukturellen Morphologie konnten mit dem Elektronenmikroskop an isolierten Chloroplasten entdeckt werden. Nach Negativkontrastierung oder Schrägbedampfung (Bild 77) zeigt sich, daß die Lamellen eine granuläre Struktur aufweisen (GIRAUD, 1963; PARK, 1963). Sie scheinen mit Partikeln von 200 Å Durchmesser und 100 Å Dicke doppelschichtig gepflastert zu sein. Diese Partikeln entsprechen funktionellen Einheiten, die die Biochemiker *Quantasomen* nennen (THOMAS, 1963).

Entsprechen nun die verschiedenen Askpekte der Ultrastruktur, die wir gerade beschrieben haben, der tatsächlichen Organisation von Chloroplasten in einer lebenden Zelle? Die Beobachtung, daß eine äußere Membran den Chloroplasten vom Grundcytoplasma abtrennt, steht im Einklang mit den Volumenänderungen, die sich durch Variieren des osmotischen Drucks des Isolierungsmediums hervorrufen lassen.

Die im Innern des Stromas vorhandenen, parallel ausgerichteten Lamellen decken sich durchaus mit den in vivo mit dem Polarisationsmikroskop und durch Beugung von Röntgenstrahlen gewonnenen Informationen. Die in lebenden Chloroplasten zu beobachtende Doppelbrechung beweist, daß im Stroma ein Material vorhanden sein muß, das parallel zur Hauptachse angeordnet ist. Was die besonderen Strukturen der Lamellen betrifft, die nur nach Negativkontrastierung oder Schrägbedampfung sichtbar werden, so scheinen biochemische Untersuchungen, die später noch zur Sprache kommen, sie zu bestätigen.

Bild 74. Ultrastruktur der Chloroplasten. a) Rotalge, b) Grünalge, c) Braunalge, d) höhere Pflanze (Spinat). Alle Chloroplasten werden von einer äußeren me und einer inneren Plastidenmembran mi begrenzt. Das Stroma st enthält Vesikel, die Lamellen l, deren Anordnung je nach Pflanzentyp variieren kann; es enthält auch Lipidtropfen GL und Stärkekörner A

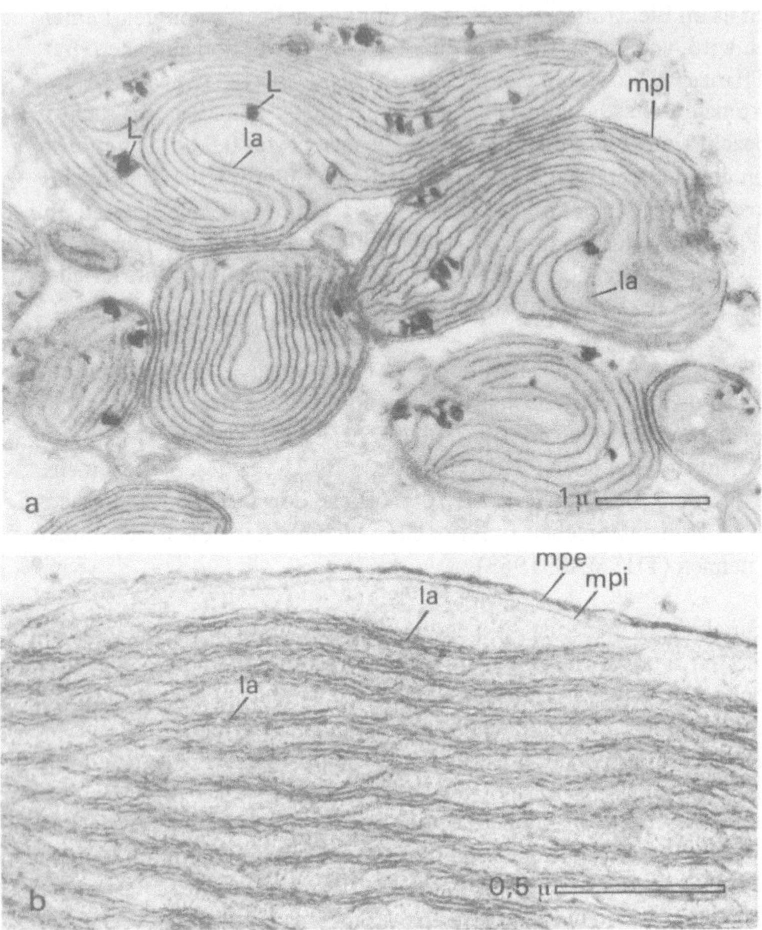

Bild 75. Ultrastruktur der Chloroplasten. a) Chloroplasten einer Rotalge (*Rhodomela subfusca*). Die Lamellen la sind deutlich voneinander getrennt; das Stroma enthält Lipidtropfen L. Bei dieser geringen Vergrößerung erscheinen die innere und die äußere Plastidenmembran als eine einzige Hülle mpl. 15 000fach (Aufnahme: G. GIRAUD, 1961). b) Teil eines Chloroplasten einer Braunalge (*Himanthalia laurea*). Je zwei bis drei Lamellen sind zu einem Paket angeordnet. mpe=äußere Plastidenmembran; mpi=innere Plastidenmembran. 42 000fach (Aufnahme: C. BERKALOFF, 1965)

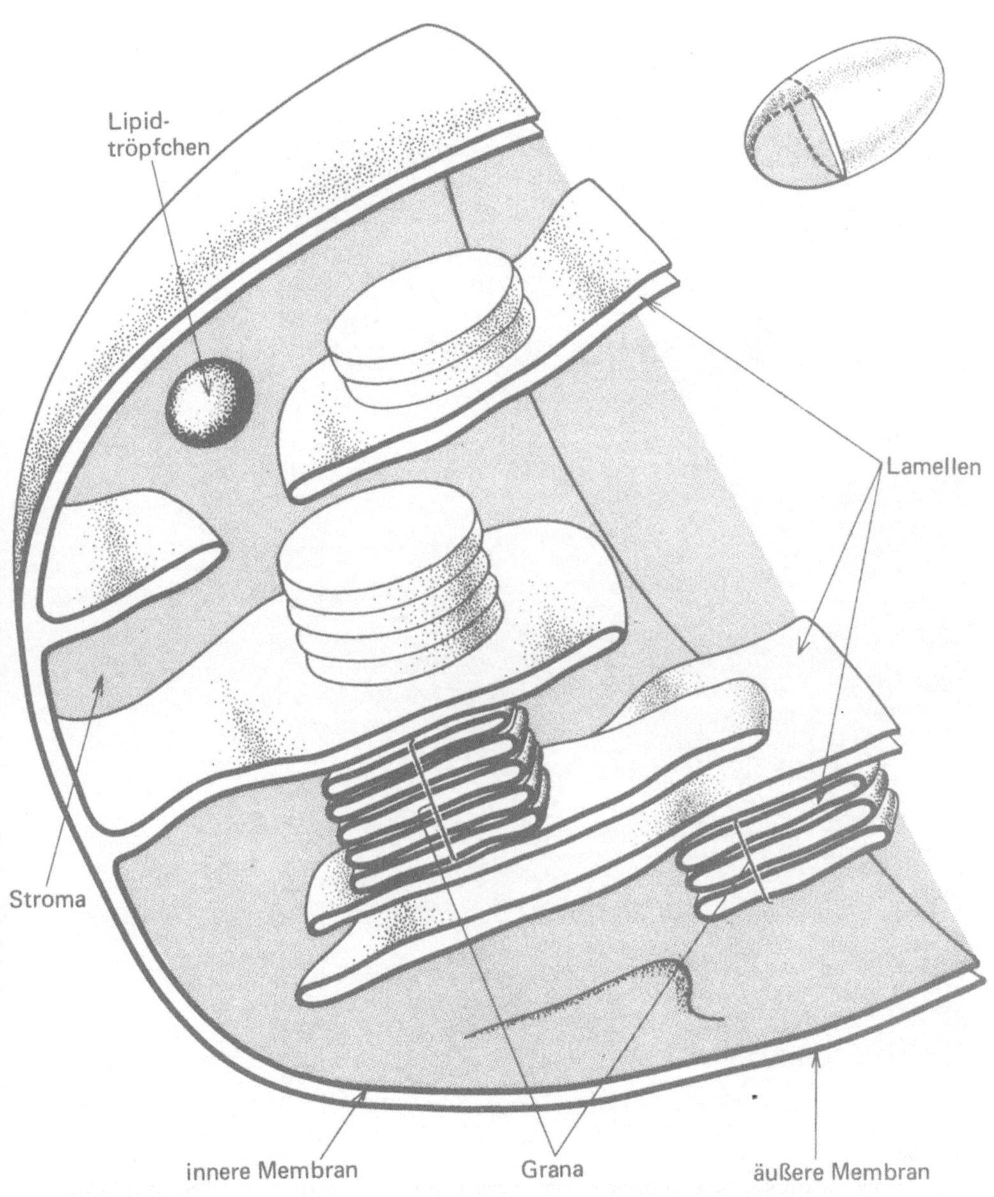

Bild 76. a) Das Schema zeigt die Ultrastruktur eines granahaltigen Chloroplasten

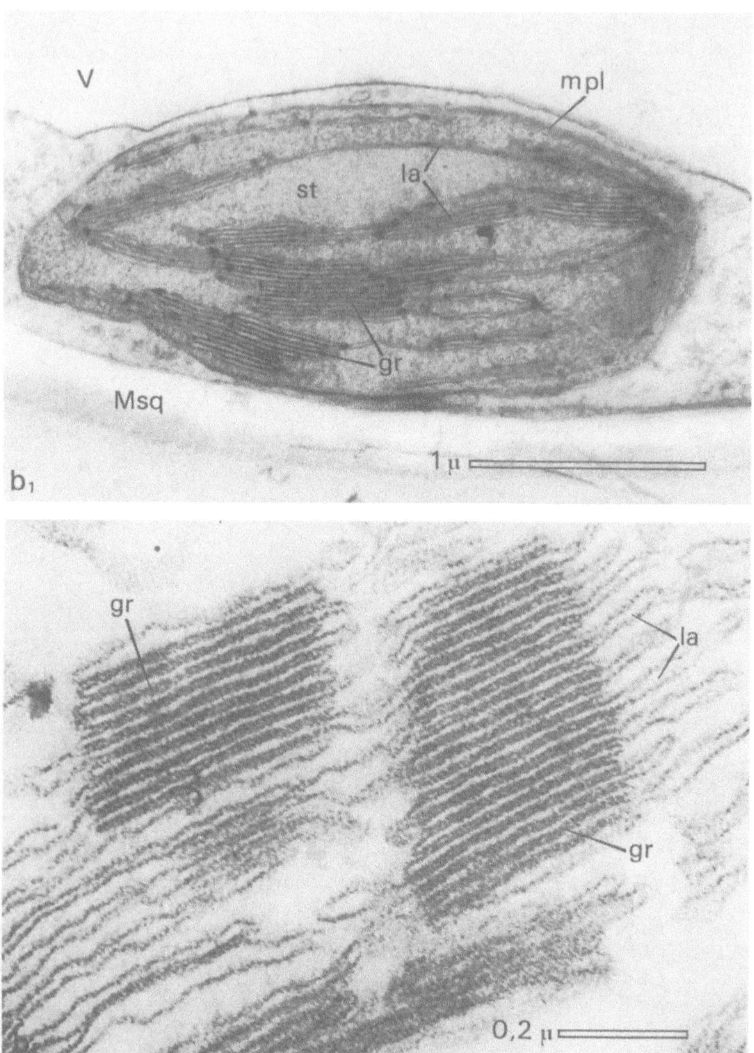

Bild 76b

b) Elektronenmikroskopische Aufnahme eines granahaltigen Chloroplasten. b₁) Teil eines Chloroplasten der Labiate *Perilla nankinensis*. Bei dieser geringen Vergrößerung erscheinen die innere und die äußere Plastidenmembran als eine Hülle mpl. Einige Lamellen bilden Stapel oder Grana gr. la=Lamellen; Msq=Zellwand; st=Stroma; V=Vakuole. 32 000fach (Aufnahme: A. LANCE-NOUGARÉDE, 1965). b₂) Ausschnitt aus einem Chloroplasten vom Mais. la=Lamellen; gr=Grana. 85 000fach (Aufnahme: G. GIRAUD, 1963)

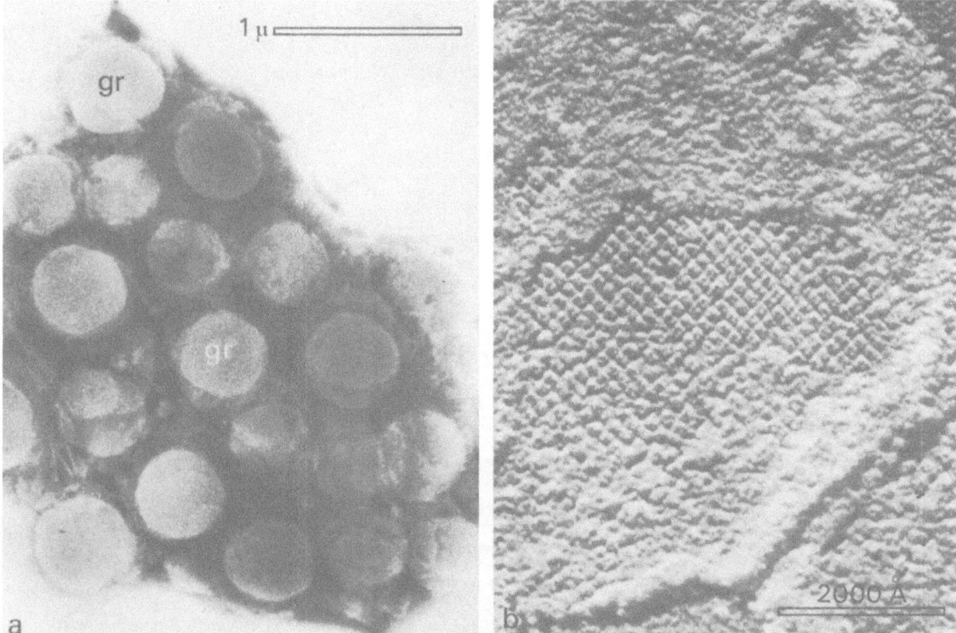

Bild 77. Ultrastruktur der Lamellen. a) Nach Negativkontrastierung isolierter Chloroplasten erkennt man die granuläre Struktur der Grana gr. 25 000fach (Aufnahme: G. GIRAUD, 1965). b) Nach Schrägbedampfung wird ein regelmäßiges Pflaster aus Partikeln, die zweifellos den Quantasomen entsprechen, sichtbar. 110 000fach (Aufnahme: R. B. PARK und J. BIGGINS, 1965)

Soeben war von der Feinstruktur eines Organells die Rede, das vom Grundcytoplasma durch eine Membran isoliert ist und das Chlorophyll enthält. Pflanzen mit diesen Organellen besitzen die Fähigkeit zur Photosynthese. Es gibt aber auch primitive, photosynthetisch aktive Organismen, die Chlorophyll enthalten, das nicht im Innern bestimmter, vom Grundcytoplasma abgetrennter Kompartimente eingeschlossen ist. Diese Organismen, photosynthetisch aktive Bakterien und blaugrüne Algen (Cyanophyceen), besitzen nämlich keine echten Plastiden. Dennoch beobachtet man im Elektronenmikroskop zahlreiche direkt im Grundcytoplasma liegende Membranen von 75 Å Dicke, die Vesikel begrenzen. Bei den photosynthetisch aktiven Bakterien findet man rundliche Vesikel von ungefähr 1000 Å Durchmesser: die *Chromatophoren* (Bild 78). Bei den Cyanophyceen sind die Vesikel abgeplattet und ebenso gestaltet wie die Lamellen der Chloroplasten; die sie enthaltenden Bezirke des Cytoplasmas bilden das Chromatoplasma der Zelle (Bild 78). Bei diesen

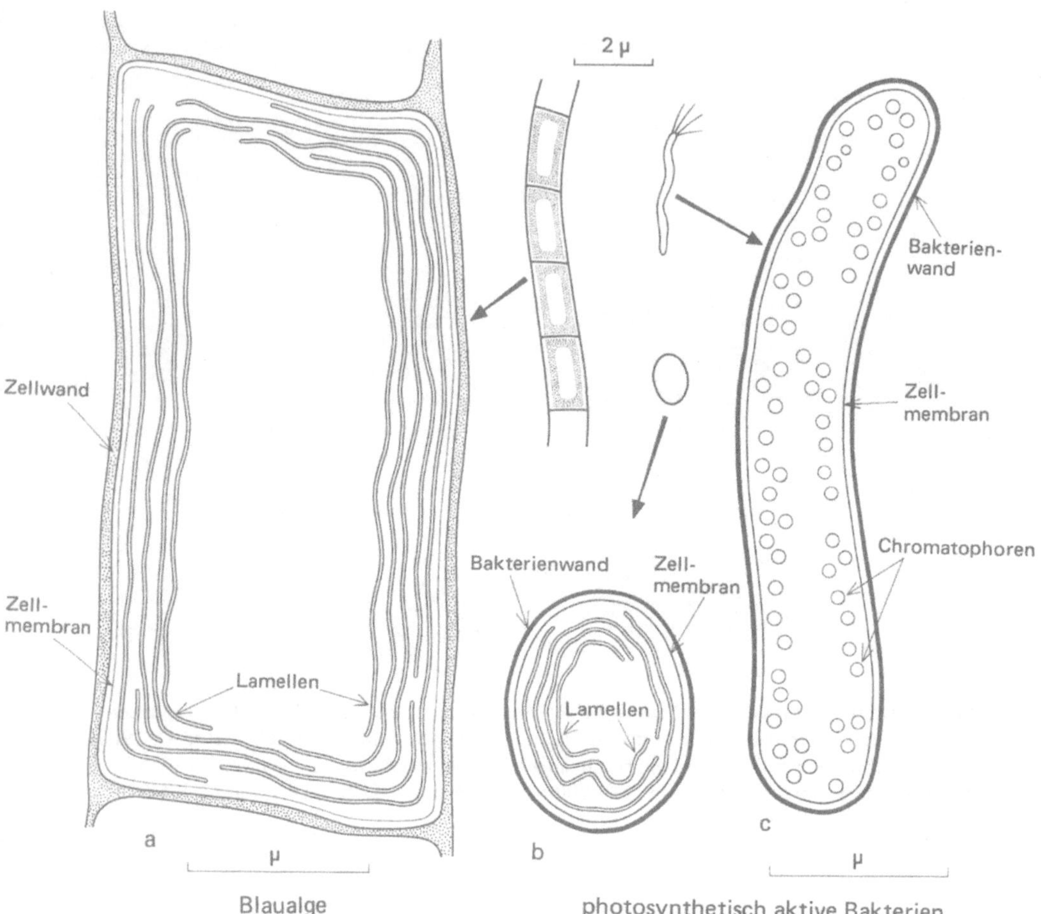

Bild 78. Organisation eines photosynthetisch aktiven Prokaryoten. Im Cytoplasma dieser Organismen erkennt man von Membranen begrenzte, abgeflachte Vesikel oder Zisternen, die den Lamellen der Chloroplasten äquivalent sind.   a) Cyanophycee (*Oscillatoria*). b und c) Photosynthetisch aktive Bakterien. b) *Rhodomicrobium*, c) *Rhodospirillum*. Die allgemeine Gestalt dieser Organismen ist in der Mitte des Bildes angedeutet

Organismen (Prokaryoten), die durch das Fehlen einer Kernmembran gekennzeichnet sind, ist dennoch ein charakteristischer Bestandteil der Chloroplasten vorhanden: die Lamellen, nur mit dem Unterschied, daß sie nicht in bestimmten, von einer Plastidenmembran abgegrenzten Kompartimenten lokalisiert sind.

7.2. Chemische Zusammensetzung

7.2.1. Untersuchungen in situ

Mit cytochemischen Methoden hat man in den Chloroplasten Proteine, Phospholipide und Pigmente nachgewiesen. Nach Behandlung von Ultradünnschnitten mit Ribonuclease und Desoxyribonuclease ließ sich zeigen, daß es im Stroma dieser Organellen Regionen gibt, die reich an RNA, und andere die reich an DNA sind. Schließlich hat man noch mit spektrophotometrischen Methoden Cytochrome nachgewiesen.

7.2.2. Isolieren von Chloroplastenfraktionen und deren Unterfraktionen

Die Chloroplasten gehören zu den ersten Zellorganellen, die man isoliert hat. Aufgrund ihrer Größe und Farbe läßt sich die Reinheit der Fraktion bereits mit dem Lichtmikroskop überprüfen.

Die ersten isolierten Chloroplasten wurden von HILL (1937) und GRANICK (1938) in einer isotonischen Saccharoselösung präpariert. Diese Methode wird auch heute noch angewendet. An Dünnschnitten von Chloroplastensedimenten kann man im Elektronenmikroskop sehr leicht den Reinheitsgrad der Fraktion feststellen (Bild 79).

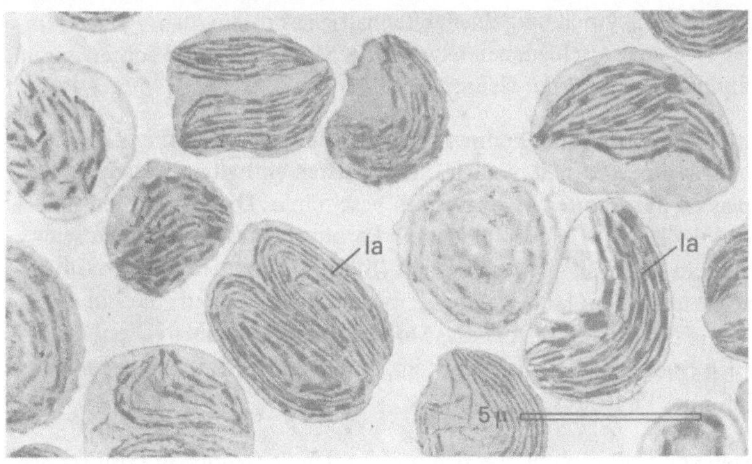

Bild 79. Chloroplastenfraktion aus Blättern der Pferdebohne (*Vicia faba*). Man erkennt die Lamellen la in den Chloroplasten. 5 000fach (Aufnahme: R. H. LEECH und A. D. GREMWOOD, 1964)

Gibt man isolierte Chloroplasten in ein hypertonisches Medium, so schwellen und platzen sie. Das Stroma vermengt sich mit der Isolierungsflüssigkeit, und nach dem Zentrifugieren gewinnt man Membranen und Lamellen als Sediment. Arbeitet man mit granahaltigen Chloroplasten, z. B. Chloroplasten aus Spinatblättern, so lassen sich beim ersten Zentrifugieren die Lamellenstapel der Grana abschleudern, so daß die Membranen und Stromalamellen im Überstand bleiben.

THOMAS (1963) behandelte die isolierten Grana mit Ultraschall und konnte dadurch die Granalamellen in Partikeln von ungefähr 100 Å Durchmesser zerlegen. Diese Partikeln, die man Quantasomen genannt hat, sind in der Lage, die Photosynthese durchzuführen und entsprechen zweifellos den Partikeln, die durch Negativkontrastierung oder Schrägbedampfung der Granalamellen sichtbar gemacht werden können.

7.2.3. Chemische Analyse

Die Gesamtanalyse isolierter Chlorplasten ergibt folgende Resultate:

Wasser	50 %
Proteine	25 %
Lipide	15 %
Chlorophyll	3 %
Carotinoide	2 %

Die Chloroplasten sind also relativ wasserarm. Die Proteine bestehen aus Strukturproteinen, zahlreichen Enzymen und einem eisenhaltigen Protein, dem *Ferredoxin*. Die Lipide setzen sich aus verschiedenen Glyceriden, Steroiden und Wachsen zusammen; Phospholipide stellen 5 % der Gesamtlipide dar.

Die Pigmente in den Chloroplasten können verschiedener Art sein. Einige wie die *Chlorophylle* und *Carotinoide* sind in allen Chloroplasten enthalten, andere sind auf die Chloroplasten bestimmter Algengruppen beschränkt. Die wichtigsten sind jedoch die Chlorophylle. Das Chlorophyll ist ein Porphyrin, das im Zentrum seines Tetrapyrrolkernes ein Magnesium-Atom enthält (Bild 80). Von den beiden Säuregruppen ist die eine mit einem Methylalkohol, die andere mit einem Alkohol aus 20 C-Atomen, dem Phytol, verestert. Dieses Molekül entspricht einem Dipol mit einem hydrophilen Ende, dem Porphyrinsystem, und einem hydrophoben Ende, das die lange Kette des Phytolrestes darstellt.

Es gibt zwei Arten von Chlorophyll, die sich nur durch eine Gruppe in Position 3 am Porphyrinsystem unterscheiden: das Chlorophyll a besitzt an dieser Stelle eine Methylgruppe (CH_3-), das Chlorophyll b eine Aldehydgruppe (CHO-).

Die wichtigsten Carotinoide sind das *β-Carotin* und die *Xynthophylle*. Das Carotin ($C_{40}H_{56}$) ist ein Kohlenwasserstoff, dessen Kette an einem Ende einen Ring bildet (Bild 80). Die Xanthophylle sind oxydierte Derivate des Carotins ($C_{40}H_{56}O_2$). Die Carotinoide haben eine gelbe Farbe und sind lipoidlöslich.

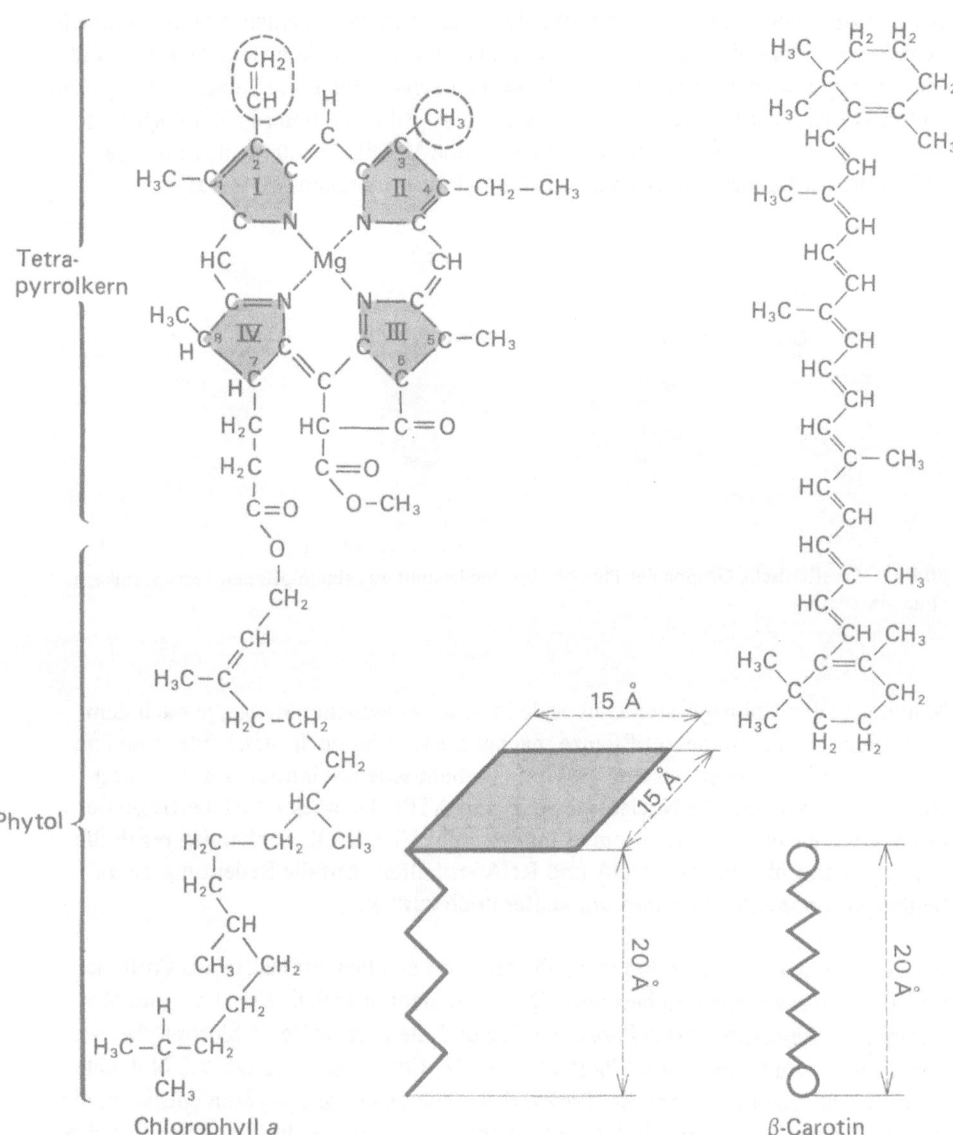

Bild 80. Formelbild des Chlorophylls *a* und des β-Carotins. Die Größe und Gestalt dieser Moleküle sind schematisch dargestellt. Anstelle der CH_3-Gruppe in Position 3 weist das Chlorophyll *b* eine CHO-Gruppe auf. Beim Bakteriochlorophyll ist die CH-CH_2-Gruppe in Position 2 durch eine CO-CH_3-Gruppe ersetzt

9 Berkaloff

Bei den Braunalgen ist die grüne Farbe des Chlorophylls von einem braunen Pigment,
dem *Fucoxanthin* überdeckt. Bei den Rotalgen kommen neben Chlorophyllen und
Carotinoiden noch zwei Proteinfarbstoffe oder *Phycobilline* vor: das *Phycoerythrin*
und das *Phycocyanin.* Die prosthetische Gruppe (Bild 81) dieser Proteinfarbstoffe
besteht aus einem offenen Tetrapyrrolkern ohne Metall, dessen Struktur der der
Gallenfarbstoffe, die beim Abbau von Hämoglobin entstehen, verwandt ist.

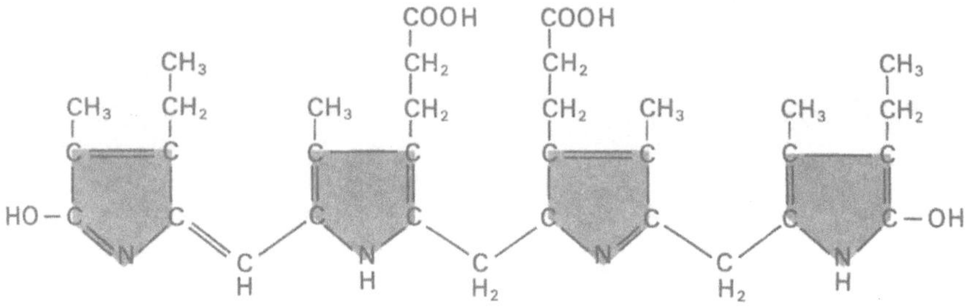

Bild 81. Prosthetische Gruppe der Phycobiline. Sie besteht aus einem offenen Tetrapyrolkern
ohne Metallatom

Man hat in den Chloroplasten Glucoside in unterschiedlicher Menge, je nach dem
physiologischen Zustand der Pflanze, nachgewiesen und noch verschiedene andere
Bestandteile, von denen wir nur die vom biochemischen Standpunkt aus wichtigsten nennen wollen: die Nucleotide ADP und ATP; das wasserstoffübertragende
Coenzym NADP; die Cytochrome f und b_6; das Vitamin K. Schließlich ergab die
Analyse, daß Chloroplasten DNA und RNA enthalten. Auf die Bedeutung dieser
beiden Komponenten kommen wir später noch zurück.

Die Analyse der Unterfraktionen ergab, daß die Lamellen zur Hälfte aus Proteinen
und zur Hälfte aus Lipiden bestehen. Der Proteinanteil enthält Fe-, Cu- und Mn-
Atome, der Lipidanteil 30 % Phospholipide und die Farbstoffe: Chlorophylle,
Carotinoide und Cytochrome (PARK und PON, 1963). Man schätzt 200 Moleküle
Chlorophyll pro Quantasom. Bei Prokaryoten wie den Cyanophyceen enthalten die
isolierten Lamellen Chlorophyll a und b und Carotinoide. In den Lamellen der photosynthetisch aktiven Bakterien sind genau wie in denen der Cyanophyceen reichlich Proteine und Phospholipide vorhanden; darüber hinaus enthalten sie einen dem
Chlorophyll verwandten Farbstoff: das *Bakteriochlorophyll.* Der beim Zentrifugieren gewonnene Überstand, der dem Stroma entspricht, weist zahlreiche Enzyme und
im Falle der Rotalgen auch das Phycoerythrin und das Phycocyanin auf, denn diese
beiden Pigmente sind nicht in den Lamellen lokalisiert.

7.3. Physiologische Bedeutung und Funktionen

7.3.1. Photosynthese

Werden die Chloroplasten mit Licht von geeigneter Wellenlänge bestrahlt, so reduzieren sie Kohlendioxid zu Zuckern, wobei die freiwerdende Menge Sauerstoff der des verbrauchten Kohlendioxids entspricht.

Die Gesamtgleichung dieser Reaktion (Photosynthese) kann

$$CO_2 + H_2O + Licht \rightarrow [CH_2O] + O_2\uparrow$$

geschrieben werden, wobei $[CH_2O]$ ein Grundelement eines Kohlenwasserstoffs, z. B. ein Sechstel eines Glucosemoleküls, bedeutet.

Die Synthese von Zuckern in den Chloroplasten, die dem Licht ausgesetzt worden sind, läßt sich anhand der im Stroma auftretenden Stärkekörner nachweisen.

Der Gasaustausch — Aufnahme von CO_2 und Abgabe von O_2 — kann sowohl an ganzen vielzelligen oder einzelligen Pflanzen wie auch an Sproßstücken oder einzelnen Blättern gemessen werden. Die Messungen sind aber nur dann direkt durchführbar, wenn man dafür sorgt, daß der auf der Atmung beruhende Gasaustausch (Aufnahme von O_2 und Abgabe von CO_2) nicht den der Photosynthese überlagert.

Arbeitet man mit Wasserpflanzen (z. B. *Elodea*), so kann man den bei der Photosynthese entstehenden Sauerstoff direkt messen. Um die Aufnahme von CO_2 zu messen, ist man gezwungen, die CO_2-Aufnahme derselben Pflanze bei Belichtung und im Dunkeln zu vergleichen. Diese Schwierigkeiten werden ausgeschaltet, wenn man mit isolierten Chloroplasten arbeitet. In diesem Fall sind die Messungen jedoch mehr qualitativ als quantitativ, denn der Isolierungsprozeß verändert immer ein wenig die Chloroplastenstruktur, so daß ihre photosynthetische Leistung geringer ist als in intakten Zellen und nur ein Teil der Reaktionen vollständig ausgeführt wird.

Markiert man CO_2 oder H_2O mit dem Sauerstoffisotop ^{18}O (RUBEN u.a., 1941), so zeigt sich, daß der abgegebene Sauerstoff aus dem Wasser und nicht aus dem CO_2 stammt. Da ein Molekül Sauerstoff aus zwei Atomen besteht, in einem Molekül Wasser aber nur eins enthalten ist, muß die schon erwähnte Reaktionsgleichung folgendermaßen lauten:

$$CO_2 + 2H_2O + Licht \rightarrow [CH_2O] + O_2\uparrow + H_2O$$

Unter dem Einfluß des Lichts spalten sich die Wassermoleküle, und man spricht von der *Photolyse des Wassers*. Bei dieser Photolyse wird Sauerstoff abgegeben und der freiwerdende Wasserstoff zur Reduktion von CO_2 und Herstellung eines neuen Wassermoleküls verwendet.

Bei den photosynthetisch aktiven Bakterien wird der Wasserstoff zur Reduktion von CO_2 nicht vom Wasser, sondern von Schwefelwasserstoff geliefert gemäß der Reaktion:

$$CO_2 + 2H_2S + Licht \rightarrow [CH_2O] + \underline{2S} + H_2O$$

Diese Bakterien leben anaerob, und man beachte, daß die Photosynthese dieser Bakterien, die man auch *Photoreduktion* nennt, durch Sauerstoff gehemmt wird, sobald man diese Organismen O_2 aussetzt. Das Freisetzen von Sauerstoff ist eine sehr schnell ablaufende Reaktion (ein Millionstel Sekunde), die sofort nach der Belichtung einsetzt. Die Reduktion von CO_2 verläuft sehr viel langsamer und erfordert kein Licht. Demnach kann man die Photosynthese in eine *Lichtreaktion* und eine *Dunkelreaktion* unterteilen. Während der Lichtreaktion erfolgt die Photolyse des Wassers, während der Dunkelreaktion die Reduktion von CO_2.

7.3.1.1. Lichtreaktion

Während der Lichtreaktion wird die Photolyse des Wassers ausgeführt, und gleichzeitig entstehen zwei Energieüberträger: $NADPH_2$ und ATP, die sofort für die Reduktion von CO_2 während der Dunkelreaktion gebraucht werden. $NADPH_2$ wird durch Reduktion von NADP, ATP durch Phosphorylierung von ADP mit anorganischem Phosphat P_i gebildet, eine Reaktion, die wir *Photophosphorylierung* nennen. Die Gleichung dieser Reaktion:

$$2NADP + 2H_2O + Licht \rightarrow 2NADPH_2 + O_2 \quad \textit{Reduktion von NADP}$$
$$ADP + P_i + Licht \rightarrow ATP \quad \textit{Photophosphorylierung}$$

Die Reduktion von NADP und die Photophosphorylierung haben ARNON und seine Mitarbeiter (1954—1960) an aus Spinatblättern isolierten Chloroplasten nachgewiesen.

In Gegenwart von ADP, P_i, NADP und CO_2 reduzieren belichtete Chloroplasten CO_2 zu Zuckern, wobei Sauerstoff frei wird. Setzt man dieser Versuchsanordnung Stoffe zu, die spezifisch die Bildung von ATP oder $NADPH_2$ hemmen, so findet keine Reduktion von CO_2 zu Zuckern statt. Das beweist, daß ATP und $NADPH_2$ bei der Photosynthese unumgängliche Zwischenstufen sind. ARNON hat das in folgendem Experiment nachgewiesen: isolierte Chloroplasten wurden in Gegenwart von ADP und P_i, aber ohne Zufuhr von CO_2, belichtet; es entstanden ATP und $NADPH_2$, es wurde auch Sauerstoff freigesetzt, aber es bildeten sich keine Zucker. Die Gleichung dieser Reaktion:

$$Licht + Chloroplasten + ADP + P_i + NADP + H_2O$$
$$\rightarrow ATP + NADPH_2 + O_2$$

Bei Belichtung führen isolierte Chloroplasten die Phosphorylierung von ADP und die Reduktion von NADP durch. Die Freisetzung des Sauerstoffs bestätigt die Resultate von RUBEN: der freigesetzte Sauerstoff stammt nicht aus dem CO_2, sondern aus dem Wasser.

Wie das folgende Experiment zeigt, ist die Phosphorylierung von ADP eng mit der photochemischen Reaktion verbunden. In Gegenwart von ADP und P_i und in Abwesenheit von CO_2 und $NADPH_2$ bilden belichtete Chloroplasten ATP. Die Bilanz lautet:

$$\text{Licht} + \text{Chloroplasten} + \text{ADP} + P_i \rightarrow \text{ATP}$$

Die gleiche Abhängigkeit besteht bei der Reduktion von NADP, die mit der Freisetzung von Sauerstoff verbunden ist. Auch andere Stoffe als NADP können in belichteten Chloroplasten reduziert werden. Man weiß aus den Arbeiten von HILL (1937), daß belichtete Chloroplasten die Freisetzung von Sauerstoff verstärken, wenn man dem Milieu ein Oxydationsmittel, z. B. Ferricyanid, zusetzt. Das Oxydationsmittel wird reduziert, und es entsteht Sauerstoff. Diese Reaktion heißt *Hill-Reaktion*, das Oxydationsmittel *Hill-Reagenz*. In den Chloroplasten ist NADP das Hill-Reagenz.

Wie wird nun während der Lichtreaktion die Lichtenergie aufgefangen und in chemische Energie umgewandelt? Diese Frage wollen wir etwas eingehender untersuchen.

Die Lichtenergie wird von den Pigmenten eingefangen, wie aus dem Vergleich von Absorptionsspektren der untersuchten Pflanzen mit den Absorptionsspektren ihrer Pigmente und den Intensitätskurven der Photosynthese hervorgeht.

Die Kurve der Photosyntheseintensität gewinnt man durch Messung dieser Intensität (z. B. O_2-Abgabe einer Wasserpflanze) bei den verschiedenen Wellenlängen vom blauen Spektralbereich bis zum roten, wobei die Lichtintensität bei jeder Wellenlänge so geregelt wird, daß die auf die Pflanze treffende Energiemenge immer die gleiche ist. Das Absorptionsspektrum einer Pflanze erhält man, wenn man ihre Pigmente mit einem geeigneten Lösungsmittel total extrahiert und die Absorption dieser Lösung bei jeder Wellenlänge in Prozent angibt.

Bei einer Grünalge wie *Ulva* verläuft das Absorptionsspektrum parallel zur Photosyntheseintensitätskurve (Bild 82a). Die Kurve der Photosyntheseintensität zeigt zwei Maxima, von denen das eine mit der stärksten Absorption von Chlorophyll a und b und das im Blaugrünen liegende Maximum mit dem Absorptionsmaximum der Carotinoide zusammenfällt. Im Falle einer Rotalge wie *Porphyra* (Bild 82b) gibt es keine Übereinstimmungen zwischen dem Absorptionsspektrum und der Photosyntheseintensitätskurve. Das Intensitätsmaximum der Photosynthese liegt bei der Wellenlänge, bei der das Phycoerythrin die stärkste Absorption zeigt.

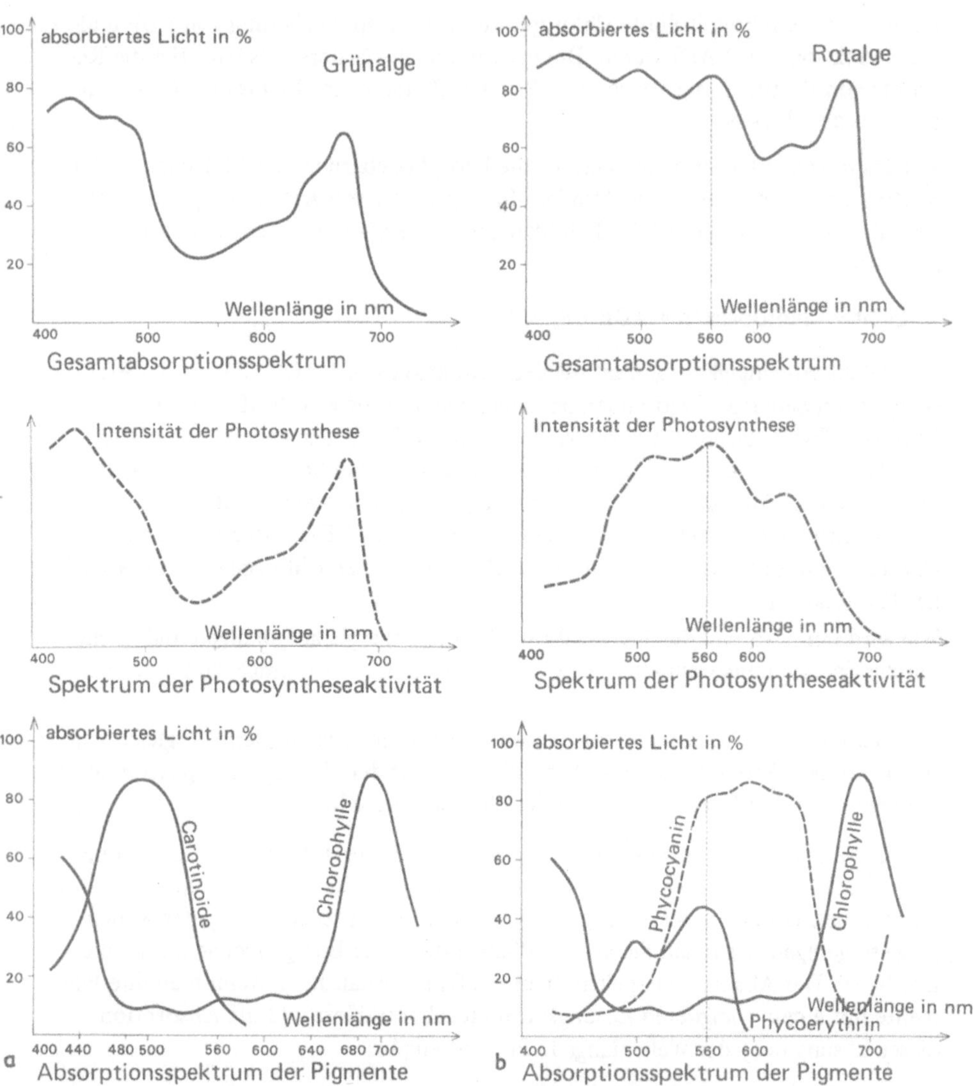

Bild 82. a) Gesamtabsorptionsspektrum, Spektrum der Photosyntheseintensität und die Absorptionsspektren der Chlorophylle und Carotinoide der Grünalge *Ulva taeniata*. Die von den Chlorophyllen und Carotinoiden am stärksten absorbierte Strahlung ist gleichzeitig diejenige, bei der die Photosynthese am intensivsten ist. b) Gesamtabsorptionsspektrum, Spektrum der Photosyntheseintensität und die Absorptionsspektren der Chlorophylle, der Phycocyanine und der Phycoerythrine einer Rotalge (*Porphyra perforata*). Die von den Phycoerythrinen am stärksten absorbierte Strahlung ist auch diejenige, bei der die Photosynthese am intensivsten ist (nach F. T. HAXO und L. R. BLINKS)

Vergleichende Untersuchungen dieser Spektren sowie andere Methoden (Untersuchung von Fluoreszenzspektren) ergaben, daß nicht nur Chlorophyll a und b Lichtenergie absorbieren, sondern daß die von den anderen Pigmenten absorbierte Energie ebenfalls der Photosynthese dienen kann. Das ist vor allem bei den Rotalgen der Fall, bei denen hauptsächlich die von Phycoerythrin absorbierte Strahlung wirksam wird.

Die von den verschiedenen Pigmenten — Carotinoide, Phycobiline und Chlorophyll b — absorbierte Energie wird immer auf Chlorophyll a übertragen. Die Absorption der in Form eines Photons ankommenden Lichtenergie durch das Pigment äußert sich in einer leichten Elektronenverschiebung, wodurch das Pigment in einen angeregten Zustand versetzt wird. Dabei kann es bestimmte Elektronen verlieren, die von Elektronenakzeptoren aufgefangen werden. Die photochemischen Reaktionen beruhen alle nur auf der Bewegung dieser ausgestoßenen Elektronen. Die Energie, die die Elektronen wie bei der Atmungskette auf ihrem Weg von Akzeptor zu Akzeptor verlieren, ermöglicht die Oxydo-Reduktion in Verbindung mit der Phosphorylierung. Das Chlorophyll a scheint in zwei Formen zu existieren: in einer Form, die bei ungefähr 680 nm, und einer anderen Form, die bei 670 nm angeregt wird. Die zweite Form kann auch Energie einer kürzeren Wellenlänge durch die Vermittlung akzessorischer Pigmente (Chlorophyll b, Carotinoide etc.) erhalten. Diese beiden Formen entsprechen sicher nicht zwei chemisch verschiedenen Arten von Chlorophyll a, sondern unterscheiden sich zweifellos nur durch die verschiedene Bindung an die Protein- und Lipidmoleküle.

Neueste Untersuchungen brachten Hinweise, daß es zwei photochemische Systeme gibt, die beide Chlorophyll a in der einen oder der anderen Form enthalten und die man mit I und II bezeichnet. Jedes System führt eine andere photochemische Reaktion aus, und nur eins von beiden ist an der Freisetzung des Sauerstoffs beteiligt. Das System I wird durch Strahlung von 680 nm, das System II durch Strahlung von 670 nm angeregt.

Das Schema der beiden photochemischen Reaktionen, wie man sie sich heute vorstellt, ist das folgende (Bild 83): Durch die Wirkung eines Photons von 680 nm wird dem Chlorophyll a des Systems II ein Elektron entrissen, das zunächst das Cytochrom b_6 und dann unter Energieverlust das Cytochrom f reduziert. Mit der Übertragung des Elektrons von einem Cytochrom auf das andere ist die Phosphorylierung von ADP zu ATP gekoppelt. Vom Cytochrom f wandert das Elektron zum Chlorophyll a des Systems I, wo es ein verlorenes Elektron ersetzt, das durch ein Photon von 680 nm angeregt worden ist. Das vom Chlorophyll a des Systems I verlorene Elektron reduziert zunächst das Ferredoxin und danach das NADP zu $NADPH_2$. Das nach Anregung des Systems II vom Chlorophyll a verlorene Elektron wird von einem OH^--Ion des Wassers aufgefangen, das dadurch zu einem freien Radikal [OH] wird und leicht zu Wasser und Sauerstoff zerfallen kann. Über

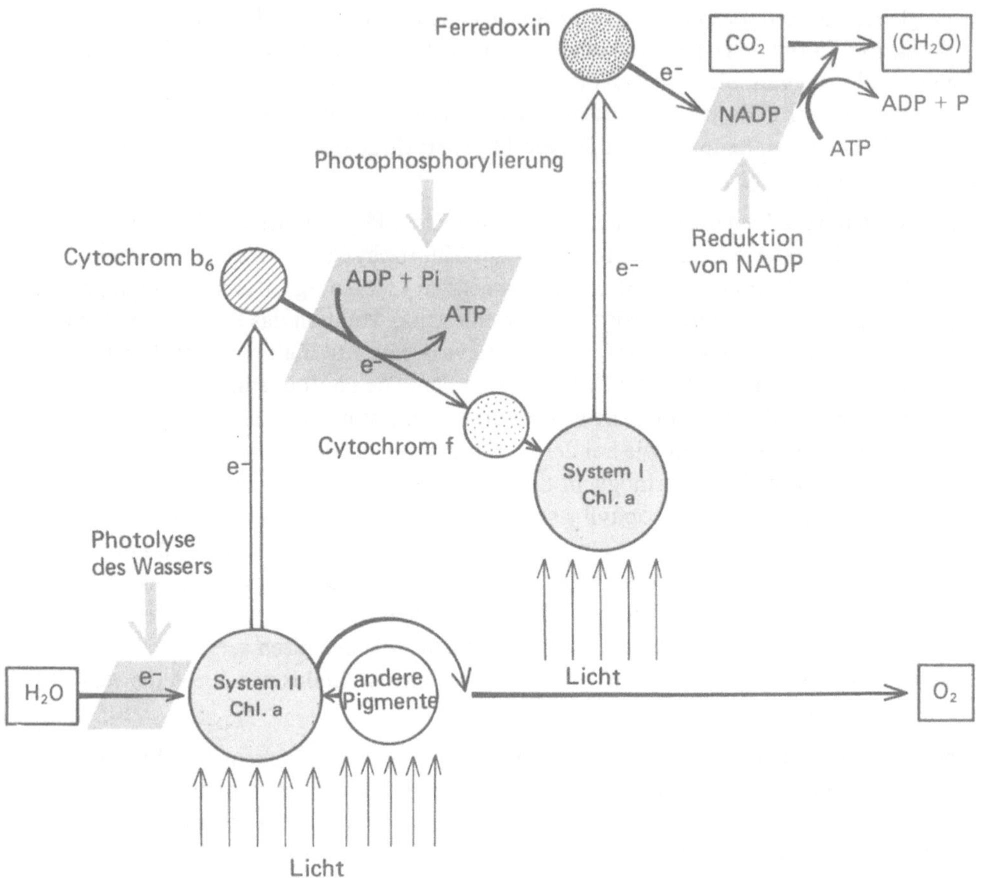

Bild 83. Die photochemischen Reaktionen. Ein dem System II entrissenes Elektron reduziert nacheinander zwei Cytochrome, was mit einer Phosphorylierung von ADP verbunden ist. Danach ersetzt es ein dem System I verlorengegangenes Elektron und reduziert Ferredoxin und NADP. Das bei diesen Reaktionen entstandene NADPH$_2$ und ATP wird in der Dunkelreaktion zur Reduktion von CO$_2$ verwendet (nach I. RABINOWITCH und GOVINDJEE, 1965)

diese letzte Phase, die der Photolyse des Wassers entspricht, ist am wenigsten bekannt und das meiste hypothetisch. Zusammenfassend kann gesagt werden: Ein vom Wasser abgespaltenes Elektron wird zunächst im System II durch ein Photon angeregt und auf ein höheres Energieniveau gehoben und danach im System I durch ein zweites erneut angeregt. Vier Elektronen sind erforderlich, um ein Molekül CO$_2$ zu reduzieren. Folglich werden für die Photosynthesereaktion nicht nur vier, sondern acht Lichtquanten benötigt, denn jedes Elektron wird nacheinander von zwei Quanten angeregt.

Man nimmt an, daß das Ferrodoxin auch Cytochrom b_6 reduzieren kann und somit die Photophosphorylierung auch ohne das Mitwirken von Wasser und der Abspaltung von Sauerstoff möglich ist. Die Photophosphorylierung ist nicht mit der Reduktion von NADP gekoppelt, nur das System I wird angeregt. Bei dieser als zyklisch bezeichneten Photophosphorylierung (Bild 84) wird das Elektron vom Chlorophyll a des Systems I auf das Ferredoxin übertragen, von diesem auf das Cytochrom b_6 und von diesem zurück auf das Chlorophyll a.

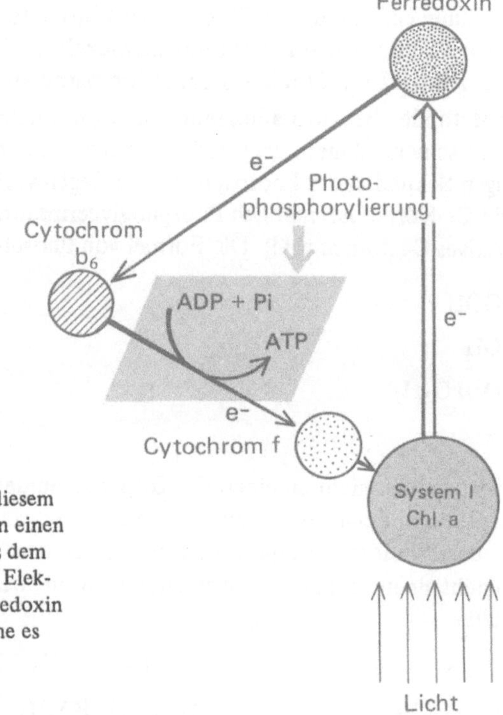

Bild 84
Zyklische Phosphorylierung. In diesem
Fall wird lediglich das System I in einen
angeregten Zustand versetzt; das dem
Chlorophyll *a* verlorengegangene Elektron reduziert nacheinander Ferredoxin
und die Cytochrome b_6 und f, ehe es
zum Chlorophyll zurückkehrt

In der Kette von Elektronenüberträgern, die Elektronen vom System II zum System I übertragen, greifen noch andere Komponenten ein, insbesondere ein Chinon *(Plastochinon)* und ein kupferhaltiges Protein *(Plastocyanin)*. Die Reihenfolge der Elektronenüberträger ist folgende: Plastochinon, Cytochrom b_6, Cytochrom f, Plastocyanin, doch sind noch weitere Untersuchungen nötig, um diese Reihenfolge zu bestätigen.

7.3.1.2. Dunkelreaktion

Während der Dunkelreaktion wird das CO_2 mit Hilfe des während der Lichtreaktion gebildeten $NADPH_2$ und ATP reduziert. Die einzelnen Etappen der Reduktion von CO_2 zu Zuckern sind durch die Arbeiten von CALVIN, BASSHAM und BENSON seit 1946 bekannt geworden. Diese Forscher verwendeten Kulturen von einzelligen Grünalgen *(Chlorella* oder *Scenedesmus),* die sie mit ^{14}C-markiertem CO_2 versorgten.

Man ließ die Zellen eine Zeitlang in Gegenwart von radioaktiv markiertem CO_2 die Photosynthese durchführen und tötete sie dann sehr plötzlich mit kochendem Äthanol ab. Daraufhin wurden sie extrahiert und die gewonnenen Extrakte mit Hilfe der zweidimensionalen Chromatographie auf ihre Bestandteile hin analysiert. Die Lage der radioaktiven Körper wurde autoradiographisch bestimmt, indem man einen für ^{14}C-Strahlung empfindlichen Film auf das Chromatogramm brachte. Nach zwei Wochen Expositionszeit wurde der Film entwickelt, und die dunklen Flecken gaben die Lage der radioaktiven Stoffe auf dem Chromatogramm an.

Mit dieser Methode, die Autoradiographie und Chromatographie verbindet, konnte CALVIN mit seinen Schülern zeigen, daß die erste stabile Verbindung, die schon nach wenigen Sekunden der Photosynthese in Gegenwart von markiertem CO_2 auftritt, ein C_3-Körper ist, nämlich Phosphoglycerinsäure, deren Carboxylgruppe ein radioaktives C-Atom enthält. Die Formel von Phosphoglycerinsäure lautet:

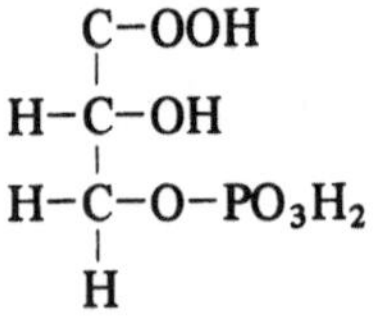

$$
\begin{array}{l}
\text{C}-\text{OOH} \\
\quad | \\
\text{H}-\text{C}-\text{OH} \\
\quad\quad | \\
\text{H}-\text{C}-\text{O}-\text{PO}_3\text{H}_2 \\
\quad\quad | \\
\quad\quad \text{H}
\end{array}
$$

Das CO_2 wird jedoch nicht an einen C_2-Körper gebunden, um Phosphoglycerinsäure zu ergeben, wie man zuerst angenommen hatte, sondern an ein Pentosephosphat: das Ribulose-1,5-diphosphat. Wenn sich das CO_2 an die Ribulose anheftet, entsteht ein instabiler C_6-Körper, der sofort in zwei Moleküle Phosphoglycerinsäure zerfällt:

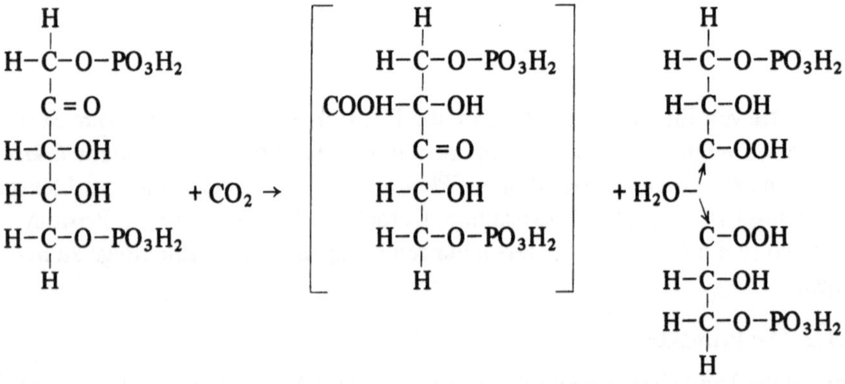

$$
\begin{array}{l}
\text{H} \\
| \\
\text{H}-\text{C}-\text{O}-\text{PO}_3\text{H}_2 \\
| \\
\text{C}=\text{O} \\
| \\
\text{H}-\text{C}-\text{OH} \quad\quad +\text{CO}_2 \rightarrow \\
| \\
\text{H}-\text{C}-\text{OH} \\
| \\
\text{H}-\text{C}-\text{O}-\text{PO}_3\text{H}_2 \\
| \\
\text{H}
\end{array}
\left[
\begin{array}{l}
\text{H} \\
| \\
\text{H}-\text{C}-\text{O}-\text{PO}_3\text{H}_2 \\
| \\
\text{COOH}-\text{C}-\text{OH} \\
| \\
\text{C}=\text{O} \\
| \\
\text{H}-\text{C}-\text{OH} \\
| \\
\text{H}-\text{C}-\text{O}-\text{PO}_3\text{H}_2 \\
| \\
\text{H}
\end{array}
\right]
+\text{H}_2\text{O}
\begin{array}{l}
\text{H} \\
| \\
\text{H}-\text{C}-\text{O}-\text{PO}_3\text{H}_2 \\
| \\
\text{H}-\text{C}-\text{OH} \\
| \\
\text{C}-\text{OOH} \\
\\
\text{C}-\text{OOH} \\
| \\
\text{H}-\text{C}-\text{OH} \\
| \\
\text{H}-\text{C}-\text{O}-\text{PO}_3\text{H}_2 \\
| \\
\text{H}
\end{array}
$$

Ribulose-1,5-diphosphat   3-Phosphoglycerinsäure

Aus zwei Molekülen Phosphoglycerinsäure entsteht in einer Reaktionskette, die eine Umkehrung der Glykolyse darstellt, ein Molekül Glucose. In dieser Reaktionskette wird ein Teil des während der Lichtreaktion gebildeten $NADPH_2$ und ATP verbraucht (Bild 85). Die Oxydation von $NADPH_2$ zu NADP und die Hydrolyse von ATP zu ADP und anorganischem Phosphat P_i ermöglichen die Bildung von Triosephosphat. Nicht nur die Glucoside entstehen aus Triosephosphat, sondern auch Aminosäuren, organische Säuren, Fettsäuren und Glycerin. Man konnte z. B. nachweisen, daß 30 % des markierten Kohlenstoffs in Aminosäuren eingebaut wird und daß sich speziell Alanin genau so schnell bildet wie die Zucker. Während der Dunkelreaktion werden nicht nur Glucoside, sondern auch andere Stoffe, die für das Leben der Pflanze notwendig sind, synthetisiert.

Phosphoglycerinsäure dient aber auch wieder zur Regeneration von Ribulosediphosphat, das bei der Bildung von Phosphoglycerinsäure verbraucht wird. In einer Kette von Reaktionen (*Calvin-Zyklus*) entstehen phosporylierte C_3-, C_4-, C_6- und C_7-Körper als Zwischenstufen, die schließlich zum Aufbau von Phosphoglycerinsäure führen. Die Bilanz dieser Reaktion:

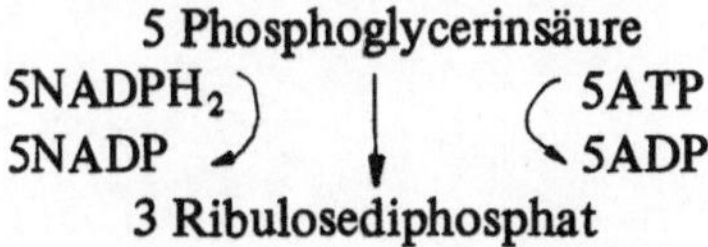

7.3.2. Anreicherung von Stoffen

Verschiedene der in den Chloroplasten synthetisierten Stoffe können im Stroma gespeichert werden. Glucose wird im polymerer Form als Stärke gespeichert, die mehr oder weniger große Körner aubilden kann. Diese Stärke sammelt sich während des Tages an und wird in der Nacht wieder zu Glucose abgebaut und abtransportiert.

Carotinoide reichern sich ebenfalls im Stroma an, doch verschwindet in diesem Fall das Chlorophyll; der mit Carotinoiden beladene Chloroplast hat sich in einen Chromoplasten umgewandelt und ist nicht mehr photosynthetisch aktiv.

7.3.3. Beziehung zwischen Ultrastruktur und physiologischen Funktionen

Die Untersuchung der verschiedenen Fraktionen und ihrer Reaktionen, die bei der Photosynthese in den Chloroplasten ablaufen, ermögicht es, die Rolle jedes Bestandteils in den Plastiden festzulegen. Die biochemische Untersuchung der äußeren Plastidenmembran wäre jedoch nicht vollständig ohne die Kenntnis ihrer Ultrastruktur, die zeigt, daß es sich zweifellos um eine bimolekulare, beiderseits von Proteinen bedeckte Phospholipidschicht handelt. Diese äußere Membran kontrolliert wahrscheinlich den Austausch zwischen dem Grundcytoplasma und dem Innern des Plastiden.

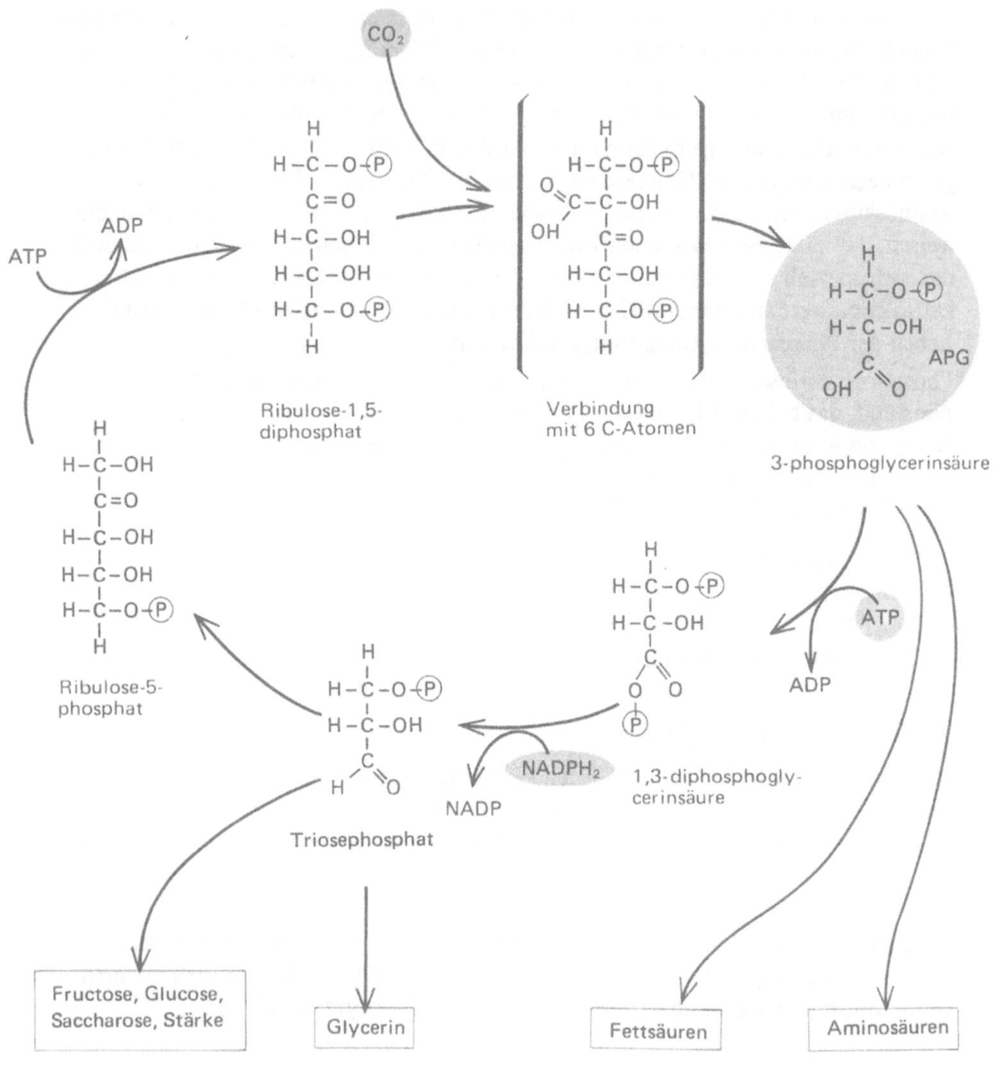

Bild 85. Dunkelreaktion. Das CO_2 wird an Ribulosediphosphat gebunden. Das dabei entstandene hypothetische Zwischenprodukt aus 6 C-Atomen zerfällt in 2 Moleküle Phosphoglycerinsäure. Aus der Phosphoglycerinsäure entsteht ein Triosephosphat, das Ausgangsstoff für die Synthese verschiedener Kohlenhydrate ist. Im Verlauf dieser Reaktion wird das während der Lichtreaktion gebildete $NADPH_2$ oxydiert und das ATP verbraucht. Das Triosephosphat wird auch zur Regeneration von Ribulosediphosphat verwendet

Wir haben schon gehört, daß sich die Lamellen aus Untereinheiten, den Quantasomen, zusammensetzen, die den Ort der Photosynthese darstellen. Jede Lamelle besteht aus Quantasomen in zwei Lagen. Nach der Fixierung mit Osmiumtetroxid erkennt man an den Quantasomen einen äußeren, osmiophilen Teil (gegen das Stroma gekehrt) und einen inneren, nicht osmiophilen Teil. Den Beobachtungen im Polarisationsmikroskop nach sind die Chlorophyllmoleküle so in den Lamellen orientiert, daß ihr Tetrapyrrolkern parallel zur Oberfläche der Lamellen, der Phytolrest rechtwinklig dazu orientiert ist. Eine Rekonstruktion der molekularen Struktur ist schon versucht worden (Bild 86), doch stellt dieses Organisationsschema zunächst nur eine Arbeitshypothese dar, die noch ihrer Bestätigung bedarf (PARK, 1963; RABINO-WITCH und GOWINDJEE, 1965).

Die Enzyme der Dunkelreaktion befinden sich nach der Fraktionierung der Chloroplasten im Überstand. Deswegen nimmt man an, daß die Reduktion des CO_2 im Stroma stattfindet (Bild 87).

7.4. Entstehung

Bei den niederen Pflanzen (Algen, Moose, Farne), deren Chloroplasten weniger zahlreich, aber groß sind, läßt sich die Entwicklung dieser Organellen bei der Teilung und dem Wachstum der Zelle mit dem Lichtmikroskop beobachten. Man sieht, daß die neuen Chloroplasten durch Teilung aus den alten hervorgehen. Das kann man besonders deutlich bei der Grünalge *Zygnema* erkennen, die nur zwei Chloroplasten besitzt (Bild 88). Nach Ausbildung der Gameten und erfolgter Konjugation und Befruchtung bleiben bei dieser Alge nur die Chloroplasten der weiblichen Gameten erhalten, während die der männlichen degenerieren.

Bei den höheren Pflanzen, deren Chloroplasten zahlreich, aber klein sind, beobachtet man im Elektronenmikroskop bei jungen, sich differenzierenden Zellen, daß die Chloroplasten aus rundlichen Vesikeln entstehen: den *Proplastiden*. Die Proplastiden sind Vesikel von 0,2 μm Durchmesser, haben eine äußere Membran von 75 Å Dicke, die aus zwei dunklen, durch einen hellen Spalt getrennten Schichten besteht, und eine innere Membran von gleicher Dicke. Wenn die Proplastiden heranwachsen, stülpt sich die innere Membran ein und formt Crista-artige Gebilde. Diese Einstülpungen werden immer zahlreicher, lösen sich schließlich von der inneren Membran ab und bilden Vesikel, die die Anlagen für die ersten Lamellen darstellen. Bei Belichtung wachsen die Proplastiden weiter; die von der inneren Membran abgeschnürten Lamellen vermehren sich, und ein Teil stapelt sich zu den Grana (Bild 89). Auf diese Weise differenziert sich ein Chloroplast aus einem Proplastiden. Wird ein Chloroplast im Verlauf seiner Entwicklung nicht belichtet, so findet in ihm weder die Synthese von Chlorophyll noch von Carotinoiden statt. Er wächst zwar noch, doch die von der inneren Membran abgeschnürten Lamellen zerfallen zu zahlreichen Vesikeln. Werden die Zellen dem Licht ausgesetzt, so wird die

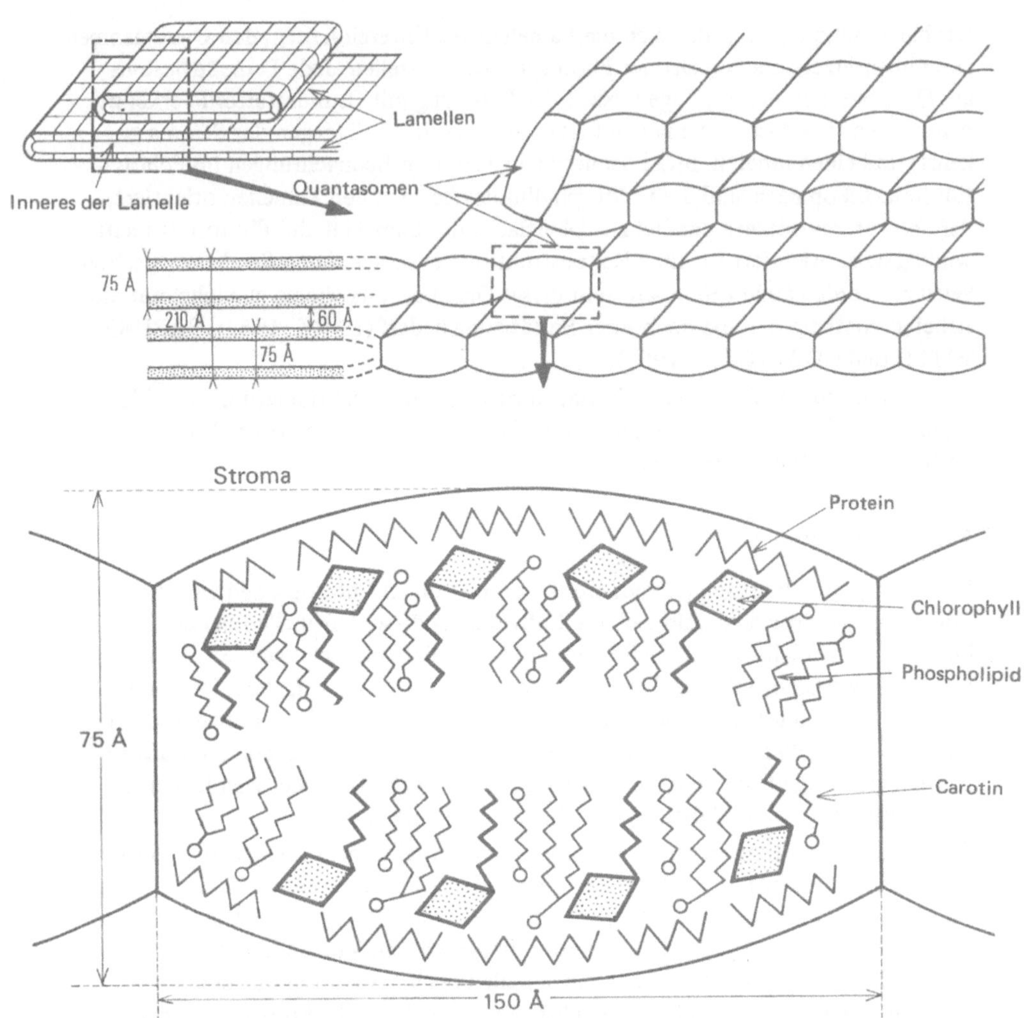

Bild 86. Aufbau der Lamellen in den Chloroplasten. Die Membranen der Lamellen bestehen aus Untereinheiten mit einem Durchmesser von 150 Å und einer Dicke von ungefähr 75 Å, den Quantasomen. Jede Lamelle besteht aus zwei Lagen von Quantasomen, die ungefähr einen Abstand von 60 Å voneinander haben. Man nimmt an, daß jedes Quantasom aus zwei Phospholipidschichten besteht, die die Chlorophylle und das Carotin enthalten (nach G. GIRAUD, 1964)

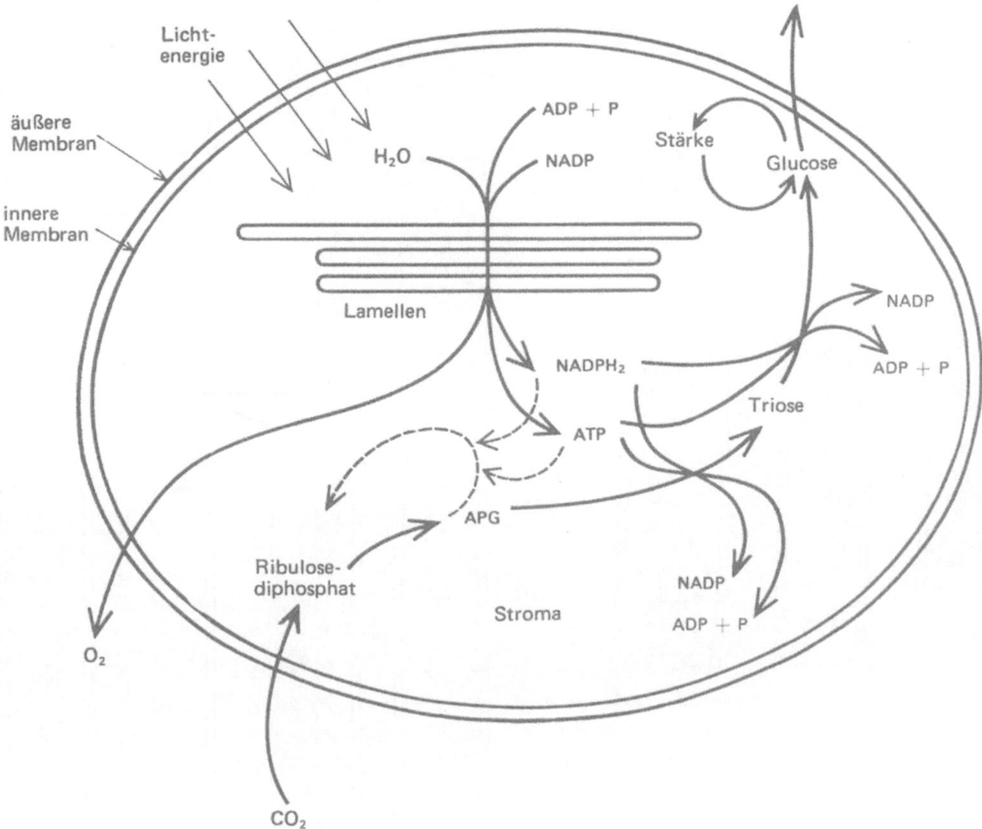

Bild 87. Lokalisierung der biochemischen Reaktionen in den Chloroplasten. Die Lichtreaktionen spielen sich an den Lamellen ab, die Dunkelreaktionen im Stroma

Normalentwicklung wieder eingeschlagen: es bilden sich Lamellen und Grana, und gleichzeitig setzt die Synthese der Pigmente ein (Bild 89). Die Chloroplasten der höheren Pflanzen leiten sich von Proplastiden ab. Neue Proplastiden, so glaubt man, entstehen durch Teilung bereits vorhandener Proplastiden.

Die neuen Membranen, die sich im Verlauf der Differenzierung der Chloroplasten aufbauen, entstehen durch Vergrößerung der inneren Membran oder der bereits bestehenden Lamellen. Die neuen Membranflächen entstehen in einem Schritt und sind sogleich voll funktionsfähig (OHAD, SIEKEWITZ und PALADE, 1967). Man beachte, daß sich dieser Prozeß wohl von dem unterscheidet, wie er für die Entstehung von neuen Membranpartien des ER beschrieben worden ist (siehe Seite 79).

a Teilung   b Konjugation

Bild 88. Entstehung neuer Chloroplasten bei *Zygnema*. Bei der Zellteilung a) entstehen die neuen Chloroplasten durch Teilung der alten. Bei der Konjugation b) verschmilzt der männliche Gamet mit dem weiblichen (1, 2, 3), und die beiden Chloroplasten des männlichen Gameten degenerieren (4)

Bild 89. Entstehung von neuen Chloroplasten bei höheren Pflanzen. Die Chloroplasten entstehen aus Proplastiden. Ist die Pflanze dem Licht ausgesetzt, differenzieren sich die Lamellen, hält man sie dagegen im Dunkeln, so entsteht in der Mitte des Chloroplasten eine Anhäufung von Vesikeln, die man Primärgranum genannt hat. Bringt man die Pflanze wieder in das Licht, so entwickeln die Chloroplasten ihre normale Struktur (nach VON WETTSTEIN, 1958)

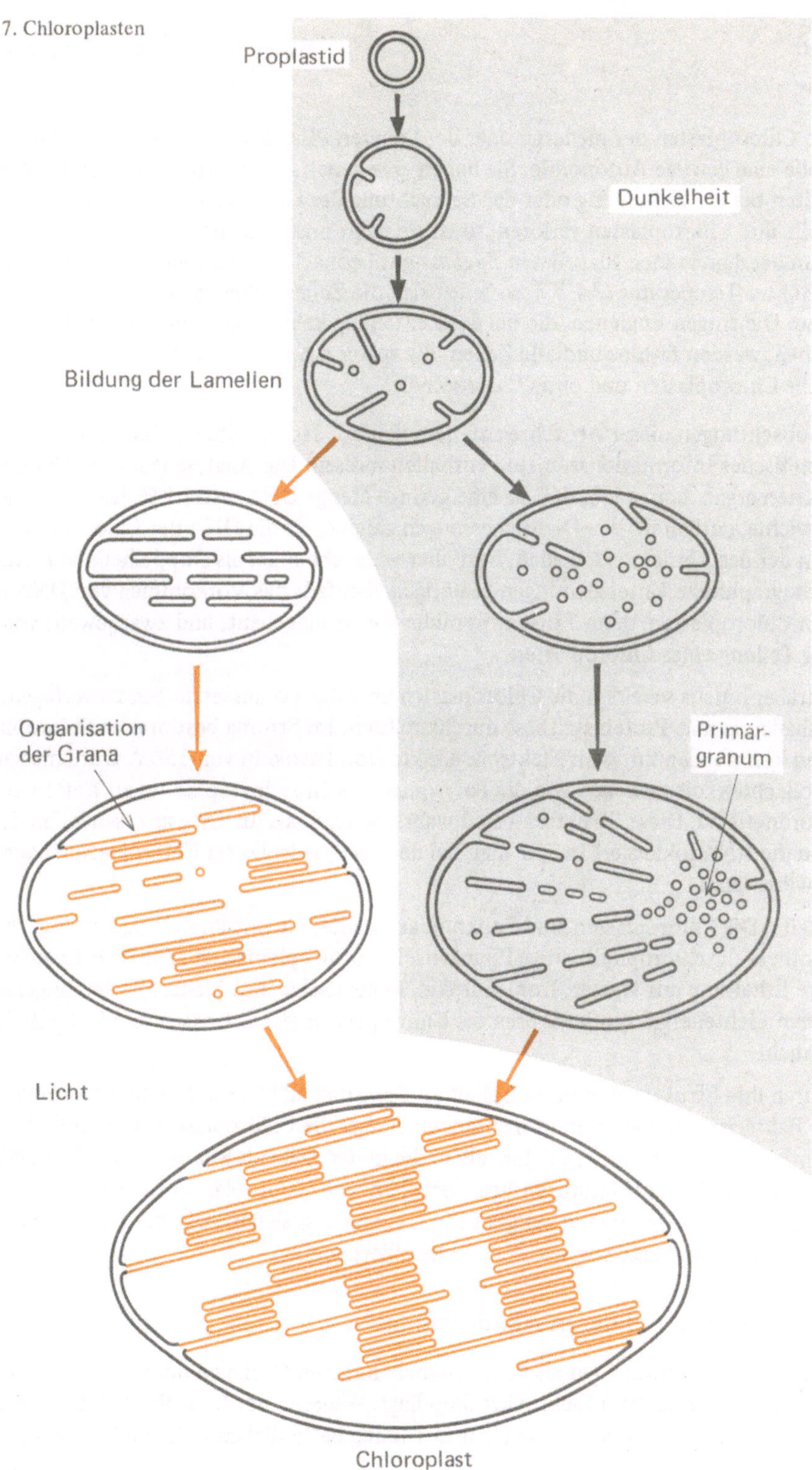

7. Chloroplasten
Proplastid
Dunkelheit
Bildung der Lamellen
Organisation
der Grana
Primär-
granum
Licht
Chloroplast

Ob Chloroplasten der niederen oder der höheren Pflanzen, alle zeigen innerhalb der Zelle eine gewisse Autonomie. Sie haben eine genetische Kontinuität, wie ihr Verhalten bei der Zellteilung oder der Befruchtung der Grünalgen beweist. Hat eine Zelle ihre Chloroplasten verloren, so ist sie nicht imstande, neue zu bilden. Das kann man bei dem grünen Flagellaten *Euglena* gut beobachten. Kultiviert man *Euglena* bei erhöhter Temperatur (34 °C), so teilen sich die Zellen schneller als die Chloroplasten. Diejenigen Euglenen, die bei der Zellteilung keine Chloroplasten erhalten haben, werden farblos und alle Zellen, die später aus ihnen hervorgehen, bleiben ohne Chloroplasten und ohne Chlorophyll.

Beobachtungen dieser Art führen zu dem Schluß, daß die Chloroplasten ihr eigenes genetisches Informationszentrum enthalten müssen. Die Analyse isolierter Chloroplasten ergab dann auch, daß sie eine geringe Menge DNA, etwa 1 % des Trockengewichts, enthalten. Wie Dichtemessungen zeigten, ist die DNA der Chloroplasten von der des Kernes verschieden, liegt aber wahrscheinlich als Doppelhelix vor. Autoradiographische Untersuchungen bestätigen ebenfalls das Vorkommen von DNA in den Chloroplasten, denn Tritiumthymidin wurde eingebaut, und zwar jeweils vor der Teilung eines Chloroplasten.

Darüber hinaus scheinen die Chloroplasten über die Voraussetzungen zu verfügen, selbständig eine Proteinsynthese durchzuführen. Im Stroma bestimmter Chloroplasten konnte man mit dem Elektronenmikroskop Partikeln von 150 Å Durchmesser beobachten, die zuweilen wie die Polysomen des Grundcytoplasmas zu Ketten angeordnet sind. Diese Strukturen sind wahrscheinlich als die Orte anzusehen, an denen die RNA lokalisiert ist, die man bei der Analyse isolierter Chloroplasten nachgewiesen hat.

Fazit: Die Chloroplasten sind Zellkompartimente, die mit ihrer Fähigkeit zur Photosynthese die chlorophyllhaltige Pflanzenzelle autotroph machen. Die Zelle braucht für ihre Erhaltung nur Wasser, Kohlendioxid, Mineralsalze und Licht. Mit der eingefangenen Lichtenergie synthetisieren die Chloroplasten alle Grundstoffe, die die Zelle braucht.

Durch ihre Struktur und ihren Gehalt an DNA und RNA erinnern die Chloroplasten an Bakterien. Deshalb nimmt man heute an, daß die Chloroplasten eventuell photosynthetisch aktive Bakterien darstellen, die in der Zelle als Symbionten leben und ihr die Fähigkeit zur Photosynthese verleihen. Die Chloroplasten führen jedoch im Innern der Zelle ein unabhängiges Leben, denn es ist sicher, daß ihre Funktionen in bestimmtem Maße von der Zelle kontrolliert werden.

8. Centriolen und deren Abkömmlinge

Die Centriolen erscheinen als kleine Stäbchen, deren Größe an der Grenze des Auflösungsvermögens vom Lichtmikroskop liegt. Während der Interphase sind sie in der Nähe des Kerns lokalisiert; bei einer in Teilung befindlichen Zelle bilden sie die

Zentren, von denen die Spindelfasern ausstrahlen. Bei besonders günstigen Objekten (Blutzellen) kann man sie mit dem Phasenkontrastmikroskop in vivo erkennen, doch ist die Beobachtung wegen ihrer geringen Größe schwierig. In fixierten Zellen lassen sie sich leichter finden, denn sie werden mit Hämatoxylin intensiv schwarz gefärbt.

8.1. Struktur und Ultrastruktur

8.1.1. Centriolen

Wie wir bei der Beschreibung der verschiedenen Zellbestandteile [1]) gesehen haben, enthalten bestimmte Zellen wie Myeloblasten oder *Epistylis* kleine cytoplasmatische Organellen, die *Centriolen.* Bei *Epistylis* sind sie sehr zahlreich und stehen in Beziehung zu den Cilien an der Zelloberfläche. Die Cilien werden zum Teil aus den gleichen Elementen aufgebaut wie die Centriolen, und deshalb werden Centriolen, Cilien und Flagellen im gleichen Kapitel behandelt. Die Flagellen stellen nur besonders lange Cilien dar und sind ebenfalls Abkömmlinge von Centriolen.

Im Elektronenmikroskop weisen die Centriolen eine charakteristische Struktur auf. Jedes Centriol besteht aus *neun Gruppen zu drei Tubuli,* die den Mantel eines Zy-

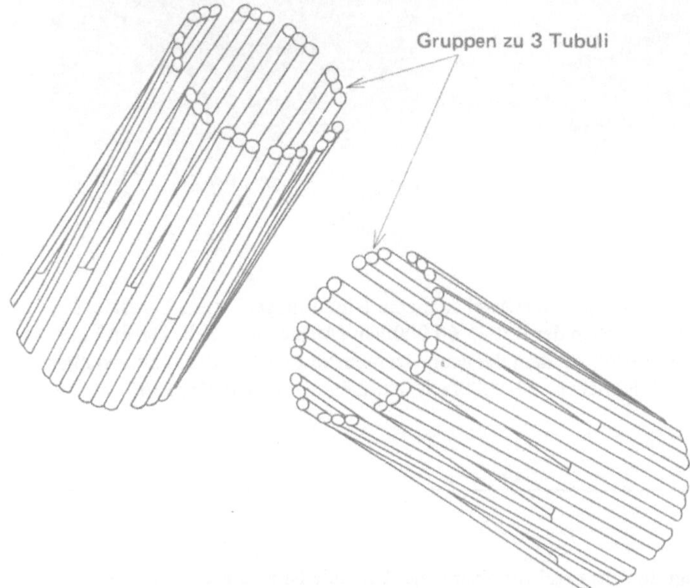

Bild 90. Das Schema zeigt die Ultrastruktur der Centriolen. Jedes Centriol besteht aus neun Gruppen zu drei Tubuli. Im allgemeinen enthält eine Zelle ein Paar von Centriolen, die rechtwinklig zueinander angeordnet sind. Den Komplex aus diesen beiden rechtwinklig zueinander angeordneten Centriolen nennt man Diplosom

---

[1]) Siehe Band „Die Zelle" derselben Reihe.

91). Im allgemeinen kommen in einer Zelle zwei Centriolen vor, die in der Nähe des Kerns oder sogar in einer Tasche in der Kernoberfläche eingesenkt liegen können. Sie sind rechtwinklig zueinander angeordnet und stellen zusammen ein sogenanntes *Diplosom* dar. Mit Ausnahme der höheren, angiospermen Pflanzen und der Prokaryoten haben die Zellen aller Organismen mindestens zwei Centriolen, deren Ultrastruktur immer der oben beschriebenen entspricht. Kommen in einer Zelle zahlreiche Centriolen vor, so liegen sie sehr oft in der Nähe der Zelloberfläche und stehen mit Cilien oder Flagellen in Beziehung.

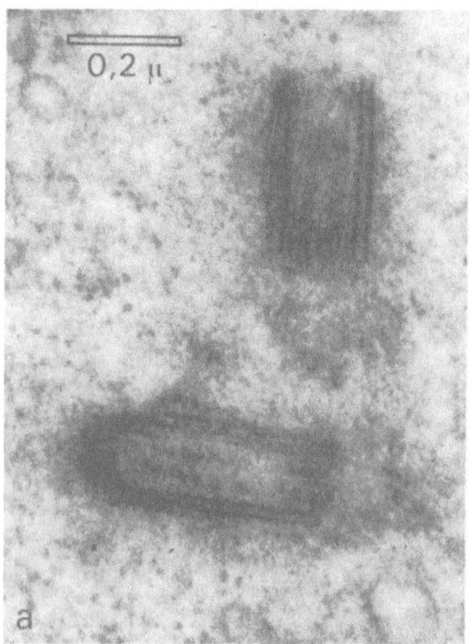
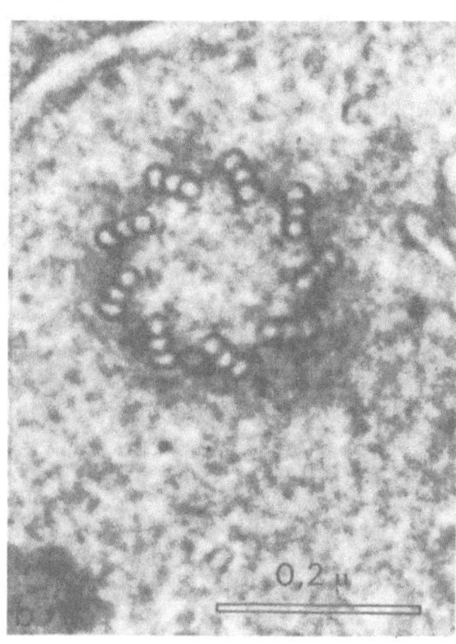

Bild 91. Ultrastruktur der Centriolen.   a) Zwei zu einem Diplosom gehörende Centriolen im Längsschnitt. Weißes Blutkörperchen der Ratte. 60 000fach (Aufnahme: J.-P. THIÉRY, 1964). b) Querschnitt durch ein Centriol, bei dem die neun Gruppen zu drei Tubuli gut zu erkennen sind. Embryonale Zelle vom Hühnchen. 110 000fach (Aufnahme: J. ANDRÉ, 1962)

Bild 92. Das Schema zeigt die Ultrastruktur einer Cilie. Die Cilie ist eine Ausstülpung der Zellmembran, an deren Basis sich ein Centriol oder Kinetosom befindet. Je zwei der drei Tubuli jeder peripheren Gruppe des Centriols verlängern sich in die Cilie hinein, wie es im Längsschnitt zu erkennen ist. Zusätzlich existieren noch zwei zentrale Tubuli und Sekundärfibrillen, wie der Querschnitt zeigt. Die peripheren Tubuli tragen laterale Anhänge oder Arme, die zweifellos aus kontraktilen Proteinen bestehen. Die Schnittebenen für die Querschnitte sind im nebenstehenden Längsschnitt angegeben

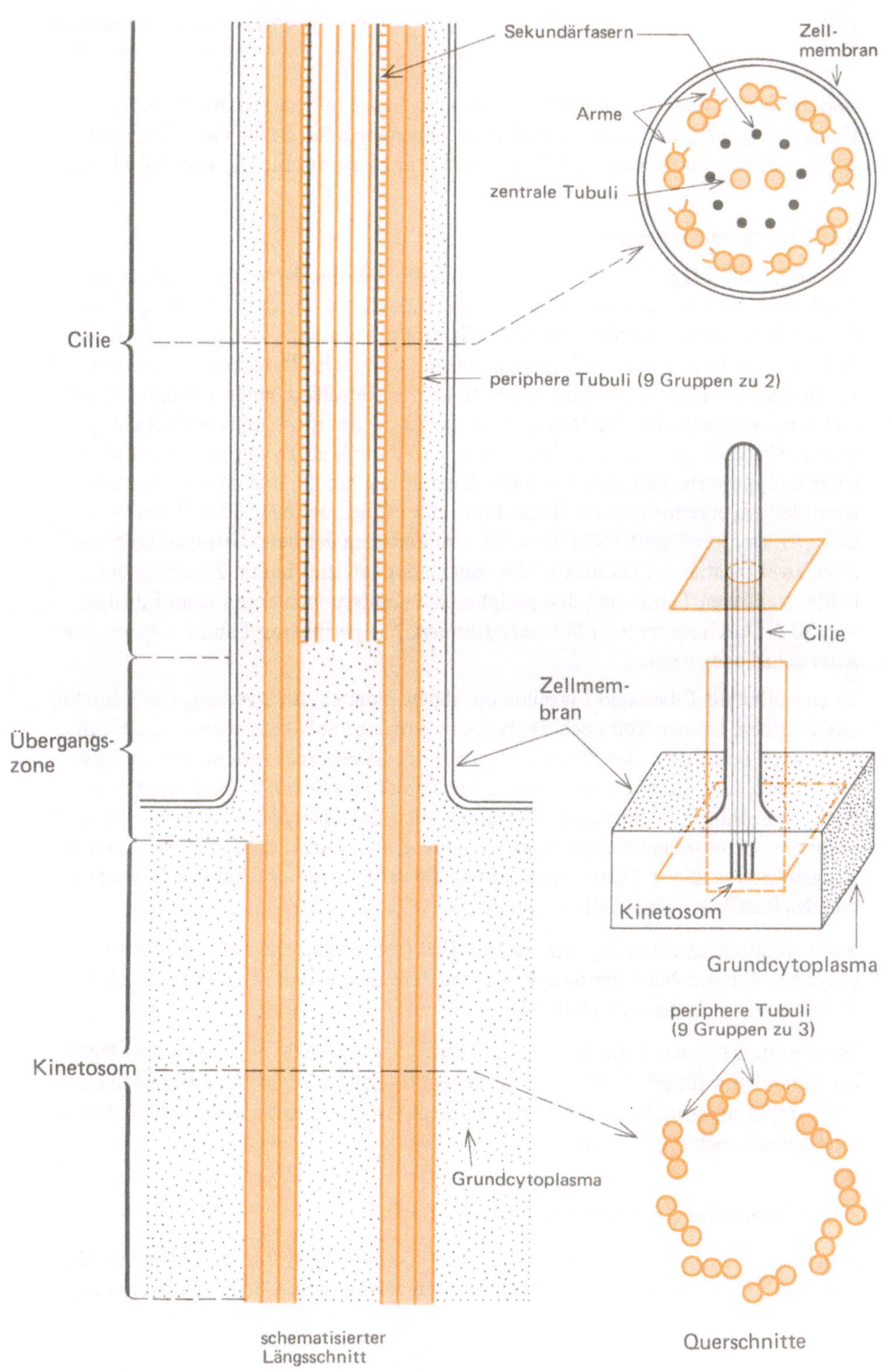

Sekundärfasern
Zell-membran
Arme
zentrale Tubuli
Cilie
periphere Tubuli (9 Gruppen zu 2)
Cilie
Zellmem-bran
Übergangs-zone
Kinetosom
Grundcytoplasma
Kinetosom
periphere Tubuli
(9 Gruppen zu 3)
Grundcytoplasma
schematisierter
Längsschnitt
Querschnitte

linders von 150 μm Durchmesser und 400 μm Länge bilden. Die drei Tubuli jeder
Gruppe liegen auf der ganzen Länge dicht nebeneinander, haben einen Durchmesser von 200 Å und weisen nach Osmiumfixierung eine dunkle Wand auf (Bild 90 u.

8.1.2. Cilien und Flagellen

Die Cilien und Flagellen sind Ausstülpungen der Zelloberfläche, die meistens zu
pendelnder oder undulierender Bewegung befähigt sind. Diese Ausstülpungen von
0,2 μm Durchmesser werden von der Zellmembran begrenzt. Die Länge von Cilien
beträgt 5 bis 10 μm, die von Flagellen 100 μm und mehr. Bezüglich der Ultrastruktur besteht zwischen Cilien und Flagellen kein Unterschied, beide Termini bezeichnen gleiche Strukturen. Die Basis jeder Cilie oder jedes Flagellums enthält ein ty-
pisches Centriol, das aus neun Gruppen zu drei Tubuli aufgebaut ist. Zwei Tubuli
jeder Gruppe verlängern sich bis in die Ausstülpung hinein, und da sie nebenein-
aner bleiben, erkennt man im Querschnitt einer Cilie oder eines Flagellums *neun
Gruppen zu zwei Tubuli* (Bild 92 u. 93). Im Zentrum der neun Gruppen kommen
noch zwei zusätzliche Tubuli vor, die voneinader getrennt liegen. Zwischen den
beiden zentralen Tubuli und den peripheren Tubuligruppen liegen neun Fibrillen
von 50 Å Durchmesser oder *Sekundärfibrillen.* Die peripheren Tubuli zeigen kleine
Auswüchse oder Arme.

So enthalten die Cilien und Flagellen ein abgewandeltes, stark verlängertes Centriol,
das in seinem basalen Teil noch die typische Struktur aufweist; dieser basale Teil
heißt auch *Basalkorn* oder *Kinetosom.* Teile des Basalkornes verlängern sich bis in
die Ausstülpung, die noch zwei zusätzliche Tubuli und Sekundärfibrillen enthält.
Diese überzähligen Komponenten kommen aber nicht überall vor. Nervenzellen und
besonders Sinneszellen besitzen häufig mehrere, sehr kurze, unbewegliche Ausstülpungen (Stereocilien). Diese enthalten nur die verlängerten, peripheren Tubuligruppen des Basalkorns (Bild 94).

Nach Negativkontrastierung zeigt sich im Elektronenmikroskop an gespaltenen
Flagellen, daß die Wand der peripheren und zentralen Tubuli aus Fibrillen von 35 Å
Durchmesser aufgebaut ist (Bild 95).

Die Kenntnis von der Ultrastruktur der Centriolen, Basalkörner, Cilien und Flagellen stammt von fixierten Zellen. In der lebenden Zelle wird der Aufbau aus Bündeln
von parallel ausgerichteten Tubuli durch die in vivo bei diesen Organellen beobachtete Doppelbrechung bewiesen.

8.2. Chemische Zusammensetzung

Bisher sind Centriolen nur aus Zellen isoliert worden, die sie in sehr großer Anzahl
enthalten. Durch fraktioniertes Zentrifugieren gelang es SEAMANN (1960), eine

genügend große Menge von Centriolen für die chemische Analyse aus einem Ciliaten *(Tetrahymena)* zu isolieren. Das Ergebnis lautet:

Wasser	34 %	Lipide	5 %
Proteine	50 %	DNA	3 %
Kohlenhydrate	6 %	RNA	2 %

Unter den Proteinen fand man Enzyme der Glykolyse und der Phosphorylierung sowie ATPase. In diesen Organellen ist die Konzentration dieser Enzyme 5 bis 10 mal größer als im übrigen Teil der Zelle.

Cilien und Flagellen wurden für die Untersuchung ihrer chemischen Zusammensetzung von Protozoen, einzelligen Algen oder Spermatozoen isoliert. Sie enthalten 60 % Proteine und ungefähr 6 % Kohlenhydrate. Aus den Proteinen konnte man das *Spermosin,* ein kontraktiles Protein, isolieren, das ebenso wie das Myosin des Muskels ATPase-Aktivität besitzt. Diese ATPase-Aktivität ließ sich mit cytochemischen Methoden im Bereich der peripheren Tubuli nachweisen, aber man weiß noch nicht, ob die Fibrillen, aus denen die Tubuli bestehen, diesem kontraktilen Protein entsprechen.

8.3. Physiologische Bedeutung und Funktionen

8.3.1. Centriolen

Centriolen spielen eine Rolle bei der Organisation von Strukturen, die zu bestimmten Bewegungsvorgängen der Zelle in Beziehung stehen: *Teilungsspindel* einerseits, Cilien und Flagellen andererseits.

Bildung der Teilungsspindel

In einer sich teilenden Zelle treten im Grundcytoplasma *Mikrotubuli* von 200 Å Durchmesser auf, die sternförmig auf die Centriolen zustreben (Bild 96). Die Mikrotubuli organisieren sich von der Umgebung der Centriolen aus zur Teilungsspindel, deren Bildung anscheinend von den Centriolen ausgelöst wird. Die Rolle der Centriolen bei diesem Vorgang kommt später noch ausführlich zur Sprache (Kapitel III).

Bildung der Cilien und Flagellen

Die Centriolen können bei der Bildung von Cilien und Flagellen direkt beteiligt sein. Dieser Vorgang läßt sich bei der Spermiogenese gut beobachten. In der Spermatide, deren Diplosom in der Nähe des Kerns liegt, verlängert sich eins der beiden Centriolen, beult die Zellmembran aus und wächst schließlich zum Schwanzfaden des Spermatozoons heran. Zur gleichen Zeit, wenn sich zwei Tubuli jeder peripheren Gruppe verlängern, erscheinen auch die beiden zentralen Tubuli, die dem Flagellum seine typische Struktur verleihen.

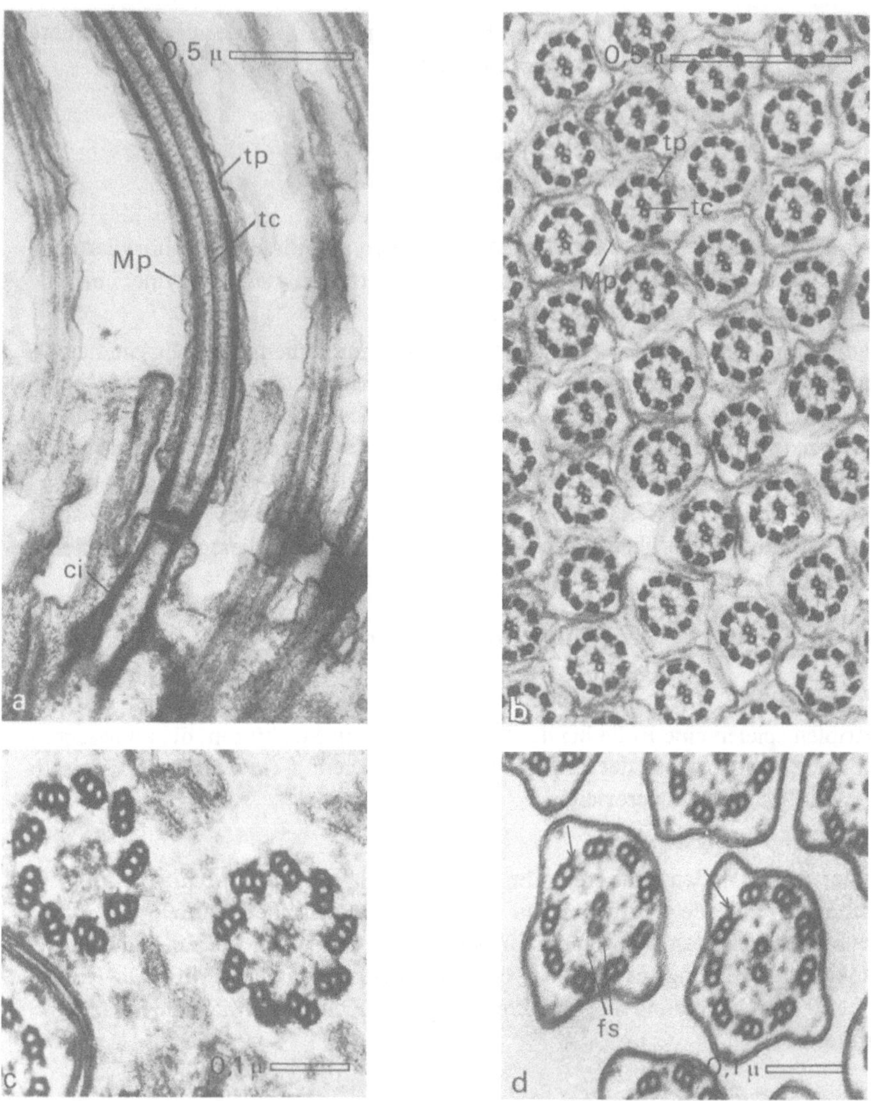

Bild 93. Ultrastruktur von Cilien und Flagellen. a und b) Cilien des Kiemenepithels einer Süß-
wassermuschel (*Anodonta*) a) Längsschnitt. Die Cilien sind Ausstülpungen der Zellmembran Mp.
Sie enthalten ein Centriol oder Kinetosom ci, dessen Tubuli sich in die Ausstülpung hinein verlängern. b) Querschnitt. Man kann die beiden zentralen Tubuli tc und die neun Gruppen von
peripheren Tubuli tp erkennen. a) 32 000fach, b) 48 000fach (Aufnahmen: I. R. GIBBONS,
1961). c und d) Querschnitte von Kinetosomen und Flagellen des im Darm von Termiten
lebenden Flagellaten *Pseudotrichonympha*. c) Querschnitt von Kinetosomen mit ihren neun
Gruppen zu drei Tubuli. d) Querschnitte von Flagellen. Man kann die Sekundärfibrillen fs
und die Arme der peripheren Tubuli (Pfeile) erkennen. (Aufnahmen: I. R. GIBBONS und
A. V. GRIMSTONE, 1960)

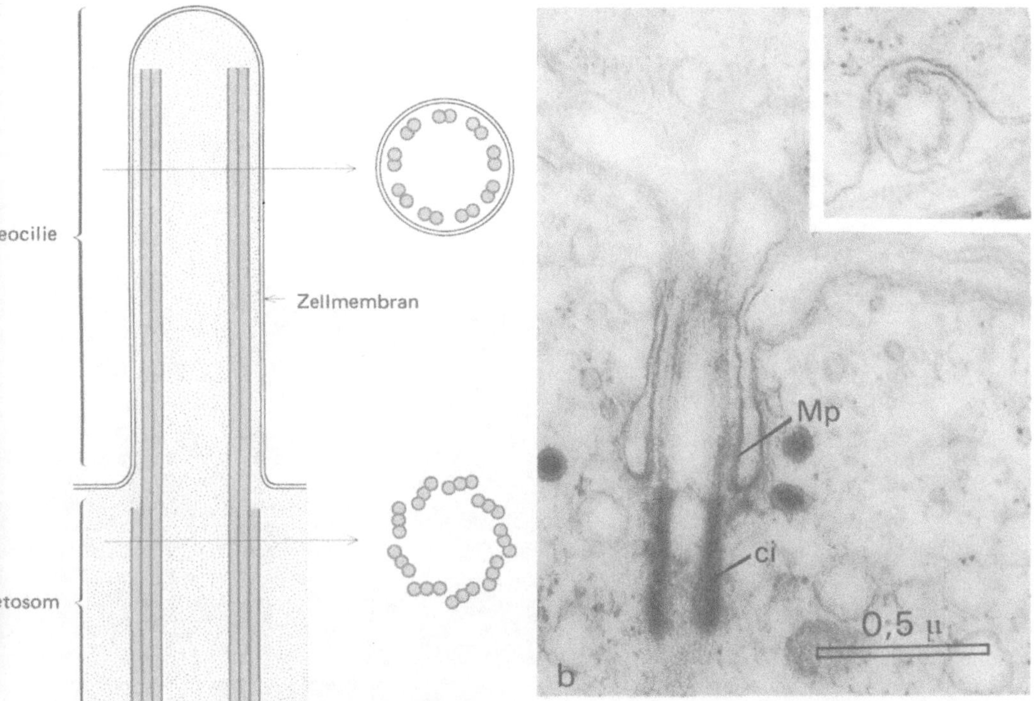

Bild 94. a) Das Schema zeigt die Ultrastruktur einer Stereocilie. Je zwei Tubuli der neun Dreier-
gruppen des Kinetosoms verlängern sich bis in die Ausstülpung hinein, es fehlen aber die zentralen
Tubuli. b) Stereocilie einer Nervenzelle im Längsschnitt. Die peripheren Tubuli des Centriols ci
verlängern sich in die Ausstülpung der Zellmembran hinein. Im eingefügten Bild sieht man eine
Stereocilie im Querschnitt. Beachte das Fehlen der zentralen Tubuli. Mp=Zellmembran.
46 000fach (Aufnahmen: J. TAXI, 1962)

Bei *Epistylis* entstehen die Cilien aus den zahlreich angelegten Basalkörnern. Wenn
sich *Epistylis* von seinem Stiel ablöst, bilden die in halber Höhe der Zelle ringförmig angeordneten Basalkörner in gleicher Weise wie beim Flagellum des Spermatozoons einen Cilienkranz aus. Setzt sich *Epistylis* wieder fest und baut erneut einen
Stiel auf, so werden die Cilien zurückgebildet, und nur die Basalkörner bleiben erhalten[1].

Bei der Ausbildung der kontraktilen Strukturen wie der Cilien und Flagellen ist das
Centriol direkt beteiligt, bei der Ausbildung der Teilungsspindel nur indirekt.

---

[1] Siehe Band „Die Zelle" derselben Reihe.

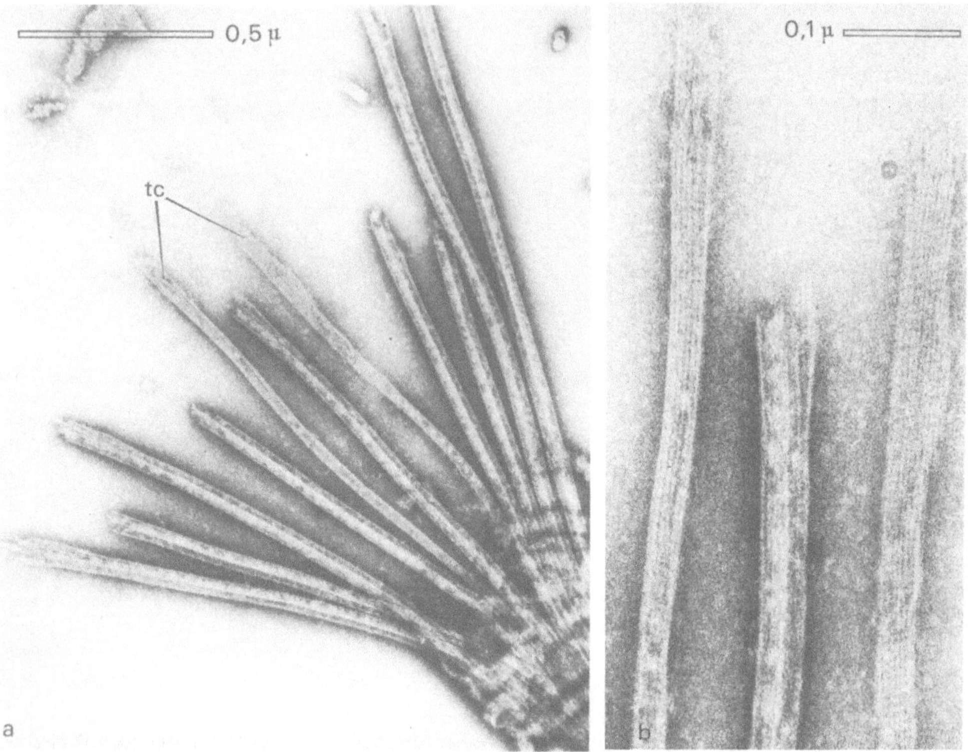

Bild 95. Ultrastruktur der Tubuli von Flagellen nach Negativkontrastierung. a) Bei diesem auf-
geplatzten Flagellum erkennt man die beiden zentralen tc und die peripheren Tubuli. 52 000fach.
b) Bei sehr starker Vergrößerung wird deutlich, daß die Tubuli aus Fibrillen von 35 Å Durchmesser aufgebaut sind. Spermatozoen des Menschen. 160 000fach (Aufnahmen: J.-P. THIÉRY
und J. ANDRÉ, 1963)

8.3.2. Cilien und Flagellen

Durch ihr Schlagen bewegen Cilien und Flagellen extrazelluläre Flüssigkeit von sich
weg. Sind die Zellen freischwimmend und genügend klein, verursacht der Cilienschlag eine Fortbewegung der ganzen Zelle, sind sie festsitzend oder groß, so wird
nur die Flüssigkeit an der Oberfläche der Zelle bewegt. Der Schlag einer Cilie ist
pendelnd, der eines Flagellums undulierend (Bild 97). Die Schlagfrequenz beträgt
durchschnittlich 500 bis 1300 Schläge pro Minute, wie Messungen mit dem Stro-
boskop ergeben haben. Die Fortbewegung der Zelle oder des mit der Zelle in Verbindung stehenden Milieus beläuft sich auf einige Millimeter oder zehntel Millimeter pro Minute. Diese Werte hängen hauptsächlich von der Temperatur ab. An den

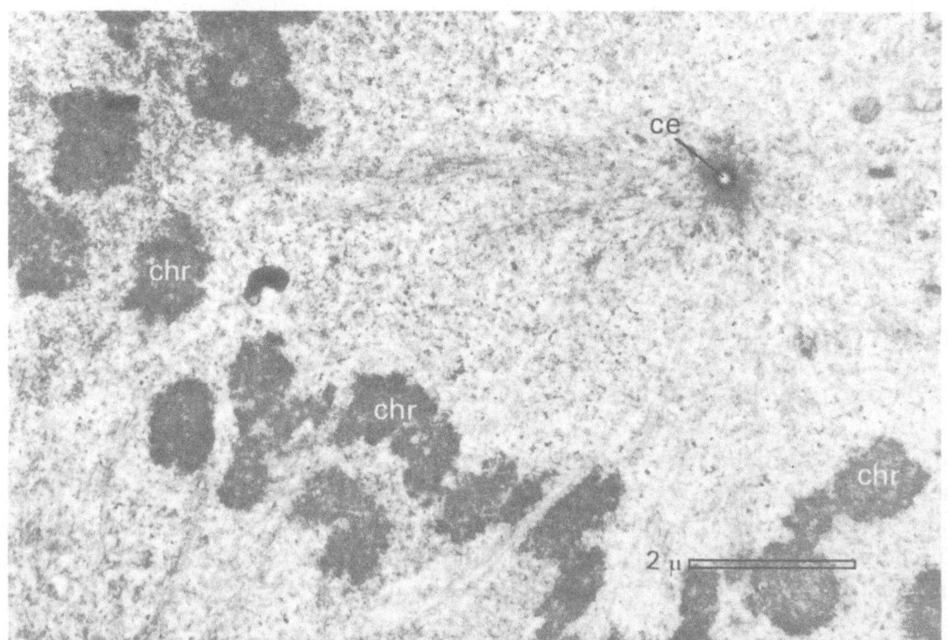

Bild 96. Centriol und Teilungsspindel. Bei dieser in Teilung befindlichen Zelle erkennt man im Grundcytoplasma rund um das Centriol ce eine fibrilläre Struktur, die der Teilungsspindel entspricht. chr=Chromosomen. 11 000fach (Aufnahme: E. ROBBINS und N. K. GONATAS, 1964)

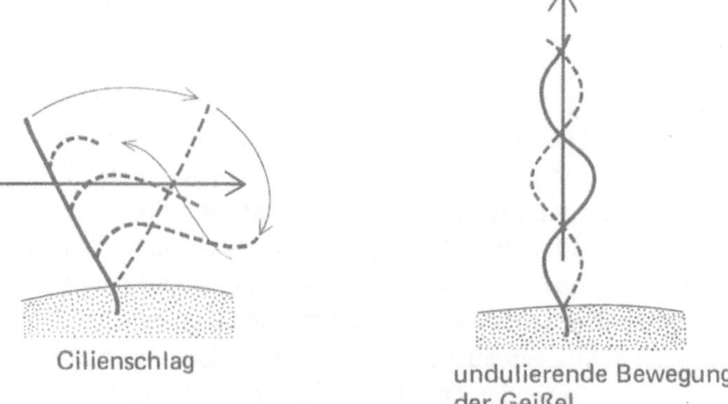

Bild 97. Schematische Darstellung des Cilienschlags und der undulierenden Bewegung einer Geißel. In bezug auf die Zelle bewirken beide Bewegungen ein Fortbewegen von extrazellulärem Milieu in die durch die fetten Pfeile angegebenen Richtungen

Kiemen der Miesmuschel z. B. nimmt die Geschwindigkeit, mit der das Wasser von den Cilien bewegt wird, von 0° bis 35 °C zu, zwischen 35° und 45 °C sinkt sie sehr schnell wieder, und oberhalb von 47 °C hört das Schlagen ganz auf, weil die Zellen bereits absterben (GRAY, 1923).

Die morphologischen und biochemischen Daten, die wir zur Zeit besitzen, erklären den Kontraktionsmechanismus, auf dem der Cilienschlag beruht, noch nicht ausreichend. Es gibt gewisse Analogien zwischen diesem Kontraktionssystem und den Myofibrillen. Das aus den Flagellen von Spermatozoen isolierte Spermosin besitzt wie das Myosin ATPase-Aktivität, aber man weiß noch nicht, wo es lokalisiert ist (periphere oder zentrale Tubuli, Sekundärfibrillen?). Aus einem Ciliaten *(Tetrahymena)* hat man gleichfalls ein kontraktiles Protein, das *Dynein* (GIBBONS, 1962–1965), isoliert, das ähnliche Eigenschaften besitzt wie das Myxomyosin (aus Myxomyceten isoliertes kontraktiles Protein, Seite 54). Die kleinen Auswüchse oder Arme der peripheren Tubuli scheinen aus diesem Protein zu bestehen. Mit Glycerin behandelte Cilien oder Flagellen schlagen von neuem rythmisch, wenn man ihnen ATP zusetzt. Myofibrillen kontrahieren sich nach Glycerinbehandlung bei Zugabe von ATP ebenfalls, doch dann nur einmal, und ein Wechsel von Relaxation und Kontraktion, wie er bei den Cilien auftritt, kommt nicht vor.

Mikrochirurgische Versuche haben ergeben, daß die Kontraktion vom Basalkorn der Cilie oder des Flagellums ausgelöst wird. WORLEY (1941) konnte das an Darmepithelzellen von Mollusken nachweisen. Diese Zellen besitzen an der dem Lumen zugewandten Seite einen Ciliensaum wie die Zellen des Kiemenepithels der Miesmuschel. Wenn WORLEY einen Schnitt parallel zur cilientragenden Oberfläche führte und dabei die Basalkörner traf, so hörte der Cilienschlag auf, (Bild 98) wurde der Schnitt tiefer geführt, so blieb der Cilienschlag wohl erhalten, war aber dann nicht mehr koordiniert.

Die letzte Betrachtung stellt die Frage nach der Koordination des Cilienschlages. Zellen, die zahlreiche Cilien tragen (Zellen des Kiemenepithels oder des Darmepithels von Mollusken, Epithelzellen der Luftröhre, Ciliaten usw.), zeigen in der Tat einen geordneten Cilienschlag. Betrachtet man in einer Reihe angeordnete Cilien (oder *Kinetocilien*), so beginnt jede Cilie ihren Schlag etwas später als die vorherige und etwas früher als die nächstfolgende (Bild 99). Diesen Schlagrhythmus nennt man *metachron* im Gegensatz zu dem seltenen Fall, bei dem alle Cilien gleichzeitig oder *isochron* schlagen. Um ein häufig gebrauchtes Bild zu verwenden: der metachrone Schlagrhythmus einer cilientragenden Oberfläche sieht wie ein vom Wind bewegtes Kornfeld aus. Es ist noch nicht geklärt, wie der geordnete Cilienschlag ausgelöst wird. Man nimmt aber an (SLEIGH, 1957), daß jede Cilie die Kontraktion der folgenden auslöst und nicht, daß ein motorisches Zentrum in der Zelle besteht, von dem aus die Cilien nacheinander Befehle erhalten.

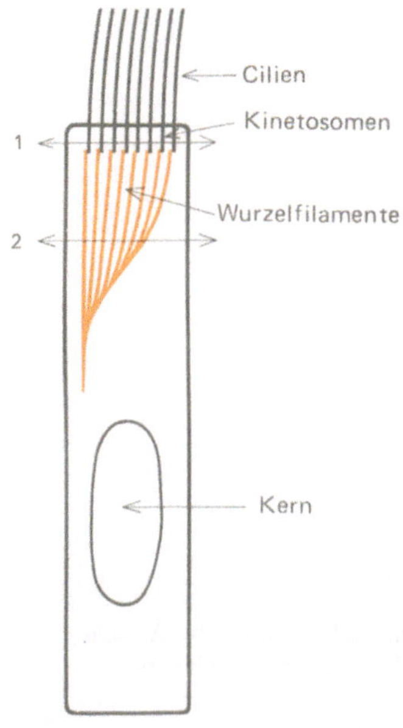

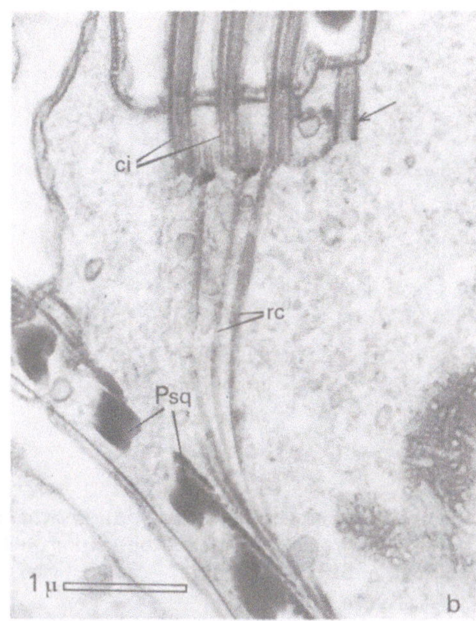

Bild 98. a) Feinbau der Darmepithelzellen eines Mollusken. Von der Basis des Kinetosoms gehen Wurzelfibrillen aus, die bis zur Region des Kernes in die Zelle hineinreichen. Führt man den Schnitt durch die Kinetosomen (1), so hört das Schlagen der Cilien auf, führt man den Schnitt durch die Wurzelfibrillen (2), so wird der Cilienschlag unkoordiniert (nach L. C. G. WORLY, 1941).   b) Wurzelfibrillen eines Protozoen (Trichodyne). Man erkennt drei Kinetosomen von Cilien ci, von deren Basen die Wurzelfibrillen rc abgehen, die sich bis zu einer Region mit Skelettplatten Psq erstrecken. Beachte neben den Kinetosomen, die Cilien tragen, ein Kinetosom, das keine Cilie trägt (Pfeil). 16 000fach (Aufnahme: P. FAVARD, N. CARASSO und E. FAURÉ-FREMIET, 1963)

Weder die Art dieser Erregung noch die Bahnen, über die sie läuft, sind bekannt. Vielleicht kommt sie von den *Wurzelfibrillen*. Das sind Proteinfibrillen mit periodischer Querstreifung, die der der Kollagenfibrillen ähnelt. Sie ziehen von den Basalkörnern bis tief in das Cytoplasma, wo sie sich zu kompakten Bündeln zusammenschließen. Der von WORLEY geführte tiefere Schnitt traf nur diese Wurzelfibrillen, und wir haben gesehen, daß ein solcher Schnitt nicht den Cilienschlag auslöscht, sondern nur seine Koordination zerstört.

8.4. Entstehung

Neue Centriolen bilden sich stets aus schon existierenden. Diese Organellen besitzen also genetische Kontinuität (LWOFF, 1950). Wenn man auch über die Neubildung der Centriolen noch sehr wenig weiß, so konnte man im Elektronenmikroskop doch

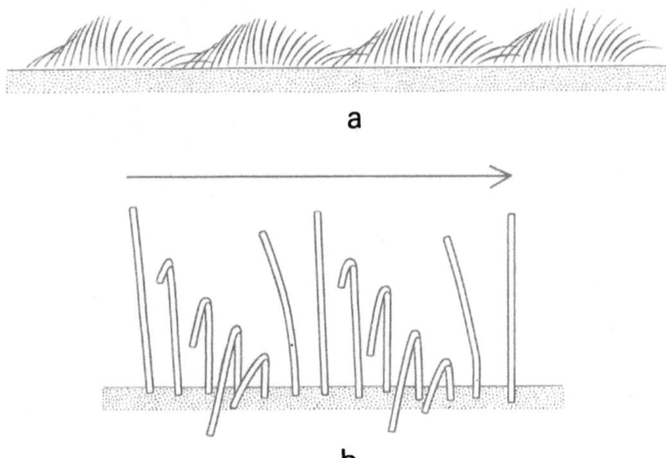

Bild 99. Metachroner Cilienschlag. a) Ansicht einer cilientragenden Oberfläche. b) Ansicht bei stärkerer Vergrößerung. Die Kontraktionswelle pflanzt sich in Richtung des Pfeiles fort (nach M. A. SLEIGH, 1960)

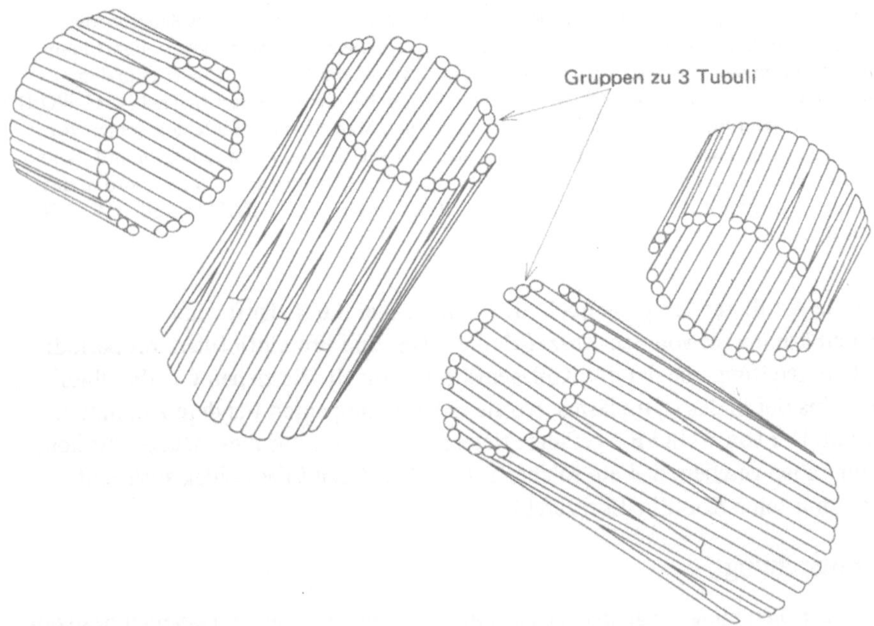

Bild 100. Das Schema zeigt, daß die neuen Centriolen rechtwinklig zu den alten entstehen

erkennen, daß sie nicht durch Zweiteilung entstehen. In unmittelbarer Nähe der vorhandenen organisiert sich rechtwinklig zu jedem der beiden Zylinder ein neues Centriol (Bild 100), das zunächst noch kürzer ist, dessen periphere Tubuli sich aber zunehmend verlängern, bis sie die für ein Centriol typische Länge erlangt haben.

Die in den isolierten Centriolen nachgewiesene DNA hängt möglicherweise mit dieser Fähigkeit zur Autoreduplikation zusammen. Diese Hypothese bedarf jedoch noch der Bestätigung, denn es ist auch möglich, daß dieses DNA-Vorkommen auf Verunreinigung durch Kerntrümmer beruht. Neuere Untersuchungen erbrachten keine Bestätigung für eine so große Menge DNA in der Centriolen-Fraktion.

II. Der Interphasekern

Die Zeitspanne zwischen zwei aufeinanderfolgenden Zellteilungen heißt *Interphase.* Während dieser Phase wird der Kern als Interphasekern bezeichnet.

Die Länge der Interphase ist verschieden. Bei ausgewachsenen Organismen sind Zellteilungen seltener, und die Interphase dauert daher länger. Bei Embryonen erfolgen die Zellteilungen in kurzen Abständen, und in diesem Fall sind die Interphasen kurz. Häufig nennt man den Interphasekern auch „Ruhekern" (im Gegensatz zum sich teilenden Kern). Tatsächlich ist diese Bezeichnung aber unrichtig, denn während der Interphase, wenn der Kern die Lebensprozesse der Zelle kontrolliert, ist seine Aktivität am größten.

Zunächst werden wir die allgemeinen Eigenschaften des Interphasekerns von morphologischen und physiologischen Gesichtspunkten aus betrachten, danach die Organisation und die Bedeutung der verschiedenen Komponenten des Kernes wie *Nucleoplasma, Nucleolus, Chromatin* und *Kernmembran.*

1. Allgemeine Eigenschaften

1.1. Struktur und Ultrastruktur

1.1.1. Zahl, Form und Größe von Zellkernen

Die meisten Zellen besitzen einen einzigen zentralständigen Kern. Indessen gibt es auch Zellen mit zwei Kernen wie *Epistylis,* deren Organisation wir schon früher untersucht haben[1]), oder bestimmte Leber- oder Knorpelzellen. Darüber hinaus gibt es Zellen, die sehr viele Kerne enthalten (mehr als 100) wie z. B. die Fasern des quergestreiften Muskels. Bei bestimmten Organismen befinden sich in einer ungeteilten Plasmamasse Hunderte von Kernen, und man spricht dann von einer *syncytialen Organisation.* Dieser Fall liegt bei niederen Pilzen wie Myxomyceten und bestimmten Grünalgen vor.

Die Form des Zellkerns ist im allgemeinen rund, man kennt aber auch Kerne mit unregelmäßigen Umrissen. Die Kerne reifer Granulocyten sind zerteilt, der Makronucleus von *Stentor* (Ciliat) erinnert an einen Rosenkranz (Bild 101). In den Spinndrüsen der Seidenraupe haben die Kerne eine zerschlitzte Gestalt (Bild 101).

---

[1]) Siehe Band „Die Zelle" derselben Reihe.

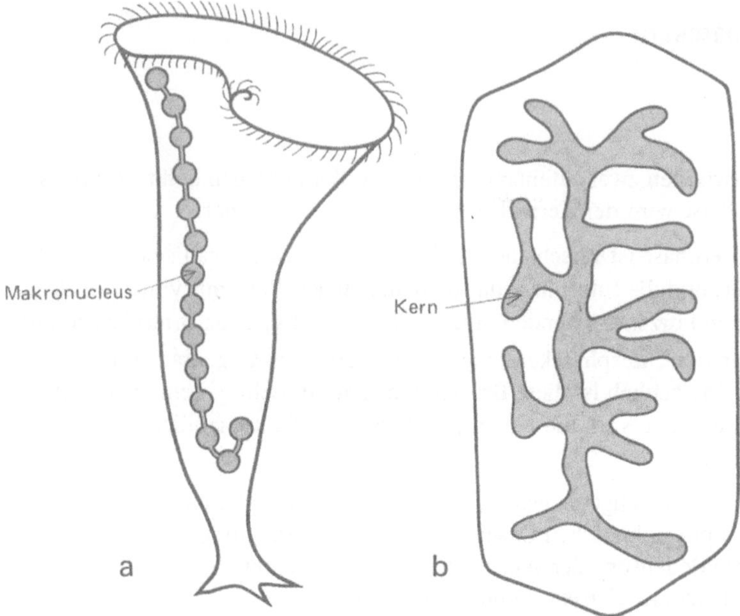

Bild 101. Komplizierte Formen von Zellkernen.   a) Makronucleus von *Stentor*.   b) Kern einer Spinndrüsenzelle des Seidenspinners

Die Größe des Interphasekerns ist der Zellgröße proportional. Große Zellen wie Eizellen oder die Zellen der Speicheldrüsen von Dipteren enthalten große Kerne. Bei bestimmten Riesenzellen (z. B. Fasern des quergestreiften Muskels) haben die Kerne eine normale Größe, sind dafür aber sehr zahlreich; es besteht folglich eine Beziehung zwischen Plasmamasse und Kernvolumen.

Das Cytoplasma einer Zelle kann nicht unbegrenzt wachsen. Wenn es ein bestimmtes Volumen erreicht hat, teilt sich die Zelle, so als könnte sich der Kern bei einer zu groß gewordenen Plasmamasse nicht mehr im Interphasezustand halten. Wird das Plasmawachstum begrenzt, bleibt der Kern im Interphasezustand, wie das folgende Experiment zeigt. Man schneidet einer Amöbe etwas vom Cytoplasma ab. Wenn die Plasmamasse wieder bis auf das Ausgangsvolumen herangewachsen ist, wiederholt man den Vorgang (HARTMANN, 1928) und erhält den Kern dadurch so lange im Interphasezustand, wie man verhindert, daß das Cytoplasma ein bestimmtes Volumen überschreitet. Es besteht also eine Beziehung zwischen Plasmavolumen und Kernvolumen einerseits und Plasmawachstum und Zellteilung andererseits. Diese Beziehung kann folgendermaßen ausgedrückt werden:

$$k = \frac{V\,\text{Kern}}{V\,\text{Zelle} - V\,\text{Kern}}$$

Der Wert k steht für die *Kern-Plama-Relation* (HERTWIG, 1890) und verringert
sich im Verlauf des Zellwachstums, wenn das Cytoplasmavolumen (V Zelle − V Kern)
zunimmt und das Kernvolumen unverändert bleibt. Erreicht diese Größe einen bestimmten Minimalwert, so teilt sich die Zelle.

Es sieht ganz so aus, als wenn der Kern seine Kontrollfunktion über ein zu groß ge-
wordenes Cytoplasmavolumen nicht ausüben könnte.

1.1.2. Nucleoplasma und Kernorganellen

In der lebenden Zelle erscheint der Kern als stärker lichtbrechender Bereich, der
manchmal eine sehr langsame Rotations- oder Oszillationsbewegung ausführt. In
allen Zellen, mit Ausnahme derer der Prokaryoten, ist der Kern vom Cytoplasma
durch eine Kernmembran getrennt, die nur eine lokale Abwandlung des endoplasmatischen Reticulums darstellt, wie wir schon früher (Seite 64) festgestellt haben.
Der Kern besteht aus homogen erscheinendem Nucleoplasma oder Kernsaft, in dem
ein oder mehrere stark lichtbrechende, sphärische Körper eingeschlossen sind: die
Nucleolen. Im Phasenkontrastmikroskop unterscheidet man darüber hinaus noch
dunkle Schollen, die dem Chromatin entsprechen (Bild 102a). Bei den Prokaryoten
liegt das Chromatin direkt im Grundcytoplasma.

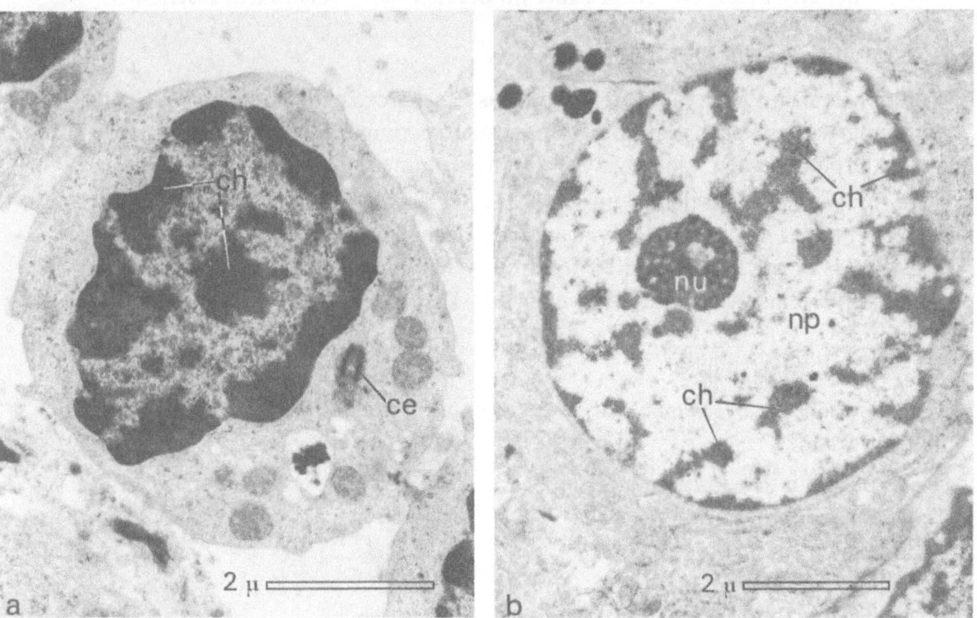

Bild 102. Elektronenmikroskopische Aufnahmen von Interphasekernen. a) Kern eines weißen
Blutkörperchens der Ratte (Plasmazelle) mit Chromatinbrocken ch. ce=Centriol. 12 000fach.
b) Kern einer Acinuszelle des Pankreas vom Menschen. Man erkennt die Chromatinbrocken ch
und den im Nucleoplasma np eingebetteten Nucleolus nu. 10 000fach (Aufnahmen: J.-P. THIERY,
1965)

Nach dem Fixieren beobachtet man im Lichtmikroskop die gleichen Kernbestandteile. Das Chromatin ist besser sichtbar; es zeigt große Affinität zu basischen Farbstoffen und erscheint als Fäden, die untereinander und mit dunklen Flecken oder *Chromozentren* in Verbindung stehen.

Die Beobachtung von Kernen fixierter Zellen im Elektronenmikroskop ist enttäuschend: man entdeckt nicht mehr Einzelheiten als mit dem Lichtmikroskop. Im Elektronenmikroskop zeigt sich lediglich, daß Chromatin und Nucleolen direkt im Nucleoplasma liegen und nicht etwa wie bestimmte Organellen im Cytoplasma von einer Membran umgeben werden (Bild 102b).

1.2. Chemische Zusammensetzung

1.2.1. Untersuchungen in situ

Mit cytochemischen Reaktionen läßt sich nachweisen, daß die Nucleolen reich an RNA sind (Test nach BRACHET) und das Chromatin reich an DNA ist (Feulgenreaktion). Man findet auch saure und basische Proteine im Kern.

Die DNA-Menge kann man mit einem Spektrophotometer bestimmen. Durch Verdauung (enzymatischen Abbau) mit DNase oder RNase lassen sich Orte höherer DNA- oder RNA-Konzentration selbst im Bereich der Ultrastruktur feststellen.

1.2.2. Isolierung von Kernfraktionen

Zerkleinert man Zellen in einem Milieu, das Saccharose und Ca^{++}-Ionen enthält, und unterwirft sie einer fraktionierten Zentrifugierung, so kann man Fraktionen von Interphasekernen, die noch eine intakte Kernmembran haben, erhalten.

Ribosomen, die an der dem Cytoplasma zugekehrten Seite der Kernmembran sitzen, entfernt man durch Einwirkung oberflächenaktiver Reagentien. Auf diese Weise ist es möglich, saubere Kernfraktionen zu erhalten, an denen chemische Analysen durchgeführt werden können (Bild 103).

1.2.3. Chemische Analyse

Die chemische Analyse ergab, daß die Hauptbestandteile isolierter Zellkerne folgende Stoffe sind:

    Desoxyribonucleoproteine
    Ribonucleoproteine
    Enzyme
    lösliche RNA
    Nucleotide (der RNA und DNA und viel ATP)
    Aminosäuren
    Lipide
    Mg^{++}, Ca^{++}, Fe^{++}, Co^{++}, Zn^{++} in Form von Salzen
    Wasser

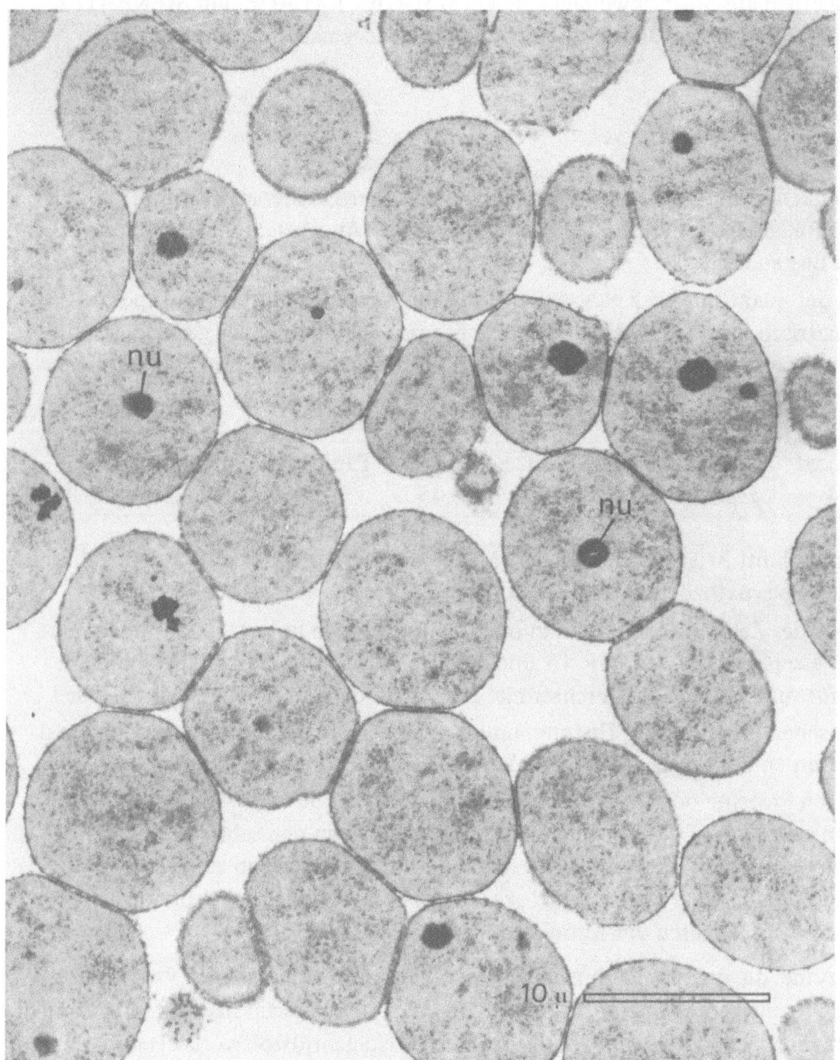

Bild 103. Aus Rattenleber isolierte Zellkerne (Kernfraktion). In den Zellkernen erkennt man die Nucleolen nu. Elektronenoptisch: 2 500fach (Aufnahme: M. T. HUBERT u.a., 1962)

Die relative Konzentration dieser Bestandteile schwankt je nach Zelltyp, aus dem die Kerne stammen. Die Kerne von Spermatozoen z. B. enthalten 60 % DNA, die von Leberzellen nur 16 %, die der Eizellen 1 % oder weniger.

In Zellkernen aus Meerschweinchenleber (MAGGIO, PALADE und SIEKEWITZ, 1963) setzen sich DNA, RNA und Proteine folgendermaßen zusammen:

Proteine   73 %
DNA   22 %
RNA   5 %

Wir kommen später noch darauf zurück, wo diese verschiedenen Komponenten im Kern zu lokalisieren sind. Zunächst einige genauere Angaben zu den schon aufgezählten Bestandteilen:

Die bei der quantitativen Analyse von isolierten Kernen ermittelte und spektrophotometrisch in situ gemessene DNA-Menge pro Kern ist bei der gleichen Art in allen Geweben mit Ausnahme der Gameten die gleiche. Beim Hahn z.B. betragen die gefundenen Werte in mg x 10^{-9} pro Kern:

Erythrocyt	Leber	Niere	Milz	Herz	Pankreas	Spermatozoen
2,34	2,39	2,20	2,54	2,45	2,61	1,26

Im Durchschnitt beläuft sich die DNA-Menge pro Kern auf 2,5 x 10^{-9} mg, während sie in den Spermatozoen genau die Hälfte dieses Wertes ausmacht.

Die RNA des Zellkerns kann man in mehrere Fraktionen unterteilen: Ribosomen-RNA, messenger- oder Boten-RNA und Transfer-RNA. Die RNA-Menge im Kern ist variabel und beträgt im Durchschnitt 5 bis 10 % der Gesamt-RNA einer Zelle.

Die basischen Proteine sind Histone, und ihre Menge ist der der DNA proportional. In den Kernen der Spermatozoen sind die basischen Proteine Protamine.

Die sauren Proteine oder Nichthistone sind noch wenig bekannt. Zu einem guten Teil sind sie mit der DNA verbunden. Im Unterschied zu den sehr stabilen Histonen erneuern sie sich sehr schnell. In metabolisch aktiven Zellen sind sie sehr verbreitet, fehlen dagegen den Spermatozoen. Ein großer Teil dieser Proteine geht allerdings beim Isolieren der Kerne verloren.

Die Enzyme, die man im Kern nachgewiesen hat, kommen auch im Cytoplasma vor. Man kennt keine, die nur im Kern allein auftreten. Die am häufigsten vorkommenden Enzyme sind die der Glykolyse, die des Nucleotidstoffwechsels und der Nucleinsäuresynthese. Je nach Zelltyp enthalten die Kerne manchmal noch andere Enzyme. Arginase kommt in den Zellkernen der Leber und der Niere vor, während Katalase nur in den Zellkernen der Leber nachgewiesen werden konnte.

Die Lipide des Zellkerns wurden noch nicht systematisch untersucht. Man weiß lediglich, daß sie an die Proteine gebunden sind.

Von den Ionen ist Calcium besonders wichtig, denn es scheint für die Erhaltung der Molekularstruktur der DNA notwendig zu sein. DNA läßt sich aus dem Kern nur dann extrahieren, wenn man zuvor Desoxyribonuclease hat einwirken lassen.

1.3. Physiologische Bedeutung und Funktionen

Die Aktivität des Interphasekerns kann man entweder mit Hilfe biochemischer Methoden an isolierten Kernen oder mit Hilfe der Autoradiographie in situ untersuchen.

Einige Reaktionen des Interphasekerns sind Gegenstand zahlreicher Arbeiten geworden, andere dagegen sind noch fast unbekannt. Die einzelnen Reaktionen lassen sich noch nicht genau lokalisieren, denn es gibt erst wenige Untersuchungen von isolierten Kernorganellen.

Isolierte Interphasekerne können die Glykolyse durchführen und ATP synthetisieren (MIRSKY, ALLFREY, 1957–1965). Wahrscheinlich erfolgt die Synthese von ATP nicht nur in Verbindung mit der Glykolyse. Zweifellos gibt es noch zwei andere Wege: einen anaeroben Weg, bei dem in Anwesenheit einer Adenylkinase zwei Moleküle ADP ein Molekül ATP und ein Molekül AMP ergeben, und einen aeroben Weg, bei dem AMP zu ATP phosphoryliert wird.

Isolierte Kerne können auch Aminosäuren in ihre Proteine einbauen, besonders in die Nichthistone. Diese Syntheseleistung ist jedoch gering, denn den größten Teil der Proteinsynthese in der Zelle besorgt das Cytoplasma.

Die Glykolyse und die Synthese von ATP und Proteinen können jedoch als untergeordnete Funktion des Interphasekerns angesehen werden, nicht nur, weil sie für das Funktionieren des Kerns von geringem Interesse sind und ihre Bedeutung noch ungeklärt ist, sondern weil sie im Haushalt der Zelle von begrenzter Wichtigkeit sind.

Die DNA des Kerns enthält die genetische Information der Zelle, und das verleiht dem Kern seine fundamentale Rolle als Verwalter des Erbguts.

Kurz vor der Teilung synthetisiert der Kern *autoreduplikativ* neue DNA-Moleküle und sichert dadurch die genaue Verdoppelung der Information.

Die von der DNA-Molekülen gespeicherte Information wird auf messenger-RNA, deren Basensequenz die genaue Kopie der DNA darstellt, übertragen. Bei diesem Vorgang wird ein RNA-Strang an einem DNA-Strang synthetisiert; dieser vorübergehend auftretende DNA-RNA-Doppelstrang wird auch *DNA-RNA-Hybride* genannt. Die messenger-RNA verläßt den Kern und gelangt in das Cytoplasma, wo ihre Information von den Ribosomen „abgelesen" und bei der Synthese spezifischer Proteine (Strukturproteine, Enzyme) verwertet wird. Mit Hilfe der messenger-RNA kontrolliert die DNA des Zellkerns die gesamte Zellaktivität. Umgekehrt übt auch das Cytoplasma auf die Aktivität des Kerns eine regulierende Wirkung aus.

Im Band „Genetik" derselben Reihe wird dargestellt, wie man sich heute auf molekularer Ebene diese Wechselwirkung zwischen Kern und Cytoplasma vorstellt.

In diesem Kapitel beschränken wird uns auf die Beschreibung einiger Experimente, die die vom Kern ausgeübte Kontrolle auf die Funktionen des Cytoplasmas und die Rolle der RNA bei diesen Vorgängen erläutern.

Eine Methode, die Bedeutung des Zellkerns für die Zellfunktionen nachzuweisen, besteht darin, bei Riesenzellen den Kern mit Mikromanipulatoren zu entfernen oder kernfreie Plasmastücke durch Zerschneiden oder Zentrifugieren zu gewinnen. Diese Methode, schon Ende des vorigen Jahrhunderts von BALBIANI angewandt, heißt *Merotomie.*

Zerschneidet man eine Amöbe, so kann man sie in zwei Teile zerlegen: in ein kernhaltiges und in ein kernloses Stück. Das kernhaltige Fragment lebt normal weiter, wächst und teilt sich, sobald die Kern-Plasma-Relation einen bestimmten Wert erreicht hat. Das kernfreie Fragment überlebt ungefähr 20 Tage. Etwa 5 bis 10 Minuten nach dem Abtrennen hat es sich abgekugelt und streckt in unkoordinierter Weise zahlreiche Pseudopodien aus. Dann werden die Bewegungen langsamer und hören schließlich ganz auf. Die Mitochondrien funktionieren noch weiterhin, das Fragment atmet, doch die Proteinsynthese hat aufgehört. Nach einigen Tagen verringert sich die Atmung zunehmend, das Fragment nimmt keine Nahrung mehr auf und stirbt ab.

Pflanzt man zwei oder drei Tage nach der Kernentnahme solch einem kernlosen Stück den Kern einer anderen Amöbe ein, so beginnt es sich wieder normal zu verhalten (Bild 104a), Nahrung aufzunehmen, zu wachsen und schließlich auch zu teilen. Es kann somit eine neue Amöbenpopulation begründen (De FONBRUNE, 1949). Das Entfernen des Zellkerns verursacht Aussetzen der Bewegung, der Nahrungsaufnahme und der Proteinsynthese. Alle diese Funktionen werden wieder normal, wenn man dem kernlosen Fragment innerhalb einer bestimmten Frist einen anderen Zellkern implantiert. Diese Versuche zeigen deutlich die Bedeutung des Interphasekerns für das Leben der Zelle.

Die gleiche Beobachtung kann man an befruchteten Seeigeleiern machen. Wenn man solche Eier zentrifugiert, so ziehen sie sich auseinander und zerfallen in zwei Hälften: eine kernhaltige Hälfte, die sich teilt und schließlich einen Embryo ergibt, und eine kernlose Hälfte, die sich nicht teilt und nur einige Tage überlebt.

Bei *Acetabularia* (einzellige Grünalge), ein wegen ihrer Größe für Merotomieexperimente sehr geeignetes Objekt (Bild 104b), liegt der Kern im basalen Teil der Zelle, mit dem sie am Untergrund angeheftet ist: der Rhizoidzone. Es ist daher einfach, durch Abschneiden oberhalb der Rhizoidzone ein kernloses Fragment herzustellen.

Bild 104. Merotomieversuche.   a) Amöbe. Das kernlose Stück stirbt ab, wenn man ihm nicht den Kern einer anderen Amöbe implantiert.   b) *Acetabularia.* Das kernhaltige Stück wächst wieder zu einer vollständigen Algenzelle mit Hut aus; das kernlose Stück geht nach einigen Wochen zugrunde

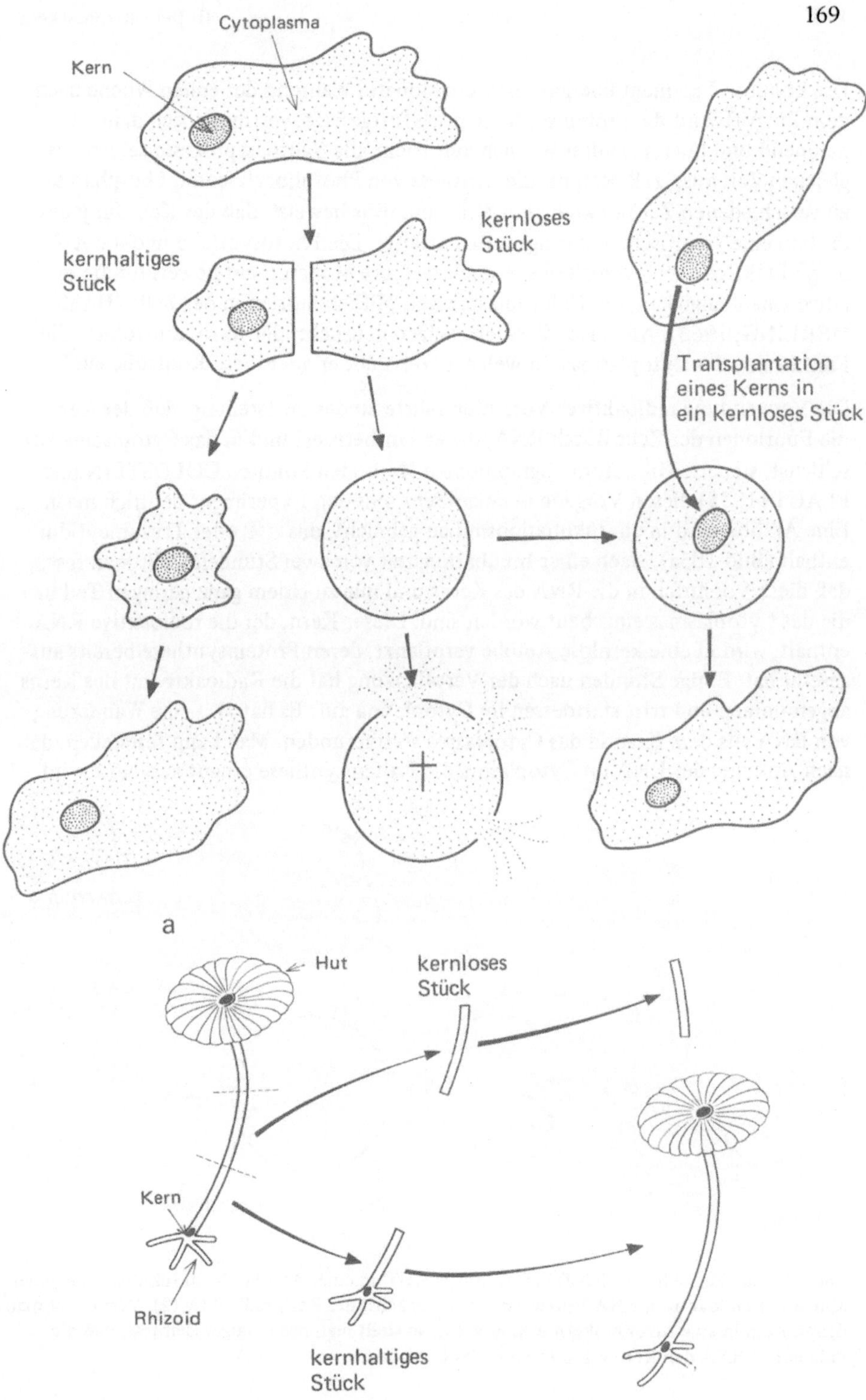
Kern
Cytoplasma
kernhaltiges
Stück
kernloses
Stück
Transplantation
eines Kerns in
ein kernloses Stück
a
Hut
kernloses
Stück
Kern
Rhizoid
kernhaltiges
Stück
b

Das kernlose Fragment überlebt mehrere Monate. Während der ersten Woche nach
dem Eingriff wird die Proteinsynthese noch fortgesetzt, verringert sich dann zunehmend und hört nach drei Wochen auf. Nicht alle Syntheseprozesse setzen zur
gleichen Zeit aus; z. B. kommt die Synthese von Phosphorylase und Phosphatase
zu verschiedenen Zeitpunkten zum Stillstand. Das beweist, daß der Kern für jedes
Protein eine spezifische Wirkungsweise entfaltet. Die Photosynthese und die Atmung funktionieren normalerweise noch mehrere Monate: ein Beweis für die relative Unabhängigkeit von Chloroplasten und Mitochondrien in der Zelle (HÄM-
MERLING, 1963). Alle diese Versuche zeigen deutlich: der Kern kontrolliert die
Funktionen des Cytoplasmas. In welcher Weise übt er aber diese Kontrolle aus?

Die Verwendung radioaktiver Vorstufen führte zu der Feststellung, daß der Kern
die Funtionen der Zelle durch RNA, die er synthetisiert und in das Cytoplasma aus-
schleust, steuert. Mit autoradiographischen Methoden konnten GOLDSTEIN und
PLAUT (1955) diesen Vorgang in einem sehr schönen Experiment deutlich machen.
Eine Amöbe wird in ein Inkubationsmilieu gebracht, das ^{32}P oder Tritiumcytidin
enthält (Bild 105a). Nach einer Inkubationszeit von zwei Stunden stellt man fest,
daß diese Vorstufen in die RNA des Kerns und nur zu einem ganz geringen Teil in
die des Cytoplasmas eingebaut worden sind. Dieser Kern, der die radioaktive RNA
enthält, wird in eine kernlose Amöbe verpflanzt, deren Proteinsynthese bereits ausgesetzt hat. Einige Stunden nach der Verpflanzung hat die Radioaktivität des Kerns
abgenommen und tritt stattdessen im Cytoplasma auf. Es hat also eine Wanderung
von RNA aus dem Kern in das Cytoplasma stattgefunden. Man kann feststellen, daß
nach Ankunft der RNA im Cytoplasma die Proteinsynthese erneut ausgelöst wird.

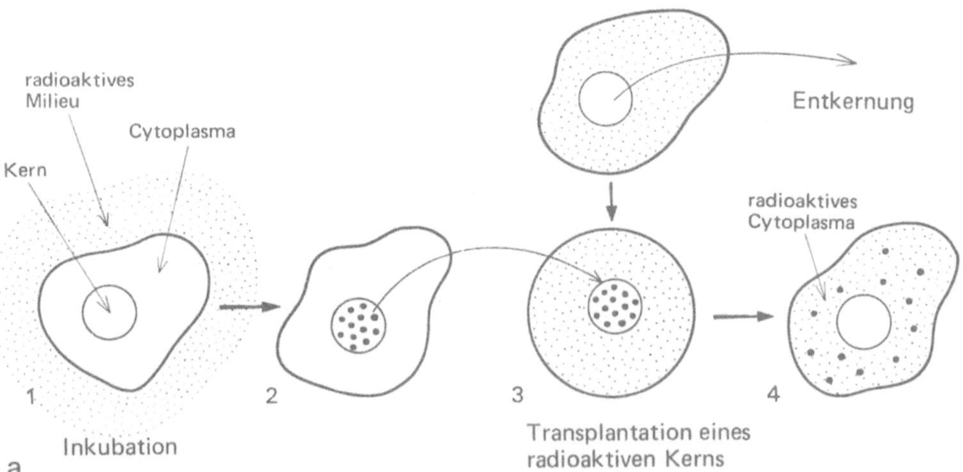

Bild 105. a) Versuch von GOLDSTEIN und PLAUT an einer Amöbe. Nach Inkubation in einem
Milieu mit radioaktiven RNA-Vorstufen (1) ist zunächst der Kern radioaktiv (2). Verpflanzt man
diesen Kern in eine zuvor entkernte Amöbe (3), so stellt man nach einiger Zeit fest, daß die
radioaktive RNA den Kern verläßt und in das Cytoplasma wandert (4)

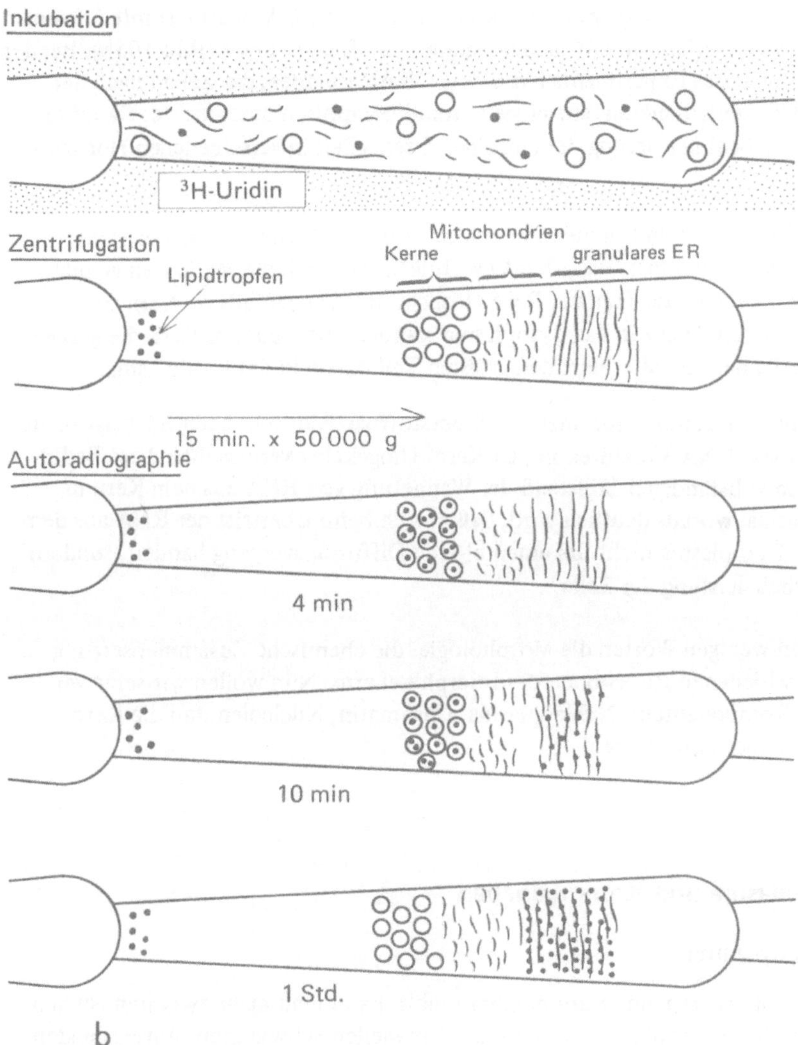

Bild 105 b

b) Versuch von ZALOKAR an *Neurospora*. Die Hyphen wurden 3 min in ein Milieu mit
³H-Uridin gebracht und dann verschieden lange Zeit in ein „kaltes" Milieu überführt. Danach
Zentrifugierung, Fixierung und Autoradiographie. Nach 4 min sind die Kerne radioaktiv, nach
10 min die Kerne und das granuläre ER; nach einer Stunde ist die Radioaktivität nur noch
auf das ER beschränkt. Die im Kern synthetisierte RNA wandert demnach an das granuläre ER

ZALOKAR hat bei *Neurospora* zeigen können, daß die RNA (markiert mit Tritium-uridin) den Kern verläßt und danach am granulären ER erscheint (Bild 105b). Bei der Durchführung dieses Experiments hatte ZALOKAR die Idee, die Zellen nach der Inkubation zu zentrifugieren, ehe er sie autoradiographisch untersuchte. Damit erreichte er eine Sedimentierung der einzelnen Organellen in verschiedenen Horizonten.

Bei diesen Experimenten konnte man nur den Austausch von unlöslicher RNA (ribosomale RNA und messenger-RNA) verfolgen. Mit anderen Methoden gelingt es nachzuweisen, daß die Transfer-RNA (lösliche RNA) ebenfalls im Kern synthetisiert wird und von da aus in das Cytoplasma wandert. So stellt der Kern die gesamte RNA der Zelle her und überführt den größten Teil davon in das Cytoplasma.

Eine Senkung der Temperatur oder des Sauerstoffpartialdrucks beeinträchtigt nicht den Eintritt von RNA-Vorstufen in den Kern. Umgekehrt verursachen diese Bedingungen einen vollständigen Stillstand der Wanderung von RNA aus dem Kern in das Cytoplasma, woraus deutlich wird, daß es sich beim Übertritt der RNA aus dem Kern in das Cytoplasma nicht um einen bloßen Diffusionsvorgang handelt, sondern um eine Arbeitsleistung der Zelle.

Das waren in wenigen Worten die Morphologie, die chemische Zusammensetzung und die verschiedenen Reaktionen des Interphasekerns. Nun wollen wir seine verschiedenen Komponenten: Nucleoplasma, Chromatin, Nucleolen und die Kernmembran genauer untersuchen.

2. Nucleoplasma und Kernorganellen

2.1. Nucleoplasma

Da bei der Prokaryoten eine Kernmembran fehlt, kann man nicht zwischen Nucleoplasma und Grundcytoplasma, in dem alle Organellen schwimmen, unterscheiden.

Bei den Eukaryoten besteht das Nucleoplasma aus einem Protein-Gel, das ähnliche Eigenschaften wie das Grundcytoplasma besitzt. Das Nucleoplasma ist strukturell wenig differenziert, manchmal erkennt man in ihm jedoch Lipidtropfen und Glykogenpartikeln. Nach Osmiumfixierung erscheinen um die Kernporen dunkle Ringe, die auf eine gewisse Heterogenität des Nucleoplasmas hinweisen (siehe Bild 40). Diese Heterogenität wird im Augenblick der Zellteilung besonders deutlich, wenn aus dem Nucleoplasma fibrilläre Strukturen entstehen, die zum Aufbau der Teilungsspindel beitragen.

Man nimmt an, daß auch im Nucleoplasma die Glykolyse und die Synthese von ATP ablaufen, jedoch hat noch keine Arbeit unwiderlegbare Beweise für diese Annahme erbracht.

Im Nucleoplasma können sich verschiedene Produkte des Kernstoffwechsels wie verschiedene RNA und Proteine ansammeln.

2.2. Chromatin

2.2.1. Struktur und Ultrastruktur

Im Phasenkontrastmikroskop tritt das Chromatin im Nucleoplasma als dunkle Brocken in Erscheinung. Nach dem Fixieren erkennt man feine Trabekel, die die Chromatinbrocken oder Chromozentren untereinander verbinden. Das Chromatin hat also das Aussehen eines Netzwerks, weshalb man es auch als *Chromatingerüst* bezeichnet. Die Chromatinbrocken liegen im Nucleoplasma verteilt, einige sind auch an der Kernmembran oder den Nucleolen festgeheftet.

Nach Osmiumfixierung erkennt man im Elektronenmikroskop das Chromatin daran, daß es sehr viel dunkler ist als das Nucleoplasma. Bei sehr starker Vergrößerung sieht man, daß das Chromatin eine fibrilläre Struktur aufweist und daß diese Fibrillen einen Durchmesser von etwa 100 Å haben. Es ist nicht möglich, für Eukaryoten die räumliche Anordnung dieser Fibrillen im Kern zu rekonstruieren, denn die Dünnschnitte erfassen immer nur sehr kurze Fragmente. Im Gegensatz dazu läßt sich bei den Bakterien die Ultrastruktur des Chromatins viel leichter erkennen: man bemerkt feinere Fibrillen als bei den Eukaryoten (25 Å Durchmesser); sie liegen häufig nebeneinader und sind parallel zur Hauptachse des Bakteriums ausgerichtet (Bild 106a).

Man muß nochmals unterstreichen, wie enttäuschend diese Beobachtungen sind, die weder den Aufbau des Chromatins erkennen lassen, noch eine Korrelation von morphologischem Aspekt und biochemischen Ergebnissen gestatten.

Dennoch gibt es Fälle, in denen ein besonders günstiges Material ein befriedigendes Bild von der elektronenmikroskopischen Struktur liefert. In den Spermatiden (junge Spermatozoen) bestimmter Mollusken und Insekten erscheint das Chromatin aus Bündeln von isolierten oder aneinandergelagerten Fibrillen aufgebaut (Bild 106b). Diese Bündel, die längs zur Hauptachse des Spermatidenkerns angeordnet sind, lassen sich im jungen Spermatozoon gut erkennen, werden aber im reifen Spermium von dem immer elektronendichter werdenden Nucleoplasma maskiert, so daß sie nicht mehr zu unterscheiden sind. In diesem Fall hat man die Gewißheit, daß die fibrillären Strukturen nicht durch den Fixierungsprozeß bedingt sind, denn man kann sie auch in vivo mit dem Polarisationsmikroskop oder durch Röntgenbeugung nachweisen.

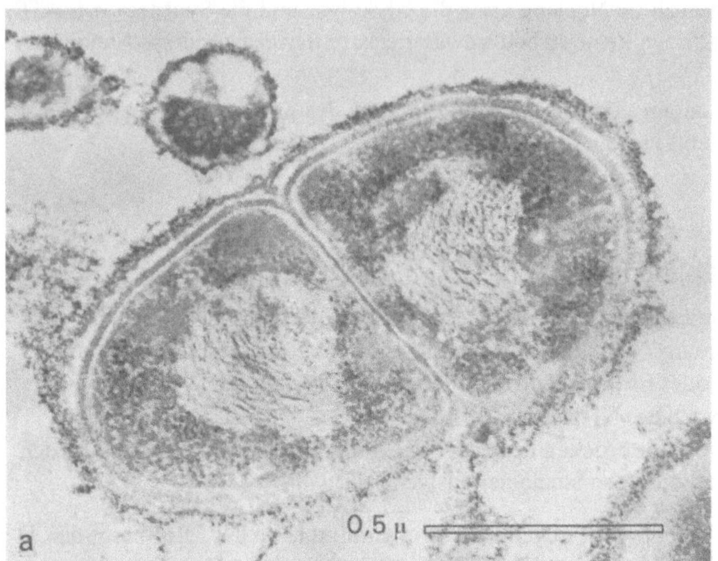

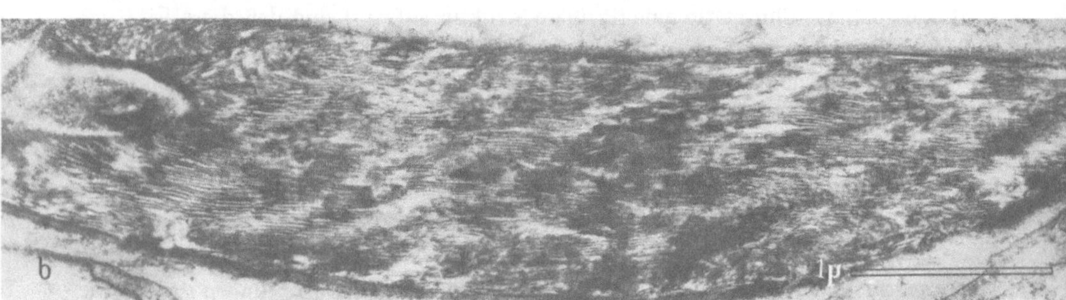

Bild 106. a) Schnitt durch Bakterienzellen (Diplococcen). Das Chromatin im zentralen Teil der Zelle besteht aus Fibrillen. 62 000fach (Aufnahme: W. VAN ITERSON, 1962)

b) Längsschnitt durch den Kern einer Spermatozoide der Weinbergschnecke. Das Chromatin ist aus Bündeln von Fibrillen, die parallel zur Längsachse des Kernes angeordnet sind, aufgebaut. 27 000fach (Aufnahme: P. P. GRASSÉ, N. CARASSO und P. FAVARD, 1956)

2.2.2. Chemische Zusammensetzung

In den Kernen, deren Chromatinbrocken für cytochemische Nachweismethoden groß genug sind, läßt sich zeigen, daß sie eine starke Affinität zu basischen Farbstoffen aufweisen und die DNA des Kerns enthalten. Man kann aber auch eine Chromatinfraktion aus isolierten Kernen herstellen (MIRSKY und ALLFREY,

1955) und mit den Methoden der chemischen Analyse die mit cytochemischen Methoden gewonnenen Ergebnisse vervollständigen.

Bei den Eukaryoten besteht das Chromatin aus DNA, die über die Phosphatgruppen der Nucleinsäuren salzartig an Histone gebunden ist. Das Chromatin enthält auch saure Proteine, Phospholipide und Calcium, das eine wichtige Rolle bei der Stabilisierung dieser komplexen Molekularstruktur zu spielen scheint. Die Vielseitigkeit der Komponenten, die das Chromatin aufbauen, bedingt eine Empfindlichkeit der Molekularstruktur, die durch die verschiedensten Faktoren leicht verändert werden kann. Ändert man im Isolierungsmilieu nur die Konzentration einiger Ionen (Ca^{++}, Mg^{++} oder K^+), so nimmt man an den Chromatinpartikeln krasse Veränderungen wahr, die manchmal irreversibel sein können. Die heute gebräuchlichen Fixierungsmethoden rufen sicherlich tiefgreifende Veränderungen der Molekularstruktur des Chromatins hervor, und das erklärt zweifellos die enttäuschenden Bilder im Elektronenmikroskop. Bei den in fixierten Zellen nachgewiesenen 100 Å dicken Filamenten scheint es sich um Nucleohistone zu handeln.

Im Chromatin kommt auch RNA vor. Diese RNA scheint fest mit der DNA verbunden zu sein, denn man kann sie nur dann mit RNase entfernen, wenn die DNA zuvor mit DNase hydrolysiert worden ist. Das Chromatin der Spermatozoen besteht hauptsächlich aus DNA und Protaminen und stellt 80 % der Kernmasse dar. Es handelt sich also um Kerne, die sehr wenig Wasser enthalten. In dieser konzentrierten Form scheint es den Fixierungsbedingungen gegenüber nicht so empfindlich zu sein, denn in diesen Zellen beobachtet man eine Ultrastruktur, die den Befunden an der lebenden Zelle entspricht.

Bei den Bakterien besteht das Chromatin nur aus DNA, und die beobachteten Fibrillen stellen einen einzigen DNA-Faden dar, der ringförmig geschlossen und aufgeknäuelt ist.

2.2.3. Physiologische Bedeutung und Funktionen

Während der Interphase zeigt die DNA eine bemerkenswerte metabolische Stabilität: es findet kein Einbau von markierten Vorstufen in die DNA des Chromatins statt. Wir werden sehen, daß nur in dem Augenblick, wenn sich die Zelle zur Teilung vorbereitet, der Einbau von solchen Vorstufen erfolgt. Dabei wird die DNA-Menge verdoppelt, und diesen Vorgang nennt man *Reduplikation* der DNA.

Dieser Stabilität der DNA in der Interphase muß man die große metabolische Aktivität der RNA des Chromatins gegenüberstellen. Bei Verwendung markierter Vorstufen kann man im Chromatin eine ununterbrochene Neusynthese von RNA nachweisen. Untersuchungen im Dichtegradienten haben ergeben, daß die synthetisierte RNA verschiedene Molekulargewichte hat und somit aus mehreren Arten besteht: Transfer-RNA (4 S), messenger-RNA (30 S), ribosomale RNA (28 S und 18 S). Diese RNA-Sorten verlassen das Chromatin und wandern in das Cytoplasma.

Während der Interphase entfaltet das Chromatin seine heterosynthetische Aktivität (Synthese von RNA an der DNA). Bei der Teilung ist es autosynthetisch aktiv, was zur Verdoppelung der DNA führt. Dabei wird die heterosynthetische Aktivität eingestellt, und das Chromatin verdichtet sich zu den *Chromosomen*. Diese Umwandlung des Chromatins zu Chromosomen bei der Teilung zeigt, daß während der Interphase und während der Teilung eine unterschiedliche Organisation des Chromatins vorliegen muß.

2.3. Nucleolen

2.3.1. Struktur und Ultrastruktur

Die Nucleolen sind Kügelchen von 1 bis 3 μm Durchmesser, die im Lichtmikroskop stark doppelbrechend erscheinen und manchmal kleine Blasen enthalten. Diese Organellen sind im allgemeinen den Chromatinbrocken angelagert. Im Elektronenmikroskop haben die Nucleolen ein dunkles, schwammiges Aussehen, wobei die Hohlräume mit Nucleoplasma oder Chromatin ausgefüllt sind (Bild 107). Bei starker Vergrößerung erkennt man zahlreiche Partikeln von 150 Å Durchmesser sowie kurze Fibrillen von ungefähr 100 Å Durchmesser. Den Prokaryoten fehlen Nucleolen.

2.3.2. Chemische Zusammensetzung

Die chemische Zusammensetzung der Nucleolen läßt sich in situ mit cytochemischen Methoden oder in vitro durch Analyse von Nucleolusfraktionen aus isolierten Kernen, deren Kernmembran man mit Ultraschall gesprengt hat, untersuchen (VINCENT, 1955; MAGGIO, PALADE und SIEKEWITZ, 1963). Die Nucleolen sind wasserarm: sie enthalten nur 40 % Wasser. Ferner bestehen sie aus Proteinen, Phospholipiden, Polysacchariden und RNA. Auch eine geringe Menge DNA wird gefunden, die aus dem eingeschlossenen Chromatin stammt.

Die RNA bildet 5 bis 15 % der Nucleolarsubstanz. Ihre Basenzusammensetzung ist der der ribosomalen RNA vergleichbar. Ein großer Teil dieser RNA ist in den Partikeln von 150 Å Durchmesser lokalisiert.

Die Fibrillen von 100 Å Durchmesser stellen zweifellos Proteine dar, die mit der RNA assoziiert sind.

2.3.3. Physiologische Bedeutung und Funktionen

Bei Verwendung radioaktiver Vorstufen läßt sich feststellen, daß sich im Nucleolus RNA stark anreichert. Diese RNA wird am Chromatin, dem der Nucleolus angelagert ist, synthetisiert. Es handelt sich um Ribosomen-RNA, die darauf in das Cytoplasma wandert, wo sie sich mit Proteinen zu Ribosomen verbindet. Im Nucleolus findet auch eine Proteinsynthese statt. Die synthetisierten Proteine können sich manchmal in Form von Grana ansammeln. Es ist möglich, daß es sich bei den Partikeln von 150 Å Durchmesser um Ribosomen handelt, die an dieser Proteinsynthese beteiligt sind.

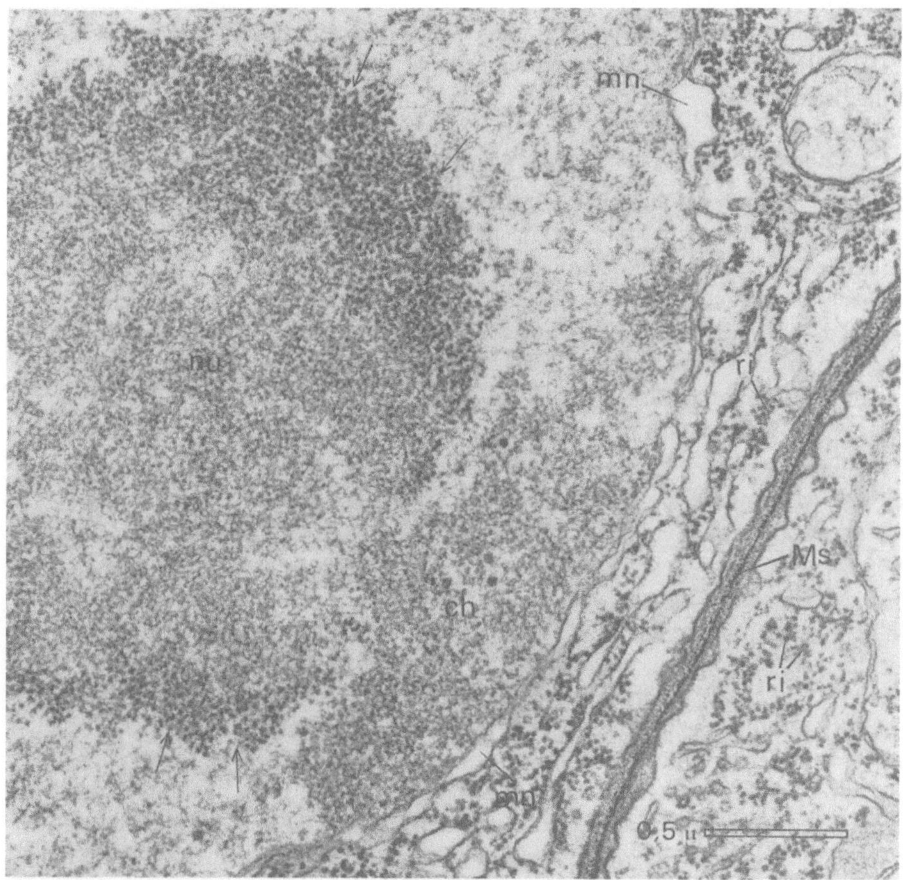

Bild 107. Ultrastruktur des Nucleolus. Diese Aufnahme zeigt den Nucleolus nu in einer Zelle des afrikanischen Veilchens (*Saintpaulia*). An seinem Rande liegen Partikeln (Pfeile), die den Ribosomen ri im Grundcytoplasma sehr ähnlich sind. In seinem Innern erkennt man kurze Fibrillen. Ein Chromatinbrocken ch liegt dicht daneben. mn=Kernmembran; Ms=Zellwand. 38 000fach (Aufnahme: M. C. LEDBETTER, 1963)

2.4. Kernmembran

2.4.1. Struktur und Ultrastruktur

Wie schon in Abschnitt 4 des ersten Kapitels hervorgehoben, ist die Kernmembran eine lokale Sonderbildung des endoplasmatischen Reticulums und durch das Auftreten zahlreicher Poren gekennzeichnet. Die Zisterne, die der Kernmembran angehört, heißt *perinucleärer Raum*. Die Membran, die an das Nucleoplasma grenzt, wird innere Kernmembran, die an das Grundcytoplasma grenzende äußere Kernmembran genannt. Letztere trägt Ribosomen.

Der Durchmesser der Kernporen schwankt je nach Zelltyp und Organismus zwischen 250 und 1000 Å. Die Anzahl der Poren pro μm^2 beträgt im Durchschnitt 50 (Bild 38 und 40).

2.4.2. Chemische Zusammensetzung, physiologische Bedeutung und Funktionen

Die Kernmembran hat dieselbe chemische Zusammensetzung wie das endoplasmatische Reticulum: sie besteht aus Phospholipiden und Proteinen. Der Inhalt des perinucleären Raumes ist noch nicht bekannt, man kann in ihm jedoch Einschlüsse beobachten, die auch an anderen Stellen des ER zu finden sind; z. B. Lipidtropfen, die bei den Darmepithelzellen, wie wir gesehen haben, durch Pinocytose aufgenommen wurden, von einer Seite der Zelle zur anderen wanderten und dabei ihren Weg durch die Zisternen des ER nahmen (siehe Seite 19).

Die Kernmembran kontrolliert den Stoffaustausch zwischen Kern und Cytoplasma. Die zahlreichen Experimente, die an isolierten Kernen wie auch an Kernen in situ gemacht worden sind und schon früher beschrieben wurden, zeigen deutlich, daß sehr verschiedene Stoffe die Kernmembran in der einen wie in der anderen Richtung passieren können.

Zu dieser Permeabilität stellt sich die Frage, welchen Weg die Stoffe nehmen, wenn sie die Kernmembran passieren. Da sie von Poren durchbrochen ist, stellt sie kein entscheidendes Hindernis dar. A priori erscheint der wahrscheinlichste Weg für einen Austausch der durch die Poren zu sein. Wenn der Durchmesser der Poren auch groß ist, so stellen die Poren dennoch ein Filter dar, wie folgender Versuch zeigt. Injiziert man einer Amöbe Goldkolloid, dessen Partikelgröße zwischen 25 und 170 Å gewählt wird, so zeigt sich, daß sich diese Partikeln an der Kernmembran anreichern. Danach beobachtet man, daß es lediglich Partikeln mit einem Durchmesser zwischen 25 und 85 Å gelungen ist, die Kernporen zu durchqueren, die anderen bleiben im Grundcytoplasma. Der Durchmesser der Kernporen beträgt bei der Amöbe 650 Å, so daß angenommen werden muß, daß die Poren von einer Substanz ausgefüllt werden, die sich morphologisch vom Nucleoplasma oder dem Grundcytoplasma nicht unterscheidet und die Rolle eines Filters spielt (FELDHERR, 1965).

Der Stofftransport durch die Poren erfolgt wahrscheinlich durch Diffusion. Wir haben aber auch gesehen, daß es noch einen anderen Transport gibt, der eine Arbeitsleistung der Zelle erfordert (Ausschleusen der RNA aus dem Kern); ob dieser Transport auch durch die Poren oder durch die innere und äußere Kernmembran geht, weiß man noch nicht.

III. Die Zellteilung

Der Kern enthält alle für das Funktionieren der Zelle notwendigen Informationen. Die *Zellteilung,* bei der aus einer Mutterzelle zwei Tochterzellen entstehen, gewährleistet einerseits die genaue quantitative und qualitative Reproduktion der Information und andererseits die gleichmäßige Verteilung dieser zuvor verdoppelten Information.

Die quantitative und qualitative Reproduktion der Information beruht auf einer *Verdoppelung,* und zwar auf der *Replikation der DNA,* deren Mechanismus auf der Ebene der Molekularstruktur im Band „Genetik" der Uni-Texte untersucht wird. Für die Teilung der verdoppelten Information sind spezielle Einrichtungen erforderlich, die der Zelle eine identische Verteilung der Informationsträger ermöglichen. Bei den Eukaryoten hat die Zellteilung mehrere Aspekte. In morphologischer Hinsicht äußert sie sich in einer Umwandlung des Chromatins in stark anfärbbare Stäbchen: die *Chromosomen.* Ehe wir die morphologischen und physiologischen Erscheinungen der Zellteilung untersuchen, wollen wir die allgemeinen Eigenschaften der Chromosomen kennlernen.

1. Chromosomen

Zu Beginn der Zellteilung entstehen aus dem Chromatin des Interphasekerns die Chromosomen. Nach heutiger Auffassung stellen Chromatin und Chromosomen zwei verschiedene Zustände desselben Materials dar. Man nimmt an, daß das Chromatin aus sehr langen, dünnen Filamenten, den *Chromatiden,* aufgebaut ist, die sich bei der Zellteilung spiralisieren und zu kompakten Strukturen, den Chromosomen, aufrollen. Bei der Rückkehr in den Interphasezustand am Ende der Zellteilung entspiralisieren sich die Chromatiden wieder. Da dieser Vorgang oft unvollendet bleibt, findet man im Chromatin Bezirke, die weniger entspiralisiert sind und den Chromozentren entsprechen.

1.1. Anzahl und Form der Chromosomen

Die Zahl und Form der Chromosomen ist für jede Art festgelegt und stellt ein Artmerkmal dar. Die Chromosomen (Bild 108) gleichen meistens Stäbchen von 0,2 bis 2 μm Durchmesser und einer Länge von 0,2 bis 50 μm. Eine Einschnürung, die man *Centromer* (oder *Kinetochor*) nennt, teilt die Chromosomen in zwei Schenkel. Je nach der relativen Länge der Schenkel und der Lage des Centromers unterscheidet man mehrere Chromosomentypen: gestreckte Chromosomen (akrozentrisch),

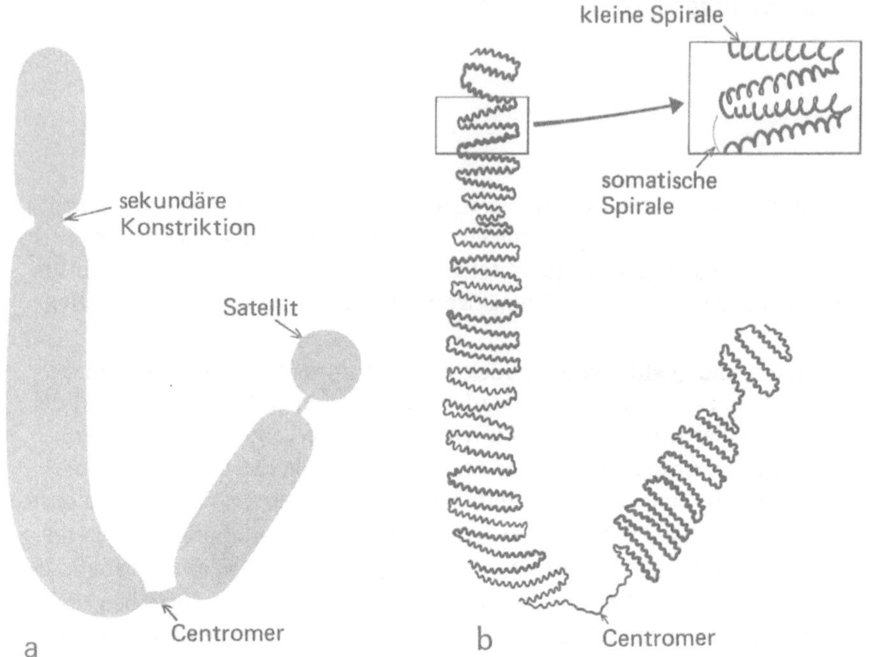

Bild 108. Organisation eines sub-metazentrischen Chromosoms. a) Das Centromer oder die primäre Konstriktion unterteilt das Chromosom in zwei Schenkel, von denen der eine eine sekundäre Konstriktion und der andere einen Satelliten aufweist. b) Deutung der Organisation dieses Chromosoms. Es besteht aus einer spiralisierten Chromatide. Im Bereich des Centromers ist der Spiralisierungsgrad am geringsten (nach E. DE ROBERTIS, W. NOWINSKI und E. SAETZ, 1965)

V-förmige Chromosomen mit gleichlangen Schenkeln (metazentrisch), V-förmige Chromosomen mit ungleichlangen Schenkeln (submetazentrisch) und Chromosomen mit sehr kurzen Schenkeln (punktiforme Chromosomen).

Häufig tritt an einem Schenkel der Chromosomen noch eine zweite Einschnürung auf, die *sekundäre Konstriktion* (im Gegensatz zum Centromer oder der *primären Konstriktion*). Zu Beginn der Zellteilung befinden sich an den sekundären Konstriktionen bestimmter Chromosomen die Nucleolen. Deshalb werden diese Stellen auch Nucleolenbildungsorte oder *Nucleolenorganisatoren* genannt.

Am Ende eines Schenkels, nur durch einen kleinen Steg mit dem Chromosom verbunden, hängt häufig ein rundlicher Körper: ein *Satellit*.

Die morphologische Untersuchung der Chromosomen ergab, daß meistens von jedem Chromosom zwei identische Exemplare in der Zelle vorhanden sind. Der Kern enthält also Chromosomenpaare, und die beiden Chromosomen eines Paares heißen

homologe Chromosomen. Die Anzahl der Chromosomen ist n und für jede Art
charakteristisch; jeder Kern enthält 2n Chromosomen oder genauer: zwei Sätze
von n Chromosomen. Die Anzahl von n nennt man *haploid,* die von 2n *diploid.*
Zum Schluß die Werte für den diploiden Chromosomensatz einiger Arten:

Mensch	2n = 46
Grasfrosch	2n = 26
Lilie	2n = 24
Drosophila	2n = 8
Ascaris bivalens	2n = 4

Diese Zahl kann sehr verschieden sein. Das eine Extrem mit mehr als 300 Chromosomen tritt bei einigen Protozoen auf, das andere von nur 2 Chromosomen findet
man bei *Ascaris univalens.*

Die Gameten enthalten nur einen Chromosomensatz und sind demnach haploid,
während die anderen Zellen eines Organismus in den meisten Fällen diploid sind.
Es gibt jedoch Zellen, die mehr als 2n Chromosomen besitzen: 4n, 8n usw., wie
z.B. die Leberzellen der Säuger. Solche Zellen, die mehr als zwei Chromosomensätze besitzen, heißen *polyploid.*

Bei zahlreichen Arten kommt ein Chromosomenpaar vor, dessen Chromosomen
beim Männchen und Weibchen verschieden sind: die *Heterosomen* oder *Geschlechts-*
chromosomen. Beim Menschen besteht dieses Paar beim Mann aus zwei verschiedenen, bei der Frau aus zwei gleichen Chromosomen. Bei anderen Arten existieren
sie nur in einem Geschlecht als Paar und im anderen in Einzahl.

Die Zahl und Form der Chromosomen ist für jede Art charakteristisch, und die Gesamtheit dieser Merkmale bezeichnet man als den *Karyotyp* einer Art. Photogra-
phiert man die Chromosomen irgend einer Art, schneidet sie aus der Photographie
aus und ordnet sie nach Paaren entsprechend der Größe und der Form, so erhält
man das *Idiogramm* der Art.

1.2. Struktur und Ultrastruktur

Wie wir schon früher gesehen haben, besteht jedes Chromosom aus einer zur Spirale aufgewundenen Chromatide. Es handelt sich dabei um ein Filament von 0,2 μm
Durchmesser, das sich im Lichtmikroskop nur schwer beobachten läßt, weil sein
Durchmesser an der Grenze des Auflösungsvermögens dieses Gerätes liegt. Im Interphasekern ist die Chromatide jedes Chromosoms entspiralisiert mit Ausnahme einiger Abschnitte, die spiralisiert bleiben und die dunklen Brocken oder Chromozentren bilden. In den Zellen einiger Pflanzen ist die Chromatide eines Chromosoms
auch während der Interphase nicht völlig entspiralisiert, so daß man ebenso viele
Chromozentren wie Chromosomen erkennt. In diesem Falle spricht man von
Prochromosomen.

Bei der Zellteilung wickelt sich jede Chromatide zu einer enggewundenen Spirale
auf. Diese primäre Spiralisation bewirkt eine Verkürzung der Chromatide, so daß
sie im Lichtmikroskop sichtbar wird. In diesem Zustand gleicht die Chromatide
einer Spiralfeder (kleine Spirale). Dann windet sich die kleine Spirale ihrerseits auf,
ergibt 10 bis 30 Windungen und bildet die somatische Spirale (Bild 109). Im Verlauf dieser doppelten Spiralisirung verkürzt sich die sichtbare Länge der Chromatide erheblich (sie beträgt nur noch ein Zwanzigstel der Länge in gestrecktem Zustand), während der sichtbare Durchmesser größer wird. Wenn die Chromosomen
als kleine, kompakte Stäbchen erscheinen, so ist das auf diese doppelte Spiralisierung zurückzuführen. Einige Abschnitte der Chromatide winden sich lediglich zur
kleinen Spirale auf, und wo die übergeordnete Spirale fehlt, befinden sich die dünn-
sten Stellen des Chromosoms: Centromer und Verbindungsstück zum Satelliten.
An den sekundären Konstriktionen fehlt die übergeordnete Spirale nicht, sondern
hat nur einen kleineren Durchmesser.

Nach Beendigung der Teilung löst sich die somatische Spirale wieder auf. An einigen Abschnitten der Chromatide bleibt sie jedoch erhalten und bildet die Chromozentren. Schließlich wird auch die kleine Spirale zurückgebildet bis auf einige Punk-
te, die als granaartige Verdickungen oder *Chromomeren* in Erscheinung treten. Bei
den Zellteilungen, die zur Bildung von Gameten führen, wird die übergeordnete Spirale, die der somatischen Spirale bei der normalen Zellteilung entspricht, in einer
Helix mit größerem Durchmesser und engeren Windungen durchgeführt, so daß die
Chromosomen noch kürzer und dicker erscheinen. Diese Form der Spiralisierung
nennt man große Spirale.

Unterwirft man die Zellen zu Beginn der Zellteilung einer bestimmten Behandlung
(heißes Wasser, Kaliumcyanid usw.), so zeigt sich, daß die Chromatide aus zwei
Filamenten besteht: den Chromatidenhälften (Bild 110). Nach Beobachtungen
im Elektronenmikroskop scheinen sich die Chromosomen aus einem Netzwerk von
Fibrillen mit einem Durchmesser von 100 Å zusammenzusetzen, die zweifellos
ihrerseits aus Untereinheiten mit kleinerem Durchmesser aufgebaut sind. Allerdings
ist es beim derzeitigen Stand der Forschung nicht möglich, von den lichtmikrosko-
pischen Beobachtungen an Chromosomen und der Kenntnis ihrer chemischen Zusammensetzung her diese fibrilläre Organisation zu erklären.

1.3. Chemische Zusammensetzung

Die chemische Zusammensetzung der Chromosomen ist mit cytochemischen Methoden in situ ermittelt worden. Die Chromosomen bestehen aus den gleichen Bestandteilen wie das Chromatin: DNA (mit der FEULGEN-Reaktion nachgewiesen), RNA
und assoziierten Proteinen. Die Affinität der Nucleinsäuren zu den Farbstoffen ist
über die ganze Länge des Chromosoms nicht die gleiche. Abschnitte, die unterschiedlich reagieren, nennt man *heterochromatisch* oder *heteropyknotisch.* Sie

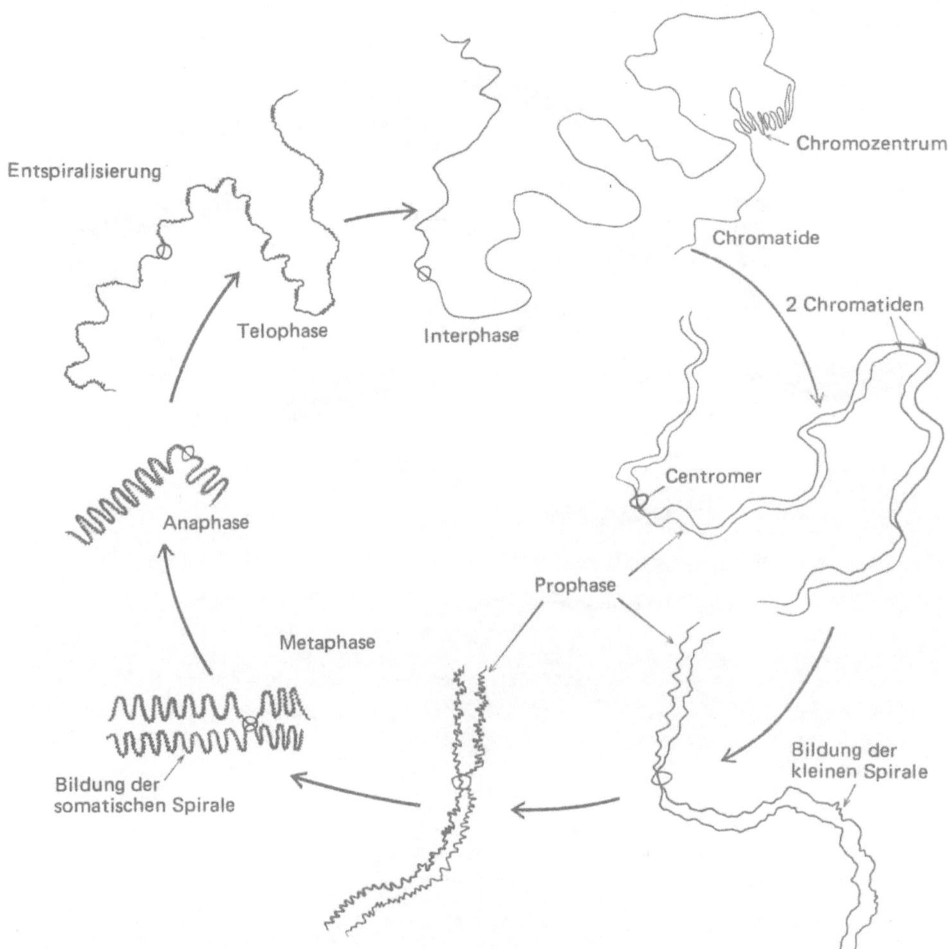

Bild 109. Das Schema zeigt den Wechsel von Spiralisierung und Entspiralisierung bei einem
Chromosom im Verlauf der Mitose. Zu Beginn der Prophase besteht jedes Chromosom aus zwei
Chromatiden, die durch das Centromer zusammengehalten werden. Im Verlauf der Prophase
tritt zunehmende Spiralisierung der Chromatiden ein. In der Metaphase sind bereits zwei Chromosomen zu erkennen, die nur noch durch das Centromer verbunden werden. Nach Verdoppelung des Centromers wandern die Tochterchromosomen während der Anaphase an die beiden
Spindelpole. In der Telophase entspiralisieren sich die Chromatiden wieder bis auf einige Abschnitte, die dann im Interphasekern als Chromozentren in Erscheinung treten (nach E. DE RO-
BERTIS, W. NOWINSKI und E. SAETZ, 1965)

entsprechen zweifellos Abschnitten der Chromatide mit unterschiedlichem Spiralisierungsgrad. Die sekundäre Konstriktion, an der der Nucleolus sitzt, ist ein Abschnitt des Chromosoms, der sich weniger stark anfärbt.

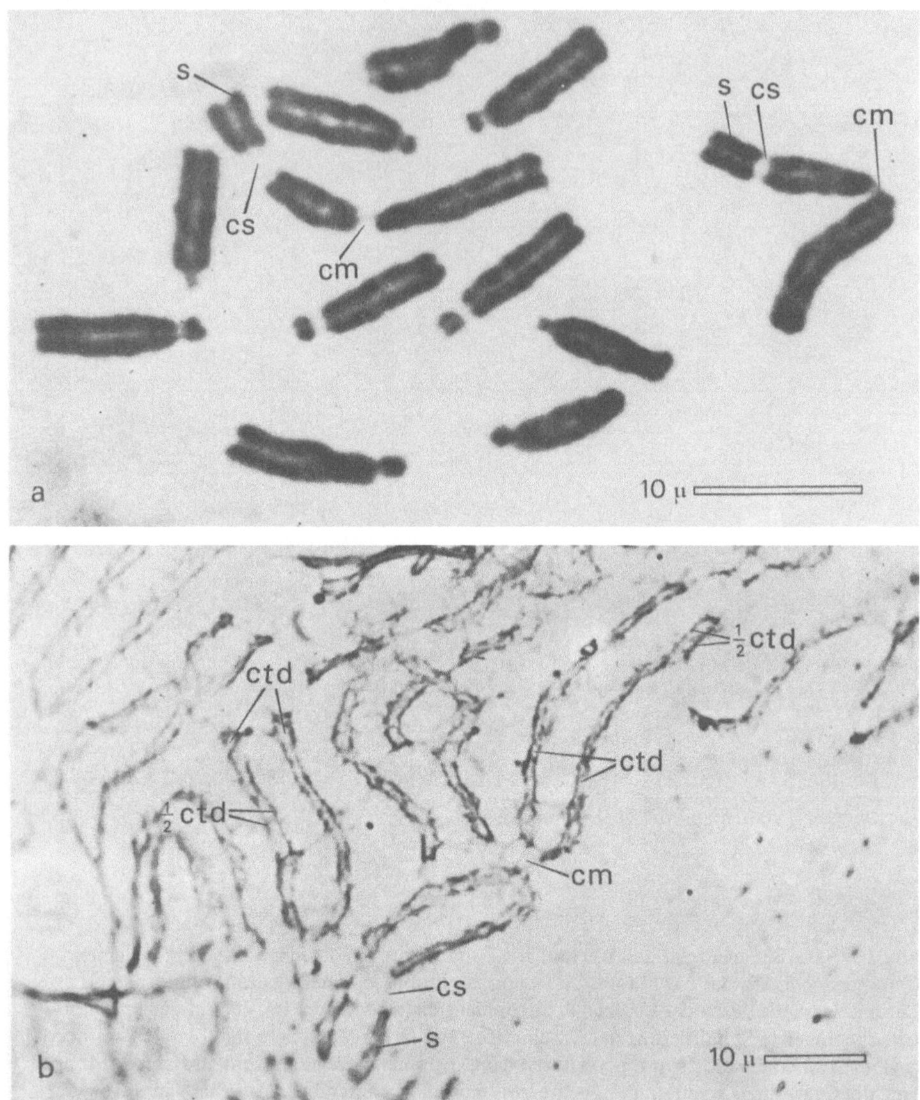

Bild 110. Chromosomen der Pferdebohne (*Vicia faba*) im Lichtmikroskop.   a) Metaphasechromosomen. Die 12 Chromosomen dieser Art sind gut zu erkennen, und jedes ist bereits verdoppelt. Beim größten Chromosom sind das Centromer cm, die sekundäre Konstriktion cs und der Satellit s deutlich zu sehen. Quetschpräparat von Wurzelzellen. FEULGEN-Färbung. 2 300fach.
b) Metaphasechromosomen derselben Art mit Trypsin behandelt und nach FEULGEN gefärbt. Man erkennt die Chromatiden ctd; jede Chromatide besteht aus zwei Filamenten, den Semi-Chromatiden ½ctd. Beim größten Chromosom sind das Centromer cm, seine sekundäre Konstriktion cs und sein Satellit s zu erkennen 1 400fach (Aufnahmen: J. E. TROSKO und S. WOLF, 1965)

Die 100 Å dicken Filamente, die man im Elektronenmikroskop sieht, enthalten zweifellos DNA, aber es ist noch nicht möglich, sich vom molekularen Aufbau eines Chromosoms eine genaue Vorstellung zu machen. Es gibt mehrere Organisationsschemata von Chromosomen, doch hat sich keins wirklich bestätigt.

Wir haben gesehen, daß die Zellteilung durch das Auftreten von Chromosomen im Kern gekennzeichnet ist. Die ersten Wissenschaftler, die am Ende des vorigen Jahrhunderts die Chromosomen mit dem Lichtmikroskop beobachteten, haben sie als Fäden beschrieben, und daher stammt der Name *Mitose* (von griechisch mitos = Faden) für diese Form der Zellteilung (FLEMMING, 1875, und STRASBURGER, 1875). Während der Mitose verdoppelt eine diploide Mutterzelle ihre Chromosomen und läßt dann zwei diploide Tochterzellen entstehen.

Die Bildung der Gameten erfolgt nach einem anderen Teilungsmodus: Eine diploide Mutterzelle verdoppelt ihre Chromosomen und läßt im Verlauf von zwei aufeinanderfolgenden Teilungsschritten vier Tochterzellen entstehen, deren Kerne nur noch n Chromosomen enthalten. Dieser besondere Teilungsvorgang (zwei aufeinanderfolgende Teilungen, aber nur einmalige Verdoppelung der Chromosomen) heißt *Meiose* (von griechisch meios = weniger)[1].

Schließlich gibt es noch Ausnahmefälle, bei denen man mit dem Lichtmikroskop bei der Zellteilung kein Auftreten von Chromosomen beobachten kann: *Amitose*.

In diesem Kapitel werden wir nur die Mitose beschreiben und uns ihre morphologischen und physiologischen Erscheinungsformen vor Augen führen.

2. Morphologische Veränderungen bei der Mitose

Währen der Mitose treten sowohl im Kern als auch im Cytoplasma Veränderungen an den Zellbestandteilen auf. Der Ablauf der Mitose erfolgt in mehreren Etappen oder Phasen, die sich aneinander anschließen. In der Reihenfolge ihres Auftretens sind das: Prophase, Metaphase, Anaphase und Telophase (Bild 111).

2.1. Die Prophase

Der Beginn der *Prophase* wird durch ein Anschwellen des Zellkerns eingeleitet. Das Chromatin formt sich zu Chromosomen um. Während der primären Spiralisierung kann man erkennen, daß jedes Chromosom aus zwei durch das Centromer zusammengehaltenen Chromatiden besteht, und das läßt darauf schließen, daß die Verdoppelung der Chromosomen schon vor Beginn der Prophase stattgefunden haben muß. Das Aufwinden jeder Chromatide zur somatischen Spirale führt zur Bildung von Doppelchromosomen, die nur noch am Centromer zusammenhängen. Zu diesem Zeitpunkt enthält der Kern 4n Chromosomen.

---

[1] Siehe auch Band „Genetik" der Uni-Texte.

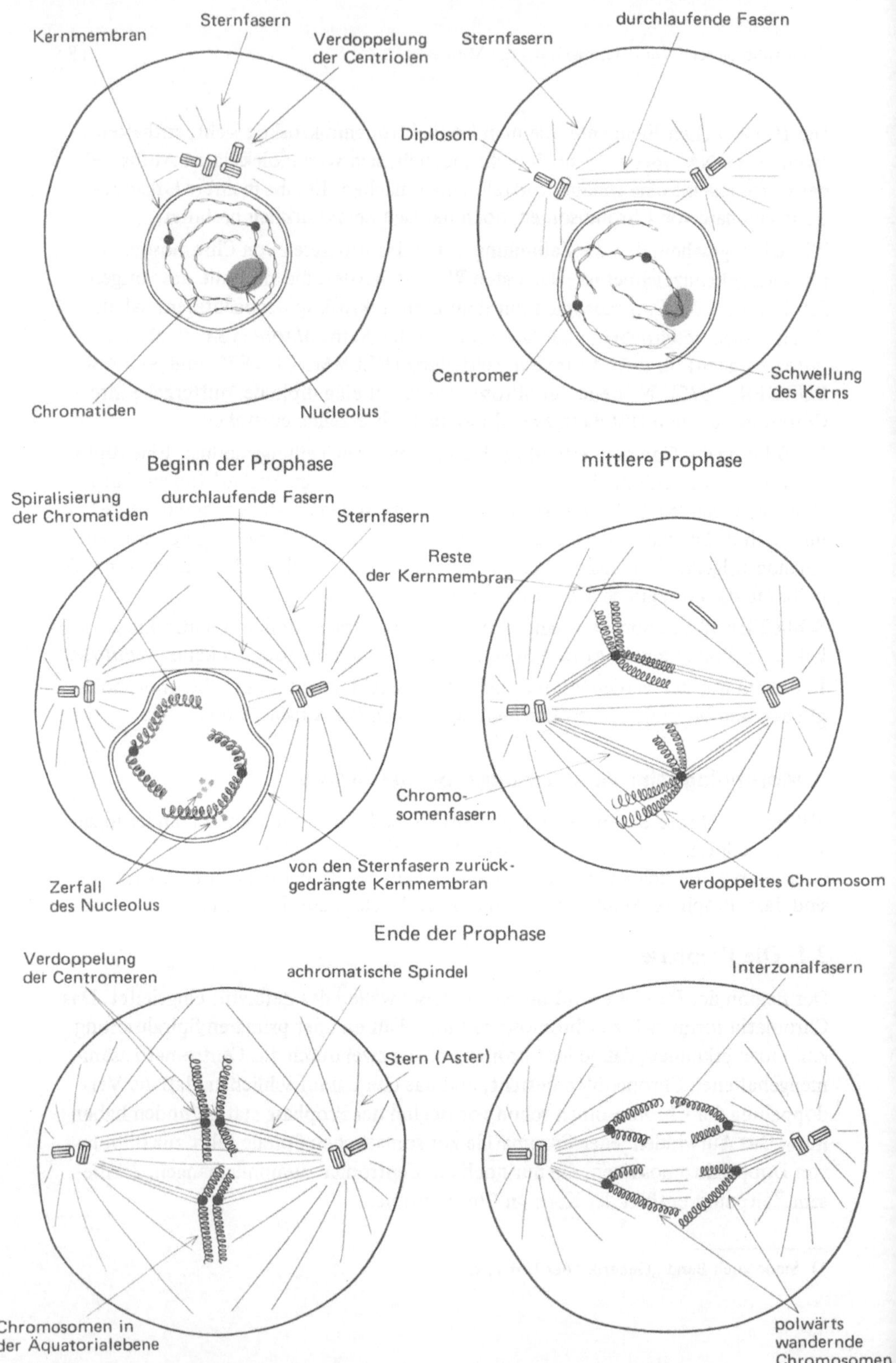

Kernmembran
Sternfasern
Verdoppelung
der Centriolen
Chromatiden
Nucleolus
Beginn der Prophase
Sternfasern
durchlaufende Fasern
Diplosom
Centromer
Schwellung
des Kerns
mittlere Prophase
Spiralisierung
der Chromatiden
durchlaufende Fasern
Sternfasern
Reste
der Kernmembran
Chromo-
somenfasern
Zerfall
des Nucleolus
von den Sternfasern zurück-
gedrängte Kernmembran
verdoppeltes Chromosom
Ende der Prophase
Verdoppelung
der Centromeren
achromatische Spindel
Interzonalfasern
Stern (Aster)
Chromosomen in
der Äquatorialebene
polwärts
wandernde
Chromosomen
Metaphase
Telophase

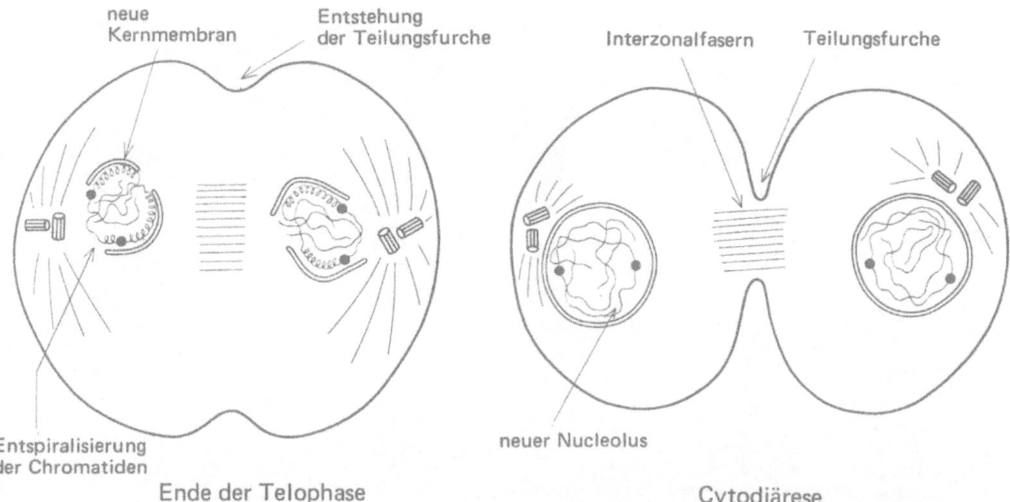

Bild 111. Mitose. Während der Prophase spiralisieren sich die zuvor verdoppelten Chromatiden. Zur selben Zeit bildet sich im Cytoplasma eine von den Diplosomen ausstrahlende fibrilläre Struktur aus. Nach Auflösung der Kernmembran ordnen sich die Chromosomen in der Äquatorialebene an. Die Verdoppelung der Centromeren leitet die Anaphase ein, während der die Chromosomen wieder entspiralisiert, und das endoplasmatische Reticulum bildet eine neue Kernmembran aus. Die Trennung der beiden Tochterzellen erfolgt durch Einschnürung

Die Nucleolen an den sekundären Konstriktionen bestimmter Chromosomen zerfallen und verschwinden schließlich ganz.

Im Cytoplasma wird der Beginn der Prophase durch die Verdoppelung der Centriolen eingeleitet. Die beiden Paare von Centriolen rücken auseinander und beziehen an entgegengesetzten Seiten des Zellkerns Stellung. Während der Wanderung der Centriolen bekommt das sie umgebende Grundcytoplasma eine fibrilläre Struktur. Im Lichtmikroskop sieht man Fasern, die jedes Diplosom strahlenförmig umgeben: die *Sternfasern* und die von Diplosom zu Diplosom reichenden *durchlaufenden Fasern*. Im Elektronenmikroskop stellt man fest, daß Sternfasern und durchgehende Fasern Zonen im Cytoplasma mit zahlreichen Mikrotubuli entsprechen. Diese Mikrotubuli von 200 Å Durchmesser umgeben jedes Diplosom strahlenförmig und erstrecken sich zum Teil von Diplosom zu Diplosom. Wenn sie auch in unmittelbarer Nähe der Diplosomen liegen, so haben die Mikrotubuli doch keinen direkten Kontakt mit diesen Organellen (Bild 112a).

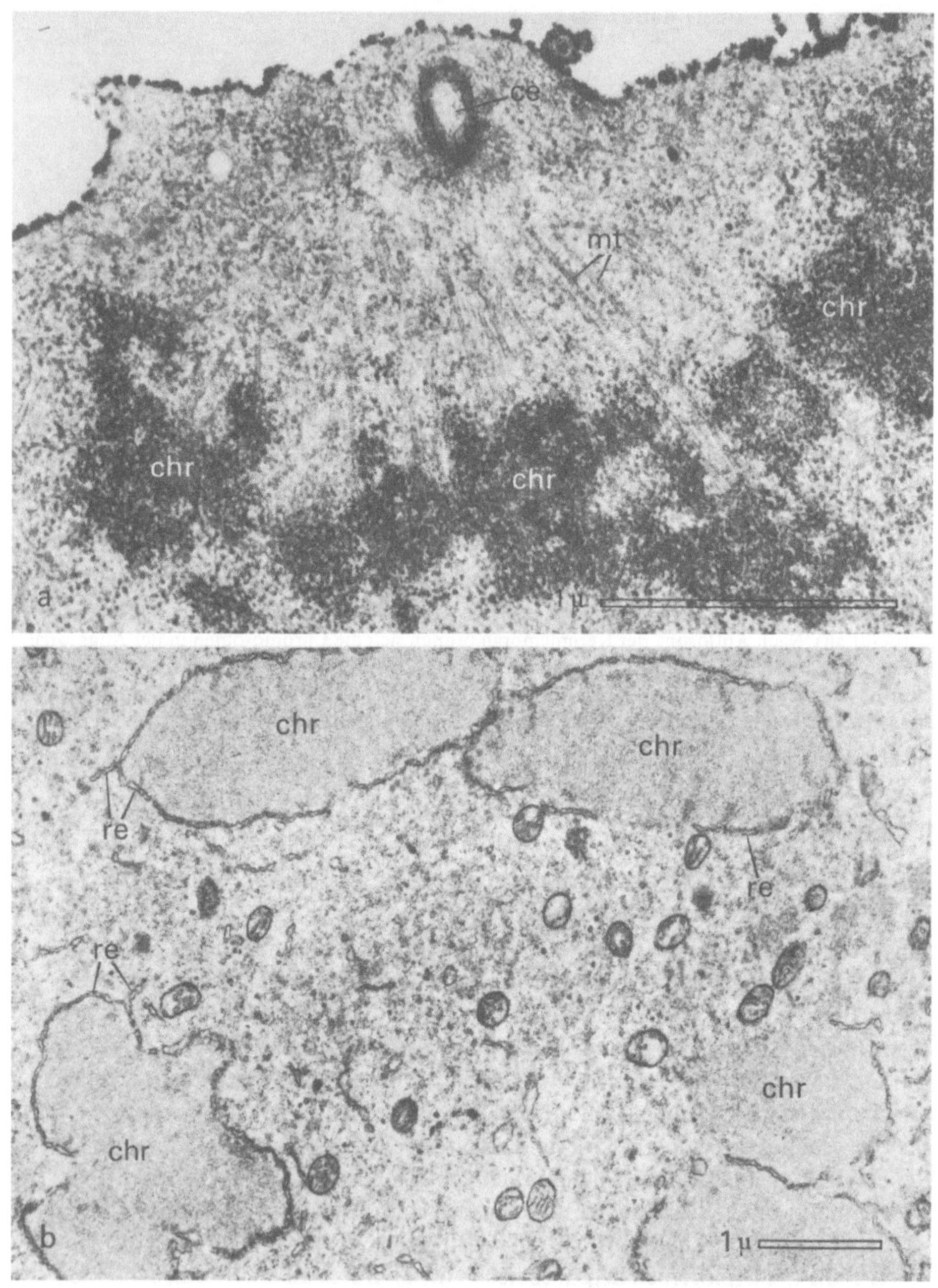

Bei ihrer Ausbreitung drängen die Sternfasern die Kernmembran zurück, die dann
den Diplosomen gegenüber eingedellt erscheint. Am Ende der Prophase zerfällt
die Kernmembran zuerst den Centriolen gegenüber. Das Nucleoplasma steht jetzt
in direktem Kontakt mit dem Grundcytoplasma. Zu diesem Zeitpunkt erscheinen
am Centromer jedes Chromosoms Bündel von Mikrotubuli, die sich auf die Diplosomen zu verlängern. Diese Bündel von Mikrotubuli, die aus dem Nucleoplasma
und dem Grundcytoplasma gebildet werden, sind im Lichtmikroskop als Fasern
zu erkennen *(Chromosomenfasern)*.

Die Kernmembran zerfällt weiter, während die Centromeren in die Äquatorialebene
wandern, die rechtwinklig zu der die beiden Diplosomen verbindenden Achse zu
denken ist.

Am Ende der Prophase ist die Kernmembran beinahe vollständig verschwunden,
die Centromeren sind in der Äquatorialebene angeordnet und mit den Chromosomfasern verbunden; aus dem Grundcytoplasma und dem Nucleoplasma sind fibrilläre
Strukturen hervorgegangen, die die *Teilungsspindel* bilden und in der lebenden Zelle
im Polarisationsmikroskop als stark doppelbrechend zu erkennen sind (Bild 117).
Die Sternfasern, die ein Diplosom umgeben, bilden jeweils einen *Aster* oder *Stern*
(Bild 113).

2.2. Metaphase

In der *Metaphase* ordnen sich auch die Schenkel der Chromosomen in der Äquatorialebene an und bilden die sogenannte *Äquatorialplatte*. Je nach Art liegen die
Chromosomen am Rande der Spindel und weisen mit ihren Schenkeln nach außen
oder sind über die ganze Äquatorialebene verteilt (Bild 113). Die Spindelfasern
haben die Zellorganellen größtenteils zurückgedrängt.

Am Ende der Metaphase ist die Kernmembran völlig verschwunden, und ihre Bruchstücke sind vom endoplasmatischen Reticulum nicht zu unterscheiden.

2.3. Anaphase

Zu Beginn der *Anaphase* werden die Centromeren verdoppelt. Die beiden Tochter-
centromeren wandern an die Spindelpole und ziehen ein Tochterchromosom mit
sich. Während der *Chromosomenwanderung zu den Spindelpolen* sieht man in der

Bild 112. Elektronenmikroskopische Aufnahmen von Zellen in Teilung. a) Myoblast vom
Hühnchen während der Anaphase. Die Mikrotubuli mt sind auf das Centromer ce gerichtet;
einige von ihnen sind an Chromosomen chr angeheftet. 40 000fach (Aufnahme: G. DE THÉ,
1963). b) Neuroblast einer Heuschrecke während der Telophase (Neuroblasten embryonale
Zellen, aus denen sich bei Insekten das Bauchmark differenziert). Zisternen des endoplasmatischen Reticulums rc legen sich während der Entspiralisierung den Chromosomen chr eng an.
Dieses ER bildet später die neue Kernmembran. 17 000fach (Aufnahme: B. J. STEVFNS, 1965)

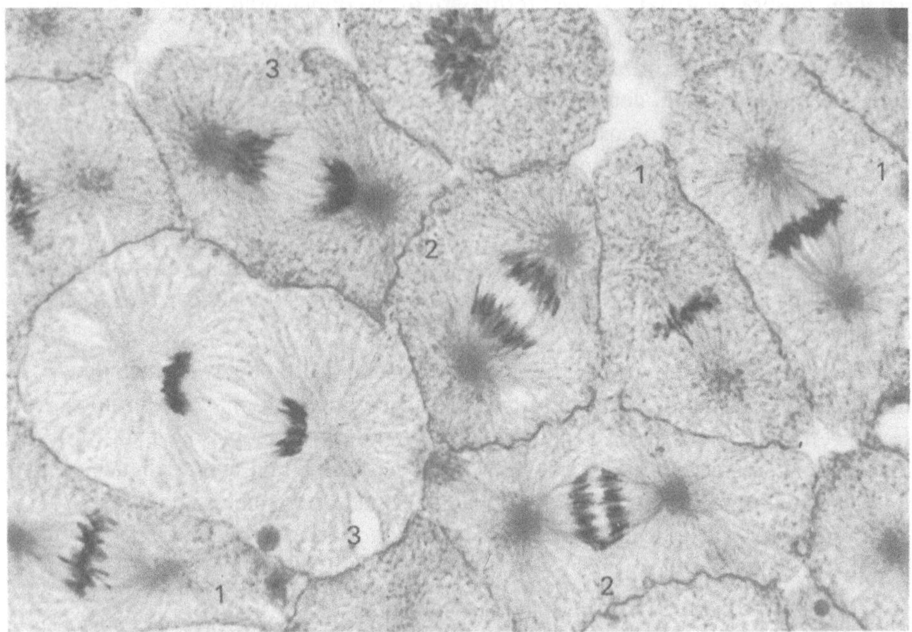

Bild 113. Zellen während der Mitose. Diese lichtmikroskopische Aufnahme zeigt sich furchende Fischeier in verschiedenen Mitosestadien. 1) Metaphase. 2) Anaphase. 3) Telophase. Die fibrilläre Organisation des Cytoplasmas ist bei der achromatischen Spindel besonders gut zu erkennen. (Aufnahme: General Biological Supply House, Chicago)

Äquatorialzone der Zelle parallele Fasern auftauchen, die sich in dem Maße, wie sich die Chromosomen entfernen, verlängern. Das sind die *Interzonalfasern,* die sich im Elektronenmikroskop ebenfalls als Bündel von Mikrotubuli erweisen.

Die Chromosomfasern verkürzen sich, und die durchlaufenden Fasern zerfallen in der Äquatorialregion.

2.4. Telophase

In der *Telophase* ist jeder der beiden Chromosomensätze an einem der Pole angelangt. Die Chromosomenfasern, die schon sehr kurz geworden sind, verschwinden, desgleichen die Sternfasern. Die Interzonalfasern bestehen dagegen noch weiter in der Äquatorialregion.

Die Chromosomen entspiralisieren sich wieder. Während dieses Vorgangs legen sich Membranen des ER um die Chromosomen (Bild 112b). Diese verschmelzen miteinander und bauen so eine neue Kernmembran auf, die also wieder aus dem ER gebildet wird.

Die Nucleolen entstehen wieder in Höhe der sekundären Konstriktion bestimmter Chromosomen, daher auch der Name Nucleolenorganisator. In der Äquatorialregion stülpt sich die Zellmembran ein und bildet eine ringförmige Furche, die sich zunehmend vertieft: die *Teilungsfurche*. Die Äquatorialregion, in der die Interzonalfasern noch vorhanden sind, wird immer mehr eingeschnürt. Die Brücke, die die beiden Tochterzellen noch verbindet, wird immer kleiner, und schließlich trennen sich die Zellen ganz. Diese letzte Phase der Mitose wird *Cytodiärese* genannt.

Am Ende der Mitose sind zwei Tochterzellen entstanden. Der Kern einer jeden enthält 2n Chromosomen, die nicht mehr sichtbar sind, da der Kern in den Interphasezustand zurückgekehrt ist. Jede enthält ein Diplosom. Man muß die große Präzision hervorheben, mit der die Chromosomen auf die beiden Tochterzellen verteilt werden, so daß jede den gleichen Satz erhält. Dieser außerordentlichen Präzision gegenüber steht die ungefähre Verteilung der übrigen Zellbestandteile, die Centriolen jeweils ausgenommen.

2.5. Sonderfälle

Diese Form der Mitose beobachtet man bei den meisten tierischen Zellen und denen der niederen Pflanzen, die ein Diplosom besitzen. Bei den höheren Pflanzen, denen ein Diplosom fehlt, verläuft die Mitose etwas anders. Die Teilungsspindel ist hier tönnchenförmig und besteht nur aus den durchgehenden Fasern und den Chromosomemfasern. Eine solche Teilung,bei der keine Sterne ausgebildet werden, heißt *anastrale Teilung*.

Auch kommt es zu keiner Einschnürung in der Äquatorialregion, sondern in der Mitte der Spindel erscheinen zunächst Vesikel. Diese Vesikel im Innern der Spindel nehmen an Zahl zu und erstrecken sich schließlich bis an den Rand der Zelle. Die Gesamtheit der Vesikel bildet den Phragmoplast. Sodann verschmelzen die Vesikel zu einer Lamelle, die die Tochterzellen trennt (Bild 114). In der Zisterne dieser Lamelle sammelt sich Cellulose, aus der die neue Zellwand entsteht. Die Trennung der Tochterzellen erfolgt nicht vollständig, denn es bleiben feine Plasmabrücken oder *Plasmodesmen* bestehen. In diesem Sonderfall wird die Zellmembran aus den Membranen der verschmolzenen Vesikel aufgebaut. Die Herkunft dieser Vesikel wird noch immer diskutiert, es scheint jedoch sehr wahrscheinlich, daß sie vom GOLGI-Apparat abstammen.

Bei den Bakterien sind die morphologischen Veränderungen weniger kompliziert. Die Zellteilung wird durch ein Längerwerden der Zelle eingeleitet, dem sich die Verdoppelung der Chromosomen anschließt. Danach werden die Tochterzellen durch mediane Durchschnürung voneinander getrennt (Bild 115).

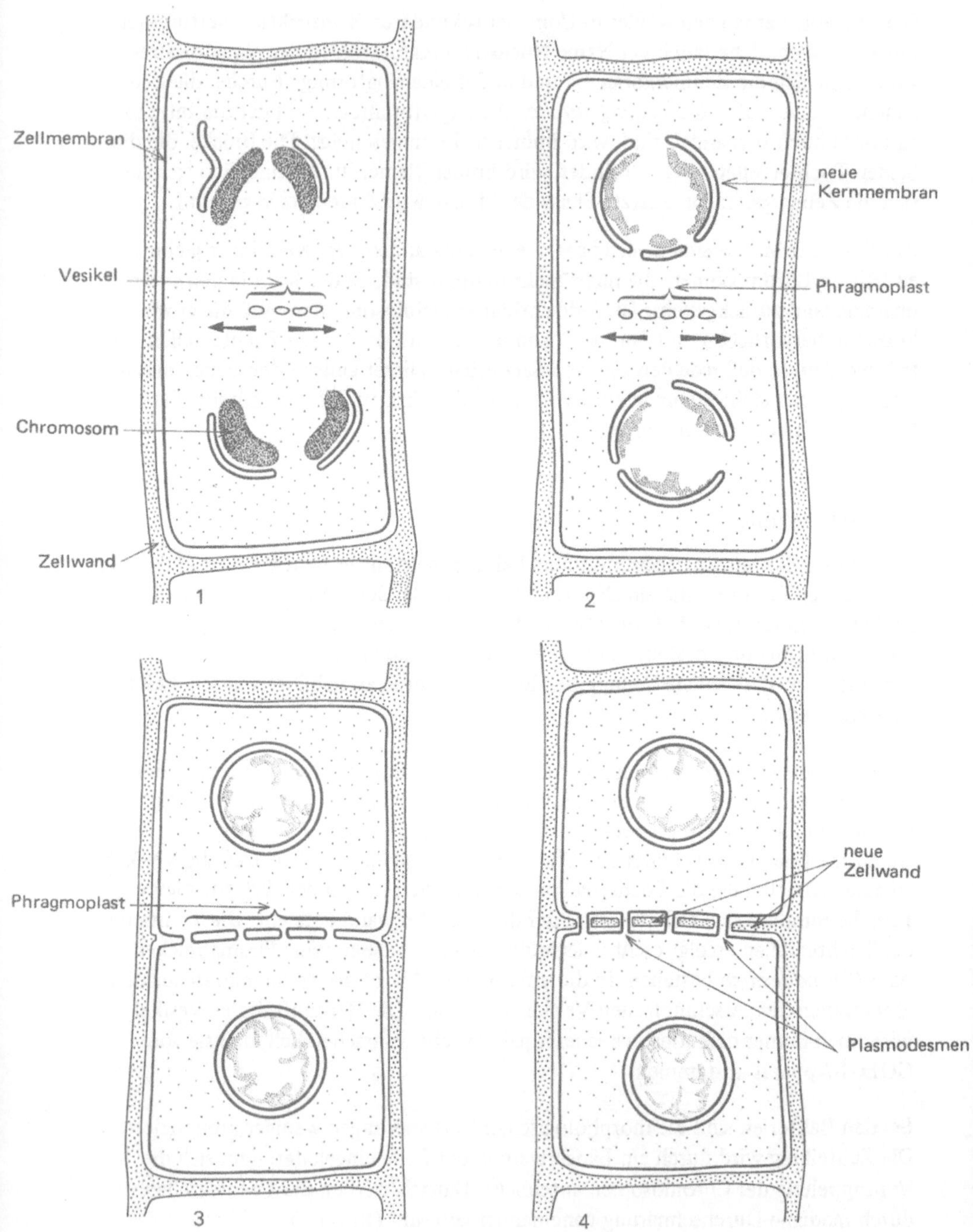
Zellmembran
Vesikel
Chromosom
Zellwand
1
neue
Kernmembran
Phragmoplast
2
Phragmoplast
3
neue
Zellwand
Plasmodesmen
4

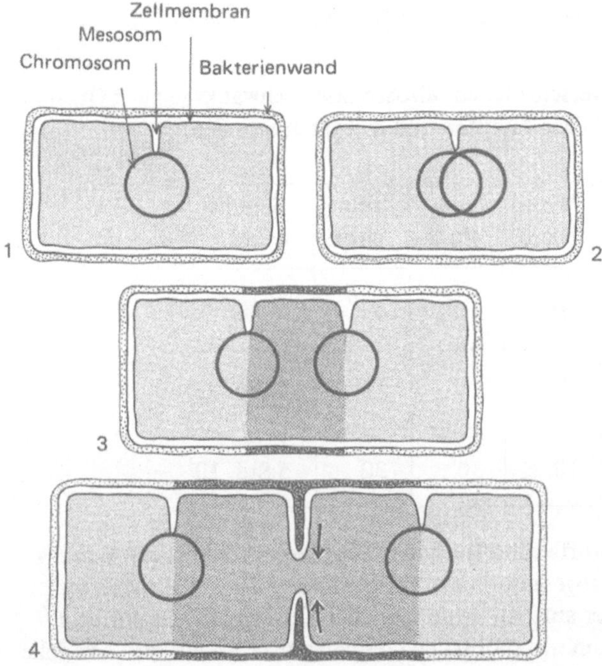

Bild 115. Teilung einer Bakterienzelle. Das Ringchromosom des Bakteriums ist zweifellos an einer Einstülpung der Zellmembran, dem Mesosom, angeheftet (1). Nach Verdoppelung des Chromosoms (2) verlängert sich der mittlere Teil der Zelle, und die Tochterchromosomen weichen auseinander (3). Nach medianer Durchschnürung trennen sich die Tochterzellen (4) (nach J.-P. CHANGEUX, 1965)

Bild 114. Cytodiärese bei höheren Pflanzen. Am Ende der Telophase (1) erscheinen in der Äquatorialebene Vesikel, nehmen an Zahl zu und erreichen schließlich die Peripherie der Zelle (2 und 3). Diese Vesikel bilden den Phragmoplast. Zwischen den Tochterzellen bleiben feine Verbindungen (Trabekeln) bestehen, die Plasmodesmen (4)

13 Berkaloff

3. Physiologische Vorgänge während der Mitose

Die Zeit für den Ablauf der verschiedenen Mitosephasen schwankt je nach Organismus und Zelltyp zwischen einigen Minuten und mehreren Stunden.

	Pro- phase	Meta- phase	Ana- phase	Telo- phase	Gesamt- dauer
Furchung von *Drosophila*-Eiern	4′	30″	1′	50″	6′ 20″
Fibroblasten vom Hühnchen	45′	6′	2′	10′	1 Std. 3′
Leberzellen der Ratte	4 Std.	10′	30′	30′	5 Std. 10′

Während der Mitose ist die Stoffwechselaktivität der Zelle, besonders die Atmung und die Proteinsynthese, herabgesetzt. Diese Verminderung der Zellaktivität ist dem Zustand vergleichbar, der auftritt, wenn man den Kern einer Zelle entfernt. Eine Zelle in Teilung kann vom metabolischen Gesichtspunkt aus als kernlose Zelle aufgefaßt werden. Während der Periode, in der das Chromatin zu Chromosmen verdichtet ist, erhält das Cytoplasma keine Information mehr, denn die RNA-Synthese ist unterbrochen.

3.1. Verdoppelungsphase der DNA

Zu Beginn der Prophase erscheinen die Chromosomen; sie sind bereits verdoppelt, und jedes Centromer hält zwei Chromatiden zusammen. Die Verdoppelung des Chromosomenmaterials muß also schon vor dem Beginn der morphologischen Veränderungen, die die Mitose einleiten, erfolgt sein. Durch spektrophotometrische Untersuchungen in situ und mit autoradiographischen Methoden ist es gelungen, die DNA-Synthese in Zusammenhang mit einer Synthese von Histonen während der Interphase vor Beginn der Teilung nachzuweisen. In Zellen mit schnellem Teilungsrhythmus erfolgt die Synthese am Anfang der Interphase; bei Zellen mit langsamem Teilungsrhythmus erfolgt sie im letzten Drittel der Interphase. Die Phase, in der die Synthese der DNA und der Histone stattfindet, wird S-Phase genannt. Sie unterteilt die Interphase in zwei Abschnitte: der eine geht der Synthesephase voraus, während dieser ist der Zellkern diploid, und man spricht von der G_1-Phase (vom englichen "gap" = Lücke); der andere schließt sich an die Synthesphase an, während dieser ist der Kern tetraploid, und man spricht von der G_2-Phase (Bild 116).

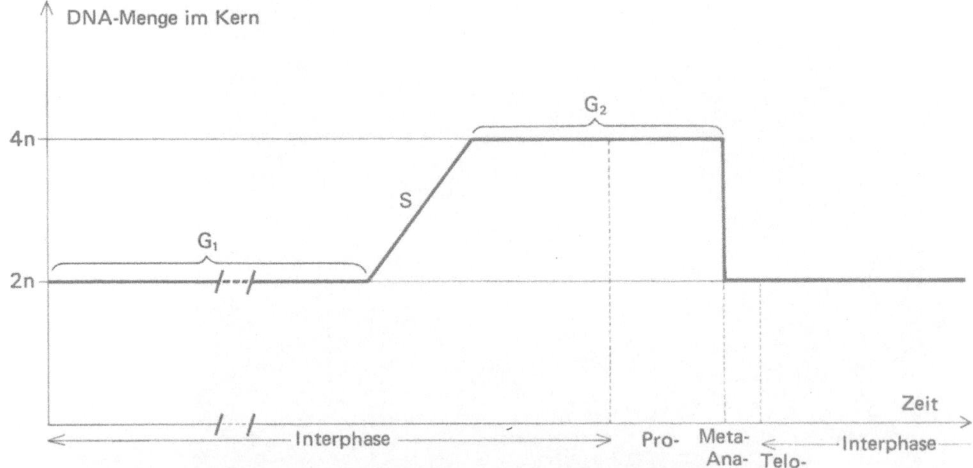

Bild 116. Verdoppelung der DNA-Menge im Kern während der Interphase. Während des größten Teils der Interphase entspricht die DNA-Menge im Kern dem diploiden Chromosomensatz: das ist die G_1-Phase. Dann erfolgt die Synthese der DNA: S-Phase, in der die DNA-Menge des Kerns verdoppelt wird. Danach enthält der Interphasekern eine DNA-Menge, die dem tetraploiden Chromosomensatz entspricht: G_2-Phase. Bei der Zellteilung erhält jede Tochterzelle genau die DNA-Menge, die dem diploiden Chromosomensatz entspricht

3.2. Teilungsspindel und mitotischer Apparat

Während der Teilung bilden das Grundcytoplasma und das Nucleoplasma gemeinsam die fibrillären Strukturen der Teilungsspindel. Aus elektronenmikroskopischen Aufnahmen wissen wir, daß diese fibrillären Strukturen aus Mikrotubuli bestehen. Das Auftreten der Mikrotubuli ist mit der Bewegung der Chromosomén verbunden, die zu ihrer Verteilung auf die Tochterzellen führt. Mit dem Lichtmikroskop läßt sich die fibrilläre Struktur der Teilungsspindel nur nach Fixierung der Zellen erkennen. Da kein Farbstoff von den Spindelfasern angenommen wird, spricht man auch von einer *achromatischen Spindel.* Dennoch kann die fibrilläre Organisation der Spindel nicht bezweifelt werden, denn sie erscheint bei der lebenden Zelle im Polarisationsmikroskop (Bild 117) doppelbrechend (INOUÉ, 1952).

Es ist möglich, die fibrillären Elemente der Spindel zu isolieren, was MAZIA und DAN (1952) an Seeigeleiern in der Metaphase der ersten Furchungsteilung durchgeführt haben. Zunächst werden die Zellen mit kaltem Äthylalkohol und dann mit einem oberflächenaktiven Reagenz (Digitonin) behandelt, bis die Zellmembran verschwindet und das Cytoplasma sich mit Ausnahme dieses fibrillären Anteils im Milieu verteilt. Nach dieser Behandlung bleiben nur die Teilungsspindel, die beiden

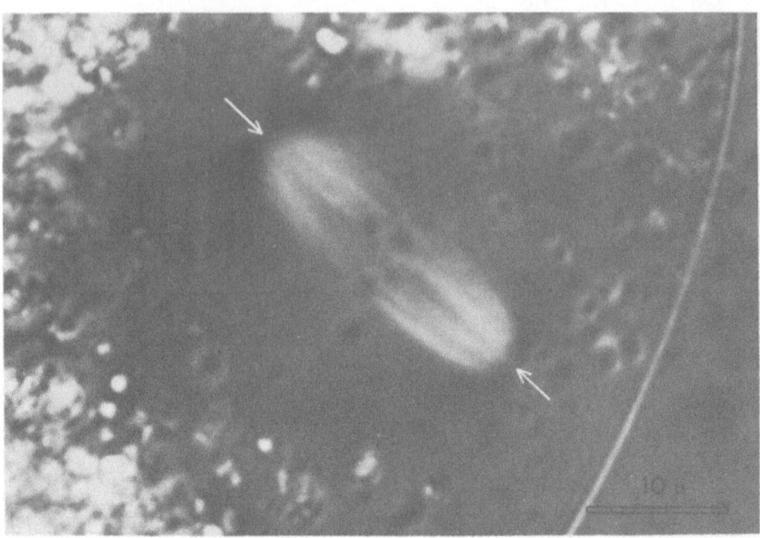

Bild 117. Doppelbrechung der Teilungsspindel. Lebende Oocyte eines Borstenwurmes (*Chaetopterus*) im Polarisationsmikroskop. Die Teilungsspindel leuchtet auf dem dunklen Grunde des Cytoplasmas hell auf. Die Pfeile bezeichnen die Pole der Spindel. 1 900fach (Aufnahme: S. INOUÉ, 1953)

Diplosomen, umgeben von den Sternfasern, und die Chromosomen, durch die Chromosomenfasern an die Spindel angeheftet, als Äquatorialplatte zurück. Die Gesamtheit der auf diese Weise isolierten Strukturen nennt man den mitotischen Apparat (Bild 118).

Die chemische Analyse des mitotischen Apparates ergab, daß er zum größten Teil aus einem Protein mit dem Molekulargewicht von 300 000 besteht. Dieses Protein ist während der Zellteilung besonders reichlich in der Zelle vorhanden und stellt 12 % der gesamten Eiproteine dar. Es ist ein Protein, das SH-Gruppen enthält. Im Elektronenmikroskop erkennt man, daß sich der isolierte mitotische Apparat ausschließlich aus Mikrotubuli aufbaut (Bild 119). Die Mikrotubuli müssen also aus dem schwefelhaltigen Protein bestehen. Behandelt man den mitotischen Apparat mit Stoffen, die die Disulfidbrücken aufbrechen, so erreicht man eine Auflösung der Spndelfasern. Deshalb nimmt man an, daß die Mikrotubuli aus Polymeren dieses schwefelhaltigen Proteins bestehen, dessen Einzelmoleküle über Disulfidbrücken miteinander verbunden sind.

Mit immunologischen Methoden kann man nachweisen: dieses schwefelhaltige Protein ist bereits vor der Mitose in der Zelle vorhanden. Es wird also während der In-

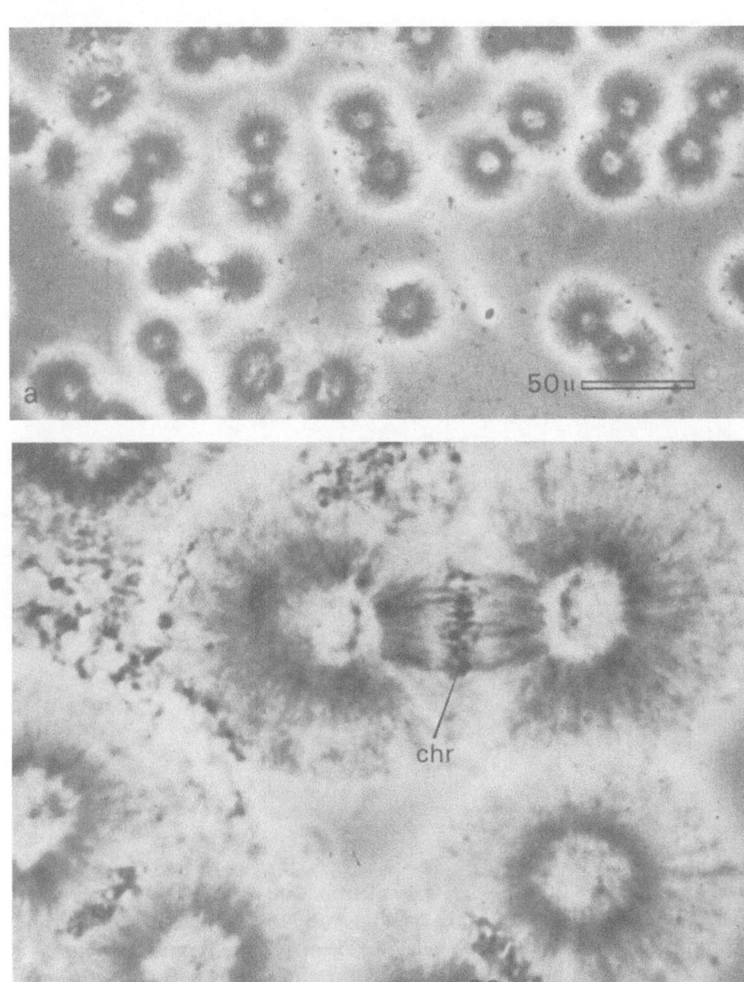

Bild 118. Bei der ersten Furchungsteilung aus Seeigeleiern isolierte Mitose-Apparate.
a) Die Fraktion bei schwacher Vergrößerung 300fach. b) Bei starker Vergrößerung kann man
die Chromosomen chr in der Äquatorialebene und die fibrilläre Struktur der Spindel erkennen.
1 250fach (Aufnahmen (lichtmikroskopisch): D. MAZIA, 1952)

terphase synthetisiert, und die Ausbildung der Spindel entspricht lediglich der Polymerisation bereits vorhandener Proteineinheiten. Der Aufbau der Mikrotubuli erfolgt zweifellos in zwei Phasen: erstens Polymerisation des Proteins, zweitens Verknüpfung der Polymeren zu komplexeren Strukturen.

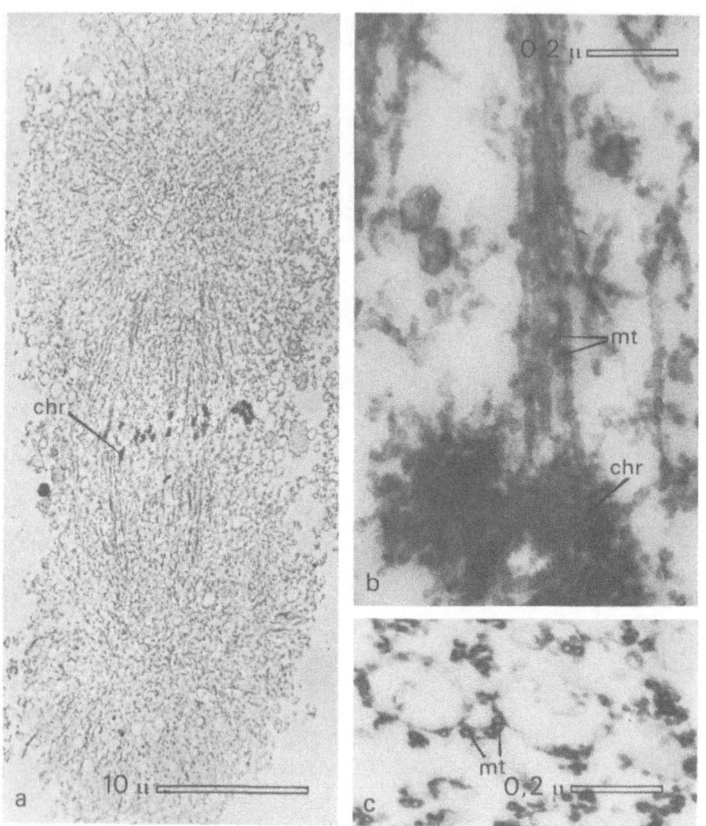

Bild 119. Aus Seeigeleiern isolierte Mitose-Apparate im Elektronenmikroskop. a) Gesamtansicht bei dem die Chromosomen chr in der Metaphase und die fibrilläre Struktur der Spindel zu erkennen sind. 2 000fach. b) Mikrotubuli der Spindel mt, die mit Chromosomen chr verbunden sind. 60 000fach. c) Mikrotubuli mt der Spindel im Querschnitt. 80 000fach (Aufnahmen: R. E. KANE, 1962)

Der Mechanismus der Polymerisation ist noch nicht bekannt. Man glaubt, daß dazu Stoffe mit SH-Gruppen wie Glutathion (cysteinhaltiges Tripeptid) erforderlich sind. Wenn SH-Gruppen im Überschuß in der Zelle vorhanden sind, kann die Polymerisation nicht ordentlich ablaufen, denn bringt man Eier in ein Milieu mit Mercaptoäthanol ($SHCH_2$-CH_2OH), so unterbleibt die Spindelbildung. Die Centriolen und Centromeren spielen zweifellos die Rolle eines Polymerisationskernes, von dem aus der Aufbau der Mikrotubuli induziert wird.

Die Bedeutung der Mikrotubuli für die polwärts gerichtete Wanderung der Chromosomen ist noch nicht bekannt. Es ist sicher, daß die Verbindung zwischen Centromer und Chromosomenfaser für diese Bewegung sehr wesentlich ist, denn zerstört man durch Bestrahlung die Region des Centromers eines Chromosoms, so wandert es nicht mehr zu einem Pol. Es ist nicht sicher, daß die Mikrotubuli einen echten kontraktilen Apparat darstellen, wahrscheinlich dienen sie nur als Anheftungsstellen für das kontraktile System, welches seinerseits bei der Isolierung des mitotischen Apparates verlorengeht. Eine andere Möglichkeit wäre die, daß die Interzonalfasern die Chromosomen auseinanderstemmen und auf diese Weise zu den Polen schieben. Wie es auch sei, die Bewegung der Chromosomen während der Zellteilung erinnert auch an andere zelluläre Bewegungsvorgänge, die wir bereits besprochen haben. Behandelt man eine Zelle zu Beginn der Anaphase mit Glycerin, so werden die mit den Bewegungsvorgängen verknüpften Proteine nicht denaturiert: wenn man ATP hinzufügt, so unterstützt man die polwärtsgerichtete Wanderung der Chromosomen (HOFFMANN-BERLING, 1956). Abschließend können wir festhalten, daß die Mikrotubuli häufig an Bewegungsvorgängen in der Zelle beteiligt zu sein scheinen. Im Falle der Mitose sind diese Strukturen instabil und verschwinden wieder in der Telophase, zweifellos durch Depolymerisation ihrer polymeren Proteine. Diese Depolymerisation erfolgt nicht ganz vollständig, denn man findet auch während der Interphase Mikrotubuli im Cytoplasma, die von der vorhergegangenen Teilung zurückgeblieben sind.

3.3. Cytodiärese

Wir betrachten hier nur die Cytodiärese von tierischen Zellen.

Wie schon geschildert, trennen sich die beiden Tochterzellen nach Ausbildung einer Einschnürung oder Teilungsfurche in der Äquatorialregion. Bei der Einschnürung entsteht eine Oberflächenvergrößerung von rund 30 % in der Äquatorialzone, das heißt, in diesem Gebiet findet eine Neusynthese von Zellmembran statt.

Man kann die Einschnürung und die Synthese neuer Membranabschnitte an der Bewegung kleiner Koalinteilchen erkennen, die man z. B. auf die Oberfläche eines sich teilenden Seeigeleis bringt[1]). Die Bildung der Teilungsfurche scheint durch kontraktile Proteine in der Äquatorialregion hervorgerufen zu werden. Denn gibt man ATP zu einem Milieu, in dem sich eine zu Beginn der Telophase mit Glycerin behandelte Zelle befindet, so tritt eine Teilungsfurche auf.

Von einem bestimmten Teilungsstadium an ist die Einschnürungsebene durch die von der Spindel zuvor eingenommenen Lage festgelegt. Versuche an sich teilenden

---

[1]) Diese Methode wird gleichfalls bei der Beobachtung von zellulären Bewegungsvorgängen während der Embryonalentwicklung angewendet. Siehe Band „Embryologie" der Uni-Texte.

Neuroblasten der Heuschrecke (Bild 120) haben diesen Zusammenhang aufgedeckt
(KAWAMURA, 1960). Während der Metaphase hat man die Teilungsspindel mit
Mikronadeln verschoben und dabei festgestellt, daß sich die Teilungsfurche in der
neuen Äquatorialregion bildet. In einem zweiten Versuch drehte man die Spindel
zu Beginn der Anaphase. In diesem Fall bildete sich die Teilungsfurche nicht rechtwinklig zur Spindelachse, sondern stattdessen rechtwinlig zur ursprünglichen Stellung
der Spindelachse.

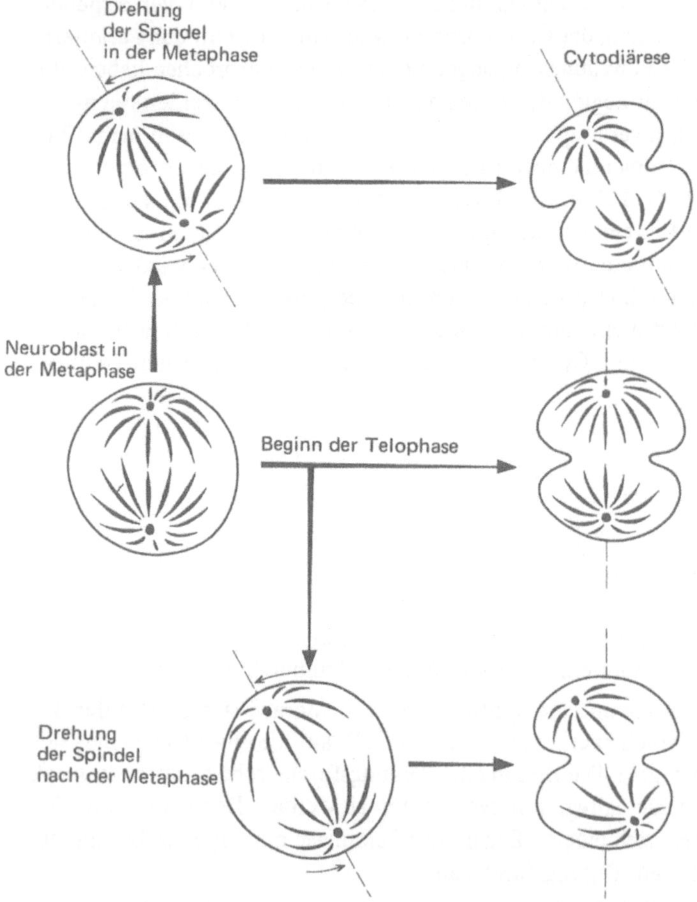

Bild 120. Lage der Spindel zur Teilungsfurche. Dreht man die Spindel eines Neuroblasten in der
Metaphase, so entsteht die Teilungsfurche senkrecht zur neuen Lage der Spindelachse. Dreht man
dagegen die Spindel zu Beginn der Anaphase, so bildet sich die Teilungsfurche senkrecht zur
alten Lage der Spindelachse aus

Bis zu einem gewissen Stadium der Teilung bestimmt die Lage der Spindelachse die Orientierung der kontraktilen Proteine, welche die Einschnürung bewirken. Ist dieses Stadium überschritten, so hat eine Drehung der Spindelachse keinen Einfluß mehr auf die Festlegung der Teilungsebene.

Die Beobachtung, daß die Spindel von einem bestimmten Stadium der Zellteilung an keinen Einfluß mehr auf die Teilungsebene ausübt, wird durch folgendes Experiment erhärtet (Bild 121). Man injiziert einem Seeigelei zu Beginn der Anaphase einen Tropfen Meerwasser oder Öl. Diese Injektion bewirkt die Zerstörung der Spindel, verhindert aber weder die Ausbildung der Teilungsfurche noch die Cytodiärese (HIRAMOTO, 1965).

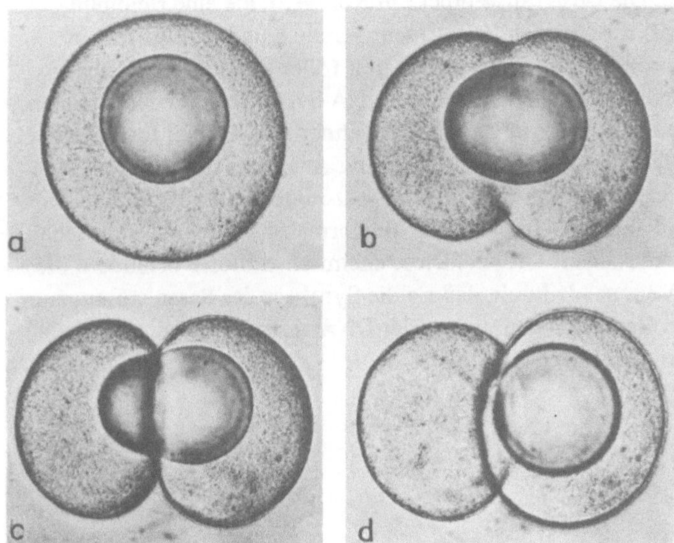

Bild 121. Cytodiärese bei Fehlen einer Teilungsspindel. In dieses Seeigelei hat man zu Beginn der Anaphase einen Tropfen Paraffinöl injiziert (a). Dieser Tropfen, der den zentralen Teil des Eis einnimmt, hat die Teilungsspindel zerstört. Trotzdem bildet sich eine Teilungsfurche aus (b und c), und das Ei teilt sich in zwei Hälften (d), von denen die eine den Öltropfen enthält. Lichtmikroskopisch, 350 fach (Aufnahmen: Y. HIRAMOTO, 1965)

4. Mitose-Hemmer

Die Mitose besteht aus zwei wesentlichen Vorgängen: der Verdoppelung der DNA und der Verteilung des Chromosomenmaterials auf die Tochterzellen. Es gibt eine Reihe physikalischer oder chemischer Mittel, die den normalen Ablauf des einen oder des anderen Vorgangs stören: die Mitose-Hemmer oder -Inhibitoren. Einige

stören die Verdoppelung der DNA, das sind die Inhibitoren der DNA-Synthese;
andere behindern die Ausbildung der Spindel und damit die Verteilung des Chromosomenmaterials.

4.1. Inhibitoren der DNA-Synthese

Die DNA-Synthese kann mit physikalischen oder chemischen Mitteln gehemmt
werden. Dieser Punkt wird ausführlich im Band „Genetik" der Uni-Texte behandelt.
Wir beschränken uns hier auf einige Beispiele.

Zu den physikalischen Mitteln, die zur Blockierung der DNA-Synthese führen, zählen die Röntgenstrahlen. Die Dosis (ausgedrückt in Röntgen), die eine Hemmung
der DNA-Synthese bewirkt, ist je nach Zelltyp sehr variabel, und man spricht in
diesem Zusammenhang von verschiedener Sensibilität (oder Resistenz) gegenüber
Röntgenstrahlen. Die chemischen Mittel, die eine DNA-Synthese behindern können,
gehören sehr verschiedenen Stoffklassen an. Wir erwähnen nur Aminopterin, Senf-
gas (das auch als Kampfgas verwendet worden ist) und Analoga der Purin- und Pyrimidinbasen wie 6-Mercaptopurin, 5-Fluoruracil, 4-Azouracil und 5-Bromuracil
(Bild 122). Letztere sind ähnliche Moleküle wie die normalen Basen und unterscheiden sich von diesen nur durch eine Gruppe. Diese chemischen Stoffe behindern die
Verdoppelung der DNA einmal dadurch, daß sie die Synthese der Basen stören, zum
andern dadurch, daß sie die Zusammensetzung der DNA verändern, weil statt der
normalen Basen die analogen eingebaut werden.

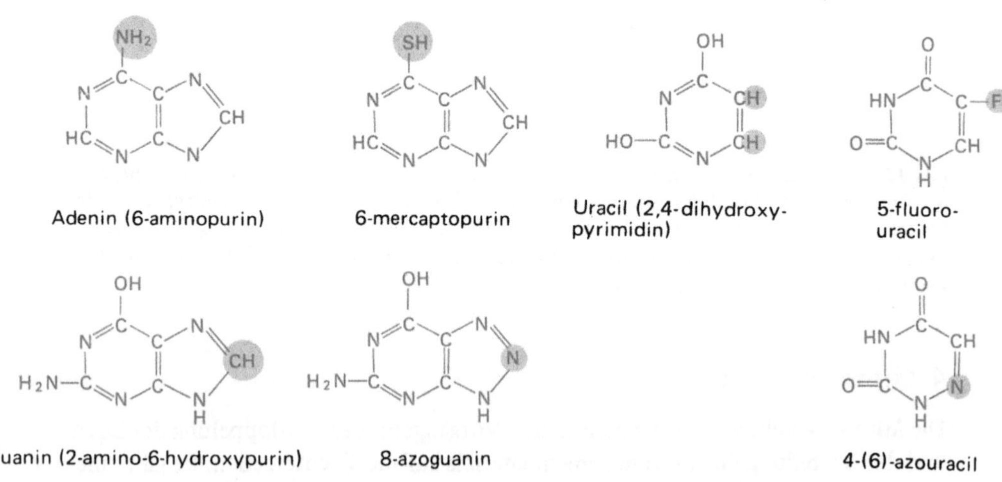

Bild 122. Formeln einiger Purin- und Pyrimidinbasen und einiger ihrer Analoga

Der durch diese Chemikalien hervorgerufene morphologische Effekt gleicht häufig dem durch Röntgenstrahlen induzierten; deshalb hat man diesen Stoffen den Namen Radiomimetika gegeben.

4.2. Inhibitoren der Spindelbildung

Es gibt physikalische und chemische Mittel, die auf die Spindel einwirken. So kann Strahlung die Verbindung zwischen Chromosomenfaser und Centromer zerstören, und dann findet keine Wanderung der Chromosomen zu den Polen statt. Bestimmte chemische Stoffe verhindern die Bildung der Spindelfasern, während andere die aus diesen Proteinen bestehenden Fasern depolymerisieren. Hierzu zählen z. B. das Colchicin (Alkaloid der Herbstzeitlosen), das *Vinca*-Leucoblastin (Alkaloid des Immergrüns) und Mercaptoäthanol.

Wird eine Zelle zu Beginn der Teilung mit Colchicin behandelt, so laufen die morphologischen Veränderungen der Mitose bis zur Metaphase normal ab, aber es wird keine Teilungsspindel ausgebildet. Die Trennung der beiden Chromosomensätze bleibt aus, die beiden Tochterchromosomen bleiben durch das gemeisame Centromer verbunden. Die Zelle kann wieder in den Interphasezustand zurückkehren, bleibt aber tetraploid. Mit *Vinca*-Leucoblastin erziehlt man ähnliche Effekte. Es scheint so, als verhinderten diese Stoffe die Polymerisation der Spindelproteine.

Wendet man Mercaptoäthanol vor der Metaphase an, so verhindert es die Spindelbildung: seine SH-Gruppen bilden mit den Spindelproteinen Disulfidbrücken, so daß die Moleküle dieser Proteine sich nicht mehr untereinander verbinden können. Die Wirkung des Mercaptoäthanols ist jedoch anders, wenn man es zum Zeitpunkt der Metaphase anwendet; man stellt fest, daß die Doppelbrechung verschwindet; sie erscheint jedoch wieder nach Entfernen des Mercaptoäthanols. In diesem Fall nimmt man an, daß das Mercaptoäthanol die Spannung, die die Enden der Spindelproteine zusammenhält, lockert.

4.3. Anwendung der Mitose-Hemmer

Alle diese erwähnten Mittel verdienen deshalb Interesse, weil man einmal polyploide Zellen (Colchicin) erhalten kann, und zum andern, weil sie, allerdings nur in einem bestimmten Zeitraum, die Proliferation von Krebszellen eindämmen.

5. Von der Mitose abweichende Mechanismen

In bestimmten Zellen bleibt nach der Verdoppelung der DNA die darauf folgende Verteilung auf zwei Tochterzellen aus. Man spricht dann von *Endomitose*. Bei diesem Vorgang entstehen aus diploiden entweder polyploide oder polytäne Zellen.

5.1. Polyploidie

Die zur *Polyploidie* führende Endomitose beginnt wie eine normale Mitose: Die
Centromeren werden verdoppelt, die Tochterchromosomen trennen sich, aber eine
Spindelbildung und die Cytodiärese bleiben aus. Wenn die Kernmembran verschwin-
det, bildet sie sich anschließend wieder aus, und man erhält eine tetraploide Zelle,
wenn sich der Vorgang wiederholt, eine polyploide. Im allgemeinen bleibt aber die
Kernmembran bei der Endomitose erhalten.

Durch Endomitose entstandene Polyploidie ist nicht selten. Man beobachtet sie
z. B. in Leberzellen der Säuger, dem Makronucleus der Ciliaten und Darmepithelzellen bestimmter Insekten. Bei Insekten wie den Gespenstschrecken sind alle Gewebe polyploid, doch jedes Gewebe hat einen anderen Polyploidiegrad.

5.2. Polytänie

Die zur *Polytänie* führende Endomitose beginnt ebenfalls wie eine normale Mitose,
endet aber bereits beim Beginn der Prophase. Die Chromatiden sind verdoppelt worden, spiralisieren sich aber nicht. Während der folgenden Endomitosen bleiben die
Tochterchromatiden als Bündel parallel nebeneinander liegen und bilden *Riesen-*
oder *Polytänchromosomen,* die auch während der Interphase wegen ihrer Länge
und Dicke sichtbar sind. Solche Chromosomen kann man in den Speicheldrüsen
von *Drosophila* beobachten.In diesem Fall führen neun bis zehn endomitotische
Verdoppelungen zur Bildung von Chromosmen, die aus etwa 1000 entspiralisierten
und parallel nebeneinanderliegenden Chromatiden bestehen. Solche Chromosomen
zeigen abwechselnd dunkle und helle Banden, die zweifellos Zonen mit mehr oder
weniger DNA entsprechen. Es ist möglich, daß der relativ größere Reichtum mancher
Querscheiben an DNA auf eine leichte Spiralisierung in dieser Zone zurückzuführen
ist. Die Endomitose führt zur Entstehung sehr großer Zellen, deren Kern-Plasma-
Relation sich jedoch nicht von der diploider Zellen unterscheidet. Gleichzeitig,
wenn die DNA-Menge im Kern zunimmt, wächst auch das Volumen des Cytoplasmas. Im allgemeinen zeigen solche Zellen eine große biochemische Aktivität und
führen eine gesteigerte Proteinsynthese durch.

IV. Permeabilität und Reizbarkeit der Zelle

1. Membranpermeabilität und zellulärer Austausch

Die Zelle, strukturelle Einheit aller Lebewesen, ist vom übrigen Organismus durch eine Barriere getrennt, deren Wirksamkeit durch die zu beobachtenden Unterschiede in der Zusammensetzung des zellulären und des extrazellulären Milieus gut demonstriert wird. Diese Unterschiede in der Zusammensetzung können jedoch nicht als Folge einer vollständigen Impermeabilität gewertet werden. Im Gegenteil, die verschiedenen Funktionen der Zelle stehen im Zusammenhang mit einer selektiven Permeabilität, die je nach Zelltyp variieren und sich in manchen Fällen auch im Laufe der Zeit noch ändern kann.

Wie alle Systeme, die sich entwickeln, sich fortpflanzen oder Arbeit leisten, muß auch die Zelle dauernd Grundstoffe aufnehmen und Abfallprodukte ausscheiden. In bestimmten Fällen ist sie im Innern des Organismus für einen besonders intensiven Stoffaustausch durch ihre Membran hindurch spezialisiert; nennen wir nur die Drüsenzellen oder bestimmte Epithelzellen (Zellen der Nierentubuli, Magen- und Darmschleinhaut), die zwei Kompartimente des Organismus trennen und den Austausch zwischen ihnen kontrollieren.

Die physiologische Aktivität zahlreicher Zellen wird von elektrischen Erscheinungen an der Membran begleitet. Wie wir noch sehen werden, könnten diese nicht auftreten, wenn nicht eine bestimmte Ionenbewegung durch die Zellmembran hindurch existierte. Auf dieser selektiven Permeabilität und ihrer Veränderung im Verlaufe der Zeit beruhen im wesentlichen die modernen Theorien über die Nervenleitung.

Wenn die Unterschiede in der Zusammensetzung des inter- und intrazellulären Milieus eine beschränkte Permeabilität der Zellmembran nahelegen, so kann ein solcher Schluß jedoch nicht aus einer einfachen Analyse der Zellbestandteile gezogen werden. Der Konzentrationsunterschied eines bestimmten Stoffes innerhalb und außerhalb der Zelle kann resultieren: erstens aus einer Impermeabilität der Zellmembran für diesen Stoff, zweitens daraus, daß dieser Stoff aktiv transportiert wird, und drittens, daß er in der Zelle synthetisiert oder verbraucht wird.

Die Verteilung von Na^+ und K^+ im zellulären und extrazellulären Milieu demonstriert die Spezifität der Permeabilität und die Komplexität der Vorgänge an der Membran. Diese beiden monovalenten Kationen von ähnlicher Größe sind im Organismus sehr verschieden verteilt: Natrium ist im extrazellulären Raum das am meisten vorhandene Kation, während Kalium hauptsächlich intrazellulär vorkommt.

Lange Zeit hat man geglaubt, daß die geringe Konzentration von Natrium innerhalb der Zelle, deren elektrische Ladung im Vergleich zum umgebenden Milieu negativ ist, ein Beweis für die Impermeabilität der Zellmembran für dieses Ion darstellt. Wie man mit Hilfe von Tracern dagegen feststellen konnte, ist intrazelluläres Natrium sehr schnell austauschbar. Die Membran ist also für Natrium permeabel, und wenn seine Konzentration innerhalb der Zelle so gering ist, so liegt das daran, daß das passive Eindringen durch einen fortwährenden *aktiven Transport* in entgegengesetzter Richtung kompensiert wird. Dieser Vorgang ist ein aktiver Transport, denn er ist aus der elektrochemischen Potentialdifferenz für dieses Ion nicht zu erwarten. Er erfordert Arbeit von seiten der Zelle und ist notwendigerweise mit Energieverbrauch gekoppelt. Man erklärt diesen Vorgang damit, daß man in der Zellmembran eine „*Natriumpumpe*" annimmt, deren Natur aber noch völlig unbekannt ist. Der Transport durch die Zellmembran kann durch die verschiedensten Kräfte erfolgen: Strömung aufgrund einer Druckdifferenz; Diffusion aufgrund einer chemischen Potentialdifferenz; Wanderung in einem elektrischen Feld; und falls alle diese Kräfte für die beobachtete Bewegung nicht in Betracht kommen, schließlich ein direktes Eingreifen der Zellmembran, auch *aktiver Transport* genannt.

Die Untersuchung der Zellpermeabilität für verschiedene Stoffe besteht darin, die durch die Wirkung einer oder mehrerer Kräfte ausgelöste Bewegung (Fluß) quantitativ zu bestimmen.

Man muß also die Konzentration eines Stoffes im Cytoplasma und im extrazellulären Milieu genau kennen und die Geschwindigkeit messen, mit der diese Stoffe in die Zelle eindringen oder sie verlassen. Dabei ist natürlich darauf zu achten, daß die für das Experiment gewählten Konzentrationen die normalen Permeabilitätseigenschaften nicht verändern.

Diese im Prinzip einfachen Messungen stellen erhebliche technische Schwierigkeiten dar, die durch die Kleinheit der Zellen bedingt sind. Die Anwendung radioaktiver Isotope beseitigt einige dieser Schwierigkeiten. Radioaktive Isotope haben die gleichen chemischen Eigenschaften, zeigen ein ähnliches Verhalten wie die stabilen Isotope und sind frei von toxischer Wirkung. Aufgrund ihrer Radioaktivität sind sie leicht aufzufinden und genau zu messen, selbst bei geringer Konzentration.

Es sollen hier weder alle physiko-chemischen Gesetze, deren Kenntnis für die Untersuchung dieser Bewegungen notwendig ist, noch alle bekannten Ergebnisse, die die Permeabilität verschiedener biologischer Membranen betreffen, angeführt werden.

Anhand der Resultate, die die Verteilung und den Austausch von Wasser, einiger Nichtelektrolyte und der hauptsächlichsten Elektrolyte betreffen, wollen wir die wesentlichsten Merkmale der Permeabilität der Zellmembran, ihre Ursache und die Art des Eindringens dieser Stoffe in die Zelle aufzeigen.

1.1. Austausch von Wasser und Permeabilität für Wasser

Beobachtet man rote Blutkörperchen in NaCl-Lösungen von verschiedener Konzentration, so stellt man fest, daß ihr Volumen von der jeweiligen Lösung, in der sie sich befinden, abhängig ist. Verdünnt man die Lösung durch Zugabe von Aqua dest., so tritt eine zunehmende Volumenvergrößerung ein. Von einer bestimmten Verdünnung an lassen sie ihr Hämoglobin und die Salze, die sie enthalten, austreten. Dieser Vorgang, den man *Hämolyse*[1]) nennt, vollzieht sich bei einer NaCl-Konzentration von ungefähr 0,5 %. Bei einer NaCl-Konzentration von 0,9 % dagegen ist das Volumen der Zellen das gleiche, wie man es auch im Blut beobachten kann. Verwendet man schließlich eine konzentriertere Lösung, so verringert sich das Volumen der Zellen durch Wasserverlust, und die Zellen nehmen die sogenannte Stechapfelform an. Die 0,9 %ige Lösung wird als *isotonisch,* die stärker verdünnte als *hypotonisch* und die stärker konzentrierte als *hypertonisch* bezeichnet. Die pflanzlichen Zellen verhalten sich ähnlich wie die roten Blutkörperchen. In diesem Fall ist die Zelle jedoch von einer starren Cellulosewand umgeben (Bild 123), die aber frei permeabel für Wasser und die meisten gelösten Stoffe ist. Das die Zellsaftvakuole umgebende Cytoplasma ist dagegen von einer Membran begrenzt, die zwar permeabel für Wasser, aber impermeabel für Salze ist. In einem hypertonischen Milieu verliert die Zelle Wasser, die Vakuole verringert ihr Volumen, und das Cytoplasma hat die Tendenz, sich von der Cellulosewand zu lösen *(Plasmolyse).* Wird die Zelle in eine hypotonische Lösung getaucht, so bewirkt die Differenz des osmotischen Drucks ein Einströmen von Wasser in die Vakuole, die dadurch ihr Volumen wieder vergrößert. Das Vorhandensein einer starren Zellwand begrenzt jedoch dieses Ausdehnungsbestreben. Der Innendruck steigt solange an, bis die zwischen den beiden Milieus bestehende osmotische Druckdifferenz kompensiert ist.

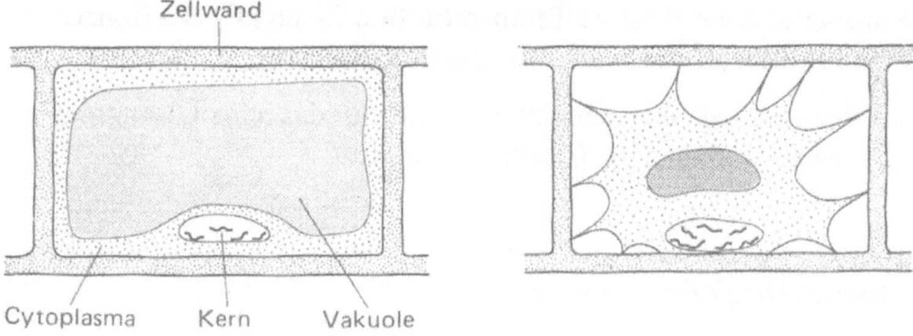

Bild 123. Pflanzenzelle im normalen Zustand und bei Plasmolyse. Das hypertonische Außenmedium verursacht eine Volumenverringerung der Vakuole und des Cytoplasmas, das sich dabei von der Zellwand abhebt

---

[1]) Siehe Seite 5

Die in den beiden vorher erwähnten Versuchen beobachteten Volumenveränderungen (genauer: Bewegung von Wasser) beruhen auf einem Gefälle des osmotischen
Drucks von einer Seite der Zellmembran zur anderen. Trennt man (Bild 124) eine
Lösung von ihrem Lösungsmittel durch eine Membran, die für das Lösungsmittel
durchlässig, für den gelösten Stoff aber undurchlässig ist (semipermeable Membran),
so nimmt das Volumen der Lösung zu, bis sich ein bestimmter hydrostatischer
Druck zwischen den beiden Kammern eingestellt hat.

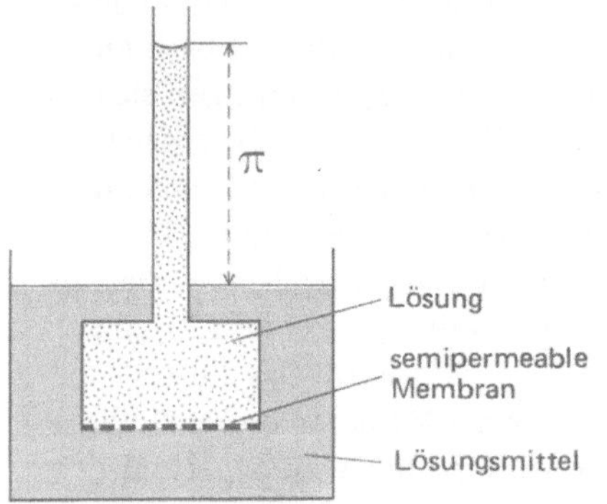

Bild 124

Eine Lösung ist von ihrem Lösungsmittel durch
eine semi-permeable Membran getrennt. Wenn
der hydrostatische Druck die zwischen beiden
Kammern bestehende osmotische Druckdifferenz kompensiert, ist ein Gleichgewicht erreicht

Nach dem VAN'T HOFFschen Gesetz läßt sich die Beziehung, die zwischen dem
gemessenen Druck und der Konzentration der gelösten Stoffe in den beiden durch
eine semipermeable Membran getrennten Kammern besteht, folgendermaßen ausdrücken:

$$\pi = RT\,(C_1 - C_2), \tag{1}$$

wobei R die Gaskonstante, T die absolute Temperatur und C_1 und C_2 die Konzentrationen des gelösten Stoffes in den beiden Kammern darstellen.

Wenn, wie in dem folgenden Fall, eine der Kammern (2) nur das reine Lösungsmittel enthält, so ist C_2 gleich Null, und die Gleichung lautet:

$$\pi = RT \cdot C_1 \tag{2}$$

Sie gibt den osmotischen Druck der Lösung an.

Man beachte die bestehende Analogie zwischen dieser Gleichung und derjenigen,
die das Verhalten idealer Gase beschreibt: denn, wenn C die molare Konzentration
des gelösten Stoffes ist, kann man schreiben:

$$C = \frac{n}{V} \qquad \begin{aligned} &n = \text{Anzahl der Mole} \\ &V = \text{Volumen} \end{aligned}$$

und

$$\pi = RT \cdot \frac{n}{V}$$

oder auch:

$$\pi \cdot V = n \cdot RT$$

Der osmotische Druck ist daher dem Gasdruck in einem abgeschlossenen Gefäß vergleichbar, und wie das Gas hat auch der gelöste Stoff das Bestreben, einen mölichst großen Raum einzunehmen.

Im Fall der roten Blutkörperchen und sofern es sich um begrenzte Schwankungen handelt, wird der Konzentrationsunterschied zwischen der Zelle und dem extrazellulären Milieu durch einen meßbaren Fluß von Wasser ausgeglichen. Im Fall der Pflanzenzelle, deren Ausdehnung durch eine starre Hülle eingeschränkt ist, beobachtet man im hypotonischen Medium ein Ansteigen des Innendrucks der Zelle. Die Gleichung (1) erlaubt die Voraussage des hydrostatischen Drucks, der das Gleichgewicht herstellt, das heißt, der das Bestreben des Lösungsmittels, in die Lösung zu wandern, kompensiert und der das Volumen der Lösung schließlich konstant hält. Was die Membran angeht, so ist sie lediglich für den gelösten Stoff impermeabel, für das Lösungsmittel dagegen permeabel. Sie gestattet nicht die Voraussage der Geschwindigkeit, mit der sich das Gleichgewicht einstellt. Diese Geschwindigkeit hängt direkt ab von der Permeabilität der Membran für Wasser, die uns ja interessiert. Durch Messen der Geschwindigkeit, mit der eine Zelle ihr Volumen vergrößert oder verringert — die gemessene Volumenveränderung pro Zeiteinheit ist folglich gleich dem Nettofluß von Wasser —, können wir die Permeabilität der Membran für Wasser bestimmen.

1.2. Hypothese zur Diffusion durch eine Membran

Es ist logisch, den beobachteten Nettofluß von Wasser als Differenz zweier entgegengesetzter Diffusionsströme zu betrachten.

In gleicher Weise wie die Gasmoleküle haben auch die Moleküle einer Lösung eine bestimmte thermische Bewegung, die Ausdruck ihrer kinetischen Energie ist. Sie unterliegen einer ständigen ungerichteten Ortsveränderung, deren Intensität von der jeweiligen Temperatur und dem jeweiligen Druck abhängig ist. Die Intensität wird jedoch durch Reibungskräfte eingeschränkt, die von dem Milieu, in dem sich die Moleküle bewegen, ausgeübt werden.

Diese Bewegung kann Ursache für die Wanderung von Stoffen sein. Betrachten wir den Fall, wo zwei Lösungen unterschiedlicher Konzentration miteinander in Kontakt gebracht werden (Bild 125).

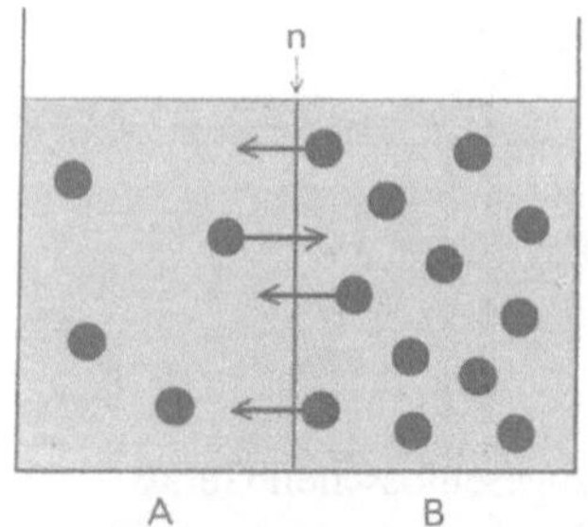

Bild 125
Beispiel für einen Nettostrom, der sich aus dem Konzentrationsunterschied der beiden in Kontakt gebrachten Lösungen ergibt

Zu einem gegebenen Zeitpunkt ist eine bestimmte Anzahl von Molekülen der Substanz A gewandert und hat die Linie n überschritten. Zur gleichen Zeit ist eine gleiche Anzahl Moleküle der Substanz B in entgegengesetzter Richtung gewandert. Die Gesamtzahl der Moleküle, die die Linie n in beiden Richtungen überschritten haben, wird allerdings verschieden sein und von der Konzentration des gelösten Stoffs im ursprünglichen Kompartiment abhängen. Jede Differenz der Konzentration zwischen A und B wird einen Fluß von Teilchen auslösen.

Das Gesetz, das die Abhängigkeit der Intensität dieses Flusses von den verschiedenen Konzentrationen ausdrückt, wurde von FICK 1855 empirisch gefunden:

$$\text{Fluß} = - D\,A\,\frac{dc}{dx} \; ,$$

wobei der Proportionalitätsfaktor D Diffusionskoeffizient genannt wird. Er hängt von der Art des gelösten Stoffs und des Lösungsmittels wie auch von der Temperatur und dem Druck[1]) ab. Wie die folgende Gleichung zeigt, sind die Dimensionen von D: $cm^2\,s^{-1}$:

$$\text{Fluß} = D \times \text{Oberfläche} \times \frac{1}{\text{Dicke}} \times \Delta c \; ,$$

$$\text{Mole/s} = cm^2/s \times cm^2 \times \frac{1}{cm} \times \frac{\text{Mole}}{cm^3} \; .$$

Im Falle der biologischen Membranen liegen die Verhältnisse etwas anders (Bild 126). Die Dicke der Membran x ist nicht bekannt. Wie man jedoch annimmt, muß sie aufgrund des ständigen Durchtritts vom Molekülen gering sein. Man macht ferner geltend, daß die Wanderung des gelösten Stoffs in der Membran ein reiner Diffusionsvorgang ist, daß der Diffusionskoeffizient von S in der Membran (D_m) viel

---

[1]) A ist die für die Diffusion zur Verfügung stehende Fläche. Das Minuszeichen deutet an, daß der Fluß auf die Kammer mit der geringeren Konzentration des gelösten Stoffs zu gerichtet ist.

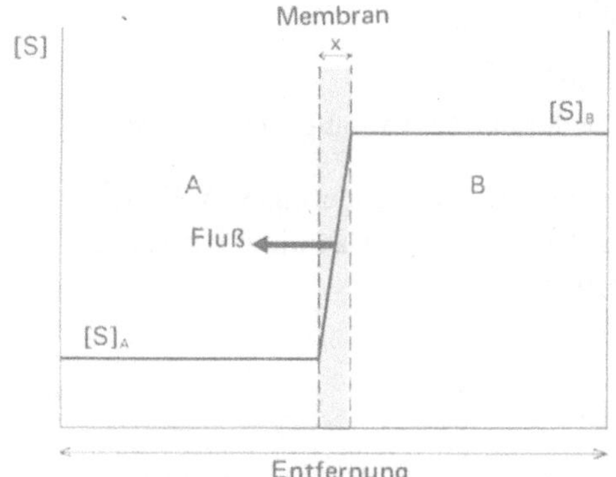

Bild 126

System mit zwei Kammern, die durch die Membran getrennt werden. Die Diffusion von S ist in der Membran sehr viel langsamer als in den Lösungen der beiden Kammern A und B. Die Konzentration von S in A und B kann als homogen betrachtet werden. Der mittlere Wert dieser Konzentration ist gegeben durch:

$$[S] = \frac{[S]_B - [S]_A}{x}$$

kleiner ist als der Diffusionskoeffizient in Wasser und daß die Verteilung von S in A und B zu jedem Zeitpunkt als homogen betrachtet werden kann. Für den Fluß in der Richtung von A nach B kann man schreiben:

$$F_{A \to B} = D_m \, A \frac{1}{x} \, [S]_A . \tag{3}$$

Da die Dicke der Membran unbekannt ist, schreibt man für $D_m \times \frac{1}{x}$ gewöhnlich einen Permeabilitätskoeffizienten P mit den Dimensionen: $cm \, s^{-1}$:

$$F_{A \to B} = PA \, [S]_A . \tag{4}$$

Ebenso kann man schreiben:

$$F_{B \to A} = PA \, [S]_B .$$

Dieser Fluß in einer Richtung ist leicht mit Hilfe eines Tracers bestimmbar. Einer der beiden Kammern wird eine bestimmte Menge Tracer zugefügt, und man mißt die Menge, die nach einer bestimmten Zeit in der andern Kammer auftritt (Isotopenfluß). Setzt man den Isotopenfluß zu der spezifischen Radioaktivität des untersuchten Stoffs in der Ausgangskammer in Beziehung, so kann man den Gesamtfluß berechnen.

Wenn man berücksichtigt, daß der Nettofluß die Resultante aus diesen beiden jeweils in einer Richtung verlaufenden Flüssen ist, so folgt:

$$F_n = F_{A \to B} - F_{B \to A} = PA \, ([S]_A - [S]_B) . \tag{5}$$

Im Falle von Wasser ist der Nettofluß mittels volumetrischer oder gravimetrischer Methoden direkt meßbar. Es können dadurch zwei Werte von P unabhängig voneinander ermittelt werden, einmal durch die Messung des Nettoflusses und zum andern durch die Messung des Flusses in einer Richtung.

Hieraus ergibt sich, daß im Fall des Diffusionsvorgangs

1. die beiden Werte von P konkordant sind und
2. bei Fehlen eines Konzentrationsunterschiedes der Nettofluß gleich Null ist.

Die erste dieser beiden Schlußfogerungen ist im Fall der Wanderung von Wasser durch eine biologische Membran nicht berücksichtigt: daher ist diese Bewegung als einfacher Diffusionsvorgang in Frage gestellt.

1.3. Erleichterte Diffusion und poröse Eigenschaft der Membran

An einem konkreten Beispiel, dem Durchtritt von Wasser durch die Haut der Kröte *Bufo bufo* (USSING, 1952), lassen sich die Meß- und Berechnungsmethoden für den Permeabilitätskoeffizienten P besser erläutern. Wir werden versuchen, eine Erklärung für den Unterschied der durch die beiden Methoden gefundenen Werte zu geben. Die biologische Membran ist in diesem Fall keine Zellmembran, sondern ein mehrschichtiges Epithel. Das Verhalten dieses Epithels unterscheidet sich jedoch nicht von dem einer einfachen Membran, wie es SOLOMON, SIDEL und PAGANELLI später (1957) an roten Blutkörperchen beobachtet haben. Dazu bietet die Haut der Kröte noch den Vorteil, daß ihre Permeabilität gegenüber Wasser je nach den physiologischen Bedingungen variiert. Wie wir auch noch sehen werden, läßt sich mit Hormonen der Neurohypophyse der Durchfluß von Wasser durch ein solches Hautpräparat erheblich verstärken.

KOEFOED-JOHNSEN und USSING haben sowohl den Nettofluß als auch den Fluß in einer Richtung von Wasser durch die Haut von *Bufo* mit und ohne Zugabe von Neurohypophysenhormonen gemessen.

Die benutzte Versuchsanordnung zeigt schematisch Bild 127. Die abgetrennte Haut wird von der Unterseite mit einer Ringerlösung benetzt ($[H_2O] \sim 55,3\,M$ $\sim 995\,\mu m\,1/cm^3$), die Oberseite steht in Kontakt mit einer zehnfachen Verdünnung dieser Lösung ($[H_2O] \sim 55,5\,M = 10^3\,\mu m\,1/cm^3$), der man eine bestimmte Menge schweres Wasser (DHO) zugesetzt hat. In regelmäßigen Abständen wird der an die Innenseite der Haut grenzenden Kammer eine gleiche Menge vom Inhalt entnommen, um die Konzentration an DHO zu bestimmen. Das Volumen der an die Außenseite grenzenden Kammer wird mit einer Bürette (h) gemessen, nachdem man das Hautpräparat über eine Siebplatte (P) gespannt, diese in eine fixierte Lage gebracht und durch Ansaugen (g) das Niviau der Ringerlösung bis zur Marke M und M ' gesenkt hat.

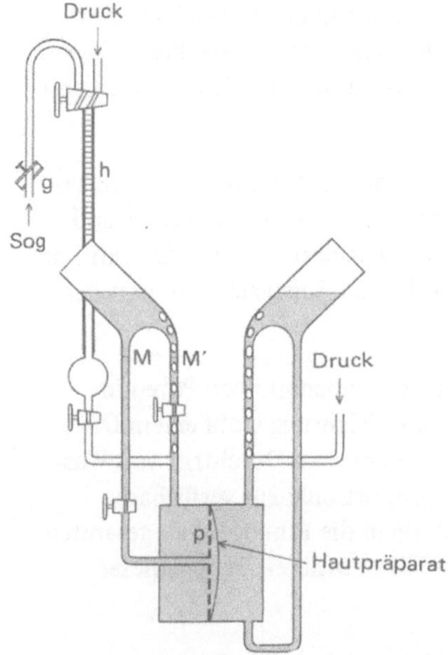

Bild 127
Apparatur zur Messung des Stroms von Wasser durch eine Amphibienhaut (verändert nach USSING). Während der Inkubation steht die Lösung in beiden Kammern gleich hoch. Zum Messen wird die Belüftung der linken Kammer unterbrochen, und der Wasserstand sinkt bis zur Linie M–M' ab. Das Hautpräparat ist fest über eine Porenplatte p gespannt. Die Volumenveränderungen werden mit der Bürette h bestimmt

Die Ergebnisse eines solchen Experiments gibt Tabelle I wieder.

Tabelle I

| | Wassereinstrom in $\mu l/h \cdot cm^2$ | | | |
| | Kontrolle | | nach Hormongabe | |
	a	*b*	*c*	*d*
Einstrom	441	460	532	551
Nettofluß	12	13	30	36

Betrachten wir im Augenblick nur die Periode c: aus F_e (Gleichung 4) berechnet man

$$P_{\text{Diffusion}} = 1,48 \cdot 10^{-4} \text{cm s}^{-1},$$

aus F_n (Gleichung 5)

$$P_{\text{Osmose}} = 2,32 \cdot 10^{-3} \text{cm s}^{-1}.$$

Die beiden Werte unterscheiden sich so sehr, daß man den Durchtritt von Wasser durch die Haut von *Bufo* nicht als einen einfachen Diffusionsvorgang betrachten darf.

Andererseits ist es wenig wahrscheinlich, daß es sich um einen aktiven Transport handelt, denn der Nettofluß von Wasser ist abhängig von einer unterschiedlichen Konzentration auf beiden Seiten des Membranpräparates und ist gleich Null, wenn eine osmotische Druckdifferenz fehlt.

Es gibt eine Hypothese, die diese Befunde erklären könnte. Sie nimmt an, daß es sich einerseits um einen passiven, wenn auch nicht einfachen Diffusionsfluß und andererseits um eine Begünstigung des Flusses in einer Richtung durch das Hormon handelt. Während der Nettofluß ungefähr um den Faktor 3 anwächst, nimmt der Fluß in einer Richtung praktisch nicht zu (Tabelle I).

Nach USSING entsteht diese Situation durch ein Vorhandensein von Poren im Innern der Membran und entspricht der Fluß in einer Richtung wohl einem Diffusionsvorgang, während der Nettofluß aus dem erleichterten Durchtritt von Wasser durch Poren resultiert. Der Diffusionsfluß ist proportional zur verfügbaren Diffusionsfläche. Der Nettofluß dagegen ist nicht allein die Funktion der gesamten Fläche, sondern auch, wie wir noch sehen werden, des mittleren Radius dieser Poren.

Das Gesetz, dem der Fluß durch ein Leitungssystem mit ähnlichen Dimensionen, wie sie die Poren der Membran darstellen, unterliegt, hat man noch nicht aufgestellt. Man kann zu dieser Hypothese das Gesetz von POISEUILLE anführen und behaupten, daß es sich um n Kapillaren mit einem konstanten Radius R und der Länge L handelt. In diesem Fall treibt ein Druck P folgende Wassermenge D hindurch:

$$D = \frac{n \pi P R^4}{8 \eta L}$$

Anders ausgedrückt: Bei einer gegebenen Fläche ($n \pi R^2$) wäre der Fluß in einer Richtung nicht Funktion der Porenzahl während der Nettofluß dem Quadrat des mittleren Porenradius proportional wäre.

Aus dem oben genannten Beispiel geht hervor, daß die für die Diffusion zur Verfügung stehende Fläche konstant bleibt, da keine Zunahme des Flusses in einer Richtung unter der Hormoneinwirkung eintritt. Die gleichzeitige Zunahme des Nettoflusses läßt sich nur so erklären: Unter dem Einfluß des Hormons ist eine große Anzahl Poren mit kleinem Radius durch eine kleinere Anzahl Poren mit größerem Radius ersetzt worden.

Diese Hypothese wird zur Zeit von den meisten Autoren angeführt. Einige der Folgerungen konnten allerdings noch nicht bewiesen werden. Es ist jedoch möglich, den mittleren Radius, den diese Poren nach dieser Hypothese haben müßten, zu

berechnen. In einigen Geweben sind ihre Ausmaße groß genug, um im Elektronenmikroskop sichtbar zu werden. Alle Versuche, sie nachzuweisen, sind jedoch bis
zum heutigen Tag fehlgeschlagen.

Mit Hilfe von mit ^{14}C und ^{35}S markiertem Thioharnstoff haben ANDERSON und
USSING gleichzeitig den Fluß in die eine wie in die andere Richtung durch die
Haut bei Vorhandensein und Nichtvorhandensein eines Nettoflusses von Wasser
gemessen.

Gibt es einen Nettofluß, so sind Fluß und Gegenfluß von Thioharnstoff gleich, ein
Resultat, das zu erwarten war, da es zwischen den beiden Kompartimenten keinen
Konzentrationsunterschied gibt. Dagegen ist, wenn ein Nettofluß von Wasser vorliegt, auch das Verhältnis F_e/F_s für den Thioharnstoff signifikant größer als 1. Es
gibt also einen erleichterten Durchfluß von Wasser durch Poren, der den Fluß in
einer Richtung auf Kosten der Gegenrichtung beschleunigt.

Die Messungen der Permeabilität für Wasser zeigen also, daß sich die Zellmembran
annähernd wie eine semipermeable Membran verhält, nämlich impermeabel für gelöste Stoffe und relativ gut permeabel für Wasser.

Da die Permeabilität für Wasser sich aus der Existenz von Poren im Innern der
Membran ergibt, erfolgt der Transport von Wasser durch die Membran bei Vorhandensein einer osmotischen Druckdifferenz in Form einer erleichterten Diffusion,
wobei wasserlösliche Moleküle, die genügend klein sind, um die Poren zu passieren,
mitgerissen werden.

1.4. Permeabilität für verschiedene Nichtelektrolyte

Wenn man sich die Zellmembran als ein Sieb vorstellt, durch dessen Maschen die
verschiedenen gelösten Stoffe in die Zelle eindringen, so kann man erwarten, eine
Korrelation zwischen Molekülgröße der gelösten Stoffe und der Geschwindigkeit,
mit der sie in die Zelle eindringen, zu finden.

Im Fall eines Siebes, dessen Maschenweite größer ist als die zu untersuchenden
Moleküle, läßt sich zeigen, daß der Permeabilitätskoeffizient für die verschiedenen
Stoffe umgekehrt proportional zur Quadratwurzel ihres Molekulargewichts ist.
Diese Aussage wird z. B. im Falle von *Beggiatoa mirabilis*, einem Bakterium, be-
stätigt: seine Membran verhält sich wie ein Sieb, dessen Maschen etwa die Größe
von Saccharosemolekülen haben.

Eine solche Art von Permeabilität bleibt jedoch eine Ausnahme. Bei den meisten
Zellen treten hinsichtlich der Beziehung zwischen Permeabilitätskoeffizient und
Molekulargewicht der gelösten Stoffe zahlreiche Ausnahmen auf (siehe z. B. Spalte 2
und 4 der Tabelle II, *Chara ceratophylla* betreffend). Diese Beziehung besteht nur,

wenn man eine Reihe homologer Stoffe betrachtet. Vergleicht man dagegen Stoffe mit ähnlichem Molekulargewicht, aber sehr verschiedener chemischer Struktur, so ergeben sich erhebliche Unterschiede in der Penetrationsgeschwindigkeit.

Tabelle II. Permeabilität der Zellmembran für verschiedene Nichtelektrolyte

| Substanz | Molekulargewicht | Permeabilität 10^{-5} cm/sec. | | | Verteilungskoeffizient Olivenöl/ Wasser x 10^3 |
| | | Olivenöl (5 nm) | Chara | Wasser (5 nm) | |
(1)	(2)	(3)	(4)	(5)	(6)
Trimethylcitrat	234	170	6,7	900.000	47
Propionamid	73	3,0	3,6	1.380.000	3,6
aβ-Dioxypropan	76	2,6	2,4	1.600.000	5,7
Acetamid	59	0,83	1,5	1.790.000	0,83
Glykol	62	0,75	1,2	1.730.000	0,49
aa-Dioxypropan	76	0,75	–	1.600.000	(0,1)
Methylenharnstoff	74	0,058	0,19	1.610.000	0,44
Harnstoff	60	0,018	0,11	1.780.000	0,15
Glycerin	92	0,0051	0,021	1.440.000	0,07
Malonamid	102	0,0021	0,0039	1.380.000	0,08
Erythrit	122	0,00007	0,0013	1.240.000	0,03
Saccharose	342	–	0,0008	750.000	0,03

1.4.1. Lipoidlöslichkeit und Permeabilität

Dieses Penetrationsvermögen ist eng mit der Lipoidlöslichkeit der untersuchten Stoffe verbunden. OVERTON hat schon 1902 bei bestimmten Pflanzenzellen einen Zusammenhang zwischen der Penetrationsgeschwindigkeit und der Lipoidlöslichkeit von Stoffen beobachtet. So dringen Stoffe wie Äther, Aceton usw. sehr schnell in die Zelle ein, wasserlösliche Stoffe jedoch sehr viel langsamer. Im allgemeinen sind es Lipoide, d. h. Stoffe, die gute Lösungsmittel für Lipide darstellen oder selbst in solchen Lösungsmitteln gut löslich sind, die leicht in die Zelle eindringen.

Diese qualitativen Untersuchungen führten OVERTON dazu, die Theorie von der Lipoidnatur der Zellmembran aufzustellen, die später von anderen Autoren wieder aufgenommen wurde. Aus Tabelle II ist die enge Korrelation zwischen dem Permeabilitätskoeffizienten einerseits und der Lipoidlöslichkeit der verschiedenen Stoffe andererseits für die einzellige Alge *Chara ceratophylla* ersichtlich, die wegen ihrer Größe ein günstiges Objekt für solche Versuche darstellt. Neben dem Molekulargewicht jedes Stoffes findet man den Permeabilitätskoeffizienten für eine Ölschicht von 5 μm und den für eine Wasserschicht von gleicher Dicke sowie den Verteilungsquotienten zwischen Öl und Wasser, der dem Permeabilitätskoeffizienten für die Membran von *Chara* vergleichbar ist. Die Parallelität ist auffällig und steht im Einklang mit der Hypothese, nach der die Penetration von Stoffen dadurch zustande kommt, daß sie sich in der lipoiden Phase der Membran lösen.

1.4.2. Kontinuität der wäßrigen Phase: Poren

Dehnt man diese Untersuchungen auf eine große Zahl von Stoffen mit verschiedenen Eigenschaften aus, so zeigen sich gewisse Ausnahmen, die zu der Überlegung führen, daß die Membran über ihre ganze Ausdehnung keine homogene lipoide Beschaffenheit aufweisen kann.

Bild 128, entlehnt von COLLANDER, erlaubt für *Chara ceratophylla* den Permeabilitätskoeffizienten für verschiedene Stoffe in Beziehung zu ihrem Verteilungsquotienten zwischen Öl und Wasser zu setzen.

Man kann daraus entnehmen, daß ein Eindringen desto schneller erfolgt, je größer die Löslichkeit in Lipiden ist. Andererseits geht aus dieser Darstellung deutlich hervor, daß einige Stoffe (Wasser, Methanol, Acetamid, Äthylenglykol) im Verhältnis zu ihrer Lipoidlöslichkeit ungewöhnlich schnell eindringen.

Die Beobachtung, daß diese Stoffe gut in Wasser löslich sind, ein kleines Molekulargewicht aufweisen, folglich kleine Moleküle besitzen, führte HÖBER zu der Annahme, daß die Zellmembran als ein Mosaik aus Lipoidregionen und porösen Regionen aufzufassen sei, wobei die letzteren wahrscheinlich aus fibrillären Proteinen, deren Maschen die Kontinuität zwischen den wäßrigen Phasen des extra- und intrazellulären Millieus gewährleisten, aufgebaut sind.

Das Eindringen bestimmter Stoffe in die Zelle scheint jedoch auf komplexeren Vorgängen als einer einfachen Diffusion in der wäßrigen oder der lipoiden Phase der Membran zu beruhen.

1.4.3. Erleichterte Permeabilität und Permeasen

Die Art und Weise, wie Glucose in menschliche rote Blutkörperchen eindringt, kann man als Beispiel anführen. Wegen der zahlreichen OH-Gruppen ist Glucose nur wenig lipoidlöslich und dringt dennoch sehr schnell in die Zelle ein: der Konzentrationsunterschied zwischen dem extrazellulären und dem intrazellulären Milieu wird in 25 Sekunden auf die Hälfte reduziert, was einem Permeabilitätskoeffizienten von $1,5 \cdot 10^{-6}$ cm/s entspricht. Dieser Permeabilitätskoeffizient ändert sich jedoch mit der Konzentration von Glucose im Außenmedium und verringert sich, wenn diese Konzentration erhöht wird. Man nimmt an, daß die Glucose die Zellmembran passiert, gebunden an eine Komponente, die die Rolle eines spezifischen Trägers spielt. In diesem Fall kann der Permeabilitätskoeffizient der Membran nicht mehr von der Konzentration des zu transportierenden Stoffes abhängig sein: bei

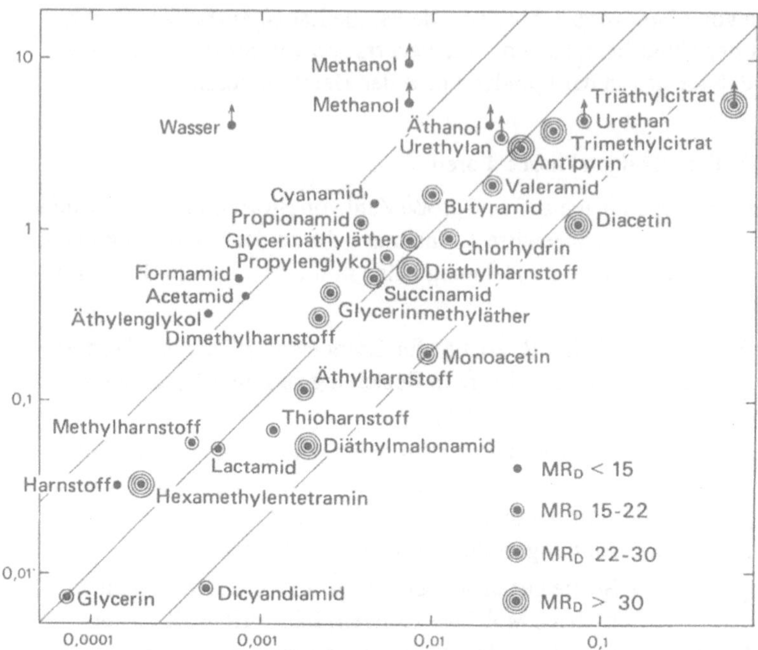

Bild 128. Zelluläre Permeabilität von *Chara* als Funktion des Koeffizienten Öl/Wasser. MR$_D$ stellt eine Schätzung der Molekülgröße dar. Auf der Ordinate ist P x $\sqrt{M}$ aufgetragen, auf der Abszisse der Quotient Öl/Wasser

hoher Glucosekonzentration ist es die verfügbare Menge des Trägerstoffes, die für das Eindringen den begrenzenden Faktor darstellt. Andere Argumente sprechen zugunsten einer chemischen Verbindung mit dem Transportstoff auf dem Wege durch die Zellmembran. Das sind vor allem:

a) Hemmung des Eindringens von Glucose durch andere Zucker. Diese Zucker passieren die Zellmembran an die gleichen Trägerstoffe gebunden und treten daher zur Glucose in Konkurrenz, worauf ihr hemmender Einfluß beruht.

b) Spezifische Hemmung durch Stoffe wie Phlorizin.

c) Der beim Eindringen erhöhte Q$_{10}$ (ungefähr 3), der kaum mit einem einfachen Diffusionsvorgang vereinbar ist.

Da die beschränkte Porengröße der Membran einer Anzahl von Molekülen, die für die Funktionen der Zelle wesentlich sind, den Durchtritt verwehrt, muß die Zellmembran ein spezifisches Transportsystem entwickelt haben, das aus für diese Aufgabe spezialisierten Enzymen besteht. Bei *Escherichia coli* schätzt man, daß es 30 bis 60 solcher Systeme gibt, die den Transport der verschiedenen Stoffe ermöglichen. Die *Permeasen,* wie diese Systeme genannt werden, unterliegen einer genetischen Kontrolle.

1.5. Permeabilität der Zellmembran für Elektrolyte im intra- und extrazellulären Milieu

Wir haben zuvor gesehen, daß für einen Nichtelektrolyten der Gleichgewichtszustand eintritt, wenn der Fluß gleich Null ist, nämlich bei Fehlen eines Konzentrationsgefälles, oder besser eines chemischen Potentials für diesen Stoff in den beiden Teilen des betrachteten Systems.

Im Falle eines Elektrolyten greift noch ein zusätzlicher Faktor ein, und die analogen Bedingungen sind das Vorhandensein oder Fehlen eines elektrochemischen Potentials. Erinnern wir uns an seine Definition:

$$\Delta\mu = ZFE_m + RTL_n \frac{[X]_1}{[X]_2} ,$$

wobei Z die Ladung des entsprechenden Ions, F das Farad, E_m die Potentialdifferenz zwischen den beiden Kompartimenten und R und T die Gaskonstante und die absolute Temperatur sind.

Für das Gleichgewicht $\Delta\mu = 0$ kann man auch schreiben:

$$ZE_mF = -RTL_n \frac{[X]_1}{[X]_2} = RTL_n \frac{[X]_2}{[X]_1} .$$

Für die Abhängigkeit der Potentialdifferenz beim Gleichgewichtszustand von der Konzentration des betreffenden Ions gilt die von NERNST aufgestellte Beziehung:

$$E_m = \frac{RT}{ZF} L_n \frac{[X]_2}{[X]_1} .$$

Mit anderen Worten: beim Gleichgewichtszustand kann für einen Elektrolyten sehr wohl ein Konzentrationsunterschied bestehen, wenn er durch ein elektrisches Potential zwischen den beiden Kompartimenten ausgeglichen ist. Dieses für die Konzentrationen des betreffenden Ions beobachtete elektrische Potential wird Potentialdifferenz oder einfach Gleichgewichtspotential genannt. Umgekehrt bringt jede Polarisation der Zellmembran, welche Ursache sie auch haben mag, eine Ungleichheit der extra- und intrazellulären Konzentration für dieses Ion mit sich.

Die folgenden Abschnitte sind dem Studium konkreter Beispiele gewidmet, die uns die bei der Untersuchung der Bestandteile des zellulären Milieus und der transmembranären Potentialdifferenz auftretenden Probleme besser verständlich machen.

1.5.1. Verhältnisse der Ionenkonzentration in der quergestreiften Muskelfaser

Das größte Hindernis für die Bestimmung der Elektrolytkonzentration in der Muskelfaser beruht auf der Schwierigkeit, den Zellinhalt in reinem Zustand zu isolieren. Selbst im Fall natürlich isoliert vorkommender Zellen wie den roten Blutkörperchen oder bestimmten einzelligen Algen, die man durch Zentrifugieren vom umgebenden Medium befreien kann, wird doch immer ein bestimmter Anteil von extrazellulärem Milieu von den Zellen festgehalten. Daraus ergibt sich bei der Bestimmung des Zellinhalts ein Fehler, der um so größer ist, je größer die Konzentrationsdifferenz zwischen den beiden Milieus ist. In den meisten Fällen ist es jedoch unerläßlich, den vom extrazellulären Milieu stammenden Anteil vom Gesamtinhalt abzuziehen.

Die allgemein angewandte Technik besteht darin, mit Hilfe eines geeigneten Stoffes, meist Inulin, von dem erwiesen ist, daß es nicht in die Zelle eindringt, die interstitielle Flüssigkeitsmenge zu bestimmen. Aufgrund der in der untersuchten Probe gefundenen Menge von Inulin, dessen Konzentration im Außenmedium bekannt ist, kann man das Volumen des extrazellulären Milieus in der Probe bestimmen. Die einzelnen Schritte zur Bestimmung der Konzentration eines Elektrolyts E in einer Gewebeprobe:

1. Bestimmung des Gesamtelektrolytgehalts E_{tot} der Probe;
2. Bestimmung des Gesamtgehalts an Inulin I in der Probe;
3. Berechnung des Volumens an extrazellulärem Milieu in der Probe V_{extra} aus der bekannten Konzentration von Inulin im extrazellulären Milieu I_{extra}:

$$V_{extra} = \frac{I}{[I]_{extra}} \, .$$

Das Zellvolumen ist in diesem Fall:

$$V_{zell} = V_{total} - V_{extra} \, ;$$

4. Aus der bekannten Konzentration des Elektrolyten im extrazellulären Milieu ($[E]_{extra}$) kann man berechnen:

$$E_{extra} = E_{extra} \cdot V_{extra}$$

und

$$E_{zell} = E_{tot} - E_{extra} \, ;$$

5. Die zelluläre Konzentration von E, $[E]_{zell}$, ist gegeben durch

$$[E]_{zell} = \frac{E_{zell}}{V_{zell}} = \frac{E_{tot} - E_{extra}}{V_{tot} - V_{extra}} \, ,$$

$$= \frac{E_{tot} - [E]_{extra} \dfrac{I}{[I]_{extra}}}{V_{tot} - \dfrac{[I]_{extra}}{I}}$$

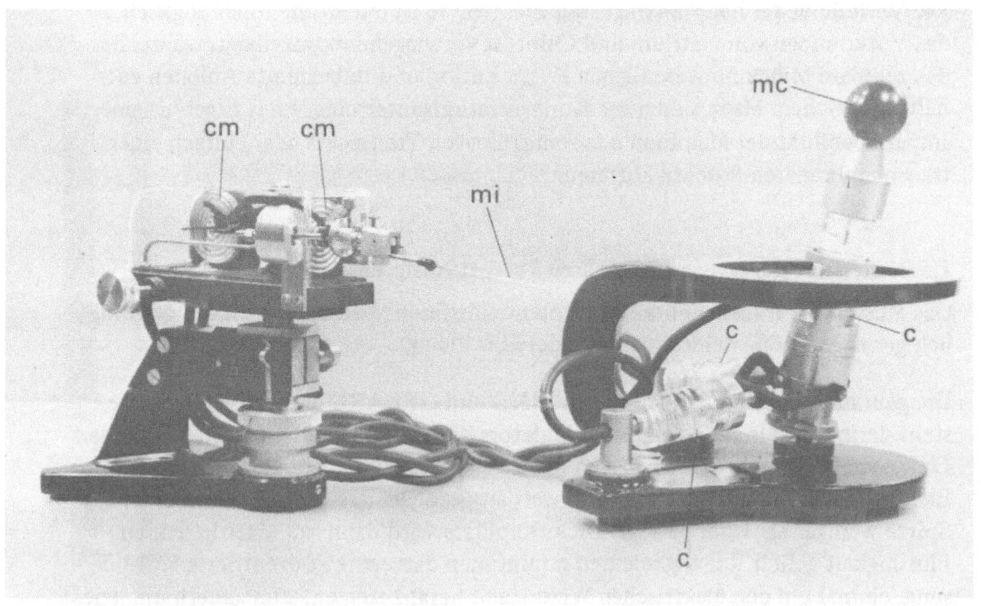

Bild 129. Mikromanipulator von FONBRUNE. Drei Zylinder (c), die in den drei Richtungen des Raumes angeordnet sind, übertragen auf pneumatischem Wege die Bewegung des Bedienungsknopfes (mc) auf drei Manometerkapseln (cm), mit denen das Mikroinstrument (mi) verbunden ist

Auf die verschiedenen Elektrolyte des Muskels angewandt, lieferte diese Methode die in Tabelle III aufgeführten Werte (nach RUCH und FULTON).

Tabelle III. Ionenkonzentration der quergestreiften Muskelfaser der Säuger

	Extrazelluläre Flüssigkeit mÄqu./l	Zelluläre Flüssigkeit mÄqu./l	$\dfrac{[\text{Ion}^-]_{ext.}}{[\text{Ion}^-]_{int.}}$	Ruhe- potential mV
Na^+	145	12	12,1	65
K^+	4	155	1/39	− 95
H^+	$3,8 \cdot 10^{-5}$	$13 \cdot 10^{-5}$	1/3,4	− 32
Cl^-	120	3,8	31,6	− 90
HCO_3^-	27	8	3,4	− 32
andere	7	155		
Potential	0	− 90 mV	31,6	

Die Verteilung der hauptsächlichsten Elektrolyte ist außerordentlich ungleich: das Vorkommen von Natrium und Chlor ist vorwiegend extrazellulär, während das zelluläre Milieu im wesenlichen K^+ als Kation und unbekannte Anionen enthält. In welchem Maße sind diese Konzentrationsunterschiede das Ergebnis einer Impermeabilität der Membran oder eines aktiven Transports oder einfach einer transmembranären Potentialdifferenz?

1.5.2. Messung der transmembranären Potentialdifferenz

Das Messen der transmembranären Potentialdifferenz bedingt wegen der gewöhnlich geringen Größe der Zellen besondere Probleme.

Die gebräuchlischste Methode haben LING und GERARD ausgearbeitet. Sie besteht darin, mittels eines Mikromanipulators die Spitze einer entsprechend kleinen Elektrode (Ultramikroelektrode) in die Zelle einzuführen. Zur Herstellung dieser Elektrode wird eine Glaskapillare so weit ausgezogen, daß ihr Durchmesser an der Spitze weniger als 1 μm beträgt. Diese Kapillare wird dann mit einer leitenden Flüssingkeit gefüllt. Im allgemeinen nimmt man dazu eine konzentrierte KCl-Lösung, einmal um den elektrischen Widerstand herabzusetzen, zum andern um jedes Diffusionspotential an ihrer Spitze zu vermeiden. Da die KCl-Lösung sehr viel konzentrierter als das intrazelluläre Milieu ist, sind es vor allem die K^+- und Cl^--Ionen mit einer ähnlichen Beweglichkeit, die die Leitfähigkeit in diesem Bereich gewährleisten. Wie das Experiment zeigt, hinterläßt das Einstechen der Elektrodenspitze, wenn sie diesen Durchmesser nicht überschreitet, keine merkliche Verletzung. Es scheint, daß sich die Zellmembran über der Elektrode schließt, ohne daß ein dauernder Kurzschluß zu verzeichenen wäre. Wenn jedoch der Durchmesser der Elektrode größer ist, fällt die registrierte Potentialdifferenz geringer aus.

Die intrazelluläre Elektrode und eine zweite extrazelluläre werden mit einem Verstärker und einem Voltmeter verbunden.

Das Einführen der Mikroelektrode in die Zelle kann nicht mit dem Mikroskop kontrolliert werden, denn der Durchmesser der Spitze liegt für das Lichtmikroskop an der Grenze der Sichtbarkeit. Das einzig verfügbare Kriterium ist die gemessene Potentialdifferenz. Wenn man die Elektrode in dasselbe Milieu wie die Vergleichselektrode taucht, registriert man nur eine schwache Potentialdifferenz um Null. Solange die Elektrode im extrazellulären Raum bleibt, ist die Potentialdifferenz konstant. Erst in dem Augenblick, in dem die Spitze der Mikroelektrode die Zellmembran durchsticht, erscheint plötzlich zwischen den beiden Elektroden eine Potentialdifferenz, und die Mikroelektrode wird negativ (Bild 130).

Bei der quergestreiften Muskelfaser beläuft sich die Potentialdifferenz auf −90 mV.

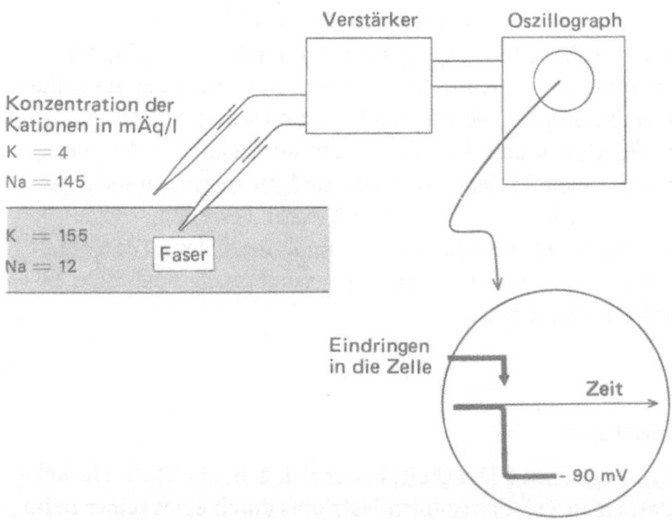

Bild 130. Versuchsanordnung zur Messung des Membranpotentials

Beim Riesenaxon (Nervenfaser) des Tintenfisches beträgt sie −70 mV. Nach der
NERNSTschen Gleichung ergibt sich, daß eine Potentialdifferenz von −90 mV der
Beziehung

$$\frac{[\text{Ion}]_{\text{extra}}}{[\text{Ion}]_{\text{intra}}} = 31{,}6$$

für monovalente Anionen, die einer passiven Verteilung unterliegen, entspricht.
Eine solche Beziehung kann man nur bei Chlor beobachten. Daraus folgt, daß
dieses Ion passiv zwischen dem intra- und extrazellulären Raum verteilt wird.

Das für Kalium aus den Werten der Tabelle III berechnete Gleichgewichtspotential ist:

$$E_B = RTL_n \frac{[K]_e}{[K]_i} \, ,$$

bei einer Temperatur von 37 °C also

$$= 0{,}060 \log \frac{4 \text{ mÄq/l}}{155 \text{ mÄq/l}} = -95 \text{ mV}.$$

Dieser Wert liegt nahe dem Ruhepotential von −90 mV. Nichtsdestoweniger ist
in dieser beobachteten Abweichung (5 mV) ein Hinweis dafür enthalten, daß die
intrazelluläre K^+-Konzentration höher als der theoretische Wert sein muß. Wir
werden später sehen, woraus sich dieser Unterschied erklärt.

Für die intrazellulären Anionen wie für das extrazelluläre Na addieren sich das
elektrische und das chemische Potential. Eine spontane Veränderung des Systems
kann nur durch eine Erhöhung der Na-Konzentration und Verminderung der zellulären Anionenkonzentration erfolgen. Diese Veränderung erfordert eine Durchlässigkeit der Zellmembran für diese Ionen. Für die meisten intrazellulären Anionen,
die organische Anionen mit hohem Molekulargewicht sind, ist sie jedoch nicht gegeben. Für Natrium ist die Situation anders. Aufgrund seiner Verteilung wurde
lange Zeit angenommen, daß die Zellmembran für Na impermeabel sei. Die Benut-
zung von Tracern hat jedoch diese Hypothese entkräftet und gezeigt, daß die Zellmembran sehr wohl für Na durchlässig ist.

1.5.3. Fluß von Natriumisotopen

Ersetzt man in einer physiologischen Flüssigkeit, in der sich z. B. ein Stück Muskel
oder Riesenaxon befindet, einen Teil des stabilen Natriums durch eines seiner radioaktiven Isotope (^{24}Na oder ^{22}Na), so nimmt die Menge radioaktiven Natriums mit
der Zeit im Gewebestück zu. Die intrazelluläre Menge kann man nach der oben beschriebenen Methode durch Subtrahieren der extrazellulären Radioaktivität von
der Gesamtradioaktivität errechnen.

Nach Berechnung des intrazellulären radioaktiven Natriums (Radioaktivität auf die
Gesamtnatriumkonzentration bezogen) kann man die Gesamtmenge von Natrium,
die die Zellmembran passiert hat, abschätzen. Diese Menge ist nicht unbedeutend;
im speziellen Fall der Muskelfaser reicht die Natriummenge, die so in die Zelle eindringt, aus, um in weniger als einer Stunde die intrazelluläre Konzentration zu verdoppeln. Zudem ist die Zellaktivität häufig mit einem verstärkten Eindringen von
Natrium in die Zelle verbunden. Wir werden später bei Behandlung der Nervenleitung ein solches Beispiel kennenlernen. Der Status quo kann nur aufrechterhalten
werden, wenn das passive Eindringen von Natrium in die Zelle unter dem Einfluß
der elektrochemischen Potentialdifferenz durch ein entsprechendes Ausscheiden
in den interzellulären Raum kompensiert wird. Hierbei muß es sich notwendigerweise um einen aktiven Vorgang handeln, das heißt, er ist mit Energieverbrauch
verbunden. Was die Verteilung von Kalium anbetrifft, so ist die Situation nicht
wesentlich anders: wir haben gesehen, daß seine Konzentration in der Muskelfaser
höher ist als das elektrische Membranpotential vorhersehen ließ. Die Zellmembran
ist für dieses Ion permeabel, seine Verteilung kann daher nicht, gleich der des Natriums, das Ergebnis eines rein passiven Vorgangs sein. Ein solches System hat bereits 1902 OVERTON gefordert; er machte geltend, daß das menschliche Herz
sich während einer Lebensdauer von 70 Jahren $2,4 \cdot 10^9$ mal kontrahiert und sich
seine K^+- und Na^+-Konzentration währenddessen nicht verändern.

Der Mechanismus des aktiven Transports ist noch wenig geklärt, aber es scheint, daß er in der einen oder in der anderen Form praktisch in jedem Zelltyp vorhanden ist. Im Falle der Nervenfaser und der roten Blutkörperchen, aber auch bei bestimmten Epithelzellen wie denen der Haut und der Harnblase von Amphibien oder der Kiemen bestimmter Fische, ist er besonders gut untersucht. In den folgenden Abschnitten kommen einige Eigenschaften dieses aktiven Transports zur Sprache. Als Beispiel dient das Riesenaxon vom Kalmar, an dem sehr elegante und genaue Experimente, vor allem von HODGKIN und CALDWELL, eine Beziehung zwischen Natrium- und Kaliumtransport sowie die Rolle des Zellstoffwechsels bei diesen Transportvorgängen aufgedeckt haben.

1.5.4. Koppelung von Natrium- und Kaliumtransport

Einen ersten Beweis für diese Koppelung lieferte folgende Beobachtung: setzt man den Kaliumgehalt des extrazellulären Milieus herab, so sinkt der aktive Transport von Natrium aus der Faser heraus um 30 % des ursprünglichen Wertes. Dieser Vorgang tritt sehr schnell ein und ist augenblicklich umkehrbar.

Er läßt sich auf folgende Weise nachweisen: ein Riesenaxon vom Kalmar ist vorher mit radioaktivem Natrium markiert worden, entweder durch längeres Eintauchen in Meerwasser [1]), dessen Natrium durch radioaktives Natrium ersetzt worden ist, oder durch Mikroinjektion einer bestimmten Menge radioaktiven Natriums in die Nervenfaser, das sich darin sehr schnell homogen verteilt.

Danach wird die Nervenfaser in nicht markiertes Meerwasser gelegt, das nach bestimmten Zeitintervallen erneuert wird. Man bestimmt die Radioaktivität, die in jeder Probe auftritt. Diese nimmt selbstverständlich mit der Zeit ab, da die Menge des radioaktiven Natriums in der Nervenfaser immer geringer wird. Das kommt durch den Abfall im ersten Teil der Kurve in Bild 131 zum Ausdruck.

Wenn man das Meerwasser durch ein Milieu mit sonst gleicher Zusammensetzung, aber ohne Kalium, ersetzt, dann tritt das radioaktive Natrium in der Probe erheblich vermindert auf; es steigt jedoch wieder bis auf den normalen Wert an, sobald man die Kaliumkonzentration des Meerwassers von neuem anhebt.

Die Anwesenheit von Kalium ist also unentbehrlich für den normalen Rhythmus der Natriumpumpe.

Die Hemmung der Natriumpumpe scheint nicht mit der Hyperpolarisierung verbunden zu sein, die infolge der Reduzierung des Kaliumgehalts im extrazellulären Milieu auftritt; denn sogar das erhebliche Ansteigen des Membranpotentials hat nur wenig Einfluß auf den Rhythmus der Natriumpumpe. Es handelt sich also um ein Eingreifen von elektrischen Kräften.

---

[1]) Die Zusammensetzung des Meerwassers ist dem intrazellulären Milieu dieser Mollusken sehr ähnlich.

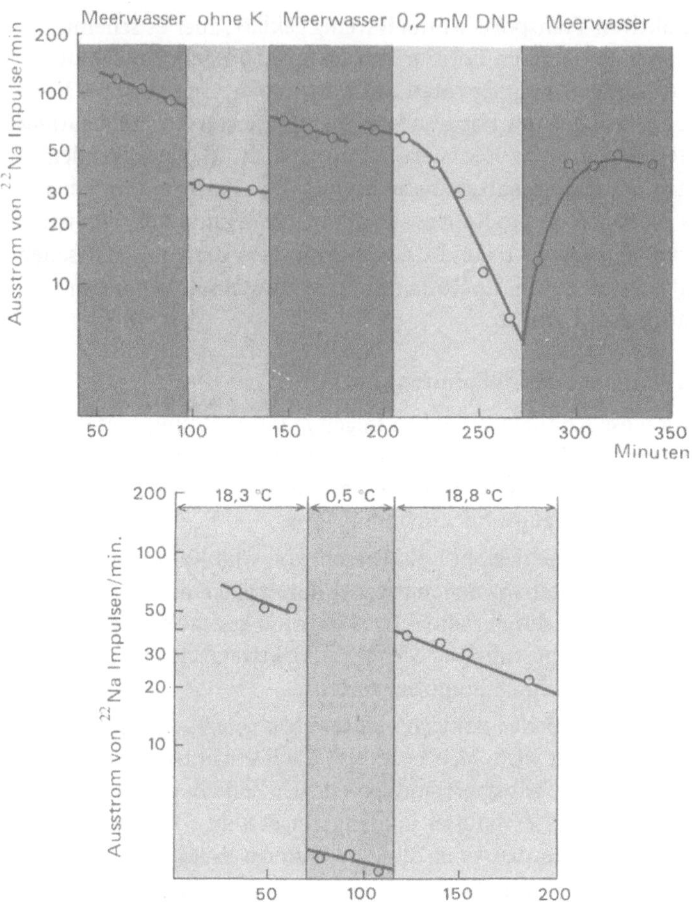

Bild 131. Na-Ausstrom beim Riesenaxon von *Sepia* (nach HODGKIN und KEYNES).
Oben: Beeinflussung durch Kaliummangel im äußeren Milieu und durch einen metabolischen
Hemmstoff (DNP 0,2 mM in Meerwasser). Unten: Einfluß der Temperatur

Andererseits ist es wenig wahrscheinlich, daß dieser Effekt auf einer Konzentrations-
änderung von Kalium innerhalb des Axons beruht, denn diese Kaliumkonzentration
ist hoch und scheint durch die Verminderung des extrazellulären Kaliums nicht beeinflußt zu werden.

HODGKIN und KEYNES sind vielmehr der Auffassung, daß sich dieser Effekt aus
einer Koppelung des K^+-Einstroms mit dem Na^+-Ausstrom ergibt.

Ein weiteres Argument zugunsten dieser Version ergibt sich aus der Beobachtung,
daß alle Stoffe, die den Austritt von Natrium hemmen, gleichzeitig den Eintritt
von Kalium behindern. Hierbei scheint es sich nicht um einen elektrischen Effekt

zu handeln, denn die Hemmung erzeugt keine meßbare Änderung des Ruhepotentials. Die Koppelung des Austritts von Na mit dem Eintritt von K ist jedoch ziemlich lose, denn:

1. ist kein Kalium im Außenmedium, so bleibt der Ausstrom von Natrium zu 30 % des Ausgangswertes erhalten;
2. mißt man diesen Fluß, so zeigt sich, daß 2 bis 3 Na$^+$ für 1 K$^+$-Ion transportiert werden.

1.5.5. Abhängigkeit vom Stoffwechsel

Wenn man bei der Messung des Ausstroms von Natrium, wie schon beschrieben, das Meerwasser durch eine Lösung ersetzt, die 0,2 mM Dinitrophenol enthält, so nimmt nach einer Latenzzeit von ungefähr 10 Minuten der Natriumausstrom sehr schnell ab und fällt nach etwa einer Stunde auf 1/20 des Ausgangswertes ab (Bild 131). Bei Rückführung in Meerwasser erweist sich dieser Effekt als reversibel.

Dieser Stoff ist dafür bekannt, das er die Synthese von ATP aus ADP und anorganischem Phosphat, eine oxydative Reaktion, entkoppelt. Man nimmt an, daß er nach Zugabe zum Meerwasser die ATP-Synthese blockiert und daß die Abnahme des Natriumstroms der Erschöpfung des ATP-Vorrats des Präparats entspricht. Diese Hypothese konnte von CALDWELL u. a. durch das folgende Experiment bestätigt werden (Bild 132). Nachdem der Ausstrom von Natrium durch Zufügen von 2 mM Cyanid[1]) gehemmt worden war, haben die Forscher verschiedene Mengen von ATP

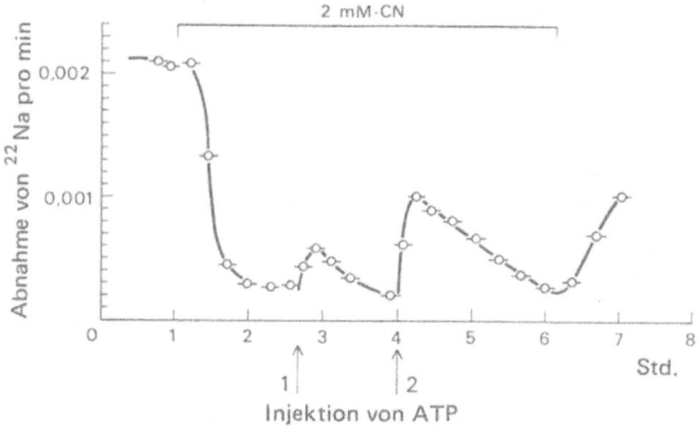

Bild 132. Einfluß verschiedener Mengen von ATP auf ein mit Cyanid behandeltes Axon. Durch die erste Injektion ist die ATP-Konzentration um 1,2 mM/l angehoben, durch die zweite um 2,6 mM/l (nach CALDWELL)

---

[1]) Dieses Ion blockiert ebenso wie das Nitrid den oxydativen Stoffwechsel, was gleichfalls zu einer Erschöpfung der ATP-Reserven führt.

in das Axon injiziert. Damit erreichten sie wieder eine Zunahme des Natriumausstroms. Aufgrund des ATP-Verbrauchs handelt es sich folglich bei diesem Natriumausstrom um einen aktiven Transport, und vorübergehend ist seine Amplitude innerhalb bestimmter Grenzen der injizierten ATP-Menge proportional.

Der Ausstrom von Natrium ist demnach von einer Energiezufuhr direkt abhängig. Man kann zunächst annehmen, daß für den Einstrom von Kalium das gleiche gilt. Diese beiden Vorgänge werden von Temperaturänderungen stark beeinflußt, eine Feststellung, die mit der Annahme übereinstimmt, daß enzymatische Reaktionen am aktiven Transport beteiligt sein müssen.

Der gleichzeitig auftretende Ausstrom von K und Einstrom von Na sind beides passive Vorgänge und werden weder von Inhibitoren des Stoffwechsels noch von Temperaturänderungen beeinflußt.

Die Situation läßt sich zusammenfassend durch eine Darstellung von ECCLES (Bild 133) wiedergeben. Das Verhalten von Chlor ist darin nicht berücksichtigt; es läßt sich als passiver Vorgang vollständig erklären, denn das Gleichgewichtspotential für Chlor ist mit dem Membranpotential der Muskelfaser identisch, was für kein anderes Ion zutrifft.

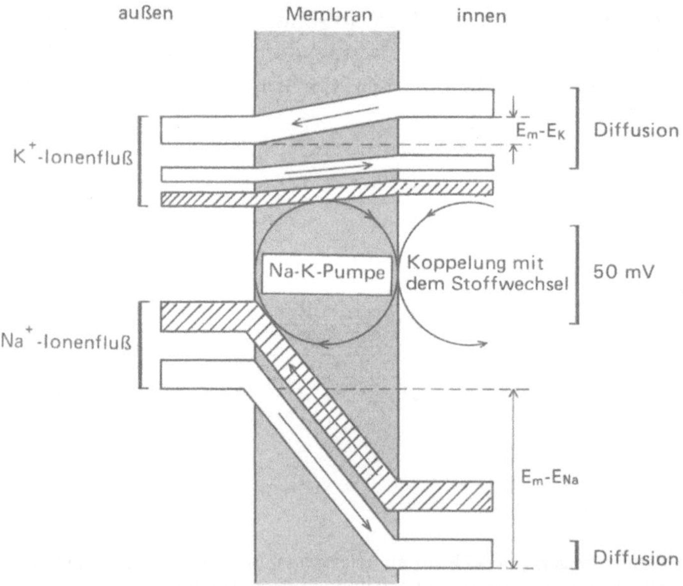

Bild 133. Diffusionsstrom und aktiver Transport von Na und K durch eine Membran beim Gleichgewichtszustand. Ordinate: elektrochemische Potentialdifferenz, Abszisse: Entfernung von der Membran. Schraffiert: aktiver Transport; weiß: Difussionsstrom. Die Dicke der Balken ist der Intensität der Ströme proportional

Für Kalium besteht eine elektrochemische Potentialdifferenz von ungefähr 5 mV. Wenn man einen passiven Transport nicht annimmt, muß ein Nettostrom vorhanden sein, und der Ausstrom müßte größer als der Einstrom sein. Es gibt jedoch für dieses Ion kein echtes Gleichgewicht; der stationäre Zustand wird nur durch die Natrium-Kalium-Pumpe aufrechterhalten.

Die elektrochemische Potentialdifferenz für Natrium hat das umgekehrte Vorzeichen von der für Kalium und ist sehr groß (ungefähr 155 mV). Folglich muß die nach innen gerichtete Diffusion im Verhältnis zu der nach außen gerichteten sehr groß sein (ungefähr 100). Um den Status quo zu erklären, muß man einen aktiven Transport annehmen, dessen Intensität dem nach innen gerichteten Diffusionsstrom praktisch gleich ist.

Der Ausstrom von Natrium ist im Vergleich dazu belanglos und in dem Schema nicht dargestellt.

Abschließend stellen wir fest: der aktive Transport von Natrium ist stets mit dem Transport von Kalium gekoppelt und auf eine direkte Zufuhr von Energie aus dem Zellstoffwechsel angewiesen.

2. Reizbarkeit der Zelle: Nervenleitung

Die Reizbarkeit der Zelle ist eine allgemeine und sehr spezifische Eigenschaft alles Lebendigen: man kann sie als die Fähigkeit der Zellen, auf bestimmte Umweltfaktoren zu reagieren, definieren. Diese Reaktion der einzelligen oder mehrzelligen Organismen kann sehr verschiedene Modalitäten aufweisen. Bestimmte einzellige Algen wie *Chlamydomonas* sind für Licht empfindlich und orientieren sich zum Lichteinfall hin; die Schwerkraft übt eine spezifische Wirkung auf das Wachstum der Keimlinge höherer Pflanzen aus: das Wachstum der Wurzel erfolgt immer in Richtung der Schwerkraft (positiver Geotropismus), während die oberirdischen Organe, Sproß und Blätter, negativ geotrop wachsen. Eine andere Form der zellulären Reizbarkeit tritt bei einer Änderung bestimmter Umweltfaktoren auf. Diese Reaktionen können schnell oder weniger schnell sein; die Geschwindigkeit, mit der sie sich einstellen, ist häufig durch die Schnelligkeit bestimmt, mit der sich die Umweltfaktoren ändern. Jeder hat schon beobachtet, wie bei einem Sonnenblumenfeld sich die Blütenköpfe im Laufe des Tages nach der Sonne richten und mehr oder weniger dem Tageslauf der Sonne folgen. Ein anderes alltägliches Beispiel für eine sehr schnelle Reaktion auf eine Änderung eines Umweltfaktors stellt der Rückziehreflex dar, der auftritt, wenn man die Haut einem extremen Temperaturwechsel aussetzt, z. B. beim Berühren eines heißen Gegenstandes. Ein solcher Reflex zeigt deutlich die Reizbarkeit von Zellen, die bei allen höheren Organismen die schnelle

Übertragung der Wahrnehmung auf Zentren verschiedener Komplexität gewährleistet. Diese Wahrnehmungen erfolgen durch spezielle Strukturen, von denen die kompliziertesten die Sinnesorgane sind. Die Zentren arbeiten eine Antwort aus und veranlassen eine Reaktion des Organismus auf den Reiz.

Im Tierreich erfolgt die Übertragung der verschiedenen Botschaften über das Nervensystem, ein Kommunikationsnetz, das aus nebeneinander verlaufenden, leitenden Elementen, den Neuronen, besteht. Die Zellkörper dieser Neuronen sind allgemein zu Kernen zusammengefaßt (graue Substanz des Zentralnervensystems, Ganglien der dorsalen Wurzeln der Rückenmarksnerven usw.), während die Nervenfasern oder Axone — kabelartige Ausläufer, die eine beachtliche Länge erreichen können — charakteristische Bündel bilden (weiße Substanz, Stränge des Rückenmarks und Nerven im eigentlichen Sinn).

Dieses Kapitel behandelt die Mechanismen der Zellen, die den Nervenfasern die Übertragung von Nachrichten in andere Teile des Organismus ermöglichen. Diese Übertragung wird durch die Erregbarkeit der Nervenfasern, eine Eigenschaft, die die Nervenfaser mit anderen Zellen, vor allem den Muskelfasern teilt, ermöglicht. Im Falle der Nervenfaser äußert sich die Erregung in Form eines elektrischen Signals, das sich in bestimmter Weise über die ganze Länge der Nervenfaser fortpflanzt. Die Einzelheiten dieses Vorgangs wollen wir in den folgenden Kapiteln untersuchen. Bei der Muskelfaser dauert die durch das Ankommen eines Nervenimpulses an der motorischen Endplatte ausgelösten Erregung länger: zuerst entsteht an der Membran ein in allen Punkten dem der Nervenfaser vergleichbares elektrisches Signal, das dann seinerseits die charakteristische Reaktion der Muskelfaser, die Kontraktion der Myofibrillen, auslöst (siehe S. 48).

2.1. Allgemeine Merkmale der Nervenleitung

Die Erzeugung von Elektrizität durch Lebewesen ist von Fischen wie den Zitterrochen mit ihren für die Erzeugung starker elektrischer Ströme spezialisierten Organen seit dem Altertum bekannt. Deshalb hat VOLTA sein erstes, von einem Menschen gebautes elektrisches Element als „künstliches elektrisches Organ" beschrieben. Man mußte jedoch erst die Entwicklung geeigneter Meßinstrumente abwarten, mit denen man sehr viel schwächere Ströme registrieren konnte, damit man die allgemeinen elektrischen Erscheinungen, die bei der Aktivität von Nerven und Muskeln auftreten — die Aktionsströme — erkennen konnte. Der elektrische Vorgang, der die Nachrichtenübermittelung in der Nervenfaser bewirkt, hat folgende Eigenschaften:

1. er ist sehr schnell, denn die Gesamtdauer des elementaren elektrischen Phänomens überschreitet nicht die Dauer von einigen Millisekunden;
2. seine Frequenz ist unterschiedlich und ist im wesentlichen Funktion der Intensität des entsprechenden Reizes;

3. er pflanzt sich ohne Veränderung mit einer Geschwindigkeit, die zwischen 1 und
   100 m/s, je nach Art und Durchmesser der Nervenfaser, liegen kann, über die
   ganze Nervenfaser fort;
4. unter normalen Umständen pflanzt er sich in einer festgelegten Richtung fort,
   bei sensiblen Fasern in Richtung auf das Zentralnervensystem (zentripetal), bei
   den motorischen Fasern in Richtung auf das Erfolgsorgan zu (zentrifugal). Außerhalb des Organismus sind alle Nervenfasern in der Lage, elektrische Impulse in
   beiden Richtungen mit der gleichen Geschwindigkeit zu leiten.

Die mit der Nervenleitung verknüpfte elektrische Aktivität ist besonders in den
letzten 20 Jahren an einem außerordentlich günstigen Objekt studiert worden:
dem Riesenaxon, das den Mantel bestimmter Cephalopoden, wie dem Tintenfisch
oder dem Kalmar, innerviert. Dieses Axon erreicht einen Durchmesser von 0,5 bis
1 mm, während die Durchmesser von Nervenfasern der Säuger im allgemeinen nur
wenige μm betragen und 20 μm niemals überschreiten. Darüber hinaus lassen sich
diese Axone so herauspräparieren, daß sie noch mehrere cm lang sind und in Meerwasser außerhalb des Organismus noch mehrere Stunden lang am Leben gehalten
werden können, ohne ihre Erregbarkeit zu verlieren.

2.2. Das Aktionspotential

Die Geamtheit der Erscheinungen, die beim Durchlauf eines Impulses das Membranpotential eines Nervs verändern, nennt man Aktionspotential.

2.2.1. Untersuchungsmethoden

Vor Einführung der Untersuchungsmethode mit Mikroelektroden (Bild 134) wurde
die elektrische Aktivität der Nervenfasern nur ganz allgemein an Bündeln von Nervenfasern gemessen, indem man auf die Oberfläche eines Nervs eine Elektrode setzte und
eine zweite Referenzelektrode entweder an eine andere Stelle des Nervs oder in das
ihn umgebende leitende physiologische Milieu.

Die Riesenaxone bieten zum erstenmal die Gelegenheit, eine Mikroelektrode bis
zur Mitte der Faser in das Axoplasma einzuführen und die Entwicklung der Potentialdifferenz zwischen dem extrazellulären Milieu und einer Referenzelektrode im
die Nervenfaser umgebenden leitenden Milieu zu messen. Es lassen sich heute Mikroelektroden aus Glas herstellen (Mikroelektroden von LING und GERARD),
deren Spitzen einen Durchmesser von weniger als 0,5 μm haben. Diese Elektroden
werden mit einer konzentrierten KCl-Lösung (3 M) gefüllt, was ihnen eine gute
Leitfähigkeit sichert. Derartige Mikroelektroden gestatten das Messen von Mem-
branpotentialen an zellulären Strukturen, die die Größe einer normalen Zelle nicht
überschreiten. Ihre Anwendung hat gezeigt, daß die am Riesenaxon gewonnenen
Ergebnisse auf alle Nervenfasern zutreffen.

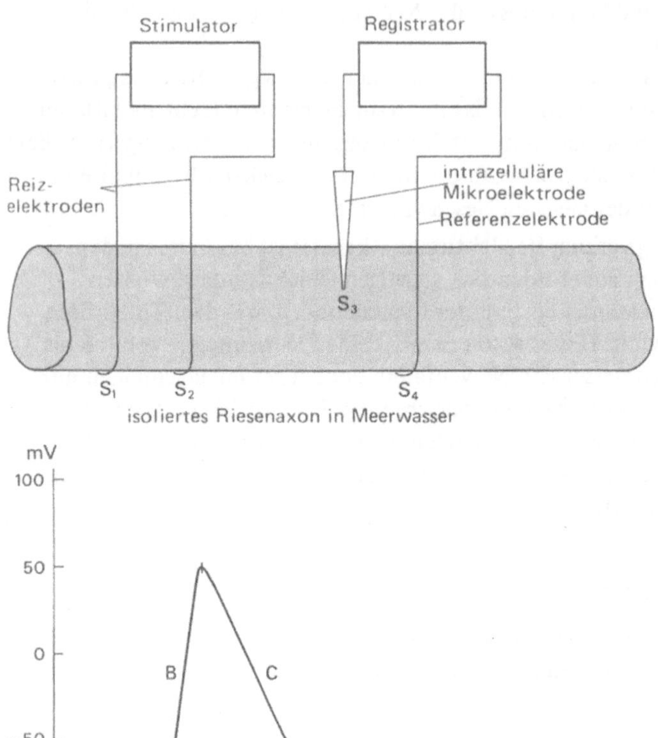

Bild 134. Oben: Versuchsanordnung zur Untersuchung des Aktionspotentials. S_1 und S_2 sind zwei Reizelektroden, die mit einem isolierten, in Meerwasser getauchten Riesenaxon in Kontakt stehen. S_3 stellt eine durch die Zellmembran in das Axoplasma eingeführte Mikroelektrode dar. S_4 ist die Referenzelektrode.

Unten: Schematische Aufzeichnung des Aktionspotentials, das zwischen der Mikroelektrode S_3 und der Referenzelektrode S_4 gemessen worden ist, nachdem man über S_1 und S_2 einen elektrischen Reiz gesetzt hat.

A) Latenzzeit, B) Depolarisationsphase, C) Repolarisationsphase, D) abschließende Hyperpolarisationsphase

2.2.2. Ruhepotential des Riesenaxons

Wenn man eine Mikroelektrode in das Axoplasma[1]) eines Riesenaxons eingeführt
und die Differenz des Membranpotentials gemessen hat, so zeigt sich, daß quasi
für alle Zelltypen zwischen der Innen- und Außenseite der Zellmembran eine stabile
Potentialdifferenz von etwa 70 mV besteht und das Axoplasma im Vergleich zum
extrazellulären Milieu negativ geladen ist. Dieses Ruhepotential beruht hauptsächlich, wie es BERNSTEIN 1901 postuliert hat, auf der selektiven Permeabilität der
Zellmembran für K^+-Ionen. Tatsächlich ist die Kaliumkonzentration des intrazellulären Milieus des Axons 20fach höher als die im umgebenden Meerwasser (400 mÄq/l
gegen 20 mÄq/l).

Wenn die Zellmembran des Axons selektiv permeabel für Kalium ist, so muß die
Potentialdifferenz durch die Gleichung von NERNST

$$Em = \frac{RT}{F} \, Ln \, \frac{[K_e]}{[K_i]}$$

gegeben sein und nach Einsetzen der Werte von R, T und F

$$E_m \, (Volt) = 0,058 \, log \, \frac{[K_e]}{[K_i]} = -0,075 \, V$$

betragen.

Dieser Wert von -75 mV entspricht auch annähernd dem gemessenen Potential.
Die Hypothese von BERNSTEIN wird heute durch zahlreiche Argumente gestützt:

1. Taucht man ein Riesenaxon in künstliches Meerwasser, das das radioaktive
Isotop ^{42}K enthält, so stellt sich sehr schnell ein Gleichgewicht zwischen dem Gehalt an radioaktivem Kalium im Meerwasser und dem intrazellulären Milieu ein,
was die Intensität des Kaliumaustausches durch die Membran des Axons widerspie-
gelt und die große Permeabilität der Zellmembran für Kalium erkennen läßt.

2. Ändert man die Kaliumkonzentration des extrazellulären Milieus, so sind die
gemessenen Werte für die Potentialdifferenz in einem weiten Konzentrationsbe-
reich im Einklang mit der NERNSTschen Relation. Das deutet darauf hin, daß sich
das Gleichgewicht der K^+-Ionenkonzentration außerhalb und innerhalb der Zelle
passiv einstellt. Wenn die Kaliumkonzentration des Meerwassers unter 5 mÄq/l
sinkt, ist die gemessene Potentialdifferenz höher, als sie nach der NERNSTschen
Gleichung sein müßte, und das zeigt, daß die Selektivität der Membran für K^+ nicht
absolut ist und daß auch andere Ionen das Membranpotential beeinflussen können.

---

[1]) So nennt man das Cytoplasma eines Axons.

Dennoch kann man feststellen, daß das Ruhepotential, das zwischen dem äußeren und inneren Milieu gemessen wird, im wesentlichen durch die Verteilung der K^+-Ionen in beiden Milieus bestimmt wird. Eine nennenswerte Beteiligung von Cl^--Ionen läßt sich nach neueren Experimenten ausschließen. Es ist möglich, den cytoplasmatischen Inhalt eines Axons zu entfernen. Das Axon, das jetzt nur noch aus der Zellmembran besteht, kann mit verschiedenen Flüssigkeiten gefüllt werden. Füllt man es mit einer isotonischen Lösung von K_2SO_4, so wird dadurch nur eine geringfügige Änderung des Ruhepotentials hervorgerufen, die im wesentlichen auf der Verteilung von K^+-Ionen beruht, während das Fehlen von Cl^--Ionen, die normalerweise im Axoplasma vorhanden sind, das Membranpotential nicht beeinflußt. Diese geringe Permeabilität für Chlor ergab sich auch bei Untersuchung des Chlorstroms durch die Membran des Axons, den man mit Hilfe von radioaktivem Chlor gemessen hat.

2.2.3. Aktionspotential des Riesenaxons

Aktionspotentiale lassen sich bei Nervenstrukturen allgemein – und speziell beim Riesenaxon vom Kalmar – durch Reize unterschiedlicher Art von genügender Intensität hervorrufen. Bei diesen Reizen kann es sich um mechanische, chemische oder elektrische handeln. In der Neurophysiologie verwendet man praktisch fast ausschließlich elektrische Reize, die mit Hilfe von zwei Reizelektroden gesetzt werden, wobei man sehr bequem die Form, die Amplitude, die Dauer und die Frequenz des Reizes variieren kann.

Bild 134 zeigt die bei diesem Axon, nach Setzen eines elektrischen Reizes, zwischen einer bis in das Axoplasma reichenden Mikroelektrode und einer Referenzelektrode gemessene Änderung der Potentialdifferenz als Funktion der Zeit: man beobachtet eine vorübergehende Umkehrung des Membranpotentials, das von $-70\,mV$, dem Wert des Ruhepotentials, bis auf $+40$ bis $+50\,mV$ ansteigt und dann sehr schnell auf seinen Ausgangswert zurückkehrt. Man kann diese Änderung der Potentialdifferenz in mehrere Phasen unterteilen:

1. die *Latenzzeit* (A), die von der Entfernung zwischen Reizelektrode und der in das Axoplasma eingeführten Mikroelektrode abhängt;
2. die *Depolarisationsphase* (B), in der die Umkehr des gemessenen Ruhepotentials eintritt: sie beginnt verhältnismäßig langsam, dann nimmt ihre Geschwindigkeit erheblich zu wie bei einem Prozeß, der sich autokatalysiert;
3. die *Repolarisationsphase* (C), die in ihrer Form fast symmetrisch zur Depolarisationsphase ist, nur daß sie mit geringerer Geschwindigkeit abläuft;
4. die abschließende *Hyperpolarisationsphase* (D), in deren Verlauf das Membranpotential noch um einige Millivolt unter das Ruhepotential sinkt und nach wenigen Millisekunden wieder auf den Wert des Ruhepotentials zurückkehrt. Die Gesamtdauer dieser Potentialschwankungen ist sehr kurz, denn für die Umkehr des

Potentials werden niemals 1 bis 2 ms überschritten, und vom Beginn der Poten-
tialänderung bis zur Wiederherstellung des Ruhepotentials vergehen nicht mehr
als 5 ms. Verschiedene Faktoren wie die Temperatur können die Dauer des Aktionspotentials verändern: beim Frosch beträgt die mittlere Dauer des Aktionspotentials bei 20 °C 1 ms, bei Säugern dagegen bei 38 °C durchschnittlich 0,5 ms;

5. die *Refraktärzeit*. Unmittelbar nach einem Reiz, der ein Aktionspotential ausgelöst hat, ist ein neuer Reiz, selbst bei größerer Intensität, nicht in der Lage, ein
neues Aktionspotential zu erzeugen: die Nervenfaser bleibt während einer kurzen Zeit (einige Millisekunden) unerregbar. Sie ist aber sehr schnell wieder in der
Lage, einen neuen Impuls zu leiten, um die Übertragung einer Meldung mit einer
Frequenz zu gewährleisten, die hundert Impulse pro Sekunde weit überschreitet.

2.2.4. Aktionspotentiale anderer Nervenstrukturen

Der immer häufigere Gebrauch von Mikroelektroden hat es ermöglicht, die Untersuchung des Aktionspotentials auf sehr viele Nervenstrukturen auszudehnen, und
diese bereits oben beschriebenen Phänomene lassen sich nicht nur beim Riesenaxon der Cephalopoden, sondern mit geringen Abweichungen auch bei allen erregbaren Zellen des Organismus beobachten. Das Aktionspotential scheint demnach
der einheitliche Ausdruck der Aktivität aller erregbaren Zellen der höheren Organismen zu sein.

2.3. Fortpflanzung des Aktionspotentials

Die folgenden Abschnitte behandeln die Frage, wie sich das Aktionspotential über
das Axon hin fortpflanzt und dadurch die Übertragung von Informationen, manchmal über sehr weite Entfernungen, gewährleistet.

2.3.1. Merkmale der Fortpflanzung des Aktionspotentials

Die Fortpflanzung des Aktionspotentials entlang der Nervenfaser weist zwei wichtige Merkmale auf:

1. sie erfolgt ohne Veränderung der Form und Amplitude des elektrischen Signals.
Das Aktionspotential, wie es von einer Mikroelektrode an einem Punkt A des Rie-
senaxons abgeleitet wird, ist, ganz gleich, ob der Reiz, der sein Auftreten und seine
Fortpflanzung auslöst, an Punkt B in der Nähe von A oder an dem Punkt C, der
von A weiter entfernt liegt, gesetzt wird, in seiner Form jeweils vergleichbar
(Bild 135);

2. es ändert sich nur die Latenzzeit, die linear mit der Entfernung zwischen Reiz-
und Registrierpunkt anwächst. Diese lineare Beziehung weist darauf hin, daß das
Aktionspotential sich mit konstanter Geschwindigkeit über die Nervenfaser fortpflanzt: sie beträgt etwa 25 m/s. Sie kann zwischen einigen Metern und 100 m
pro Sekunde schwanken; die dicksten Nervenfasern leiten den Impuls am schnell-
sten.

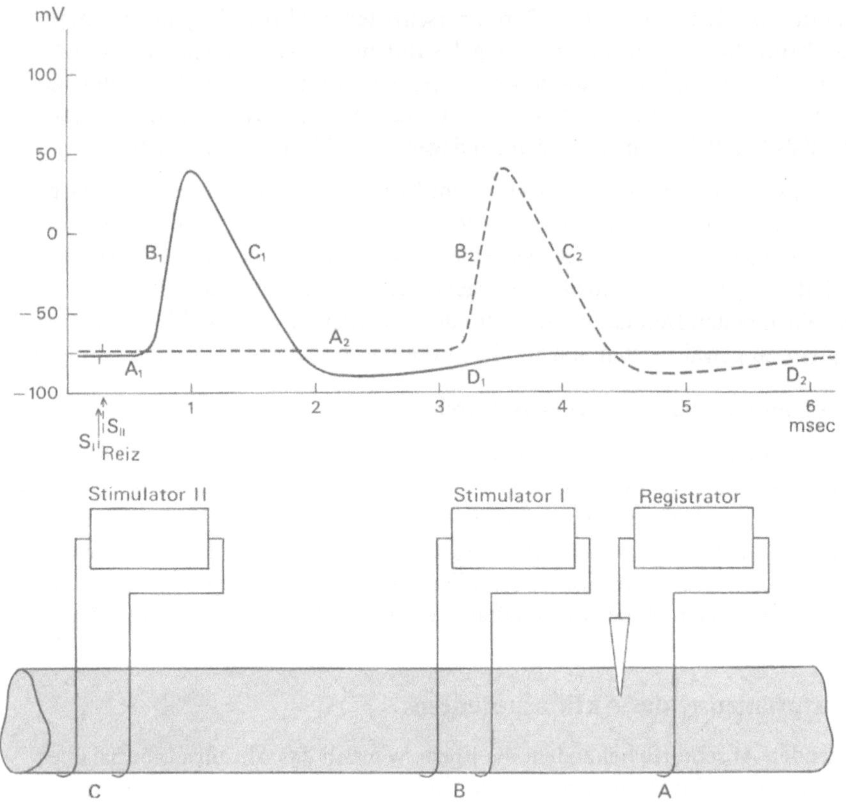

Bild 135. Nach elektrischer Reizung in B (Stimulator I) setzt das Aktionspotential in A ein und ist durch eine recht kurze Latenzzeit (A_1) gekennzeichnet. Nach elektrischer Reizung in C (Stimulator II) ist das in A abgeleitete Aktionspotential mit dem vorangegangenen identisch, lediglich die Latenzzeit (A_2) ist viel länger als die vorherige. Das Aktionspotential pflanzt sich mit bestimmter Geschwindigkeit fort, verändert sich aber entlang der Nervenfaser nicht

2.3.2. Fortpflanzung des Aktionspotentials bei einer Nervenfaser ohne Myelinscheide

Im Gegensatz zur Mehrzahl der Nervenfasern des Zentralnervensystems von Vertebraten gehören die Riesenaxone zu der Kategorie der Nervenfasern ohne Myelinscheide. Sie werden höchstens mehr oder weniger locker von SCHWANNschen Zellen umgeben, so daß sie über ihre ganze Länge mit dem gut leitenden extrazellulären Milieu in Kontakt stehen. Folglich wird durch das Aktionspotential lokal eine erhebliche Veränderung der Ladung entlang der ganzen Zellmembran hervorgerufen. Diese Änderung der Ladung löst einen lokalen elektrischen Strom in dem die Membran umgebenden leitenden extrazellulären Milieu aus (schematisch in Bild 136

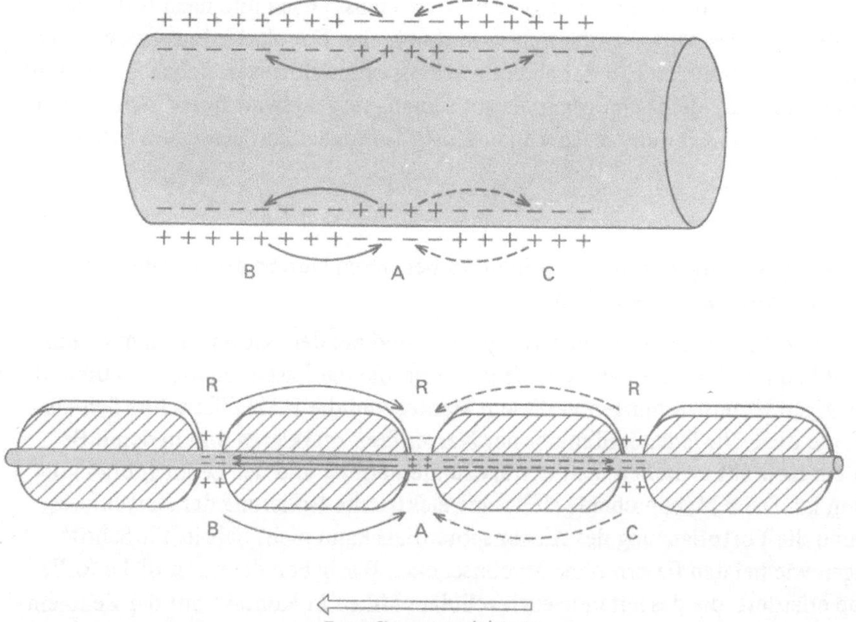

Bild 136. Oben: Nervenleitung entlang einer marklosen Nervenfaser. Die Potentialumkehr, das charakteristische Aktionspotential, verursacht das Auftreten lokaler elektrischer Ströme zwischen A und den beiden benachbarten Punkten B und C. Aufgrund der Refraktärzeit bewirkt lediglich die in B hervorgerufene Depolarisation ein Aktionspotential.
Unten: Impulsleitung bei einer markhaltigen Nervenfaser. Der Verlauf der Kurzschlußströme zwischen A und B bzw. C gilt nur für Nerven mit RANVIER-Schnürringen (R): saltatorische Erregungsleistung

dargestellt). Zwischen dem Punkt A auf der Membran, wo zum Zeitpunkt t die Entstehung eines Aktionspotentials die Umkehr der Ladung bewirkt, stellen sich an den A benachbarten Punkten B und C lokale elektrische Stöme ein, die durch Pfeile im Diagramm angedeutet werden. Unter dem Einfluß dieser Ströme beginnt sich das Membranpotential in Punkt B zu vermindern. Folglich entsteht das Aktionspotential bei der elektrischen Reizung der Nervenfaser immer an der Kathode, an der der zugeführte elektrische Strom eine bestimmte Depolarisation der Membran hervorruft. Unter diesen Bedingungen ist der Vorgang, bei dem das Membranpotential in B durch den lokalen elektrischen Strom bis auf einen Schwellenwert erniedrigt wird, analog zu dem, der sich an der Reiz-Kathode abspielt, und bringt ein neues Aktionspotential hervor. Dagegen löst die analog zu Punkt B auftretende Depolarisation in Punkt C, der oberhalb von Punkt A liegt, aufgrund der Refraktärzeit kein Aktionspotential aus; das Aktionspotential pflanzt sich also von A

nach B und so weiter durch diese lokalen Kurzschlüsse nach und nach fort. Die
Fortpflanzung des Aktionspotentials wird durch eine Depolarisationsschwelle der
Membran gewährleistet, von der ab ein Aktionspotential irreversibel ausgelöst wird.
Die Rückkehr des Membranpotentials auf seinen Ausgangswert unterbricht diesen
lokalen Strom und gewährt nach kurzer Frist die Möglichkeit, ein neues Signal
zu leiten.

2.3.3. Fortpflanzung des Aktionspotentials bei einem Nerven mit Myelinscheide: saltatorische Nervenleitung

Die meisten Fasern des Zentralnervensystems sind bei den Säugern vom extrazellulären Milieu durch eine *Myelinscheide* getrennt, die die Fasern mantelartig umgibt;
die einzigen Unterbrechungen in diesem Mantel sind die RANVIERschen Schnürringe, die ungefähr jeden Millimeter der Nervenfaser markieren und in deren Bereich ein Kontakt zwischen dem extrazellulären Milieu und der Zellmembran vorhanden ist. Diese Myelinscheide stellt eine elektrische Isolierung der Nervenfaser
dar, und die Fortpflanzung des Aktionspotentials kann nicht Schritt für Schritt
erfolgen wie bei den Fasern ohne Myelinscheide. Wir haben die wesentliche Rolle
gerade erläutert, die das leitende extrazelluläre Milieu in Kontakt mit der Zellmembran beim Zustandekommen der lokalen Kurzschlüsse spielt, die die Fortpflanzung
des Aktionspotentials bewirken. Tatsächlich gestattet die „Isolierung" des Axon-
kabels durch die Lipidschicht eine viel schnellere Leitung. Die einzigen Stellen, wo
sich solche lokale Ströme ausbilden können, sind die RANVIERschen Schnürringe.

LILLIE hat schon 1925 für die Nervenfasern mit einer Myelinscheide eine besondere Form der Nervenleitung angenommen: die *saltatorische Nervenleitung*
(Bild 136). Wegen des hohen elektrischen Widerstandes der Myelinschicht können
sich die elektrischen Kurzschlüsse zwischen der aktiven Zone A, durch die Umkehrung des Membranpotentials gekennzeichnet, und der benachbarten, noch in
Ruhe befindlichen inaktiven Zone B nur an den RANVIERschen Schnürringen ausbilden. Bei dieser Nervenfaser pflanzt sich das Aktionspotential also von einem
RANVIERschen Knoten zum andern fort. Die zahlreichen elektrophysiologischen
Versuche, auf deren Einzelheiten wir im Rahmen dieses Kapitels nicht eingehen
können, haben die Hypothese von LILLIE experimentell bestätigt (TASAKI et al.,
1941; HUXLEY und STÄMPFLI, 1949). Ein solcher Mechanismus bedeutet eine
erhebliche Beschleunigung der Leitung des Aktionspotentials entlang der markhaltigen Faser: statt schrittweise von Ort zu Ort pflanzen sich die Erregungsvorgänge
an der Membran in „Sprüngen" von einem RANVIERschen Knoten zum andern
fort. Man hat zeigen können, daß die Leitungsgeschwindigkeit der Impulse entlang
einer markhaltigen Nervenfaser bei gleichem Durchmesser und gleicher Temperatur
20 mal höher ist als bei einer Faser ohne Markscheide.

2.4. Ionentheorie der Erregungsleitung

Wir haben die elektrischen Erscheinungen beim Nervenimpuls und seiner Weiterleitung entlang der Nervenfaser analysiert. Wenn für diese Analyse die Riesennervenfaser der Cephalopoden gewählt worden ist, so deshalb, weil sie sich als ein günstiges Objekt für die Untersuchung der zellulären Mechanismen zu Beginn des für die Aktivität der Nerven charakteristischen Polaritätswechsels an der Membran erwiesen hat. Die ungewöhnliche Größe dieser Fasern begünstigt die Anwendung besonderer direkter Methoden, die zur Ionentheorie der Nervenleitung hauptsächlich durch HODGKIN, HUXLEY, KEYNES und CALDWELL führten. Diese Theorie ließ sich sehr schnell auf andere Nervenstrukturen übertragen, an denen Experimente weniger leicht durchführbar waren. Von all diesen Methoden nennen wir nur die Möglichkeit der chemischen Analyse des Axoplasmas aufgrund der Extrusionsprozesse des Cytoplasmas; die Messung des Natrium-, Kalium- und Chlorstroms durch die Membran des Axons mit Hilfe von radioaktiven Isotopen, sei es während der Ruhephase, sei es im Verlauf der elektrischen Erregung; und schließlich die Methode der Mikroperfusion der zuvor vom Axoplasma entleerten Faser sowie die Mikroinjektion spezifischer Metaboliten in das Axoplasma. Aber es sind vor allem die sehr speziellen elektrischen Messungen, die man an diesen Strukturen durchführen konnte: mittels einer in das Axoplasma eingeführten Metallelektrode ist es möglich, der Zellmembran des Axons eine bestimmte Potentialdifferenz aufzuzwingen. Diese aufgezwungene Potentialdifferenz kann Werte, die im Verlauf des Aktionspotentials auftreten, vortäuschen. Obwohl sie normalerweise zeitlich und räumlich transitorisch ist, läßt sie sich nach Belieben des Experimentators stabil halten, so daß er unter diesen experimentellen Bedingungen den elektrischen Strom durch die Membran wie auch alle funktionell bedingten Veränderungen der aufgezwungenen Potentialdifferenz oder ionalen Zusammensetzung des extrazellulären Milieus messen kann. Die kombinierte Anwendung aller dieser Methoden, chemischer und physikalischer, hat es ermöglicht, die Permeabilitätsänderungen der Membran, die zu Beginn des Aktionspotentials auftreten, zu beschreiben (Bild 137).

Im folgenden hat man den Mechanismus des Aktionspotentials schematisiert, indem man den alten, vom Anfang des Jahrhunderts stammenden Ergebnissen Rechnung getragen hat, wie auch den neueren Ergebnissen, von denen einige zu der schon lange erwarteten experimentellen Demonstration der alten Hypothesen beigetragen haben (Bild 137).

2.4.1. Die Zellmembran, Ort der Nervenaktivität

Die von BERNSTEIN 1901 aufgestellte Membrantheorie besagt: ein Aktionspotential ist die direkte Ursache einer Permeabilitätsänderung der Zellmembran, ohne daß andere Zellorganellen daran unmittelbar beteiligt sind. Diese Hypothese hat seit den neuesten Erfahrungen bei der Extrusion des Axoplasmas beim Riesenaxon

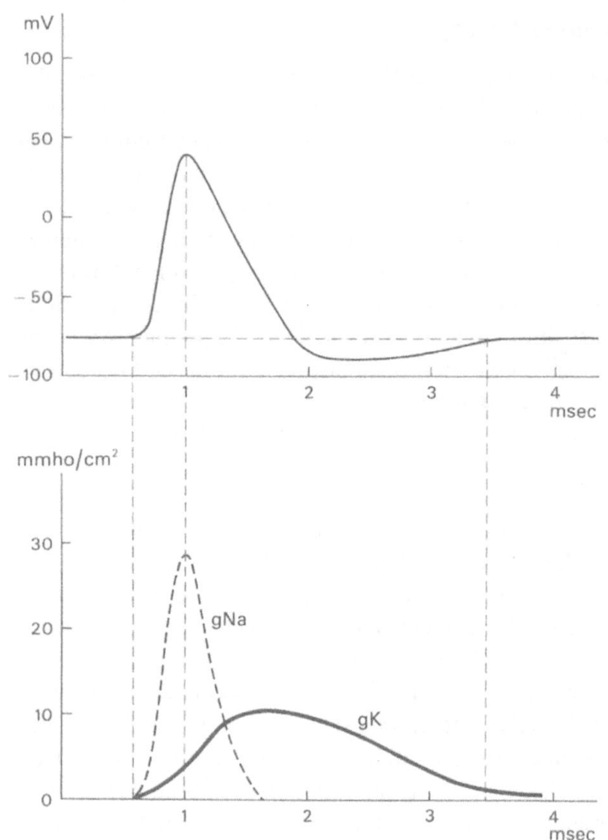

Bild 137. Oben: Schematische Darstellung eines Aktionspotentials (siehe auch Bild 134).
Unten: Änderung der Durchlässigkeit der Zellmembran für Na^+- und K^+-Ionen, gNa und gK,
gemessen in mmho/cm². Man beachte den schnell erfolgenden Anstieg der Durchlässigkeit
für Natrium und den nur zögernd einsetzenden, aber länger andauernden für Kalium

1 mho = 1 Siemens = 1 Ω^{-1}

eine experimentelle Bestätigung gefunden. Ein entleertes Axon, das mit einer physiologischen Lösung mit gleicher ionaler Zusammensetzung wie das Axoplasma wieder
aufgefüllt worden ist, reagiert auf einen elektrischen Reiz mit einem Aktionspotential, das in allen Punkten mit dem eines normalen Axons vergleichbar ist, obwohl
nur noch die Zellmembran vorhanden ist (BAKER et al., 1961).

2.4.2. Na^+-Ionen und das Auftreten elektrischer Aktivität

Wir haben weiter oben davon gehört, daß die Zellmembran des Axons während des
Ruhezustandes ausschließlich für K^+-Ionen permeabel ist; trotzdem darf die Rolle
des Na^+ bei der Nervenleitung nicht unterschätzt werden. Schon Anfang des Jahr-

hunderts zeigte OVERTON (1902), daß die Gegenwart von Natrium im extrazellulären Milieu für das Auftreten von Nervenaktivität unentbehrlich ist. Seither hat man auch nach zahlreichen geeigneten Stoffen gesucht, die Na^+ im extrazellulären Milieu ersetzen könnten, ohne die Nervenleitung zu beeinträchtigen. Lediglich mit dem Li^+-Ionen und in seltenen Fällen einigen organischen Verbindungen, die ein vierwertiges Ammonium (NH_4^+) enthalten, läßt sich Na^+ ganz oder teilweise im extrazellulären Milieu ersetzen, ohne die Impulsleitung des Nervs zu behindern.

2.4.3. Permeabilität für Na^+- und K^+-Ionen und Depolarisation der Membran

Es war wiederum BERNSTEIN, der zu Beginn des Jahrhunderts vermutete, daß die beobachtete Depolarisation der Membran, die mit dem Aktionspotential[1]) einhergeht, auf eine plötzlich auftretende Permeabilität der Membran für Na^+ zurückzuführen ist. Die normalerweise für Natrium impermeable Membran des Axons wird plötzlich für Na^+-Ionen permeabel, die unter dem Einfluß des für dieses Ion zwischen dem extrazellulären und intrazellulären Milieu bestehenden Gradienten des elektrochemischen Potentials in die Zelle eindringen. Dieser Zustrom von positiver Ladung in das Innere der Zelle ist für die Depolarisation der Membran verantwortlich.

Mit Methoden, die wir schon früher angedeutet haben, ist es in den letzten 15 Jahren gelungen, diese Hypothese experimentell zu beweisen: die zeitliche Entwicklung des transmembranären Stroms bei Veränderung des aufgezwungenen Potentials ermöglichten es HODGKIN und HUXLEY, auf sehr genaue Weise die Permeabilitätsänderungen für Natrium und Kalium beim Ablauf des Aktionspotentials am Riesenaxon zu analysieren. Bild 137 gibt die Entwicklung dieser Permeabilitätsänderung während der verschiedenen Phasen des Aktionspotentials wieder. Während der Depolarisationsphase nimmt die Permeabilität für Natrium gNa sehr schnell und stark zu; aber diese Zunahme der Permeabilität ist nur vorübergehend und gNa beginnt bereits wieder infolge eines Inaktivierungsprozesses abzunehmen, noch ehe das Maximum der Potentialumkehr erreicht worden ist. Die Entwicklung der Permeabilität für Kalium gK verläuft dagegen anders: sie weist zwar ebenfalls eine Zunahme im Verlauf des Aktionspotentials auf, doch diese beginnt erst, wenn die Permeabilität für Natrium bereits sehr hoch ist, bleibt sehr viel länger in einem bestimmten Zustand erhalten und kehrt erst am Ende der abschließenden Hyperpolarisationsphase zu ihrem Ausgangswert zurück.

Auf quantitativer Ebene hat man für den Ionenstrom 4 pM[2]) Nettoeinstrom von Na^+ pro cm^2 Membranfläche während des Aktionspotentials errechnen können.

---

[1]) Man mußte auf die Entwicklung von Mikroelektroden warten, um die charakteristische Potentialumkehr beim Aktionspotential beobachten zu können.

[2]) 1 pM = 1 Picomol = 10^{-12} Mol.

Diesem Einstrom von Na^+ entspricht am Ende des Aktionspotentials ein Ausstrom einer äquivalenten Menge K^+-Ionen, der ebenfalls durch Messung des Kaliumflusses nachgewiesen worden ist.

2.4.4. Aufeinanderfolge der das Aktionspotential auslösenden Ionenbewegungen

Wir haben gesehen, wie der zeitliche Ablauf der Permeabilitätsänderungen der Zellmembran des Axons für Na^+ und K^+ mit elektrophysiologischen Methoden genauestens untersucht worden sind. Die Aufeinanderfolge der Ereignisse:

a) Depolarisation der Membran

Die Depolarisation wird entweder direkt durch elektrische Reizung (Entstehung des Aktionspotentials an der Reizkathode, wie schon erwähnt) oder durch lokale Kurzschlüsse, die sich sukzessiv von Ort zu Ort in der Fortpflanzungsrichtung verschieben, hervorgerufen. Die Depolarisation selbst bewirkt eine Erhöhung der Permeabilität für Na^+-Ionen.

b) Eindringen der Na^+-Ionen in das zelluläre Milieu: Umkehr des Membranpotentials

Die Erhöhung der Permeabilität für Natrium bewirkt zwangsläufig einen Eintritt von Na^+-Ionen, denn der Konzentrationsgradient und die Potentialdifferenz begünstigen beide den Einstrom von Na^+-Ionen. Dieser Einstrom von positiver Ladung verstärkt seinerseits die Depolarisation der Membran, die wiederum die Permeabilität für Natrium erhöht, wodurch sich die explosive Art des Einstroms von Na^+-Ionen erklärt. Der sehr schnell einsetzende Inaktivierungsprozeß erniedrigt jedoch die Permeabilität wieder auf ihren sehr geringen Ruhewert.

c) Ausstrom von K^+-Ionen in das extrazelluläre Milieu. Rückkehr zum Ruhepotential

In dem Augenblick, wo sich die Permeabilität für Natrium verringert, nimmt das Bestreben der Na^+-Ionen ab, in das intrazelluläre Milieu einzudringen, weil der Wert des Gleichgewichtspotentials für dieses Ion ($+ 50$ bis $+ 60$ mV) fast erreicht ist. Aufgrund des Inaktivierungsprozesses der Permeabilität für Natrium würde der Abbau des Überschusses an positiver Ladung sehr langsam erfolgen, wenn lediglich Na^+-Ionen am Austausch der Ladung an der Membran beteiligt wären. Dagegen erlaubt die langsame Erhöhung der Permeabilität für K^+-Ionen diesen, an die Stelle der Na^+-Ionen zu treten.

Sobald die Permeabilität für Natrium wieder schwächer wird und im Innern der Nervenfaser lokal ein höheres Potential als im extrazellulären Milieu herrscht, sind die Bedingungen gegeben, die K^+-Ionen aus dem intrazellulären Milieu austreten zu lassen: das Potentialgefälle und das Konzentrationsgefälle wirken gleichsinnig. Darüberhinaus hat sich die Permeabilität der Membran für Kalium über ihren Ruhewert hinaus erhöht. Aufgrund dieser verschiedenen Faktoren kehrt das im Augenblick des massiven Einstroms von Na^+-Ionen gestörte elektrische Gleichgewicht an der Membran sehr schnell auf seinen Ruhewert zurück.

Am Ende des Aktionspotentials besteht folgende Situation:

1. das Membranpotential hat fast den Wert seines Ruhepotentials wieder erreicht;

2. die vorübergehend erhöhte Permeabilität sowohl für Natrium als auch für Kalium hat wieder ihren normalen Wert angenommen;

3. ein Teil der vor dem Aktionspotential im Innern der Nervenfaser vorhandenen K^+-Ionen ist durch Na^+-Ionen ersetzt worden. Dieses Ionengleichgewicht ist die einzige Spur, die der Durchgang eines Nervenimpulses hinterlassen hat, und zumindest im Fall des Riesenaxons, bei dem die Kaliumreserven des Axoplasmas bedeutend sind, kann es als unerheblich angesehen werden. Bei Nervenfasern mit kleinerem Volumen würde die mit der Nervenleitung verbundene Ionenbewegung den Austausch eines bedeutenden Teils des intrazellulären Kaliums durch Natriumionen bewirken, wenn nicht ein Regerationsprozeß dazu beitrüge, den ursprünglichen ionalen Verteilungszustand im extra- und intrazellulären Milieu wiederherzustellen. Zwar kann die bedeutende intrazelluläre Kaliummmenge als Reserve für Perioden gesteigerter Aktivität der Nervenfaser dienen, doch früher oder später muß der ursprüngliche Zustand wieder herrschen.

Die Wiederherstellung der intrazellulären Na^+- und K^+-Konzentrationen setzt einen aktiven Transport voraus, denn die Na^+-Ionen müssen einmal gegen ein erhebliches Konzentrationsgefälle und zum andern gegen eine Potentialdifferenz von 75 mV aus der Zelle herausgeschafft werden. Was den Einstrom von K^+-Ionen ins Axoplasma betrifft, so ist die Situation nicht eindeutig, denn das Konzentrationsgefälle und die Potentialdifferenz üben bereits ihre Wirkung in entgegengesetzter Richtung aus. In Wirklichkeit scheint es so zu sein, daß zumindest teilweise der Einstrom von K^+-Ionen in Verbindung mit dem aktiven Ausstoß von Na^+-Ionen erfolgt. Bei Messungen des Ausstroms von Na^+-Ionen aus dem Riesenaxon des Kalmars hat sich gezeigt, daß der aktive Ausstoß eng mit dem Vorhandensein von K^+-Ionen im extrazellulären Milieu verbunden ist.

Das Riesenaxon des Kalmars hat sich übrigens ein weiteres Mal als vorzügliches biologisches Material erwiesen, und zwar für die Untersuchung der Beziehung zwischen dem Stoffwechsel energiereicher Phosphatverbindungen und dem Phänomen des aktiven Ionentransports, wie es schon früher beschrieben worden ist (siehe Seite 206).

Die Untersuchung der zellulären Mechanismen, die Ursache des Auftretens und der Weiterleitung von Nervenimpulsen sind, haben uns gezeigt, daß die Zelle die im ionalen Konzentrationsgefälle zwischen extra- und intrazellulärem Milieu liegende potentielle Energie zu nutzen versteht. Diese potentielle Energie wird in Quanten freigesetzt, aufgrund der ursprünglichen Änderung der Permeabilitätseigenschaften der Nervenmembran für Kalium und Natrium, während die Regenerationsprozesse für diese potentielle Energie sich ihrem Wesen nach nicht von den allgemeinen Mechanismen unterscheiden, die das Überwiegen der Na^+-Ionen im extrazellulären Milieu gewährleisten.

Einige der biochemischen Mechanismen, die die beobachteten Permeabilitätsänderungen während des Aktionspotentials bewirken, sind noch immer nicht geklärt. Ungeachtet dessen setzen sich die Theorien durch, und es ist sehr wahrscheinlich, daß in relativ naher Zukunft durch die Bemühungen zahlreicher Forschergruppen eine Beschreibung dieser wichtigen, schnellen und reversiblen Permeabilitätsänderungen auf molekularer Ebene möglich ist. Dadurch wäre eine Erklärung der Nachrichtenübertragung in dem komplexen Kommunikationsnetz des Wirbeltiernervensystems gegeben.

V. Zellen und Viren

1. Allgemeines

Den Begriff *Virus* hat man seit dem Altertum verwendet, um alle Arten schädlicher Einflüsse zu bezeichnen. Erst seit dem Ende des vorigen Jahrhunderts hat man begonnen, sich davon zu lösen und den Begriff Virus im engeren Sinne, wie wir ihn heute verstehen, zu definieren.

1.1. Entdeckung der Viren

Gegen 1880 kannte man einige der pathogenen und nicht pathogenen *Bakterien* und die *Gifte;* Bakterien und Gifte bildeten zusammen die Viren.

Die Bakterien zeichneten sich durch ihre erkennbare Größe und die Fähigkeit aus, sich zu vermehren. In den Mikroskopen der damaligen Zeit waren sie wegen ihrer Größe sichtbar und konnten mit den gebräuchlichen Filtern zurückgehalten werden.

Die Gifte dagegen, Moleküle von viel geringerer Größe, konnten die Filter passieren, vermehrten sich aber nicht.

Im Jahr 1892 zeigte jedoch IWANOWSKY, daß das Tabakmosaik-Agens ein Stoff war, der zu keiner der beiden Kategorien gehörte. Dieser Stoff vermehrt sich, wenn er einer Tabakpflanze eingeimpft wird (ist also infektiös); er ist daher kein Gift, geht aber dennoch durch die Filter, die Bakterien zurückhalten, hindurch. Es handelt sich also um eine neue Kategorie von pathogenen Stoffen, wie es BEIJERINCK wenige Jahre danach sehr klar erkannt hat.

Diesen neuen Stoff nannte man ein Ultravirus: Tabakmosaikultravirus. Man entdeckte sehr schnell eine Reihe anderer Krankheiten, die auf analoge Stoffe zurückzuführen waren, und begann, die Eigenschaften dieser neuen Kategorie von „Organismen", deren Individualität sich immer mehr herausstellte, zu präzisieren. Daraufhin wurde der Terminus „Ultravirus" fallen gelassen, um den Begriff *Virus* zur Benennung der einzelnen analogen Einheiten des Tabakmosaikstoffes zu reservieren.

1.2. Untersuchungsmethoden

Lange Zeit hat man die Viren lediglich indirekt feststellen können. Nur sekundär infolge ihrer Vermehrung ließen sie sich nachweisen: an der Schädigung, die sie einem Organismus zufügten. Man untersuchte ihr biologisches Verhalten auf indirekte Weise.

Immer verfeinertere Methoden gestatten es heute, Viren zu isolieren und zu reinigen, um ihre physikalischen und chemischen Eigenschaften und schließlich sie selbst zu beobachten.

1.2.1. Biologisches Verhalten

Alle bisherigen Arbeiten haben gezeigt, daß sich *Viren nur im Innern lebender Zellen vermehren* können. Wir werden sehen, daß es sich hierbei um eine ihrer wesentlichsten Eigenschaften handelt. Man spricht von einem Virus-Wirt-System.

Dieser Wirt kann ein mehrzelliger Organismus sein, den man mit Viren beimpft hat. In einigen Fällen ist das die einzige Methode, um sie studieren zu können; in anderen gelingt die Vermehrung von Viren auch in einem einfacheren System wie der Zellkultur.

Diese beiden Methoden zeigen wesentliche Unterschiede. Bei der ersten Methode hat man für die Vermehrung des Virus annähernd die gleichen Bedingungen wie in der Natur, aber es sind nur allgemeine Aussagen über sein Verhalten in einem so komplexen Organismus möglich, weil die meisten Faktoren der gegenseitigen Beeinflussung nicht zu kontrollieren sind. Bei Verwendung der Zellkultur versucht man dagegen die große Zahl der Faktoren, die bei der Vermehrung der Viren eingreifen könnten, einzuschränken.

1.2.2. Physikalische und chemische Eigenschaften der Viren

Die Reinigung und chemische Analyse der reinen Virusprobe erfolgt nach den in der Biochemie gebräuchlichen Methoden.

Danach lassen sich die Größe, die Form und die Struktur der Viruspartikeln bestimmen. Diese Angaben konnten durch indirekte Methoden wie der Ultrazentrifugation, Filtration durch Filter mit immer kleinerer Porengröße und Röntgenbeugung gewonnen werden, noch ehe das Elektronenmikroskop entwickelt worden war. Seit man das Elektronenmikroskop gebraucht, kann man diese Partikeln direkt beobachten, zählen, ihre Reinheit prüfen und ihre Struktur analysieren.

1.3. Chemische Zusammensetzung und Struktur der Viren

1.3.1. Chemischer Aufbau

Hauptbestandteile

Die vergleichende chemische Untersuchung der bekannten Viren hat gezeigt, daß es einige wesentliche Komponenten gibt, die bei allen Viren vorhanden sind und zu denen bei einigen Viren ein oder mehrere Bestandteile hinzukommen.

Die wesentlichen Bestandteile sind einmal eine Nucleinsäure und zum andern ein oder mehrere Proteine. Die zusätzlichen Komponenten können sehr verschieden sein.

Nucleinsäuren

Ein Virus besitzt immer *nur eine Nucleinsäure.* Alle Organismen, die gleichzeitig
DNA und RNA haben, sind keine Viren, auch wenn sich ihre Größe manchmal der
der Viren annähert[1]). Diese Nucleinsäure kann *DNA* (Kuhpockenvirus, Herpes-Virus,
Adenovirus, zahlreiche Bakteriophagen) oder auch *RNA* (Tabakmosaikvirus, Grippevirus, Poliomyelitisvirus, andere Bakteriophagen) sein. Sie stellt einen mehr oder
weniger bedeutenden Anteil der Virusmasse dar, 50 % im Falle der Bakteriophagen
der T-Serie bis zu weniger als 1 % im Falle des Grippevirus.

Proteine

Man findet in den Viren immer Proteine, doch die Zahl der verschiedenen Proteine
in ein und demselben Virus ist immer sehr begrenzt.

Wie alle Proteine sind auch diese mit *Antigeneigenschaften* ausgestattet. Die Proteine
eines beliebigen Virus haben eine spezifische Struktur, und so müssen auch ihre antigenen Eigenschaften spezifisch sein. Man hat dadurch ein viel benutztes Mittel für
ihre leichte Identifizierung in der Hand.

Zusätzliche Bestandteile

Einige Viren enthalten nur eine Nucleinsäure und Proteine wie das Poliomyelitis-
oder Poliovirus (RNA) oder die Adenoviren (DNA). Andere enthalten noch zusätzliche Bestandteile wie Lipide (die 50 % der Gesamtmasse betragen können) und
Polysaccharide.

1.3.2. Struktur der Viren

Die Viren sind keineswegs einfache Aggregate aus Nucleinsäure- und Proteinmole-
külen. Sie haben eine wohldefinierte Struktur und erscheinen in Form untereinander identischer Viruspartikeln oder Virionen.

Die wenn auch geringe Größe der Viruspartikeln ist jedoch erheblich größer als die
der sie aufbauenden Moleküle. Wir haben gesehen, daß in einem Viruspartikel sehr
wenige verschiedene Proteine vorkommen. Diese bestehen lediglich aus einer Ansammlung von identischen Molekülen, deren Anordnung daher nur regelmäßig sein
kann (Bild 138, 139, 142, 143 und 145). Es gibt nur wenige Strukturformen bei
den Viren, und bei den kleinen sind sie dazu noch recht einfach. Einige sehr große
Viren, z.B. das Kuhpockenvirus, besitzen dagegen eine komplizierte Struktur (Bild 144).

Das Virion eines *Adenovirus* (Bild 138 und 145) besteht aus einem *Capsid* aus Protein, das eine Nucleinsäure umgibt (Bild 140).

Das Capsid hat die Form eines Polyeders mit 20 gleichseitigen Dreiecksflächen, d. h.
es ist ein regelmäßiges Ikosaeder von 750 Å Durchmesser. Ein solches Capsid besitzt
drei Symmetrieachsen, und man spricht von einer kubischen Symmetrie.

---

[1]) Z. B. Rickettsien, die den Typhus hervorrufen.

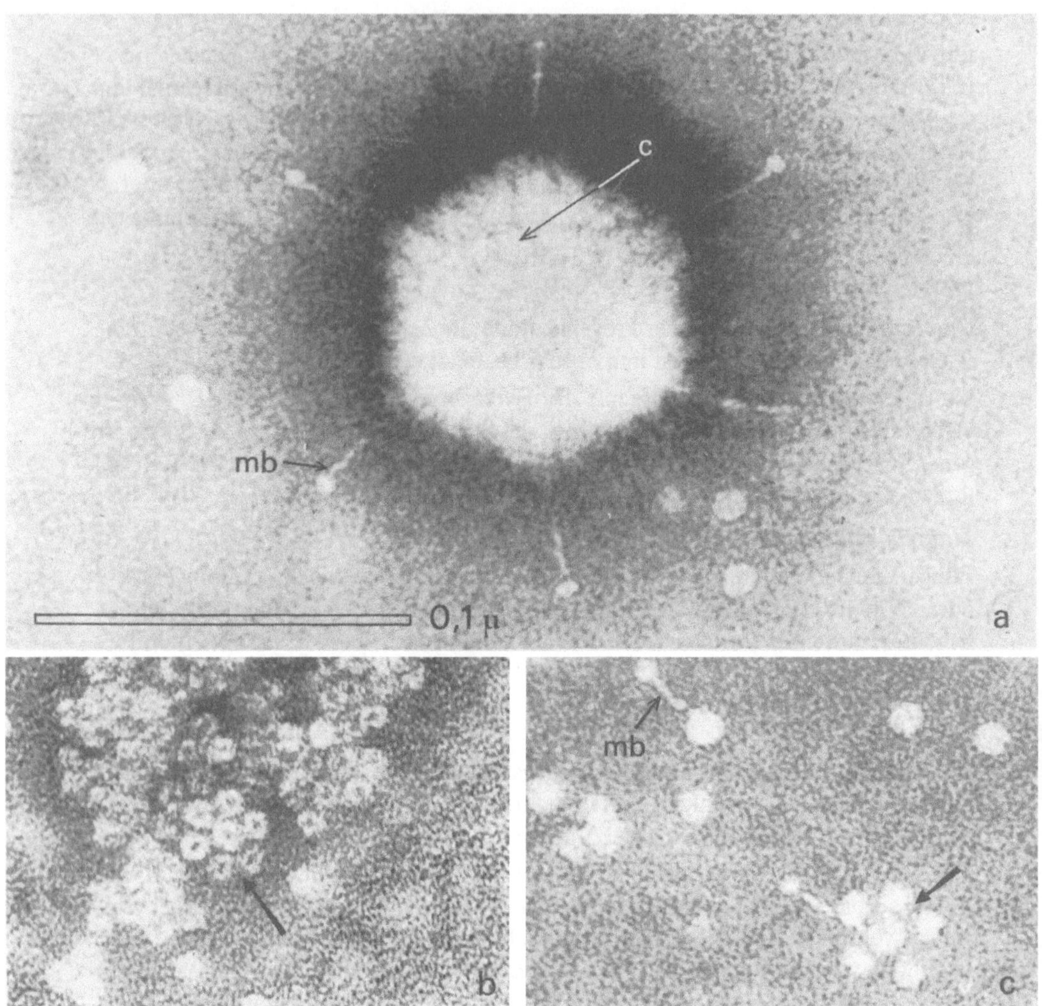

Bild 138. Virion eines Adenovirus und die Bestandteile des Capsids. a) Das Virion eines Adenovirus besteht aus einem Nucleocapsid ohne Hülle. Dieses hat die Form eines Ikosaeders und ist aus Capsomeren c aufgebaut. Darüber hinaus sieht man aus jeder der zwölf Spitzen des Ikosaeders ein klöppelförmiges Molekül *mb* herausragen. b und c) Die drei Proteinkomponenten des Virions. b) Proteinfraktion, die den Capsomeren entspricht, die die Flächen und Kanten des Ikosaeders bedecken. Die Moleküle zeigen eine Sechser-Symmetrie, die sich in einer hexagonalen Anordnung ausdrückt (Pfeil). c) Gemisch der beiden anderen Proteinfraktionen, die den Capsomeren c an den Spitzen des Ikosaeders und den klöppelförmigen Molekülen *mb* entsprechen. Die Spitzencapsomere haben Fünfer-Symmetrie, denn in einer solchen Fraktion ordnen sie sich pentagonal an (Pfeile). Aus den letzten Bildern sieht man, daß die klöppelförmigen Moleküle an den pentagonalen Capsomeren sitzen. 500 000fach (Aufnahmen: R. C. VALENTINE und H. G. PEREIRA, 1965)

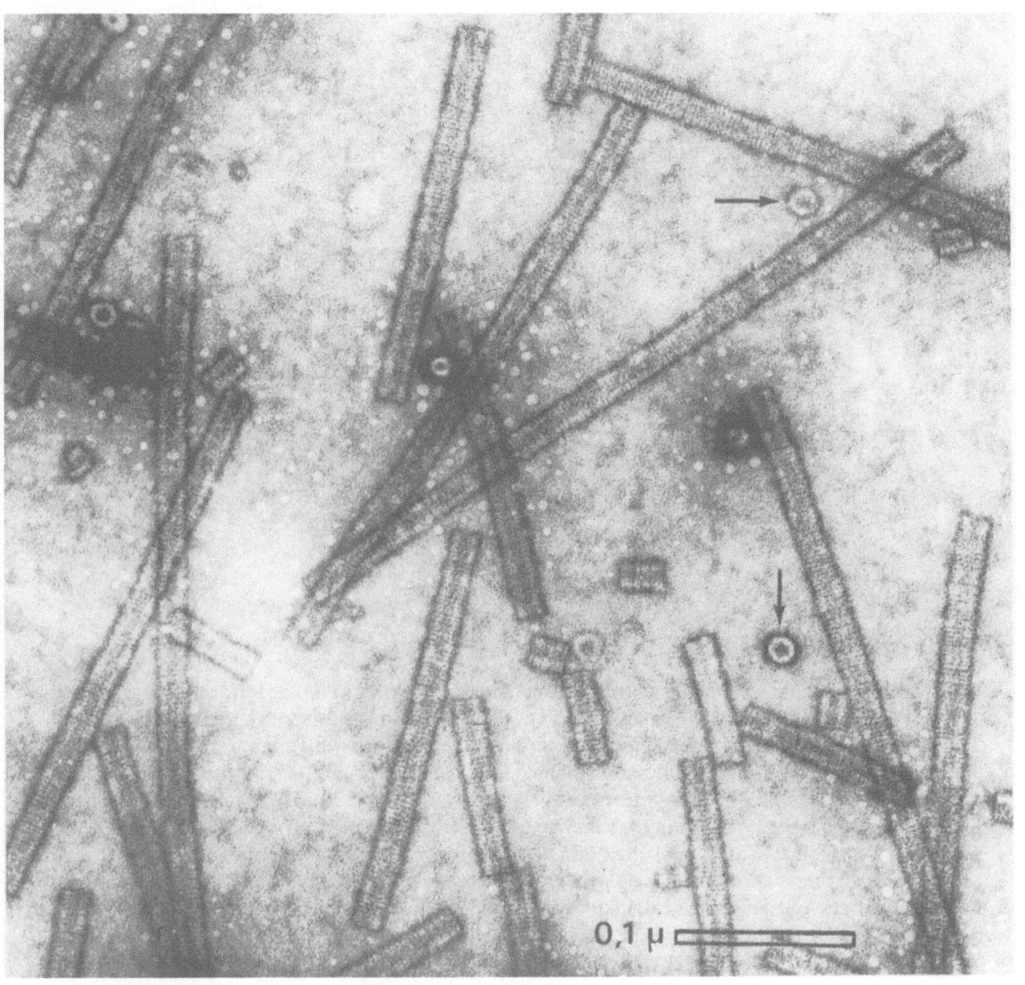

Bild 139. Virionen des Tabakmosaikvirus. Das Virion des Tabakmosaikvirus besteht aus einem helixförmigen Nucleocapsid. Man erkennt eine große Anzahl von Capsiden als hohle zylindrische Stäbchen. Mehrere von ihnen sind zerbrochen, und einige ihrer Fragmente haben sich senkrecht zur Beobachtungsebene gestellt, so daß man das zentrale Lumen erkennen kann (Pfeile). 240 000fach (Aufnahme: NIXON und WOODS, 1965)

Dieses Capsid besteht aus 252 regelmäßig angeordneten *Capsomeren*, die ihrerseits wieder aus Untereinheiten, den *Struktureinheiten* (Bild 140), zusammengesetzt sind. Sie können von zweierlei Art sein: die einen bedecken die Kanten und die Flächen des Ikosaeders in einer Anzahl von 240 und sind jeweils von sechs anderen umgeben.

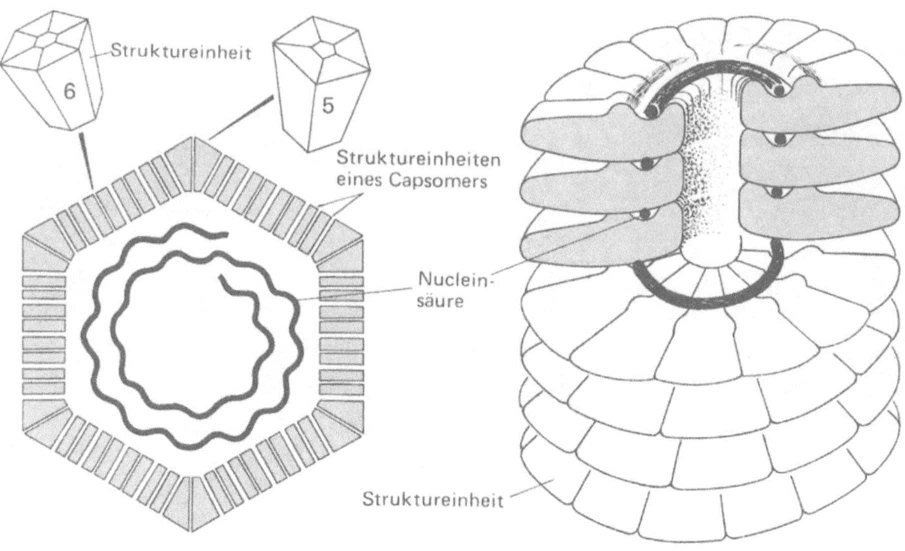

a. Virus mit ikosaederförmigem   b. Virus mit helixförmigem
   Nucleocapsid   Nucleocapsid

Bild 140. Capside, Capsomere und Struktureinheiten.   a) Virion mit ikosaederförmigem
Nucleocapsid. Das Capsid wird aus einer konstanten Anzahl von Capsomeren aufgebaut. Diese
Capsomeren bestehen selbst wieder aus Struktureinheiten. Es gibt zwei Typen von Capsomeren:
die die Flächen und Kanten des Ikosaeders bilden und Sechser-Symmetrie aufweisen, und die
Spitzencapsomeren, die Fünfer-Symmetrie zeigen (siehe auch Bild 138). Die Nucleinsäure ist im
Capsid enthalten, aber ihre genaue Lage im Capsid ist noch unbekannt.   b) Virion mit helixförmigem Capsid. Die Struktureinheiten sind hier zu einer Helix angeordnet, und die Nucleinsäure wird zwischen den aufeinanderfolgenden Windungen der Proteinhelix eingeklemmt. Es
besteht nicht aus Capsomeren wie die ikosaederförmigen Capside. Beim Tabakmosaikvirus zählt
man $16\frac{1}{3}$ Struktureinheiten pro Windung

Man nennt sie Hexone (Bild 138b u. 140). Die anderen in der Anzahl 12 bilden die
Spitzen des Ikosaeders. Sie haben nur fünf Nachbarn (pentone) und sind mit einer
radialgestellten Faser ausbalanciert (Bild 138c).

Die Analyse der Polypeptide der Virionen zeigte, daß ein Hexon aus einem Polypep-
ted (molekulare Masse: 120 000) aufgebaut ist, das sich dreimal wiederholt, das
Penton aus einem anderen (MM: 70 000) und die radiale Faser aus einem dritten
(MM: 62 000). Ferner sind noch drei weitere viel kleinere Polypeptide vorhanden,
die mit der DNA verbunden sind und zusammen eine zentrale Masse bilden.

Zahlreiche Viren haben ein Capsid in Form eines solchen Ikosaeders, lediglich die Größe der Virionen und die Zahl der Capsomeren variieren.

Das Tabakmosaikvirus gehört einer anderen Kategorie von Viruspartikeln an. Das Virion ist länger und hat die Form eines hohlen zylindrischen Stäbchens von 3000 Å Länge und 170 Å Durchmesser (Bild 139, 140 und 145). Die Struktureinheiten sind statt zu Capsomeren zu einer Helix angeordnet. Jeder Umgang der Helix besteht aus $16\frac{1}{3}$ Struktureinheiten, so daß von einer Windung zur nächsten eine Verschiebung um ein Drittel der Breite einer Struktureinheit auftritt.

Die Nucleinsäure (hier RNA) ist ebenfalls in Form einer Helix zwischen den Windungen der Proteinhelix angebracht (Bild 140). Das Ganze stellt ein helixförmiges *Nucleocapsid* dar.

Die Struktureinheiten sind alle identisch: im Tabakmosaikvirus gibt es demnach nur ein Protein. Man kennt sogar die vollständige Sequenz der 158 Aminosäuren, aus denen es besteht (Bild 141). Zusammen mit dem Adenovirus, das wir noch untersuchen werden, zeigt dieses Beispiel, bis zu welchem Punkt die morphologische und chemische Analyse bei den Viren getrieben werden kann.

Adenovirus und Tabakmosaikvirus sind Viren, deren einzelne Virionen lediglich aus einem Nucleocapsid bestehen. Das Grippevirus dagegen ist komplizierter aufgebaut. Seine Virionen bestehen aus einem Nucleocapsid, dessen Struktur zwar der des Tabackmosaikvirus sehr ähnlich ist, jedoch gekrümmt und aufgerollt im Innern einer stachlichen Hülle liegt (Bild 142, 145 und 161). Zusätzlich zu den zahlreichen gut untersuchten Strukturproteinen, von denen eins diesen Stacheln entspricht, enthält die Hülle noch zahlreiche andere Bestandteile (Lipide, Mucopolysaccharide usw.) und sogar einige Enzyme, im besonderen eine Neuraminidase. Wir werden später noch auf ihre Art und ihre Bedeutung eingehen.

Der Bakteriophage T2, der ebenfalls nur DNA und Proteine enthält, zeigt eine besonders ausgeprägte Stuktur (Bild 143, 145 und 146). Man unterscheidet einen Kopf, der einem Capsid entspricht, und einen Schwanz.

Der Kopf des Virions hat wahrscheinlich eine Form, die sich vom Ikosaeder ableiten läßt, und ist daher dem Capsid eines Adenovirus vergleichbar. Er ist aus Einheiten zusammengesetzt, die nur aus einem einzigen Protein bestehen, und enthält im Innern neben der DNA eine Reihe anderer Proteine.

Der Schwanz besteht aus einer tubulären Achse, die von einer helixförmigen Scheide aus ungefähr 200 identischen Proteineinheiten umgeben ist. Er endet mit einer Platte, die Stacheln und Schwanzfäden trägt (Bild 143, 145 und 146).

Aus den angeführten Beispielen kann man zahlreiche Schlüsse ziehen, die auch für den größten Teil der bekannten Viren gelten.

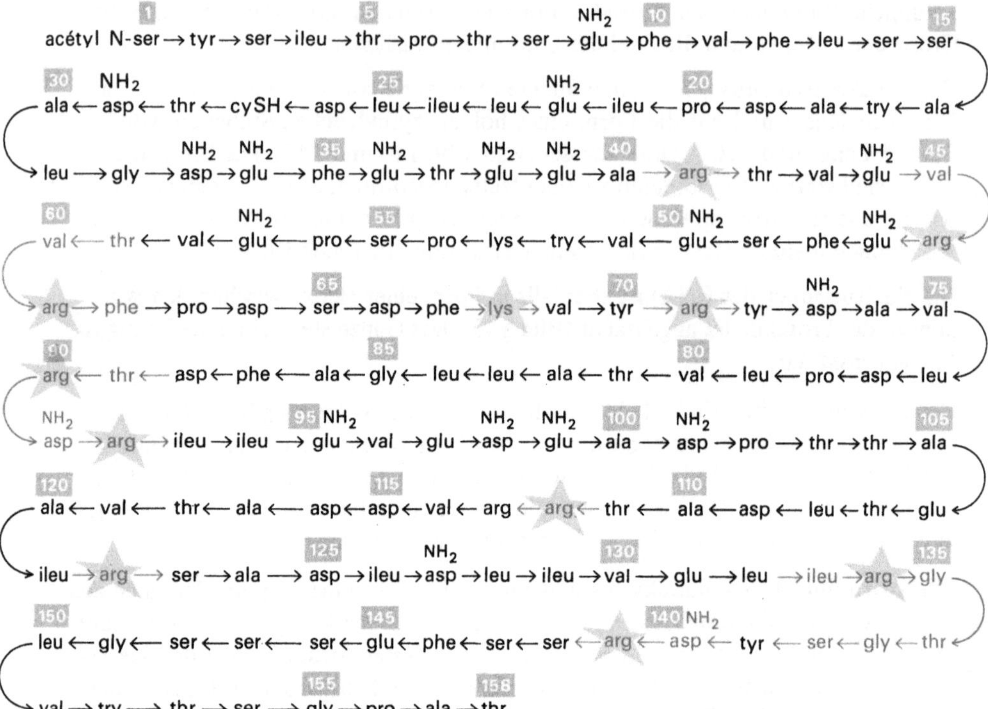

Bild 141. Tabakmosaikvirus: Sequenz der Aminosäuren in einer Struktureinheit (nach FRAENKEL CONRAT). Das Capsid des Tabakmosaikvirus ist aus ungefähr 2 200 Struktureinheiten aufgebaut. Jede dieser Einheiten enthält 158 Aminosäuren in der oben wiedergegebenen Sequenz. Die Aufklärung der Sequenz vollzog sich in zwei Abschnitten: Zerkleinerung der Kette durch Trypsin, das an zehn der zwölf Argininmoleküle und an einem der beiden Lysinmoleküle die Kette spaltet, so daß man zwölf Peptide erhält; anschließend wird deren Sequenz ermittelt. Diese Proteinkette ist mehrmals gefaltet, aber ihre genaue Gestalt ist noch unbekannt

Die Nucleinsäure, DNA oder RNA, ist immer von einem Capsid aus Proteinen umgeben. Bei einigen Viren wird dieser Schutz noch durch eine Hülle verstärkt. Die Bausteine des Capsids sind nicht zahlreich und stellen in jedem Viruspartikel eine feststehende Anzahl von regelmäßig angeordneten Untereinheiten dar.

Das Viruspartikel ist eine statische Struktur, die keine Entwicklung erkennen läßt, wenn diese nicht nach mehr oder weniger langer Zeit zu einer durch verschiedene Einflüsse des äußeren Milieus bedingten Auflösung führt, weil es zu gegebener Zeit keine geeignete Wirtszelle infizieren konnte.

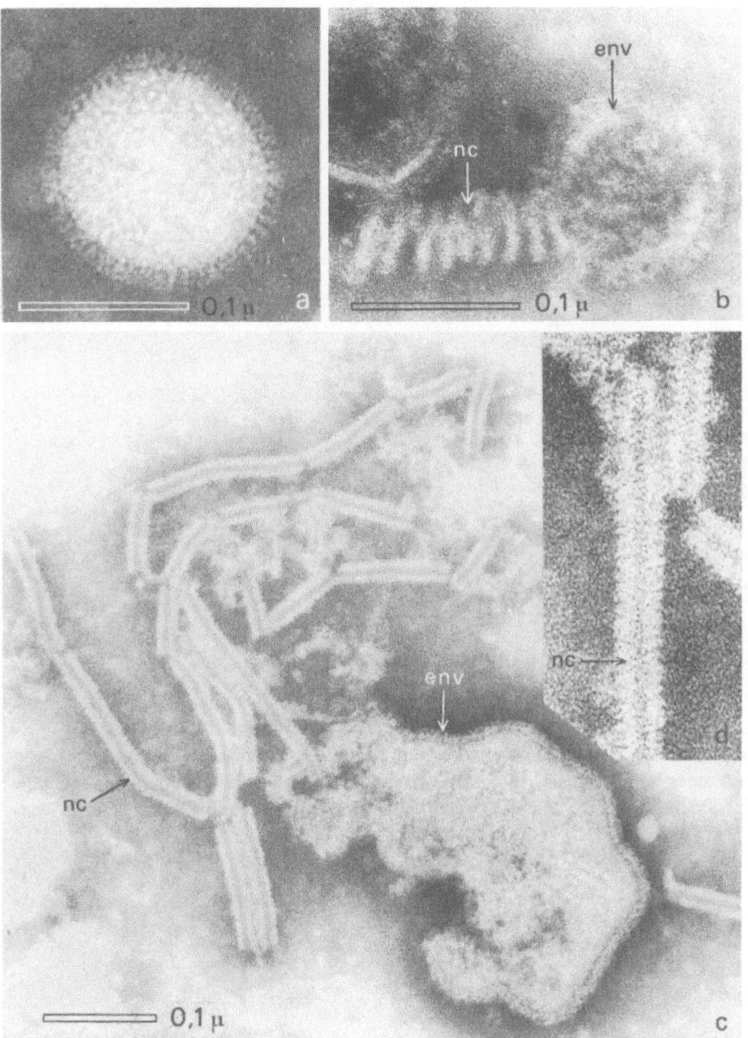

Bild 142. Virionen mit helixförmigem Capsid und Hülle. a und b) Grippevirus. c und d) Das dem Grippevirus verwandte Sendai-Virus. a) Ein Virion des Grippevirus mit seiner mit Spiculae besetzten Hülle. 230 000fach (Aufnahme: A. BERKALOFF, 1964). b) Die Hülle env eines Virions des Grippevirus ist aufgerissen und zeigt das helixförmige Nucleocapsid nc. Näheres über die Struktur des Nucleocapsids beim Sendai-Virus auf c und d. 230 000fach (Aufnahme: A. BERKALOFF und J.-P. THIÉRY, 1964). c) Ein Virion des Sendai-Virus nach Aufplatzen der Hülle env. Das Nucleocapsid nc ist zerbrochen. 150 000fach. d) Die Struktur des Nucleocapsids nc des Sendai-Virus ist der des Tabakmosaikvirus sehr ähnlich (siehe Bild 139). 230 000fach (Aufnahmen: J.-P. THIERY und A. BERKALOFF, 1964)

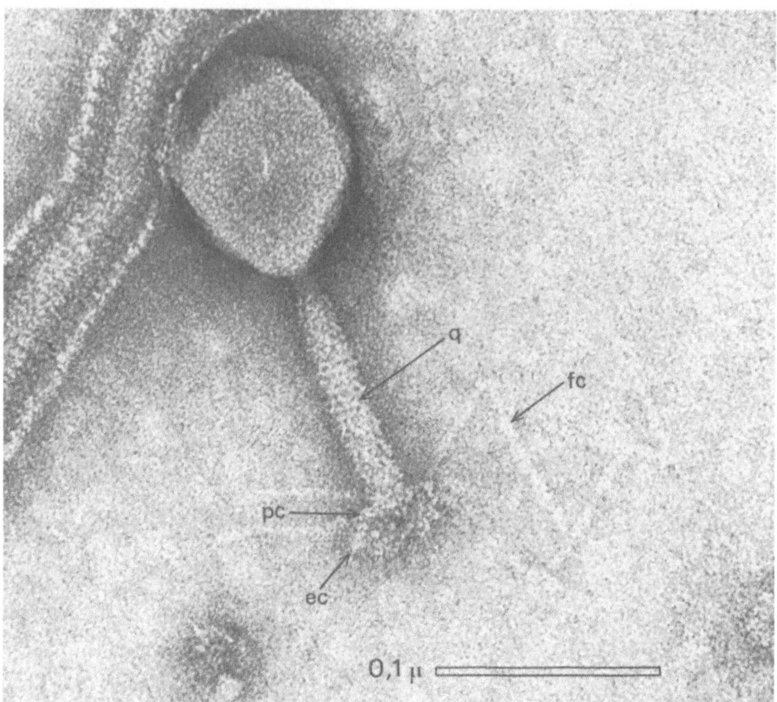

Bild 143. Virion des Bakteriophagen T 2. Das Virion des Bakteriophagen T 2 hat einen Kopfteil t und einen Schwanzteil q. Dieser Schwanz besteht aus einer Scheide mit einer gut erkennbaren Streifung und einer hier nicht sichtbaren tubulären Achse. An seinem Ende trägt er eine Grundplatte pc mit Stacheln ec und langen Schwanzfäden fc. 300 000fach (Aufnahme: J.-P. THIÉRY)

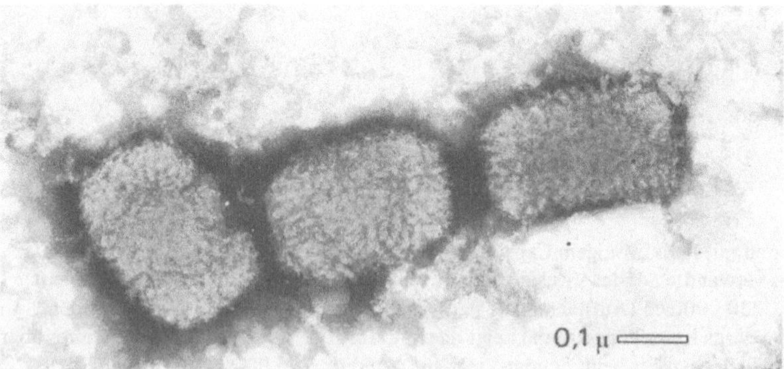

Bild 144. Das sehr kompliziert gebaute Virion des Vaccinevirus. Das Vaccinevirus ist ein DNA-Virus mit sehr großen Virionen, deren mehrschichtige äußere Membran mit Runzeln verziert ist, die hier gut zu sehen sind, von denen man aber nicht genau weiß, ob sie zur Hülle oder zum Capsid gehören. 90 000fach (Aufnahme: A. BERKALOFF)

Diese Stabilität geht mit dem Fehlen jeglicher Stoffwechselaktivität einher. In den
Viruspartikeln wurde z. B. keine Synthese beobachtet, nicht ein Bestandteil ist von
den Viruspartikeln selbst synthetisiert worden. Wir haben gesehen, daß diese Bestandteile manchmal sogar Enzyme sein können. Von diesen sind einige immer vorhanden und spielen eine Rolle entweder bei der Anfangsphase der Infektion oder
bei der Befreiung der Virionen, während die anderen, die nicht regelmäßig anwesend
sind, beim Freiwerden aus der Wirtszelle mitgeschlepptes Material darstellen und
virusfremd sind. Keins dieser Enzyme erlaubt eine Synthese.

2. Bakteriophagen

2.1. Allgemeines

Bakteriophagen (oder einfach Phagen) sind Viren, die, wie ihr Name schon besagt,
Bakterien befallen.

Ihre Entdeckung durch d'HÉRELLE und TWORT 1915 bedeutete den Anfang einer
Reihe besonders fruchtbarer Untersuchungen, so daß man heute eine sehr genaue
Kenntnis dieser Objekte besitzt.

2.1.1. Struktur der Bakteriophagen

Es gibt Bakteriophagen mit DNA und solche mit RNA. Einige dieser Viruspartikeln
haben eine ähnliche Struktur wie der Phage T2 (Bild 146); andere ähneln den Viren,
die wir schon beschrieben haben. Der Bakteriophage Φ X 174, Vertreter einer Familie kleiner Bakteriophagen, die der letzgenannten Kategorie angehören, hat übrigens
eine interessante Eigentümlichkeit: seine Nucleinsäure ist eine DNA aus einem einzigen Strang.

Von den Phagen, die das Bakterium *Escherichia coli* befallen, sind sieben verschiedene Phagen, T1 bis T7[1]), sehr gut bekannt.

Diese sieben Viren bilden zwei Gruppen mit Eigenschaften, die sich gut voneinander abheben: die geradzahligen T (T2, T4, T6) und die ungeradzahligen T (T1, T3,
T5 und T7).

Die geradzahligen T sind deshalb interessant, weil ihre DNA an Stelle von Cytosin
eine besondere Base, nämlich Hydroxymethylcytosin enthält; dieser Umstand ermöglicht eine bequeme Markierung der Viren-DNA.

Diese DNA ist ein großes Molekül von ungefähr 50 μm Länge (Bild 147), das etwa
200000 Nucleotiden entspricht. Aus genetischen Gründen[2]) nimmt man an, daß
die Kette zu einem Ring geschlossen ist; zuweilen ist der Ring jedoch auch geöffnet.
Es sind aber beide Formen des Moleküls zu beobachten (Bild 147).

---

[1]) T bedeutet die Abkürzung von Typ.

[2]) Siehe Band „Genetik" der Uni-Texte.

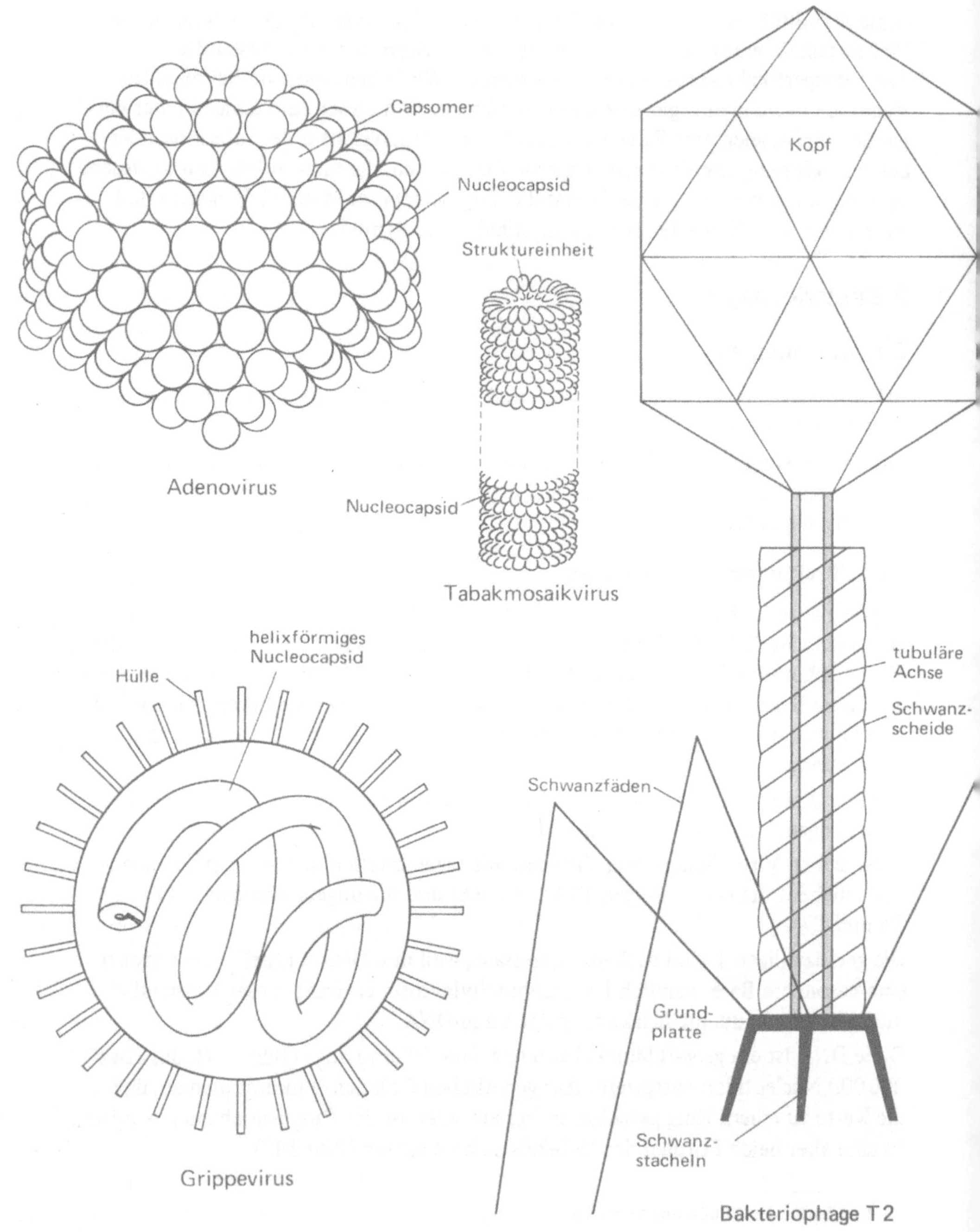
Capsomer
Nucleocapsid
Strukureinheit
Nucleocapsid
Adenovirus
Tabakmosaikvirus
helixförmiges
Nucleocapsid
Hülle
Grippevirus
Kopf
tubuläre
Achse
Schwanz-
scheide
Schwanzfäden
Grund-
platte
Schwanz-
stacheln
Bakteriophage T 2

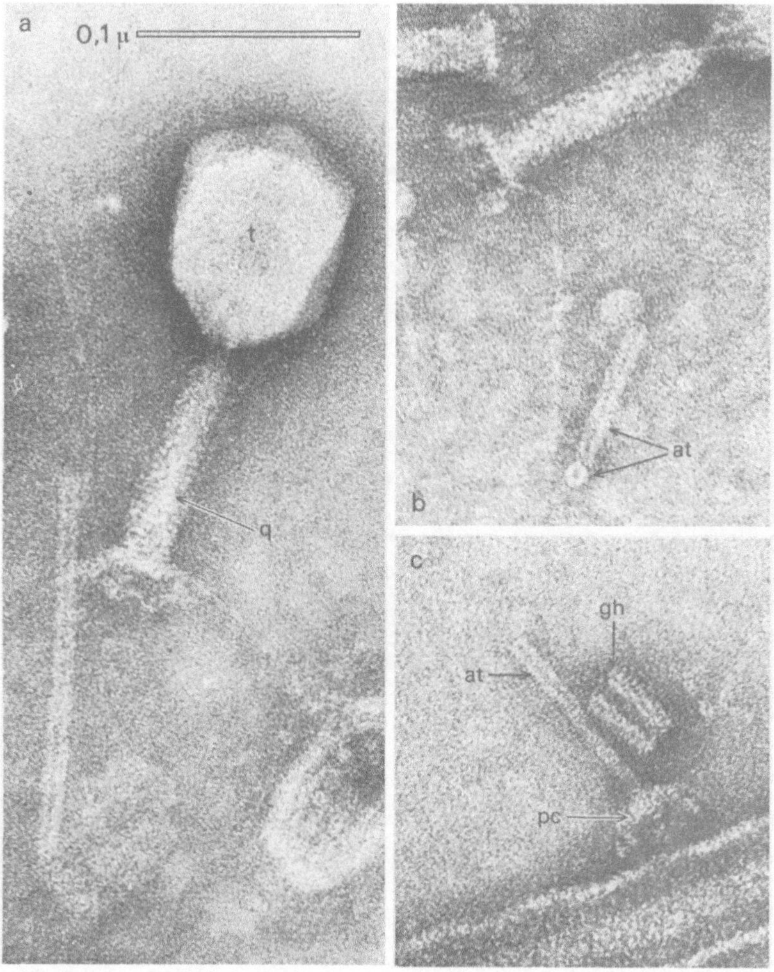

Bild 146. Einzelheiten des Bakteriophagen T 2.   a) Ein vollständiges Virion mit Kopf t und
Schwanz q, den beiden charakteristischen Komponenen.   b) Die tubuläre Achse hat sich vom
Schwanz völlig getrennt und ist auf diesem Bild im Profil und im Querschnitt zu erkennen.
c) Die beiden Elemente des Schwanzes liegen nebeneinander: die tubuläre Achse trägt die
Grundplatte pc, und beim intakten Virion wird sie von der helixförmigen Scheide gh umgeben.
300 000fach (Aufnahmen: J.-P. THIÉRY)

Bild 145. Rekonstruktion einiger Virionentypen. Die Virionen auf den Bildern 138, 139, 142
und 143 sind hier schematisch wiedergegeben. Zwei von ihnen entsprechen einem hüllenlosen
Capsid (Adeno- und Tabakmosaikvirus), während das Grippevirus eine Hülle und ein helixförmiges Nucleocapsid besitzt. Das Virusteilchen des Bakteriophagen T 2 ist sehr viel komplizierter
gebaut, denn man erkennt einen Kopf, der dem Capsid entspricht, und einen komplizierten
kontraktilen Apparat, den Schwanz. Alle diese Virionen sind im gleichen Maßstab gezeichnet

17 Berkaloff

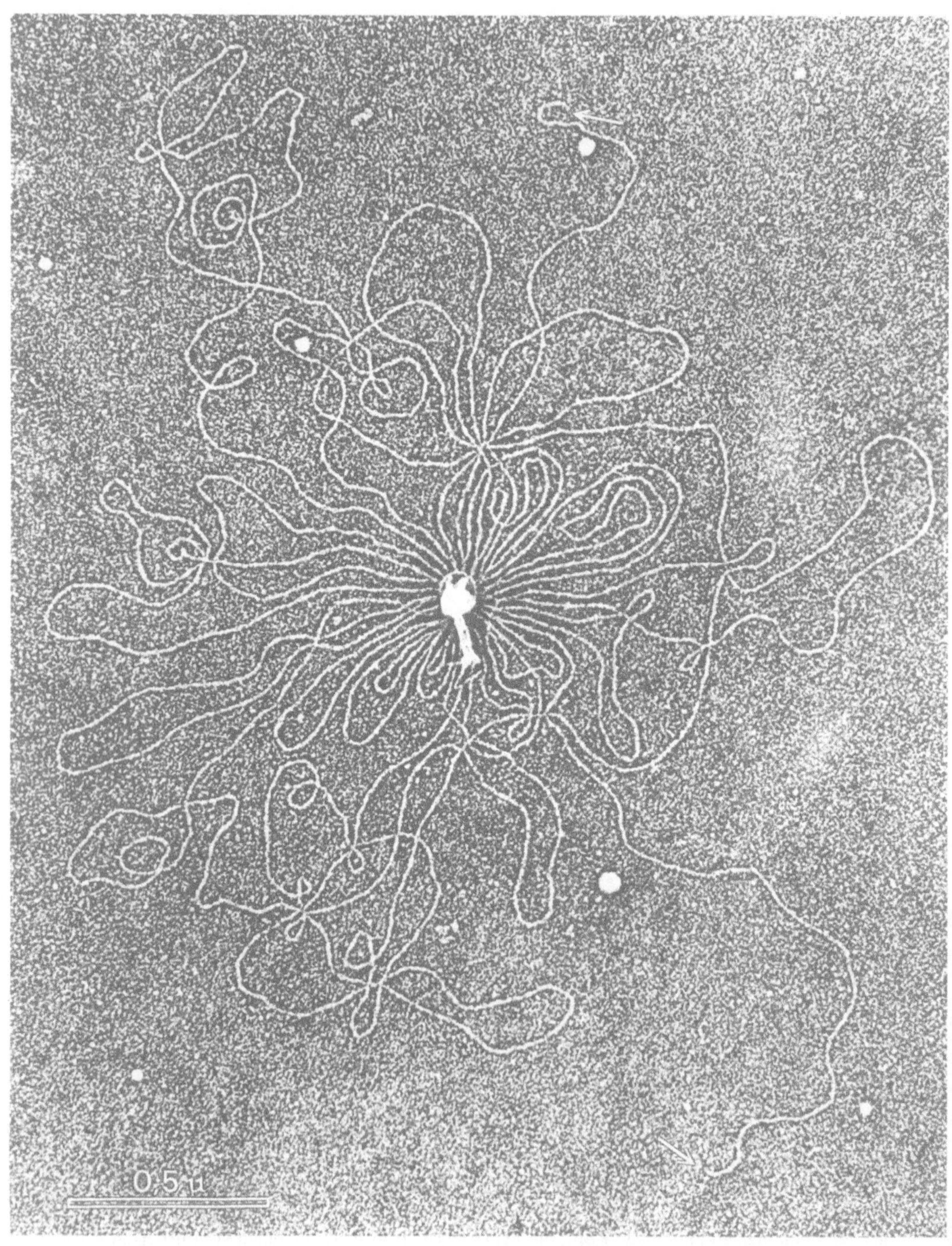
0,5 µ

2.1.2. Zählung von Viruspartikeln: „Plaques"-Methode

Das Zählen von Viruspartikeln wird durch die *„Plaques"-Methode* (Bild 148) erleichtert.

Man mischt eine entsprechende Verdünnung einer Phagensuspension mit einigen Tropfen einer konzentrierten Suspension von Wirtsbakterien in einem Agar, den man bei 45 °C verflüssigt hat. Dann gießt man das Gemisch in eine Petrischale auf eine Schicht Nähragar und bringt das Ganze auf normale Temperatur. Der Agar erstarrt, und zur Inkubation werden die Petrischalen einer Temperatur von 37 °C ausgesetzt. Die nicht infizierten Bakterien vermehren sich, während die infizierten lysiert werden, so wie auch benachbarte Bakterien, die sekundär infiziert worden sind; der Agar verhindert eine Ausbreitung der Infektion auf alle Bakterien. Man beobachtet dann einen Rasen aus nicht infizierten Bakterien, der durch helle Stellen unterbrochen ist, die den lysierten Bakterien entsprechen. Diese bakterienfreien Stellen oder „Plaques" kann man zählen, und im Prinzip entspricht jede einem Viruspartikel. So sind sehr genaue quantitative Messungen möglich.

Diese Methode, die eine lokale Veränderung im Bereich einer bestimmten Anzahl von Wirtszellen hervorruft, eine Veränderung, die prinzipiell nur von einem einzigen Viruspartikel ausgeht, wird in der Virologie sehr häufig angewendet.

2.2. Vermehrung des Bakteriophagen T2 in *Escherichia coli*

Die Vermehrung des Phagen T2 in *E. coli* kann gleichzeitig als Vermehrung in einem kompletten Organismus (und noch dazu im natürlichen Wirt) oder als eine Vermehrung in isolierten Zellen mit den Vorteilen, die diese Methode bietet, betrachtet werden.

2.2.1. Die verschiedenen Stufen der Vermehrung

Wie alle Bakterien, so ist auch das Wirtsbakterium durch verschiedene Barrieren vom Außenmillieu getrennt: Bakterienwand, Zellmembran (siehe Seite 1). Ehe sich der Phage vermehren kann, muß er sich an diesen Schranken festsetzen und sie dann durchbrechen. Wir sprechen daher von einer *Adsorptions-* und einer *Penetrationsphase.*

Bild 147. Das DNA-Molekül eines Bakteriophagen T2. Das durch einen osmotischen Schock freigesetzte DNA-Molekül ist normalerweise im Kopf enthalten. Dieses Molekül ist nicht zum Ring geschlossen, und man kann seine beiden Enden (Pfeile) erkennen. 60 000fach (Aufnahme: A. K. KLEINSCHMIDT, D. LANG, D. JACHERTS und R. ZAHN, 1962 in Biochim. Biophys. Acta 61, Abb. 1, S. 861)

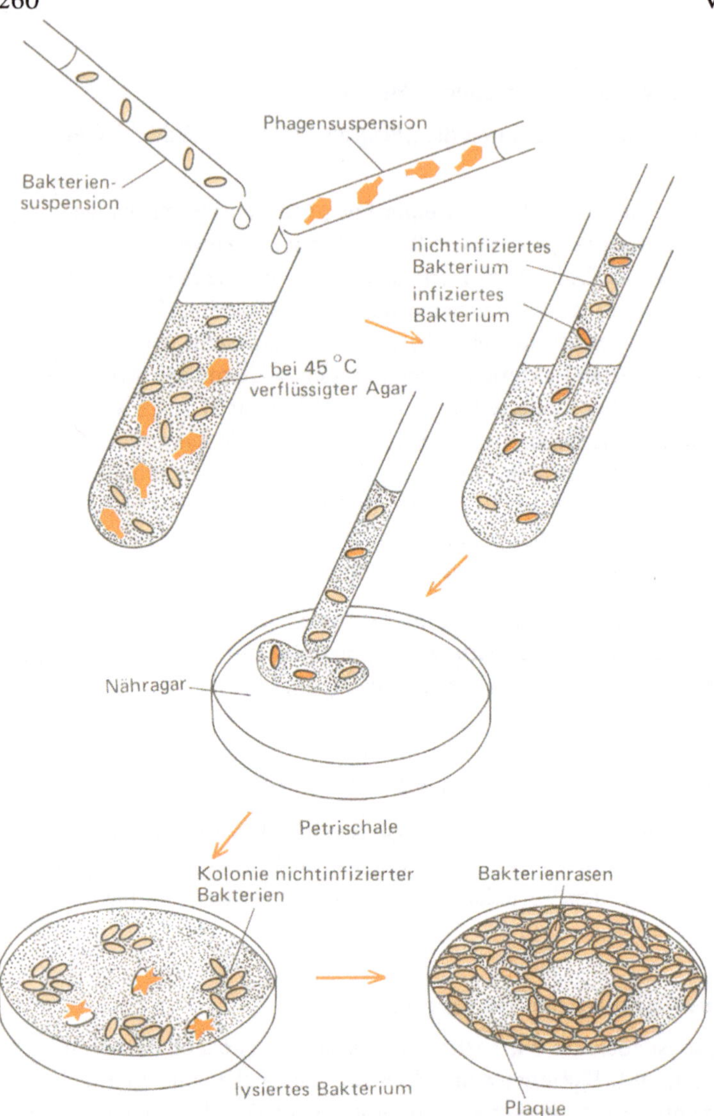

Bild 148. Titrieren einer Virussuspension: die Plaques-Methode. Das Prinzip dieser Methode besteht darin, mit einer genügend verdünnten Suspension von Virusteilchen zu arbeiten, um nur einige Individuen der Zellpopulation zu infizieren, von denen aus nach und nach alle Zellen in unmittelbarer Nachbarschaft infiziert werden. Auf diese Weise erhält man eine lokal begrenzte Lyse oder Plaque. Jede Plaque entspricht prinzipiell einem einzigen Virion. Im Fall der Bakteriophagen mischt man die Virionen mit einem Überschuß an Bakterien in einer verflüssigten Agarlösung; diese Mischung mit den infizierten und nicht-infizierten Bakterien gießt man über einen Nähragar. Nach Bebrütung teilen sich die intakten Zellen und bilden einen Zellrasen aus. Die infizierten Bakterien sowie die in ihrer Nachbarschaft beginnen sich zu lysieren und bilden Plaques. Der Agar verhindert die Ausbreitung der Infektion über den gesamten Zellrasen

Die Bestandteile des Phagen dissozieren, und nach einigen Minuten ist keine Infektionseinheit, kein Viruspartikel mehr nachweisbar, selbst wenn man die Zelle aufbricht. Das ist die Phase völligen Verschwindens, die *Latenzphase*. Während dieser Phase spielt sich eine Reihe besonders wichtiger Vorgänge ab: Schaffung der Voraussetzung für die Synthese von Virusbausteinen, Synthese dieser Bausteine und schließlich das Zusammensetzen der Bausteine zu Viruspartikeln. Das Auftreten des ersten Virions in der Zelle gibt das Ende dieser Phase an.

Die Viruspartikeln bilden sich in großen Mengen, und kurze Zeit danach reißt die Bakterienwand auf (Bakteriolyse), wodurch die Viruspartikeln ins Außenmilieu entlassen werden. Das ist die letzte Phase des Viruszyklus, die *Austrittsphase*.

Wir werden diese verschiedenen Phasen nacheinander genau untersuchen.

2.2.2. Adsorption und Penetration

Die an diesen Vorgängen beteiligten Mechanismen sind sehr komplexer Art und spielen sich in mindestens zwei Phasen ab: Anheftung an die Bakterienwand und ihre darauf folgende Durchbohrung.

Anheftung eines Bakteriophagen an das Wirtsbakterium

Die Anheftung ergibt sich aus dem Zusammenwirken der im Phagenschwanz enthaltenen Proteine und bestimmter Rezeptoren an der Bakterienwand.

Rezeptoren der Bakterien

Man kann die Bakterienwand künstlich vom Protoplasma abtrennen und erhält im Fall von *E. coli* einen sog. Sphäroplasten. Die Phagen setzen sich ausschließlich an die Bakterienwand, auch wenn sie leer ist, und nicht auf den Sphäroplasten (Bild 149). An ein Bakterieum wie *E. coli* können sich zwischen 200 und 300 Virionen des Phagen T2 anheften. Die Rezeptoren sind für jeden Phagen verschieden.

Die Bakterienwand besteht aus drei unterscheidbaren Schichten: zwei äußeren Schichten, einer Lipoprotein- und einer Lipopolysaccharidschicht, und einer inneren starren Mucoproteinschicht, Die beiden äußeren Schichten enthalten die Rezeptoren für die Phagen.

Die Rezeptoren für die Phagen T2 und T6 sind in der Lipoproteinschicht lokalisiert, die für die Phagen T3, T4 und T7 liegen in der Lipopolysaccharidschicht.

Anheftung der Viren

Die Anheftung erfolgt mittels der Fäden und der Platte am Ende des Phagenschwanzes. Wenn man Phagen zertrümmert und die Trümmer mit für diese Phagen sensiblen Bakterien zusammenbringt, so heften sich die Schwänze oder selbst die isolierten Schwanzfäden an ihnen fest, was die Köpfe oder die DNA niemals tun.

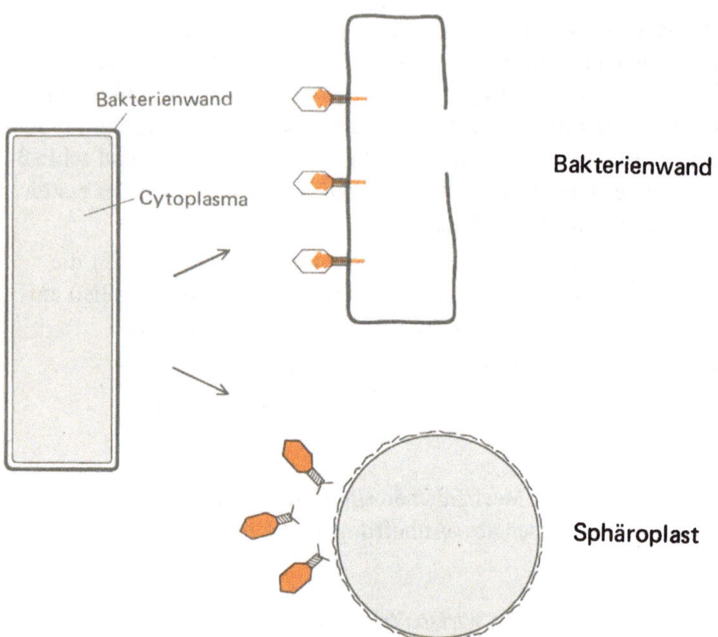

Bild 149. Die Rezeptoren der Zelle für den Bakteriophagen T2. Wenn man bei einer Zelle von *E. coli* die Zellwand ablöst und die beiden voneinander getrennten Teile (Sphäroplast und Zellwand) mit einer Virionensuspension des Bakteriophagen T2 in Kontakt bringt, so heften sich die Virionen an der Bakterienwand und nicht am Sphäroplasten fest. Die Rezeptoren für den Bakteriophagen T2 sind demnach in der Bakterienwand lokalisiert

Zu Beginn ist die Anheftung wahrscheinlich noch reversibel (Bild 150-1), d. h. man kann den Phagen und das Bakterium wieder trennen, ohne an dem einen oder dem anderen eine Veränderung feststellen zu können. Aber diese Anheftung wird sehr schnell irreversibel; im Kontakt mit dem Bakterium verändert sich in Kürze die Phagenstruktur (Bild 150-2).

Ein vorher maskiertes Enzym des Phagenschwanzes wird demaskiert und tritt in Aktion. Dieses Penetrationsenzym beginnt die glykosidischen Bindungen des Mucoproteinanteils der Bakterienwand zu lösen und schafft so eine Zone geringerer Resistenz[1].

Injektion der DNA

Durch die Wirkung des Penetrationsenzyms wird die Bakterienwand lokal aufgelöst, und die zur Zellwand und dem darunter liegenden Cytoplasma gehörenden Elemente befinden sich frei im Milieu.

---

[1] Wenn sich zu viele Phagen anheften (einige hundert pro Bakterium), werden die aufgelösten Stellen so zahlreich, daß das Bakterium platzt; man spricht dann von einer Lyse von außen.

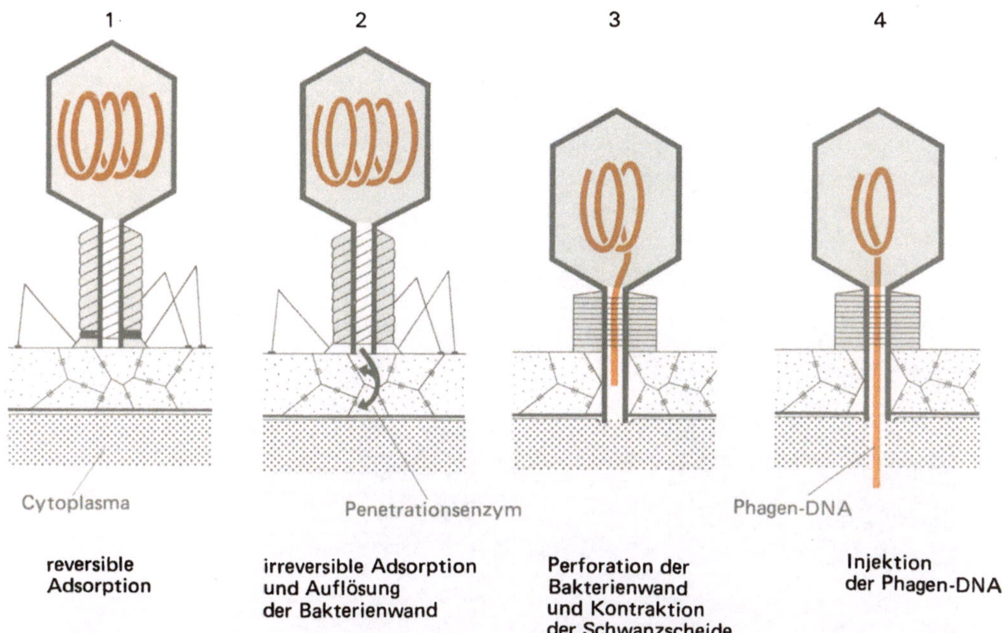

Bild 150. Injektion der DNA des Bakteriophagen T 2. Das Virion heftet sich an der Bakterienwand mit der Grundplatte und den Schwanzfäden fest. Die Adsorption wird sehr schnell irreversibel, und das Penetrationsenzym lockert die Festigkeit der Zellwand. Die Scheide, die die tubuläre Achse des Schwanzes umgibt, kontrahiert sich und schiebt die tubuläre Achse durch die Zellwand. Daraufhin wird die Viren-DNA durch den Kanal in das Bakterium injiziert

Daraufhin beobachtet man eine Kontraktion des Phagenschwanzes (Bild 150-3 und 151). Die tubuläre Achse des Phagenschwanzes dringt in die Bakterienwand an der aufgelösten Stelle ein, der Inhalt des Phagenkopfes wird in das Bakterium injiziert (Bild 150-4), und zurück bleibt nur die leere Hülle des Kopfes und des Schwanzes.

Das injizierte Material stellt nichts anderes als die DNA des Phagen dar, wie ein eleganter Versuch gezeigt hat (HERSHEY und CHASE, 1952). Man markiert entweder die DNA einer Partie Phagen mit Hilfe von radioaktivem ^{32}P oder die Proteine mit ebenfalls radioaktivem ^{35}S. Zu Beginn der eingeleiteten Infektion trennt man mechanisch die leere Phagenhülle vom infizierten Bakterium (Bild 152).

Danach befinden sich die gesamte markierte Viren-DNA innerhalb der Bakterien, während alle Virenproteine außen in der leeren Phagenhülle bleiben. Die Tatsache, daß allein die Viren-DNA injiziert wird, man aber am Ende des Zyklus komplette Viren bekommt, unterstreicht die wichtige Rolle der DNA als Inhaber der gesamten für die Synthese von Viruspartikeln notwendigen Information.

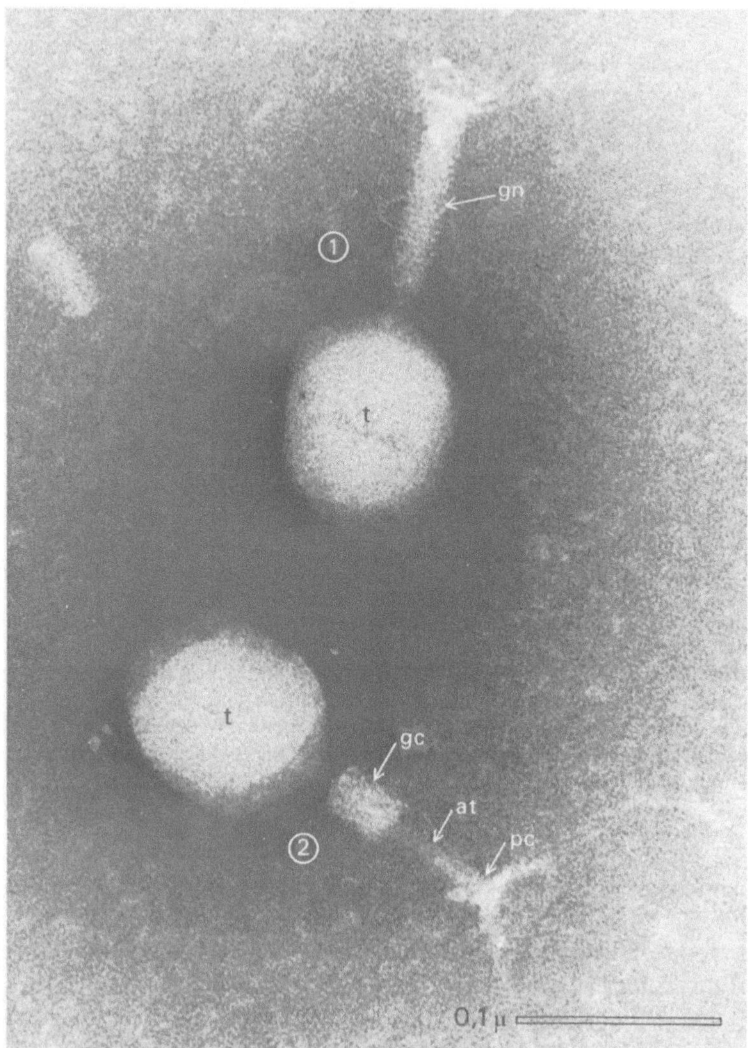

Bild 151. Kontraktion der Schwanzscheide des Bakteriohagen T2. Die Scheide des Virions 1 zeigt den normalen Zustand gn; die des Virions 2 gc hat sich kontrahiert und die tubuläre Achse des Schwanzes at, die mit der Grundplatte pc abschließt, freigelegt. t = Kopf des Virions. 270 000fach (Aufnahme: J.-P. THIÉRY)

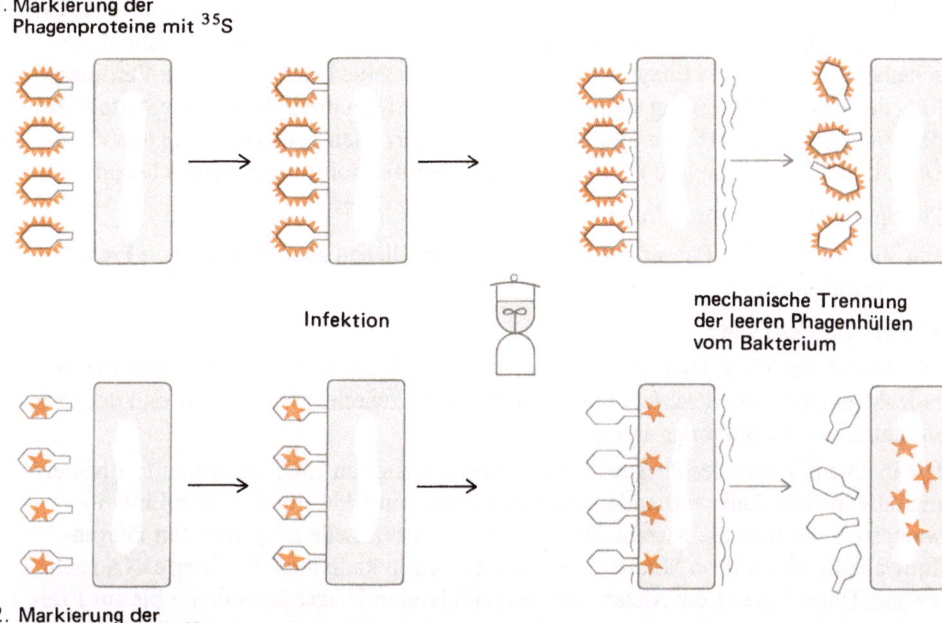

Bild 152. Versuch von HERSHEY und CHASE. Man kann entweder die Proteine oder die DNA des Virions mit radioaktiven Tracern markieren. Dann bringt man die markierten Virionen einige Zeit mit sensiblen Bakterien zusammen. Durch heftiges Rühren kann man die infizierten Bakterien von den leeren Phagenhüllen trennen. Danach befindet sich der markierte Phosphor in den Bakterien, während der markierte Schwefel in den Phagenhüllen zurückbleibt. Nur die DNA der Viren ist also in die Bakterien eingedrungen

2.2.3. Latenzphase

Beim Eindringen der DNA entsteht eine Dissoziation der Phagenbestandteile. Man kann annehmen, daß die Phagen aufgehört haben, unabhängig zu existieren. Dieser Zustand entspricht der Latenzphase. Man sagt, daß der Phage in eine *vegetative Phase* eintritt, oder man spricht auch von einem *vegetativen Phagen*.

Die frühe Phase

Diese Phase entspricht einer totalen Umorganisierung der Zellfunktionen. Einerseits beobachtet man ein Aufhören der normalen Syntheseprozesse und andererseits ein Einsetzen der Mechanismen für die Synthese der Phagenbausteine.

Das Aufhören der normalen Syntheseprozesse äußert sich darin, daß keine Bakterienproteine mehr entstehen, z. B. keine adaptiven Enzyme. Gleichzeitig tritt eine Zerstörung des Bakterienchromosoms ein. Dadurch wird jede weitere Zellteilung ausgeschlossen.

Die Umsteuerung der Zellfunktionen wird durch das Auftreten einer besonderen RNA, einer messenger-RNA[1]) und neuer Proteine, sog. Frühproteine, gekennzeichnet, anscheinend ausnahmslos Enzyme (mindestens 14 verschiedene), die für die Verdoppelung der Phagen-DNA nötig sind. Diese Proteine werden durch bestimmte Abschnitte der Viren-DNA codiert. Die Synthese beginnt sofort nach der Einführung der Viren-DNA in das Bakterium und ist 15 Minuten nach Infektionsbeginn bereits beendet.

Synthese von Virusbestandteilen

Ein Viruspartikel des Phagen T2 besteht im wesentlichen aus DNA, die von Proteinen umgeben ist.

a) Synthese der DNA

Die Anwesenheit von Hydroxymethylcytosin (HMC) in der DNA der Phagen der geradzahligen T-Serie erleichtert die Unterscheidung zwischen Viren-DNA und der Cytosin enthaltenden Bakterien-DNA.

Die in einem Virion des Phagen T2 vorhandene Menge an HMC ist bekannt; dividiert man die in einer Zelle vorhandene Gesamtmenge von HMC durch diesen Einheitswert, so erhält man die Anzahl der von der infizierten Zelle neugebildeten Phagenäquivalente. Ungefähr 6 Minuten nach der Infektion kann man die Viren-DNA nachweisen. Danach steigt die Anzahl der neugebildeteten Phagenäquivalente bis zur Freisetzung der Viruspartikeln linear an. Zum Zeitpunkt der Freisetzung enthält eine Zelle ungefähr 200 neue Phagenäquivalente (ausgezogene Kurve Bild 153).

Die Synthese dieser DNA erfolgt in Abhängigkeit von der infektiösen Viren-DNA und den Trümmern des Bakterienchromosoms einerseits und den Nährstoffen des Milieus andererseits. Sie erfordert die Mitwirkung eines Enzymsystems, vor allem einer DNA-Polymerase, eines Enzyms, das zu den nach der Information des Virus aufgebauten Frühproteinen gehört. Die Synthese von Viren-DNA erfordert also zuvor eine Synthese von Proteinen. Die auf diese Weise synthetisierten Moleküle sammeln sich in einem allgemeinen Fonds, der in Form eines sehr wasserreichen DNA-Gels auftritt, wo auch Paarungen mit benachbarten Ketten vorkommen, auf die ein Segmentaustausch folgt. Diesen Molekülen lagert sich schnell eine Hülle aus Glucosemolekülen auf, die einen ersten Schutz gegen die Wirkung der Nucleasen darstellt.

b) Synthese der Proteine

Man unterscheidet bei den Virusproteinen (d. h. bei Proteinen, die vom Virion codiert werden) Strukturproteine, die in das Virion eingebaut und solche, die nicht eingebaut werden[2]). Unter den letzteren trifft man im wesentlichen eine große Anzahl von Enzymen, die für die Herstellung oder Freisetzung der Viruspartikeln notwendig sind. Alle diese Virusproteine erkennt man an ihren spezifischen antigenen Eigenschaften.

---

[1]) Siehe Band „Genetik" der Uni-Texte.

[2]) Wir sprechen von Capsidproteinen, obwohl der Schwanz genau genommen kein Teil des Capsids ist.

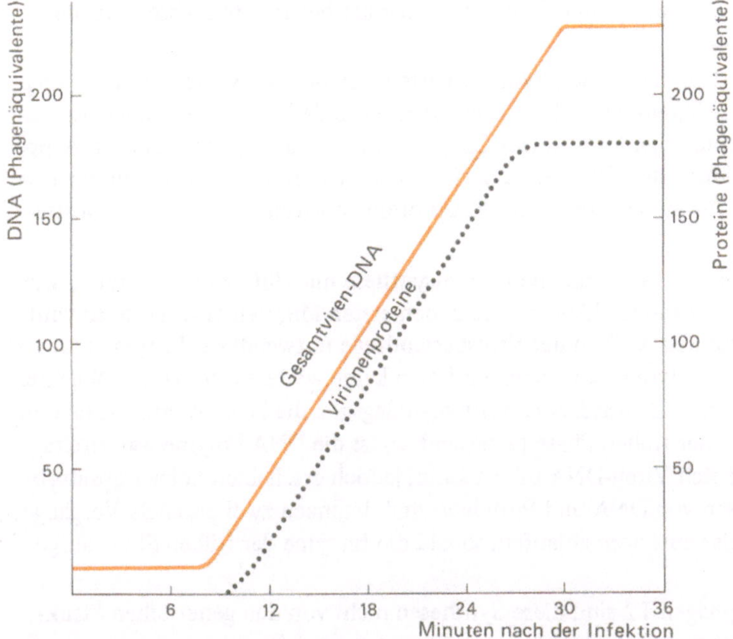

Bild 153. Synthese von Virusbestandteilen in einem infizierten Bakterium. Die in einer Bakterienzelle enthaltenen Phagenäquivalente an Proteinen und DNA sind auf der Ordinate aufgetragen, die Zeit von Beginn der Infektion an auf der Abszisse. Die durch Hydroxymethylcytosin charakterisierte Viren-DNA beginnt sich von der sechsten Minute nach der Infektion an zu replizieren. Von nun an nimmt der Gehalt an Viren-DNA im Bakterium bis etwa zur 25. Minute nach der Infektion regelmäßig zu. Die durch ihre antigenen Eigenschaften ausgezeichneten Virenproteine erscheinen neun Minuten nach der Infektion. Sie nehmen in der infizierten Zelle ebenfalls zu

Die Capsidproteine kann man wie die DNA in Phagenäquivalenten angeben. Diese Capsidproteine erscheinen ungefähr 9 Minuten nach Beginn der Infektion (Bild 153, punktierte Kurve). Die Anzahl der Phagenäquivalente der Proteine steigt parallel zu der der DNA an.

Diese Proteine werden fast ausschließlich aus Aminosäuren des Kulturmilieus synthetisiert. Die Synthese erfolgt an den bereits im Bakterium vorhandenen Ribosomen, die jetzt lediglich nach dem Kommando der spezifischen messenger-RNA der Phagen arbeiten. Diese RNA geht aus der Transskription eines bestimmten Abschnitts der Viren-DNA [1]) hervor.

Der Ausgangspunkt für die beiden Syntheseketten, sowohl der Nucleinsäure als auch der Proteine, ist die Viren-DNA, die in das Cytoplasma des Bakteriums eingedrungen ist. Diese Nucleinsäure dient auf ganzer Länge als Modell für die folgenden Verdoppelungen, die zur Bildung des allgemeinen DNA-Fonds führen. Im übrigen muß man sie als eine Kette von für die Synthese der Virusproteine notwendigen Informationsträgern ansehen.

Wie wir gesehen haben, kann man die Proteinsynthese mit Hilfe von Antibiotica wie Chloramphenicol blockieren. Läßt man es in den ersten Minuten einwirken, so wird die Synthese der für den Aufbau der Virusbestandteile notwendigen Enzyme blockiert (vor allem die DNA-Polymerase). Dann wird man keine weitere Synthese beobachten, weder von Proteinen noch von DNA. Wenn man dagegen die Proteinsynthese hemmt, sobald die Enzyme der frühen Phase fertig sind, so ist die DNA-Polymerase bereits vorhanden, so daß sich Viren-DNA bilden kann, jedoch erscheinen keine Capsidproteine. Die Synthesen von DNA und Proteinen sind demnach zwei parallele Vorgänge, die in gewisser Weise autonom ablaufen, sobald die Enzyme der frühen Phase aufgetreten sind.

Bei dem Bakteriophagen T2 sind diese Synthesen nicht von den genetischen Strukturen des Wirtsbakteriums abhängig, dessen Chromosom sich schon in den ersten Minuten auflöst.

Die Bestandteile des Phagen reichern sich zunächst getrennt an und setzen sich erst sehr viel später zusammen, so daß man noch keine Viruspartikeln beobachten kann.

Zusammensetzung der Virionen oder „Reifung"

a) Normale Reifung

Man beobachtet von der neunten Minute nach der Infektion an spezifische Phagen-DNA und -proteine, aber erst nach 12 Minuten die ersten Virionen. Ihre Zahl steigt als Funktion der Zeit sofort linear an (Bild 154, gestrichelte Kurve). Der Abstand zwischen den beiden äußeren Kurven bleibt konstant. Von der dreizehnten Minute an wird bei der Synthese jedes neuen Moleküls DNA ein Molekül DNA aus dem allgemeinen Fonds in ein Virusteilchen eingebaut. Anders ausgedrückt: es gibt eine Höchstgrenze für den allgemeinen Fonds von 50 bis 60 Phagenäquivalenten.

---

[1]) Das läßt sich sehr einfach nachweisen: Wenn man unter bestimmten Bedingungen eine Mischung aus Phagen-DNA und entsprechender messenger-RNA erhitzt und wieder abkühlt, erhält man die aus der DNA des Phagen und der entsprechenden messenger-RNA gebildeten DNA-RNA-Hybridmoleküle. Diese Hybridisierung ist möglich, weil die Basensequenz komplementär ist. Wenn man die DNA des Phagen durch normale Bakterien-DNA ersetzt, kann sich dieser Komplex nicht bilden.

Die regelmäßige Entnahme eines DNA-Moleküls aus dem allgemeinen Fonds erklärt, warum die Gesamtmenge an DNA liniar anwächst, während die Verdoppelung sprungweise erfolgt und zu einem exponentiellen Wachstum führen müßte. Ein DNA-Molekül, das in ein Virion eingebaut ist, hört auf, sich zu verdoppeln.

Hat die DNA das sehr wasserreiche Gel des allgemeinen Fonds verlassen, kondensiert sie sich und nimmt die Form eines Phagenkopfes an. Um diesen Kern sammeln sich die Proteine des Kopfes. Schließlich erscheint auch der Schwanz des Phagen.

Sehr wahrscheinlich gibt es außer den reifenden Viruspartikeln, die DNA enthalten, auch Elemente, die nur aus Protein bestehen, die Form eines Phagenkopfes haben, aber keine (oder noch keine) DNA enthalten.

Betrachtet man die in Bild 154 abgebildeten Kurven der Viren-DNA und Capsidproteine, so sieht man, daß diese beiden Kurven über die gestrichelte Kurve hinausgehen; daraus kann man schließen, daß der Einbau von DNA und Proteinen in Viruspartikeln nicht vollständig erfolgt: der Zusammenbau ist also nicht total.

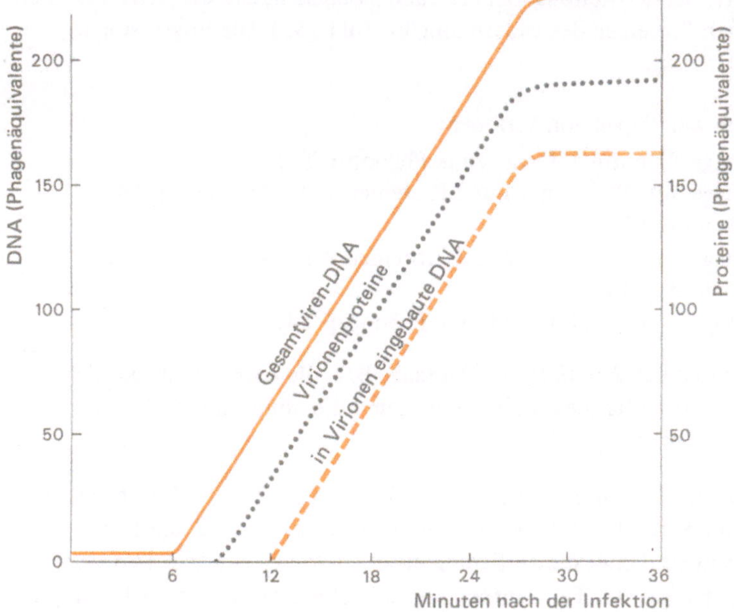

Bild 154. Reifung der Virionen. Quantitativer Aspekt. In diesem Schema ist in gleicher Weise wie in Bild 153 die Menge (ausgedrückt in Phagenäquivalenten) der in die Virionen eingebauten Viren-DNA, d.h. die Zahl der zusammengebauten Phagen, dargestellt. Die Kurve entspricht genau der Menge an Virionen, die während des Infektionsverlaufs im Bakterium gebildet werden. Die ersten Virionen erscheinen in der zwölften Minute nach Beginn der Infektion. Ihre Zahl steigt parallel zur Zahl der in einem Bakterium enthaltenen Moleküle von Viren-DNA an. Die Menge der in Virionen eingebauten Viren-DNA ist immer geringer als die Gesamtmenge, die im Verlauf der Infektion synthetisiert wird. Der Zusammenbau ist also nicht vollständig. Mit den Proteinen verhält es sich ebenso

b) Phänotypische Kreuzung

Beim Zusammenbau von Phagen-DNA und Virusproteinen zu Virionen werden bestimmte Regeln eingehalten, so daß die Form der Virionen für jede Phagenart konstant ist. Doch können die Nucleinsäure wie auch die Proteine manchmal durch Zufall aus dem jeweiligen allgemeinen Fonds verschwinden. Diese Erscheinung tritt mit statistischer Regelmäßigkeit auf, wie sich im Fall der phänotypischen Kreuzung herausgestellt hat.

Die Phagen T2 und T4 unterscheiden sich durch ihre Nucleinsäure (verantwortlich für den Genotyp) und ihre Proteine (äußere Merkmale oder Phänotyp). Einige dieser Proteine, nämlich die des Schwanzes, sind für die Adsorption des Phagen an die Rezeptoren des Wirts verantwortlich.

Wenn man *E. coli* in der Wildform mit zwei verschiedenen, aber verwandten Phagen infiziert, werden die spezifischen DNA und Proteine der beiden Phagen nebeneinander synthetisiert. Bei der Reifung kann es dann geschehen, daß die DNA des einen Phagen sich mit den Proteinen des andern umgibt (Bild 155). Die Folge ist eine *phänotypische Kreuzung.*

Dabei ergeben sich vier Typen von Virionen:

a) Typ 2 (2):   Phage T2 normal (Genotyp u. Phänotyp T2)
b) Typ 2 (4):   Phage mit DNA von T4 und Proteinen von T2 (Genotyp T4)
                (Phänotyp T2)
c) Typ 4 (2):   Phage mit DNA von T2 und Proteinen von T4 (Genotyp T2)
                (Phänotyp T4)
d) Typ 4 (4):   Phage T4 normal (Genotyp u. Phänotyp T4)

Es gibt zwei Mutanten von *E. coli* B: die Mutante B/2, die resistent ist gegen T2, weil sie keine Rezeptoren für diesen Phagen hat, und die Mutante B/4, die aus denselben Gründen resistent gegen T4 ist.

Mit Hilfe dieser beiden Mutanten kann man den Phänotyp T2 und T4 nachweisen: die Typen a und b können B/4 infizieren, denn ihr Phänotyp ist T2, die Typen c und d können das nicht. Unter diesen Bedingungen entstehen aus dem Typ a ausschließlich Viruspartikeln von T2, während ungeachtet seines Phänotyps T2 aus dem Typ b aufgrund seines Genotyps T4 ausschließlich Viruspartikeln von T4 entstehen.

c) Mechanismen zur Koordinierung der Reifung

Die Tatsache, daß sich so komplizierte Strukturen wie die Virionen der Phagen mit so großer Regelmäßigkeit zusammenfügen, beweist, daß es ein oder mehrere Koordinationsmechanismen geben muß. Diese sind bis jetzt noch wenig bekannt, aber man

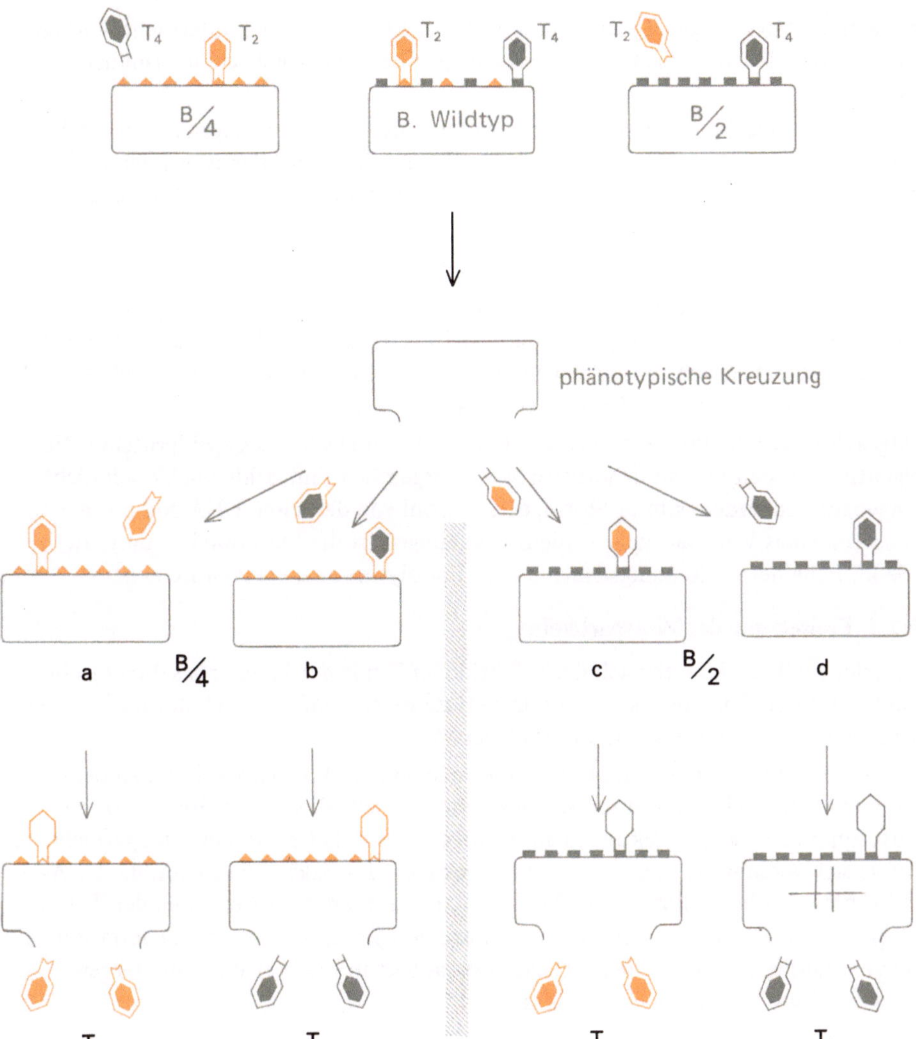

Bild 155. Phänotypische Kreuzung. Das Bakterium *E. coli* B besitzt Rezeptoren für eine ganze Reihe von Phagen, besonders für T 2 und T 4. Man kann eine gemischte Infektion mit diesen beiden Phagen erhalten. Bestimmte Mutanten von *E. coli* B haben nur Rezeptoren für T 2 (Mutante B/2) und andere nur für T 4 (Mutante B/4). Mit Hilfe dieser beiden Mutanten kann man die in einer Mischinfektion gebildeten Phagen trennen. Bei einer solchen Mischinfektion erhält man vier verschiedene Typen von Virionen. Die einen, Typ a und b, sind in der Lage, *E. coli* B/4 zu infizieren, doch nicht *E. coli* B/2, und besitzen zumindest die Schwanzproteine von T 2. Die anderen beiden Typen c und d besitzen die umgekehrten Eigenschaften. Zwischen den Virionen a und b befinden sich einige (Typ a), die ganz normale T 2-Phagen sind, die nach Infizierung eines Bakteriums B/4 ausschließlich T 2-Phagen ergeben, während die anderen (Typ b), die unter gleichen Bedingungen T 4-Phagen produzieren, Virionen sind, die in einem T 2-Capsid eine T 4-DNA enthalten

weiß im Fall des Phagen T4, der in dieser Hinsicht besser als T2 untersucht worden ist, daß diese Mechanismen wenigstens zum größten Teil genetisch determiniert sind[1]).

Um nur ein Beispiel zu nennen: Man weiß, daß der Kopf der Phagen aus ungefähr 300 Molekülen eines einzigen Proteins besteht. Es gibt aber mindestens sieben Gene, die den Aufbau des Kopfes steuern. Eine große Anzahl von ihnen dürfte die Zusammensetzung der Proteineinheiten regulieren.

d) In Virionen nicht inkorporiertes Virenmaterial

Von den nach Anweisung der Virennucleinsäure synthetisierten Stoffen werden nicht alle in die Viruspartikeln eingebaut. Man stellt fest, daß z. B. die von der zehnten Minute an synthetisierten Proteine, wenn die Synthese der Enzyme der Frühphase aufhört, nur zur Hälfte in die Virionen eingebaut werden.

Ungeachtet der Enzyme wird also ein Teil der Viren-DNA und Capsidproteine, die eigentlich für den Einbau in Viruspartikeln vorgesehen sind, schließlich doch nicht eingebaut. Außerdem gibt es Stoffe, die, obwohl von der Viren-DNA codiert, niemals Teil eines Viruspartikels werden. Von einigen ist die Funktion bekannt, die wie im Falle der Freisetzungsenzyme oder Endolysine eine enzymatische ist.

2.2.4. Freisetzung der Viruspartikeln

Von der zwölften Minute nach der Infektion an (Ende der Latenzphase) gibt es im Bakterium reife Viruspartikeln. Ihre infektiöse Eigenschaft läßt sich nur nachweisen, wenn man die Bakterienwand künstlich zerstört.

Von der fünfundzwanzigsten Minute an erscheinen die Viruspartikeln im Außenmilieu (Austrittsphase). Die Freisetzung geht sehr schnell vor sich (Bild 156); sie läuft innerhalb weniger Sekunden ab. Wenn die gestrichelte und die dünn gezeichnete Kurve sich vereinigen, ist die Freisetzung beendet, das Bakterium ist tot, die DNA- und Proteinsynthesen hören auf. Die Freisetzung erfolgt nach Aufreißen der Wand, aufgrund der Einwirkung eines Enzyms, des *Endolysins,* das mit dem Penetrationsenzym identisch zu sein scheint. Dieser Vorgang ist in gewisser Weise das Gegenstück zur Lyse von außen (Siehe Seite 262).

2.2.5. Schlußfolgerungen

Die Vermehrung des Bakteriophagen T2 ist das Ergebnis einer besonderen Umsteuerung der Zellfunktionen (Bild 157).

Obwohl dieser Vorgang zur Auflösung der Zelle führt, so ist er dennoch vollkommen koordiniert. Alle Stufen der Virusvermehrung sind geregelt wie bei andern normalen Zellfunktionen auch.

---

[1]) Siehe Band „Genetik" der Uni-Texte.

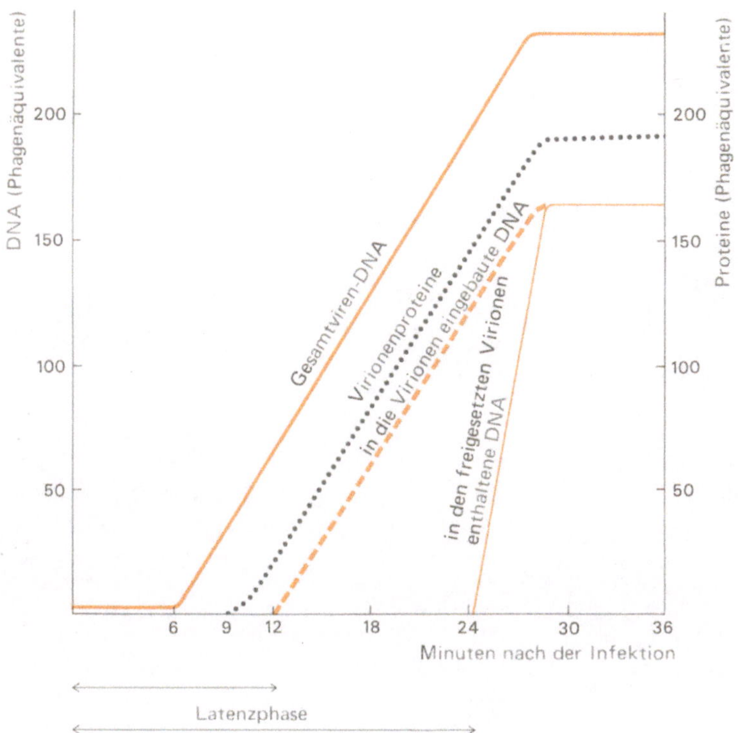

Bild 156. Freisetzung der Virionen. Quantitativer Aspekt. Dieses Schema vervollständigt die
Schemata von Bild 153 und 154 und zeigt, daß die Freisetzung der Virionen sehr schnell vor
sich geht, denn die rote Kurve (dünne Linie), die der Freisetzung der Virionen entspricht, verläuft sehr steil. Darüber hinaus ist die Freisetzung total, denn alle gebildeten Virionen werden
auch freigesetzt: die beiden roten Kurven, die gestrichelte und die dünne, vereinigen sich.
Wenn die Freisetzung schließlich stattgefunden hat, knicken die Kurven für die Synthese und
den Zusammenbau der Virusbestandteile schnell ab und verlaufen dann horizontal: das Bakterium ist tot. Während der Latenzphase findet man nicht ein einziges Virion im Kulturmedium

Im Fall der Virusinfektion wird die Neuorientierung und Koordinierung des zellulären Stoffwechsels durch die Viren-DNA hervorgerufen. Die vom Bakterienchromosom getragene genetische Information wird durch eine neue ersetzt. Die Bedeutung dieser Feststellung für die Untersuchung der Zellphysiologie kommt später noch
zur Sprache. Diese völlige Ausschaltung der eigenen Nucleinsäure durch die des Virus,
wie sie im System *E. coli*-Bakteriophage T2 vorliegt, ist nur eine der möglichen Erscheinungen in der Beziehung zwischen dem Bakteriophagen und seinem Wirt. Es
gibt noch andere, wie wir beim Studium der temperenten Bakteriophagen und der
lysogenen Bakterien sehen werden.

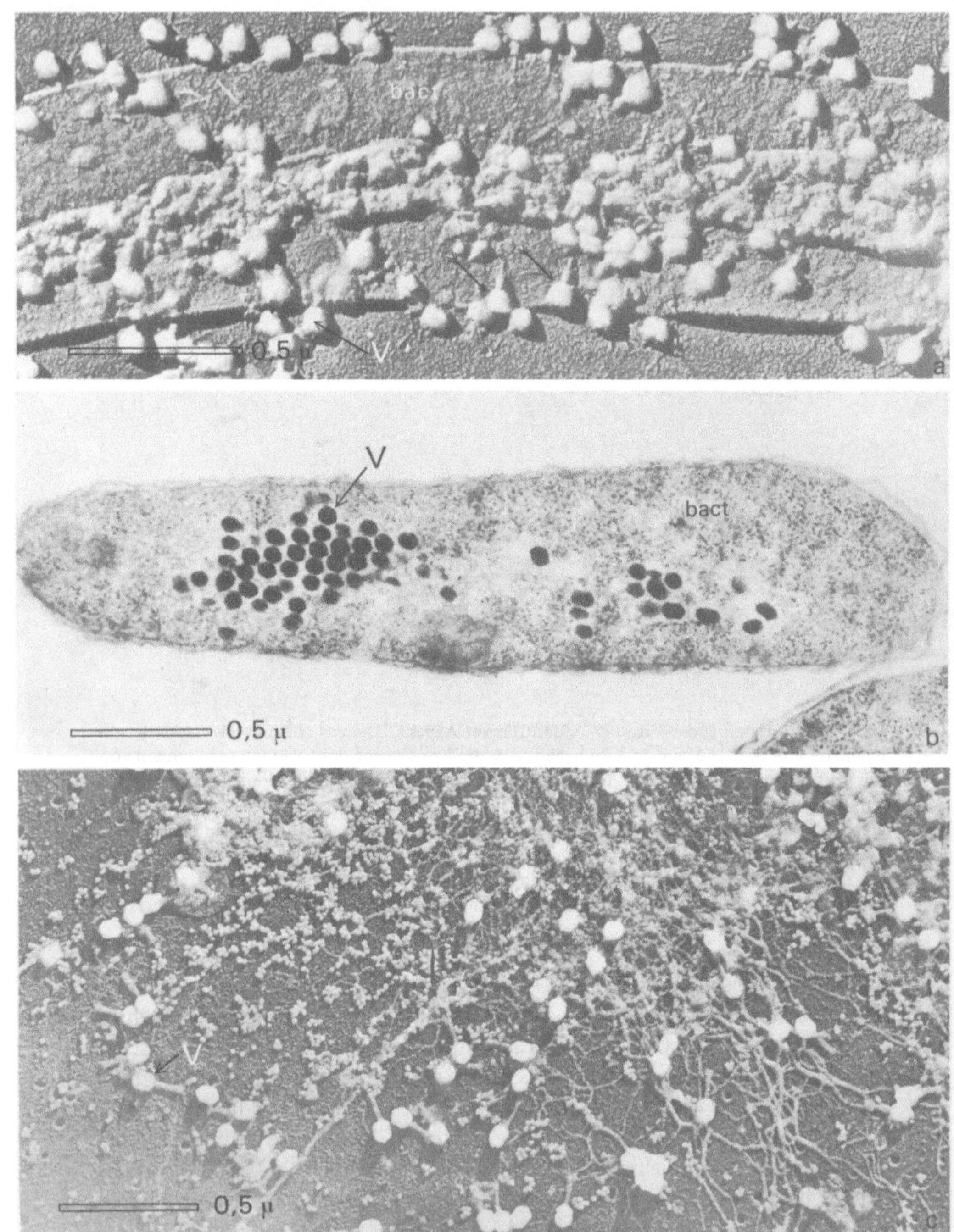
bact
V
0,5 µ
a
V
bact
0,5 µ
b
V
0,5 µ
c

2.3. Temperente Bakteriophagen und Lysogenie

Die Infektion von *E. coli* durch den Phagen T2 führt immer zu dem gleichen Ergebnis: der Lyse des Bakteriums und der Freisetzung neuer Viruspartikeln am Ende des
Viruszyklus. Untersucht man das Verhalten des Stammes K12 von *E. coli,* so tritt
nach einer Virusinfektion ein völlig anderer Aspekt auf.

2.3.1. Nachweis eines temperenten Bakteriophagen: Induktion

Unterwirft man eine Kolonie von *E. coli* des Stammes K12 einer gemäßigten UV-Bestrahlung, so beobachtet man nach einiger Zeit, die etwas mehr als einer Bakteriengeneration entspricht, die Lyse aller Zellen (Bild 158). Diese Zellen entlassen einen
besonderen Phagen: den Phagen λ, dessen Viruspartikeln eine ähnliche Struktur wie
die Virionen der T-Serie haben.

Mit einigen Ausnahmen, die wir noch erwähnen werden, können sich alle Zellen von
E. coli K12 in gleicher Weise verhalten. Sie sind dann aber alle mit dem Phagen λ
infiziert. Dieser Phage ist latent und führt normalerweise nicht zur Auflösung der
Zellen, solange er in keine vegetative Phase eintritt, und bleibt es über Generationen.
Ein solcher Phage wird *temperent* genannt im Gegensatz zu dem Phagen T2, der
zwangsläufig die Lyse der befallenen Zelle herbeiführt und als *virulent* bezeichnet
wird. Das Bakterium, das einen temperenten Phagen enthält, ist *lysogen,* denn es
kann sich unter Einwirkung geeigneter Reize, durch *Induktion,* lysieren und Viruspartikeln entlassen. Dabei geht der temperente Phage vom latenten Zustand in einen
vegetativen Zustand über, der dem des Phagen T2 entspricht.

2.3.2. *Escherichia coli* K12 und der Bakteriophage λ

Alle Individuen von *E. coli* K12, die nach Induktion Phagen freisetzen, heißen
E. coli K12 (λ).

Verhalten einer Population von lysogenen Bakterien

Untersucht man eine Population von *E. coli* K12 (λ), so zeigt sich, daß zu einem gewissen, wenn auch geringen Teil die Zellen spontan lysieren und Viruspartikeln des
Phagen λ freisetzen. Die Induktion bewirkt lediglich die gleichzeitige Lyse der Bakterien einer Population (Bild 158).

Bild 157. Der Zyklus des Bakteriophagen T2 in elektronenmikroskopischen Aufnahmen.
a) Beginn der Infektion. Eine große Zahl von Virionen V ist an die Oberfläche des infizierten
Bakteriums (bact.) adsorbiert. Die Schwanzscheide mehrerer Phagenteilchen ist kontrahiert
(Pfeile). 50 000fach (Aufnahme: E. KELLENBERGER und W. ARBER).
b) Ansammlung der Virionen. In diesem Schnitt durch ein infiziertes Bakterium (bact.) erkennt man zahlreiche fertiggestellte Virionen kurz vor dem Freiwerden. 40 000fach (Aufnahme: E. KELLENBERGER, J. SÉCHAUD und A. RYTER).
c) Freisetzung der Virionen. Das infizierte Bakterium ist geplatzt und hat zahlreiche Virionen V
freigesetzt, die inmitten der verschiedenen Zelltrümmer zu erkennen sind. 40 000fach (Aufnahme: E. KELLENBERGER)

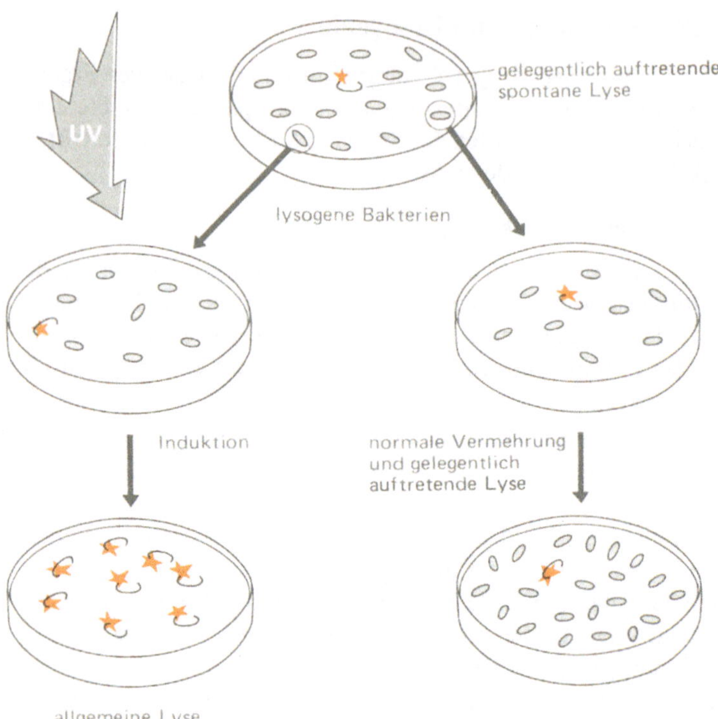

Bild 158. Verhalten einer Kolonie lysogener Bakterien. In einer Kolonie lysogener Bakterien lysieren von Zeit zu Zeit einige Individuen spontan und entlassen die Virionen eines temperenten Bakteriophagen. Die anderen Zellen verhalten sich wie gesunde Zellen und teilen sich. Bestrahlt man eine solche Kolonie mit UV-Licht, so lysieren alle Zellen der Kolonie gleichzeitig und entlassen Virionen. Die UV-Bestrahlung hat bei allen Zellen eine Vermehrung des Bakteriophagen ausgelöst, und als Folge davon ist eine allgemeine Lyse eingetreten. Hier hat also eine Induktion stattgefunden.

Diese gelegentlich auftretende Lyse in einer Population lysogener Bakterien ist von LWOFF und GUTMANN in einem ähnlichen System untersucht worden. Die beiden haben einer Kolonie von lysogenem *Bacillus megatherium* ein Individuum entnommen und nach dessen Teilung eine der beiden Tochterzellen isoliert. Sie wiederholten diesen Vorgang und konnten bis zu 19 aufeinanderfolgende Teilungen zählen, ohne die Lyse einer Zelle und die Freisetzung von Virionen des entsprechenden temperenten Phagen zu beobachten. Die Freisetzung von Viruspartikeln ist also kein kontinuierlich wiederkehrendes Ereignis.

Immunität gegenüber dem Bakteriophagen λ

Wir haben gesehen, daß in jeder Kolonie von *E. coli* K12 (λ) einige Bakterien vorkommen, die sich spontan lysieren und Viruspartikeln des Phagen λ freisetzen. Diese Lyse breitet sich jedoch nicht über die gesamte Kolonie aus. Die überlebenden Bakterien besitzen demnach eine *Immunität* gegenüber diesem Phagen. Diese Immunität ist spezifisch und erstreckt sich nur auf den Phagen λ und nicht etwa auf T1 oder T5.

Beziehungen zwischen dem Bakteriophagen λ *und E. coli K12* (λ): *der Prophage*

a) Der Prophage

Der Phage bleibt im Laufe der Generationen von *E. coli* K12 (λ) erhalten, doch nicht infolge periodisch eintretender Neuinfektionen ungeschädigter Zellen durch freie Viruspartikeln. Die systematische Unterdrückung der freien Phagen (z. B. durch spezifische Antikörper) verändert in keiner Weise den lysogenen Charakter des Stammes. Er existiert auch nicht in Form eines im Innern eines Bakteriums zurückgehaltenen vollständigen Virions, denn das Aufreißen von *E. coli* K12 (λ) setzt keine Virionen frei.

Der Phage λ ist jedoch in der Zelle in einer maskierten, latenten Form, von LWOFF *Prophage* genannt, vorhanden.

b) Lokalisierung des Prophagen und seine Beschaffenheit

Die Reduplikation des Prophagen und die Zellteilung erfolgen synchron, dadurch bleibt der lysogene Charakter im Laufe der Zellgenerationen erhalten, wie jede andere beliebige Eigenschaft des Wirtsbakteriums auch.

Die nach Induktion auftretenden Virionen haben konstante Eigenschaften; demnach muß der Prophage praktisch das gesamte genetische Material des Phagen enthalten. Bei einer genetischen Untersuchung lysogener Bakterien zeigte sich, daß bei der Konjugation der Bakterien der Prophage zusammen mit dem Bakterienchromosom ausgetauscht wird. Er ist offensichtlich am Chromosom angeheftet, und zwar an einer ganz bestimmten Stelle in Nachbarschaft des Locus *gal,* der den Galaktosestoffwechsel steuert.

Der Prophage selbst ist am Chromosom angeheftet, stellt aber keinen genetisch entscheidenden Faktor für Lysogenie dar. Kreuzt man zwei mit zwei verschiedenen Mutanten des Phagen λ infizierte lysogene Bakterien, so zeigt das Ergebnis dieser Kreuzung, daß die beiden entsprechenden Prophagen in gleicher Weise übertragen werden wie die Eigenschaft „lysogen" in einer Kreuzung zwischen einem lysogenen und einem nicht lysogenen Bakterium. Anders ausgedrückt: das genetische Material des Phagen und der Faktor für „lysogen" werden in gleicher Weise übertragen, sind also ein und dasselbe. Der Faktor für „lysogen" ist folglich der Phage selbst.

Der Phage ist an das Bakterienchromosom angeheftet. Diese Anheftung am Bakterienchromosom erfolgt an einer ganz bestimmten Stelle, im Falle des Bakteriophagen in der Nähe des Locus Gal. Durch Induktion wird das genetische Material des Phagen freigesetzt und vom Bakterienchromosom unabhängig.

c) Erhaltung der lysogenen Eigenschaft

Man kann sich fragen, warum der Prophage in seinem Zustand verharrt und warum die von ihm gespeicherte genetische Information von der Zelle nicht genutzt wird. Das beruht auf dem Vorhandensein eines *cytoplasmatischen Repressors.* Dringt ein Prophage in eine Zelle ein, die keinen Reprossor im Cytoplasma hat, so tritt er sofort in den vegetativen Zustand über. Diesen Vorgang kann man bei eine Konjugation zwischen einem männlichen lysogenen und einem weiblichen nicht lysogenen Bakterium beobachten. Die dabei entstehende Zygote löst sich auf und liefert Virionen. Man spricht dann von *zygotischer Induktion* (Bild 159).

Die Wirkung dieses Repressors scheint darin zu bestehen, die Synthese der Frühproteine zu verhindern. Die Synthese wird aber von dem Prophagen selbst gesteuert. Der Repressor ist auch für die spezifische Immunität lysogener Bakterien gegenüber dem entsprechenden temperenten Phagen verantwortlich.

Die lysogene Eigenschaft kann man folgendermaßen charakterisieren:

1. Möglichkeit für ein Bakterium, einen bestimmten Phagen freizusetzen;
2. Immunität gegenüber diesem Phagen.

Die Produktion des Phagen λ durch *E. coli* K12 (λ) ist ein potentieller Vorgang mit lethaler Auswirkung, der, sobald er eintritt, den Tot der Zelle zur Folge hat.

2.3.3. Ergebnis der Infektion eines sensiblen Bakteriums mit einem temperenten Phagen

Es gibt Bakterien, die gegenüber dem Phagen λ sensibel sind (folglich also nicht lysogen)[1]. Infiziert man solche Bakterien mit dem Phagen, so können zwei Reaktionen beobachtet werden.

In einigen Zellen tritt der Phage sofort in den vegetativen Zustand über und leitet den lytischen Prozeß ein: es entstehen neue Viruspartikeln des Phagen λ. In anderen beobachtet man dergleichen nicht; diese Bakterien erhalten die Fähigkeit, nach Induktion Viruspartikeln des Phagen λ freizusetzen und werden gegen diesen Phagen immun; mit anderen Worten: sie werden lysogen.

Auf die Infektion mit einem temperenten Phagen gibt es also zwei Reaktionen: eine lytische und eine lysogene (Bild 160).

---

[1] Unter den *E. coli* K12 (λ), die eine hohe Dosis UV-Strahlung überlebt haben, gibt es einige, die ihren Prophagen verloren haben und daher für den Phagen sensibel geworden sind. Diese Bakterien dienen als *Indikatorbakterien.*

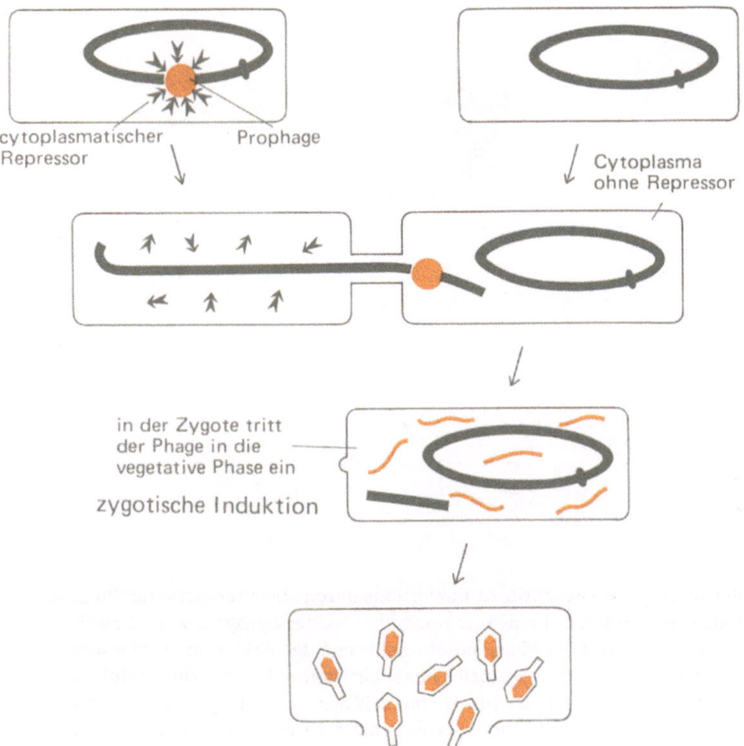

Bild 159. Zygotische Induktion. Bei der Konjugation eines männlichen Bakteriums mit einem weiblichen wird ein Teil des Bakterienchromosoms vom männlichen auf das weibliche Bakterium übertragen. Ist das männliche Bakterium durch irgendeinen Bakteriophagen lysogen geworden, das weibliche dagegen nicht, und wird der Prophage im Verlauf der Konjugation auf das weibliche Bakterium übertragen, so tritt er sofort in die vegetative Phase ein. Alles ist so erfolgt, als hätte eine Induktion der Zygote stattgefunden. Diese zygotische Induktion beruht auf dem im weiblichen Bakterium fehlenden cytoplasmatischen Repressor, der den Prophagen im Zustand des Prophagen erhält, so daß er sofort in den vegetativen Zustand übergehen kann

Das Verhalten eines temperenten Phagen in einer sensiblen Zelle kann mit einem Wettlauf zwischen der Synthese der Frühproteine und der des Repressors verglichen werden. Überwiegt die erstere, so tritt die lytische Wirkung auf, dominiert die zweite, so wird das Bakterium lysogen.

Im ersten Fall bleibt das genetische Material des Phagen autonom und beginnt, sich sofort zu replizieren; im zweiten Fall wird es an das Bakterienchromosom angehef-

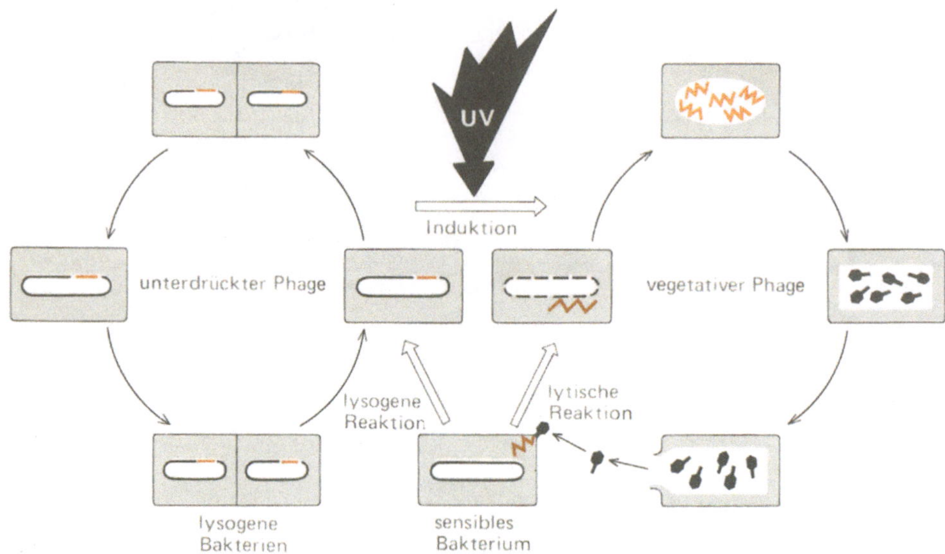

Bild 160. Resultat der Infektion eines sensiblen Bakteriums durch einen temperenten Phagen. Infiziert man ein sensibles Bakterium mit einem temperenten Bakteriophagen, so sind zwei Reaktionen möglich: entweder wird der Phage unterdrückt, und das Bakterium wird lysogen, oder der Bakteriophage tritt sofort in die vegetative Phase ein, und es kommt zur Produktion von Virionen. Ob die eine oder die andere Richtung eingeschlagen wird, hängt von den ersten Phasen der Infektion ab. Überwiegt die Synthese der Enzyme der frühen Phase und wird die Synthese des Repressors zurückgedrängt, so führt der Zyklus zur Lyse; ist es umgekehrt, so wird das Bakterium lysogen. Eine Induktion bewirkt den Übergang vom Stadium des Prophagen in die vegetative Phase und ermöglicht folglich den Übergang von einem Zyklus in den anderen

tet und in den Zustand des Prophagen versetzt. Dieses Material entspricht der Definition eines Episoms[1]), das in einem autonomen oder in einem integrierten Zustand auftreten kann.

2.3.4. Allgemeines

Wie wir gesehen haben, kann die lysogene Eigenschaft der Bakterien nur dann nachgewiesen werden, wenn man über Indikatorbakterien verfügt, die für den entsprechenden Phagen sensibel sind. Systematische Untersuchungen ergaben, daß unter 34 Stämmen von *Salmonella enteritis* 27 durch drei verschiedene Typen von Phagen lysigen werden können. Bestimmte Staphylococcen sind in der Lage, nach Induktion bis zu fünf verschiedene Phagen freizusetzen, und sind damit *polylysogen.*

---

[1]) Siehe Band „Genetik" der Uni-Texte.

Wird ein Bakterium durch einen entsprechenden temperenten Phagen lysogen, so
äußert sich das im Auftreten ganz neuer Eigenschaften. Eine davon, die Immunisierung gegen den entsprechenden Phagen, haben wir bereits hervorgehoben. Es
gibt noch andere, die nicht nachweislich mit der Fähigkeit, einen Phagen zu synthetisieren, verbunden sind; man spricht dann von einer lysogenen Konversion.

Eine der bemerkenswertesten wird bei einigen Salmonellen durch den Phagen ϵ hervorgerufen. Die Salmonellen besitzen an der Oberfläche Antigene von Polysaccharid-
natur, die durch Zahlen bezeichnet werden. Trägt eine Salmonellenart z. B. die Antigene 3 und 10 ($S_{3,10}$), kann sie vom Phagen ϵ_{15} lysogenisiert werden. Danach
stellt man aber fest, daß sich die Antigenstruktur an der Oberfläche ändert und das
Antigen 10 durch ein neues Antigen, das Antigen 15, ersetzt wird, das nichts anderes als ein verändertes Antigen 10 ist. Diese Konversion ist streng an die Lysogenisierung gebunden.

Man hat versucht, ähnliche Phänomene auch bei anderen Viren als den Bakteriophagen nachzuweisen.

Es gibt tatsächlich zahlreiche latente Infektionen, wo ein Virus erst nach Einwirkung
eines entsprechenden Reizes in Erscheinung tritt. Das ist im besondern bei den
Herpes-Viren der Fall. Im allgemeinen verursacht das Virus eine Hautverletzung, die
stets auf denselben Umkreis beschränkt bleibt (vor allem in der Gegend des Mundes)
und nach zu starker Sonnenbestrahlung oder einem Fieberanfall auftritt.

Ähnliche Verhältnisse wie bei der Lysogenie dürften sich bei einigen onkogenen
Viren finden. Man hat aber niemals beweisen können, daß in solchen Fällen die Beziehungen zwischen Virus und Wirtszelle mit denen zwischen Prophage und lysogenem Bakterium vergleichbar sind.

2.4. Schlußfolgerungen

Die Vermehrung des Bakteriophagen T2 hat gezeigt, daß bei der Vermehrung von
Viren die genetische Information der Zelle durch eine fremde genetische Information ersetzt wird, die in der Virennucleinsäure gespeichert ist und bei der Infektion
in die Zelle eingeschleust wird.

Der Zyklus eines solchen Virus besteht in der Alternanz von einer inerten Form, dem
Virion oder der durch ihr Capsid geschützten Virennucleinsäure, die sich im äußeren
Milieu aufhalten kann, und einer zweiten aktiven, vegetativen Form, die in das Cytoplasma der Wirtszelle eingeführte Nucleinsäure, die sich einerseits repliziert und andererseits die Synthesen der Zelle steuert.

Der Bakteriophage λ hat uns gezeigt, daß dieses Verhalten nicht das einzig mögliche
ist. Das Virus kann sich in Form des Prophagen allein auf seine in das Bakterienchromosom integrierte Nucleinsäure reduzieren. In dieser Form wird die Aktivität der

Virennucleinsäure von der Zelle beherrscht. Das äußert sich darin, daß die Vermehrung des Virus streng synchron mit der des Bakterienchromosoms abläuft und daß nur ein ganz kleiner Teil der gespeicherten Information genutzt wird (Synthese des Repressors und Konversion).

Die Verbindung Bakterium-Bakteriophage T oder λ ist ein besonderes System. Einerseits ist die Innenstruktur der Wirtszelle relativ einfach, die Struktur der sie umgebenden Wand jedoch relativ kompliziert. Andererseits besitzen diese Phagen sehr hoch differenzierte Viruspartikeln, die stark von denen der anderen bekannten Viren abweichen. Diese Viruspartikeln, die ausschließlich aus von der Virennucleinsäure codierten Bestandteilen aufgebaut sind, enthalten DNA.

Nach der Untersuchung des Systems Bakterium-Bakteriophage wenden wir uns einem andern System zu: einer komplizierteren Wirtszelle, wie sie die Metazoenzelle darstellt, und einem RNA-haltigen Virus, dessen Virionen eine Hülle besitzen.

3. Das Grippevirus

Die Grippe, oder genauer: die Grippen werden durch eine engbegrenzte Gruppe von Viren hervorgerufen.

3.1. Einordnung

3.1.1. Struktur

Das Grippevirus ist ein RNA-Virus, dessen Virionen (Bild 142, 145 und 161) eine charakteristische Struktur mit einem helixförmigen Nucleocapsid und einer Hülle aufweisen (siehe Seite 251). Die chemische Analyse ergab, daß es nicht nur Ribonucleinsäure[1]) und Proteine enthält, sondern auch Lipide und Mucopolysaccharide.

Bei der Untersuchung des Entwicklungszyklus des Grippevirus werden wir jeweils die Rolle der verschiedenen Bestandteile und ihre genaue Lage erörtern.

Eine bestimmte Anzahl von ihnen zeigt antigene Eigenschaften. Einige gehen direkt vom Virus aus und sind unabhängig von der Zelle, die die Virusteilchen produziert hat: andere hängen von der Zelle ab und entsprechen einem Material der Zelle, das bei der Reifung der Virionen von diesen eingeschlossen wird. Die Anwesenheit von zellulärem Material hängt mit der besonderen Bildungsweise der Virionen zusammen (siehe Seite 291).

Die spezifischen Virusantigene treten in zwei Typen auf: einem inneren Antigen, das dem Nucleocapsid entspricht, und einem an die Hülle gebundenen äußeren Antigen. Diese beiden Antigene variieren von einem Grippevirus zum andern und ermöglichen eine Klassifizierung.

---

[1]) Allerdings nur in geringer Menge: 0,8 %, was ungefähr einer Kette aus 6000 Nucleotiden entspricht.

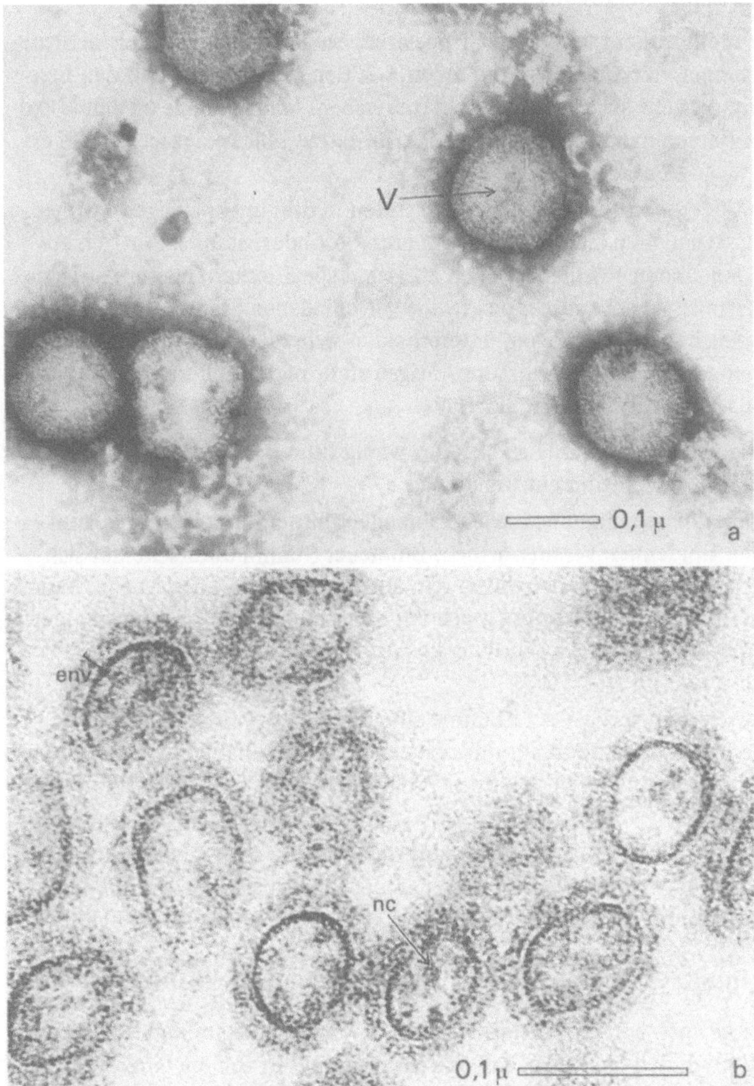

Bild 161. Die Virionen des Grippevirus (siehe auch Bild 142). a) Das Virion V in toto. Man erkennt die Stacheln an der Außenseite der Hülle. 125 000fach. b) Das Virion im Schnitt. Auf diesen Anschnitten erkennt man die verschiedenen Elemente: eine Hülle env, bestehend aus einer inneren Membran, die von einer Stachelschicht überzogen ist, und eingerollt im Innern dieser Hülle das Nucleocapsid nc. 225 000fach (Aufnahmen: A. BERKALOFF und J.-P. THIÉRY)

3.1.2. Grippevirus und *Myxovirus*

Es gibt nicht nur ein, sondern mehrere Grippeviren. Sie haben alle die gleiche Struktur, die sie auch noch mit anderen Viren teilen, wie den Mumpsviren und den Erregern der Masern, die sehr ähnliche Eigenschaften haben. Man zählt sie zu den *Myxoviren,* die ihren Namen nach der sehr starken Affinität zu Mucopolysacchariden erhalten haben.

Die Grippeviren oder *Myxovirus influenzae*[1]) treten in drei unabhängigen Formen auf, A, B und C, von denen jede durch ein inneres, besonders stabiles Antigen ausgezeichnet ist. Jede dieser Formen ist noch aufgrund spezifischer äußerer Antigene in Stämme unterteilt. Anders ausgedrückt: die verschiedenen Stämme einer Form haben alle das gleiche innere Antigen, unterscheiden sich aber in ihrem äußeren, das sehr viel weniger stabil ist. Das innere Antigen stellt nichts anderes als das Nucleocapsid dar, das äußere entspricht der Hülle.

Die Unterteilung in Stämme würde an sich nur wenig Interesse verdienen, wenn sie nicht einer echten Evolution entspräche.

Im Prinzip ist jeder dieser Stämme, die sich einander ablösen, für eine der alljährlich auftretenden Epidemien verantwortlich. Ein neuer Stamm unterscheidet sich nur wenig von dem vorhergehenden durch sein äußeres Antigen. Dieser neue Stamm profitiert daraus, daß die Bevölkerung gegen ihn nicht mehr immun ist (das Fehlen der Immunität beruht auf der Abwandlung des Antigens), und er verdrängt den vorherigen.

In der Natur verschwinden die alten Stämme allmählich und werden zu echten „Fossilien“, die nur noch in den Laboratorien existieren. Wir haben hier ein schönes Beispiel für eine Evolution, deren Spuren sich bis in den Molekularbereich verfolgen lassen.

Diese Instabilität des äußeren Antigens kommt nicht bei allen Myxoviren vor. So sind Mumps- und Masernviren sehr stabil, so daß die Immunisierung, die auf den ersten Befall zurückgeht, im Prinzip während des ganzen Lebens wirksam bleibt.

3.2. Entwicklungszyklus des Grippevirus in der Gewebekultur

Bei den Bakteriophagen wird die Untersuchung des Virenzyklus im natürlichen Wirt sehr erleichtert durch den Umstand, daß es sich bei dem Wirt um ein einzelliges Wesen handelt, das sich für Experimente im Labor eignet.

Im Fall des Grippevirus müßten wir bei ähnlichen Untersuchungen die Vermehrung des Virus im Bronchialepithel des Menschen verfolgen; das ist möglich, liefert aber schwierig zu deutende Ergebnisse.

---

[1]) „Influenza“ ist das Synonym für „Grippe“, eine Bezeichnung, die sich nach der 1743 in Italien aufgetretenen Epidemie in ganz Europa durchgesetzt hat.

Man muß alos versuchen, den Menschen durch ein Versuchstier zu ersetzen: durch die Maus oder das Frettchen, die zumindest für einige Stämme des Grippevirus sensibel sind. Am einfachsten ist es jedoch, das Problem auf die zelluläre Ebene zurückzuführen und Gewebekulturen zu verwenden.

3.2.1. Die Verschiedenen Stufen des Entwicklungszyklus

Bei den Bakteriophagen haben wir gesehen, daß der Entwicklungszyklus in mehrere Abschnitte unterteilt werden kann: Penetration, Synthese der Bestandteile, Zusammensetzung der Bestandteile und Freisetzung der Viruspartikeln. Im Fall des Grippevirus ist es das gleiche. Unglücklicherweise kennt man aber nicht so viele Einzelheiten von den verschiedenen Entwicklungsstufen wie bei dem Bakteriophagen T2.

Adsorption der Virionen und Eindringen des genetischen Materials
Diese Anfangsphase der Infektion kann in zwei zeitlich aufeinanderfolgende Abschnitte unterteilt werden: Adsorption der Virionen, Eindringen des genetischen Materials in die Zelle.

a) Adsorption
Die Hülle eines Grippevirions enthält neben anderen zwei sehr wichtige Proteinkomponenten. Eins dieser Proteine hat eine besondere Affinität zu Mucopolysacchariden, insbesondere zu solchen, die die Oberfläche aller Zellen bedecken, vor allem die der roten Blutkörperchen. Sind Erythrocyten anwesend, so heftet sich das Grippevirus an sie an, bildet Brücken zu benachbarten Erythrocyten und verursacht so ihre Agglutination, woher auch der Name *Hämagglutinin* für dieses Protein stammt. Es bildet die Stacheln der Hülle.

Man findet außerdem ein die Mucopolysaccharide angreifendes Enzym, die *Neuraminidase.* Sie ist innerhalb der Hülle nicht genau lokalisierbar, aber es handelt sich wahrscheinlich um ein Molekül von dreieckiger Gestalt mit einer Kantenlänge von ungefähr 10 Å. Die Adsorption der Viruspartikeln an der Wirtszelle erfolgt durch Zusammenwirken des Hämagglutinins mit den spezifischen Mucopolysaccharidrezeptoren an der Oberfläche der Zellen (Bild 162). Die Rezeptoren können, je nach *Myxovirus,* sehr verschieden sein und selbst innerhalb eines Stammes von Grippeviren variieren.

Die Adsorption ist mindestens beim Grippevirus bei 37 °C reversibel, denn sie wird durch die Wirkung der Neuraminidase ausgeglichen, die die Rezeptoren für das Hämagglutinin zu zerstören beginnt. Man spricht dabei von der *Elution* (Bild 162).

Die Elution ist nur für solche Zellen wie den Erythrocyten von Bedeutung, denn das Virus heftet sich an einer Stelle an, löst sich, heftet sich dann an einer neuen Stelle an und erreicht auf diese Weise, daß die ganze Oberfläche des Erythrocyten „abgefressen" wird, so daß sie für diesen Stamm nicht mehr agglutinabel ist. Bei Zellen in Kultur erfolgt sofort nach der Adsorption das Eindringen, und die Elution kann sich erst gar nicht entwickeln.

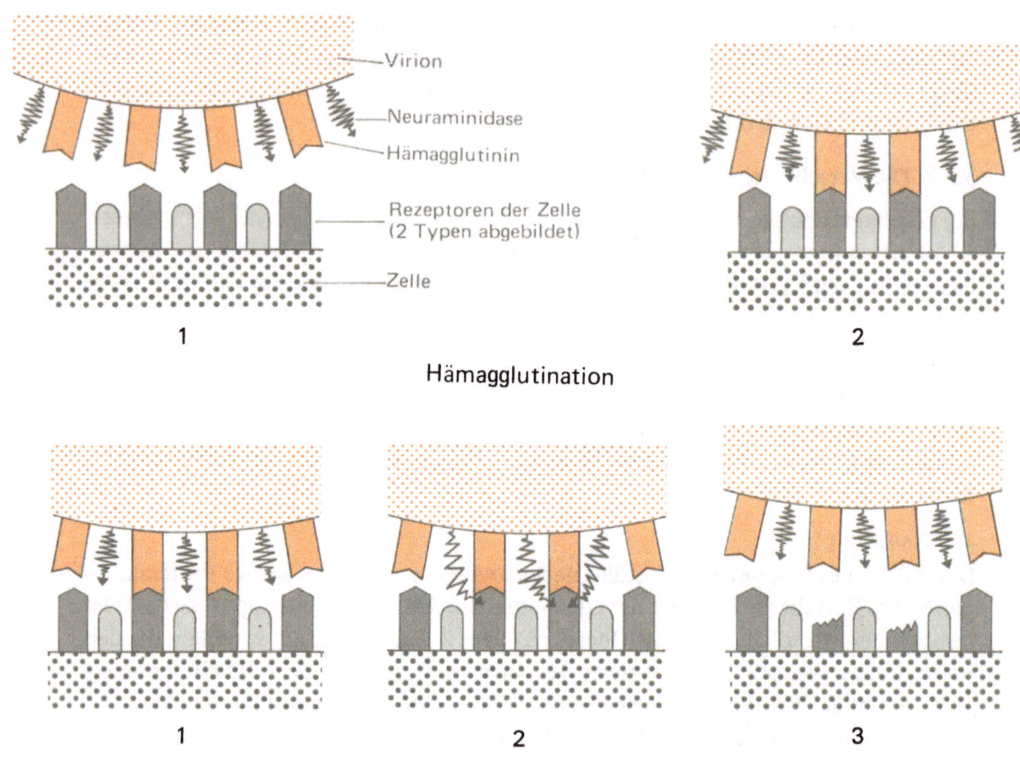

Bild 162. Die Bedeutung des Hämagglutinins und der Neuraminidase des Grippevirus.
Hämagglutination: Die roten Blutkörperchen besitzen, wie auch andere Zellen, Mucopolysaccharidrezeptoren für die Virionen des Grippevirus. Heftet sich ein Virion an zwei benachbarte
rote Blutkörperchen, so bewirkt es ihre Agglutination; daher stammt der Name Hämagglutinin
für das Protein, das für diese Reaktion verantwortlich ist. An der Oberfläche der roten Blutkörperchen befinden sich zahlreiche Rezeptoren, von denen hier nur zwei eingezeichnet sind
(die verschiedenen Grippeviren besitzen ihrerseits jedes seine eigenen Rezeptoren).
Elution: Die Neuraminidase, ein Enzym, das Mucopolysaccharide angreift, zerstört die Rezeptoren und macht daher die Adsorption der Virionen an die roten Blutkörperchen rückgängig

b) Penetration

Sie erfolgt in zwei Phasen, von denen die erste gut bekannt ist. Es findet eine totale
Aufnahme des Virions in das Cytoplasma durch Phagocytose statt (Bild 163). Die
Hülle öffnet sich, und das Nucleocapsid entläßt seine Nucleinsäure in das Cytoplasma. Der die Freilegung der Nucleinsäure ermöglichende Mechanismus ist noch nicht
bekannt. Man hat geglaubt, beim Vaccinevirus eine das Capsid auflösende „Decapsi-
dase" nachgewiesen zu haben, aber diesem Befund ist widersprochen worden.

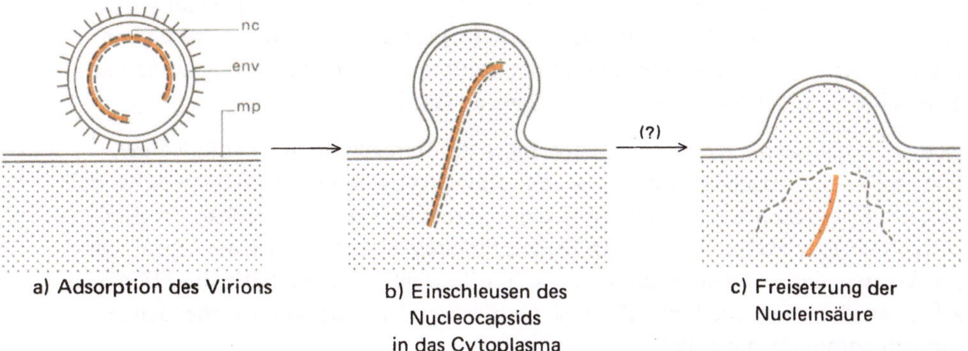

Bild 163. Infektion einer Zelle durch ein Myxovirus. a) Anheftung eines Virions an die Außenseite der Zellmembran mp. b) Einschleusen des Nucleocapsids nc in das Cytoplasma nach erfolgter Verschmelzung der Hülle env mit der Zellmembran. c) Auflösung des Capsids und Freisetzung der Virennucleinsäure. Der genaue Ablauf dieses Vorgangs ist im Falle des Myxovirus noch unbekannt. d) und e) Adsorption des Virions und Freisetzung des Nucleocapsids in elektronenmikroskopischen Aufnahmen; 120 000fach (nach C. MORGAN und C. HOWE).

Der Vorgang erscheint a priori von dem beim Bakteriophagen T2 sehr verschieden, weil das gesamte Virenmaterial, das genetische sowie die Elemente mit Schutzfunktion, bei der Infektion in die Zelle eindringt. Das Endergebnis ist jedoch das gleiche: die Nucleinsäure liegt ebenfalls frei im Cytoplasma.

Aufbau der Virenbestandteile

Bei dem Grippevirus gibt es sehr wahrscheinlich eine ähnliche Latenzphase wie bei dem Bakteriophagen. Diese Phase entspricht der Auflösung des Viruspartikels beim Eintritt in den vegetativen Zustand, d. h. Einführung eines neuen Enzymsystems und Synthese von Virusbestandteilen, ohne daß schon ein Virion auffindbar wäre. Diese Phase ließ sich bisher jedoch nicht so genau analysieren wie bei dem Bakteriophagen. Man konnte sie aber indirekt, z.B. durch das Auftreten von Frühproteinen nachweisen, die denen des Bakteriophagen vergleichbar sind.

Nach einer Frist von zwei bis drei Stunden beobachtet man das Auftreten der ersten Bestandteile von Viruspartikeln. Sie lassen sich aufgrund ihrer antigenen Eigenschaften auffinden und mit Hilfe der Immunofluoreszenzmethode sogar innerhalb der Zelle lokalisieren.

Mit dieser Methode ergab sich: Die Synthese der beiden wichtigsten Antigene des Grippevirus, das innere Antigen und das äußere hämagglutinierende Antigen (wir nennen es von nun an Hämagglutinin), erfolgt unabhängig voneinander und an verschiedenen Stellen in der Zelle.

Man nimmt an, daß die Ribonucleoproteinkomponente im Kern aufgebaut wird (Bild 165-1), sich dort anreichert, dann in das Cytoplasma überführt wird und an die Peripherie der Zelle wandert. Das Hämagglutinin erscheint im Cytoplasma und sammelt sich in der Nähe der Zelloberfläche an (Bild 165-1 und 2).

Neben diesen Elementen mit antigenen Eigenschaften gibt es andere ohne diese. Wie und wo sie aufgebaut werden, ist sehr schwierig zu untersuchen, denn es handelt sich um Komponenten, die zumeist in einer normalen Zelle auch vorhanden sind. Durch indirekte Methoden hat man jedoch für einige von ihnen wie die Lipide zeigen können, daß es für sie keine spezielle Synthese gibt, die durch die Infektion ausgelöst worden wäre, sondern daß sie einfach den in der Zelle schon vorhandenen Lipiden entnommen werden.

Die Tatsache, daß die Nucleinsäure des Grippevirus eine Ribonucleinsäure ist, wirft eine Reihe von Problemen auf.

Einerseits steht außer Zweifel, daß die Ribonucleinsäure Träger der genetischen Information ist. Der Ablauf dieser ersten Infektionsphase beweist, daß eine Zelle in der Lage ist, diese Information aufzunehmen und sie mit der Synthese von Makromolekülen zu beantworten. Die Viren-RNA würde dann die Rolle einer messenger-RNA spielen.

Diese RNA ist andererseits einsträngig. Eine direkte Verdoppelung dieser Kette würde nur einen komplementären und keinen identischen Strang ergeben. Die Verdoppelung der Viren-RNA muß wahrscheinlich in zwei Schritten erfolgen und über eine Zwischenstufe laufen, die nichts anderes sein kann als der komplementäre Strang.

Diese Verdoppelung erfolgt durch das Zusammenwirken der beiden Stränge und einer RNA-Polymerase (Replicase) in bestimmter Anordnung, dem replikativen Komplex, den man schon bei mehreren RNA-Viren, wie dem Poliomyelitisvirus, bereits untersuchen konnte (Bild 164).

Zunächst bildet sich der Komplementärstrang, dem der Strang der Viren-RNA als Matritze dient. Die beiden Stränge bleiben als Doppelstrang verbunden. In der Folge dient der Komplementärstrang seinerseits als Matritze für eine Reihe neuer RNA-Stränge, die dann mit dem ursprünglichen Strang identisch sind.

Im Falle eines anderen RNA-Virus, dem Polio-Virus, konnte man zeigen, daß die Synthese eines solchen RNA-Stranges ungefähr eine Minute dauert und daß sich jeweils vier Stränge gleichzeitig an einem Komplementärstrang bilden.

Reifung der Virionen, Zusammensetzung der Bestandteile
Die Reifung des Grippevirus verläuft unterschiedlich zu der des Bakteriophagen T2. Sie erfolgt in zwei Stufen: Aufbau des Nucleocapsids, dann dessen Einbau in die Hülle.

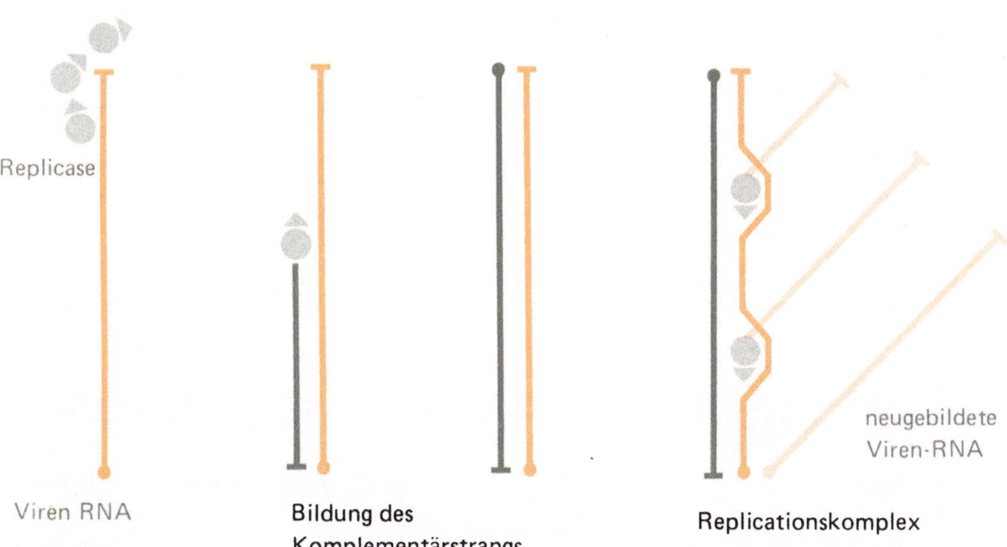

Bild 164. Die Duplikation der Viren-RNA beim Poliomyelitisvirus. Die Viren-RNA (rot) ist einsträngig und für ihre Verdoppelung ist die Bildung eines Komplementärstrangs (blau) erforderlich. Eine durch die Viren-RNA kodierte Replicase synthetisiert mehrere neue Viren-RNA-Moleküle gleichzeitig an einem Komplementärstrang. Dabei wird die Sequenz der Nucleotide durch die Replicase von diesem Komplementärstrang „abgelesen".

Vom Aufbau des Nucleocapsids des Grippevirus kennt man keine Einzelheiten. Aber durch Vergleich mit anderen Viren, die ebenfalls ein helixförmiges Nucleocapsid ausbilden, etwa mit dem Tabakmosaikvirus, das in dieser Hinsicht besser bekannt ist, kann man sich den Ablauf vorstellen.

Es ist möglich, beim Tabakmosaikvirus die RNA von den Proteinstruktureinheiten zu trennen. Unter bestimmten Bedingungen formieren sich diese Struktureinheiten wieder zu hohlen Stäbchen, die der normalen Virionenstruktur sehr nahe kommen. Diese Capside ohne RNA sind konsequenterweise nicht infektiös, weisen sehr verschiedene Längen auf und zeigen noch in anderer Hinsicht geringe Abweichungen von normalen Capsiden.

Gibt man zu den in die einzelnen Struktureinheiten zerlegten Proteine RNA vom gleichen Muster der Viren-RNA hinzu, so beobachtet man in vitro, wie sich RNA und Proteine zu Virionen zusammenlagern, die von den ursprünglichen Virionen nicht zu unterscheiden sind. Diese Virionen sind infektiös.

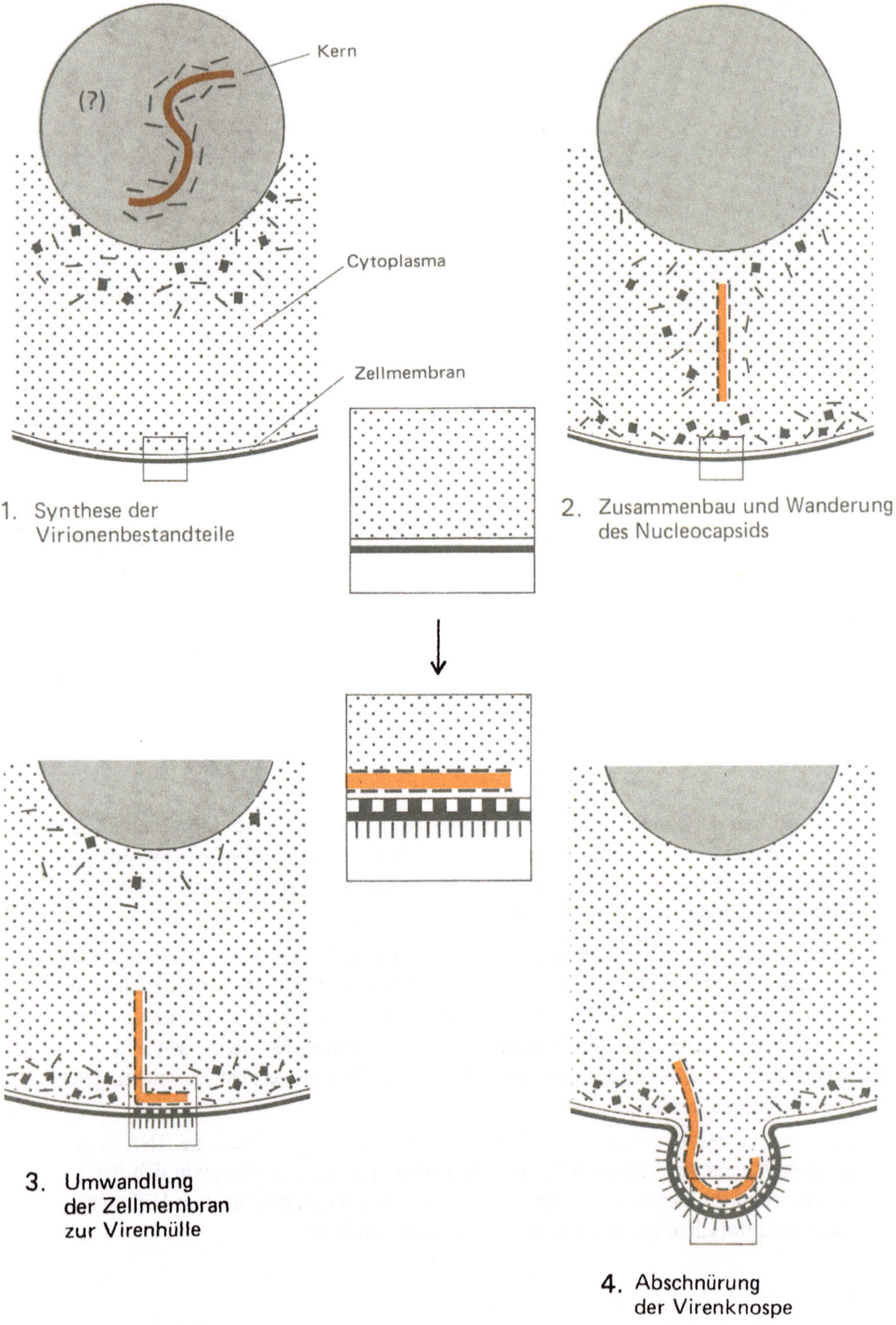

(?)
Kern
Cytoplasma
Zellmembran
1. Synthese der Virionenbestandteile
2. Zusammenbau und Wanderung des Nucleocapsids
3. Umwandlung der Zellmembran zur Virenhülle
4. Abschnürung der Virenknospe

Folglich kann man annehmen, daß die Zusammenlagerung zum Nucleocapsid ein rein physikalischer Vorgang ist, der keine Zufuhr von Energie erfordert. Man stellt jedoch fest, daß mehrere Merkmale des Nucleocapsids, seine Länge und die Anordnung der Struktureinheiten vor allem, direkt von der Anwesenheit des RNA-Moleküls bestimmt werden. Beim Grippevirus dürfte es ebenso sein.

Das einmal gebildete Nucleocapsid wandert an die Peripherie der Zelle, wo sich auch die anderen Bestandteile des Virions sammeln, Bestandteile, die, wie wir gesehen haben, im Cytoplasma aufgebaut worden sind (Bild 165, Stadium 1 u. 2).

Dort differnzieren sich die Hüllen, eine merkwürdige Erscheinung, denn ein normaler Bestandteil der Zelle, die Zellmembran, wird, wenn auch sehr verändert, in ein Viruspartikel eingebaut. Die Veränderung erfolgt durch das Einfügen der neuen Bestandteile wie Hämagglutinin und anderer Virusproteine zwischen die normalen Bestandteile der Zellmembran (Bild 165-3).

Das Viruspartikel entsteht als kleine Knospe an der Zellmembran, löst sich schließlich ab und entführt das Nucleocapsid (Bild 165-4 und 166). Auch hier ist der Zusammenbau nicht vollständig. Nach der Freilassung der Virionen bleibt noch eine große Menge nicht verbrauchten Materials zurück.

Freisetzung der Virionen

Die Freisetzung der Virionen erfolgt ganz normal durch Knospung aus der Zellmembran. Die freigesetzten Viruspartikeln bleiben häufig so lange an den die Zelloberfläche bedeckenden Mucopolysacchariden adsorbiert, daß der Mechanismus der Elution durch die enzymatische Wirkung der Neuraminidase einsetzen kann (siehe Seite 285).

Ein solcher Mechanismus macht keinen Einbruch in die Zellmembran erforderlich und verursacht auch sonst keine irreparable Schädigung der Zelle. Es handelt sich also um einen Vorgang, der einer *Klasmatose* normaler Zellen, bei der von Zeit zu Zeit ein Teil des Cytoplasmas in das Außenmilieu abgegeben wird, sehr ähnlich ist.

Bild 165. Aufbau des Virions des Grippevirus. 1. Synthese der Bestandteile des Virions. Das Material des Nucleocapsids tritt sehr wahrscheinlich zuerst im Kern der infizierten Zelle auf. Das Hämagglutinin entsteht im Cytoplasma in der Nachbarschaft des Kerns. 2. Zusammenfügen des Nucleocapsids und seine Wanderung. Es ist nicht bekannt, an welchem Ort die Viren-RNA und die Struktureinheiten zum Nucleocapsid vereinigt werden. Man nimmt jedoch an, daß bereits das fertige Nucleocapsid an die Peripherie der Zelle wandert und dabei vom Hämagglutinin begleitet wird. 3. Umwandlung der Zellmembran zur Hülle des Virions. Diese Umwandlung besteht in einem tiefgreifenden Umbau und vor allem im Einbau der verschiedenen Virusproteine, von denen eins das Hämagglutinin ist, welches später in Form der charakteristischen Spiculae die Oberfläche bedeckt. Die beiden Ausschnitte stellen diese Umwandlung schematisch dar. 4. Ablösung der ausknospenden Virionen. Diese letzte Phase des Virenzyklus entspricht der Individualisierung der Virionen, die Hülle schließt sich um das Nucleocapsid. Blau: zelluläres Material; schwarz: Virusproteine; rot: Virus-RNA

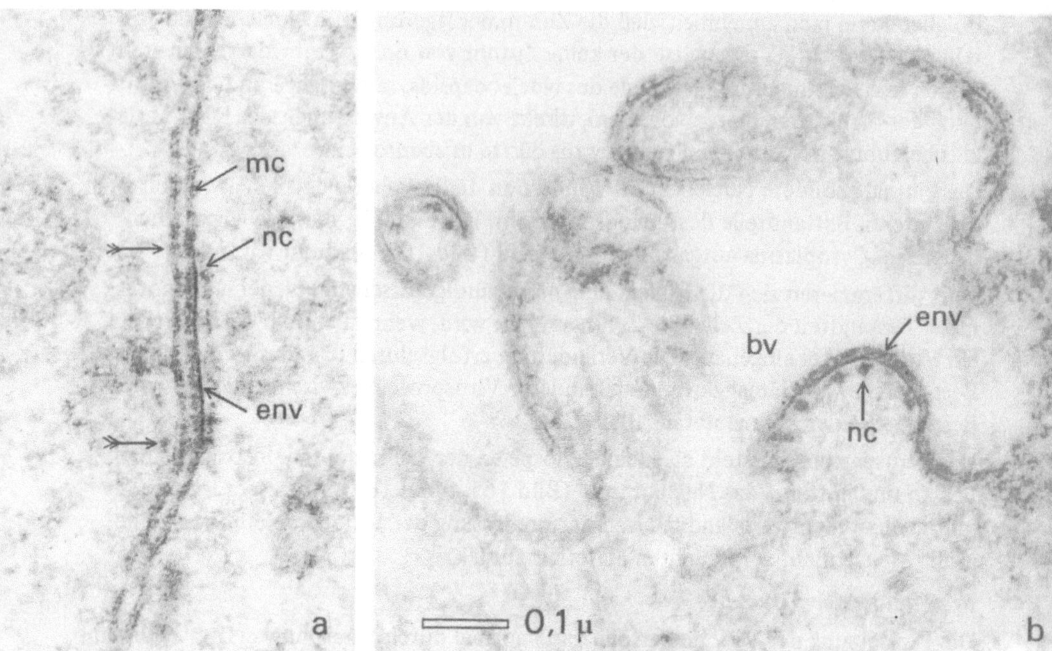

Bild 166. Reifung eines *Myxovirus:* Sendai-Virus. Dieser Virus, dessen Virion und Capsid besonders groß sind, eignet sich gut für die Beobachtung des Zusammenbaus der einzelnen Bestandteile zu Virionen. a) Umwandlung der Zellmembran zur Virionenhülle. Beim Kontakt des Nucleocapsids nc mit der Zellmembran mc verwandelt sich diese in die Virionenhülle env. Die innere Membran der Hülle ist besonders dunkel. Auf dieser Aufnahme kann man erkennen, daß diese Umwandlung der Bildung von Virusknospen vorangeht und daß sie auf die Kontaktzone zwischen Nucleocapsid und Zellmembran streng begrenzt bleibt (Pfeile). b) Ablösung der Virusknospe. Das Virion ist im Begriff sich abzulösen, und in der Virusknospe bv kann man das Nucleocapsid nc, immer noch eng mit der Hülle env verbunden, erkennen, deren beide morphologischen Bestandteile, die innere Membran und die sie bedeckende Schicht der Spiculae, gut zu erkennen sind. 115 000fach (Aufnahmen: A. BERKALOFF)

Der Freisetzungsmodus unterscheidet sich jedoch von dem bei dem Phagen T2 beobachteten, bei dem die Freisetzung nur erfolgen kann, wenn die Lyse der Wirtszelle eintritt. Im Fall des Grippevirus überlegt die Zelle die Freisetzung der Viruspartikeln. Die später auftretende Lyse ist eine sekundäre Erscheinung, die mit der durch die Vireninfektion verursachten Stoffwechselstörung zusammenhängt. Diese Desorganisation wird jedoch erst im fortgeschrittenen Stadium des Viruszyklus erkennbar. Das Zusammenfügen der Virionenbestandteile wird immer unregelmäßiger, und die Zahl der zu beobachtenden Abweichungen steigt schnell an.

3.2.2. Allgemeine Schlußfolgerungen

In großen Zügen ist der Zyklus des Grippevirus dem des Bakteriophagen T2 vergleichbar (Bild 167 und 168). Er scheint bei allen anderen Viren ebenso zu verlaufen. Die in die Zelle eingeschleuste Virennucleinsäure steuert den Zellstoffwechsel um, so daß die Bildung von Viruspartikeln erfolgen kann, d. h. von Trägern der Viren-RNA, die das Aufsuchen einer neuen Wirtszelle ermöglichen. Man stellt aber auch eine Reihe von Unterschieden fest. Wir werden nur auf einige eingehen.

Beim Grippevirus dringt das gesamte Virion in die Wirtszelle ein. Dieses Verhalten ist bei Viren allgemein verbreitet; die Injektionseinrichtung der Bakteriophagen vom Typ T scheint allein diesen Viren eigen zu sein. Offensichtlich ist die Infektion tierischer Zellen, die kein äußeres Skelett besitzen, erleichtert. Im Fall der die Pflanzen befallenden Viren sind die ersten Stadien der Infektion weniger bekannt, jedoch scheint für ihr Gelingen ein Loch in dem Pektin-Cellulose-Skelett notwendig zu sein. Ein solches Loch kann entweder durch zufällige mechanische Schädigung oder durch einen Insektenstich entstanden sein. Die Übertragung der Viren von Zelle zu Zelle der Pflanzen ist andererseits durch die Plasmodesmen möglich.

Abgesehen von jeglicher Virusvermehrung, können die Proteine des in die Zelle eingedrungenen Virions auf diese eine Wirkung ausüben, insbesondere eine toxische.

Die Synthese und der Zusammenbau der verschiedenen Virusbestandteile finden im Fall des Grippevirus nicht am selben Ort statt. Die topographische Trennung wird durch die innere Aufteilung der Zelle betont und hängt mit der komplizierteren Struktur der Metazoenzelle zusammen.

Sowohl im Kern (Struktureinheiten) wie auch im Cytoplasma (Hämagglutinin) beobachtet man eine Proteinsynthese. Es gibt für die Ribosomen keinen bevorzugten Ort, an dem die Synthese der Virenproteine stattfindet. Dennoch scheinen die Capside der DNA-Viren allgmein im Kern[1]) gebildet zu werden, und die der RNA-Viren im Cytoplasma (das Grippevirus stellt offensichtlich eine Ausnahme dar).

Die Reifung verläuft bei allen Viren mit einer Hülle, seien es RNA-Viren (Grippe) oder DNA-Viren (Herpes), sehr ähnlich; die des Grippevirus an der Oberfläche der Zelle hat eine Reihe von Konsequenzen. Die zeitliche Staffelung der Freisetzung von Virionen ist eine davon. Diese werden in der Menge freigesetzt, wie sie zusammengebaut werden, ohne daß sofort eine Lyse der Zelle eintritt; die Freisetzungsperiode kann daher beträchtlich lang sein. Eine andere Erscheinung ist das Einbauen von Molekülen, die von der Wirtszelle codiert worden sind, in die Hülle des Virions. Die antigenen Komponenten des Virions stammen bei den Viren mit einer Hülle sehr häufig von der Wirtszelle.

---

[1]) Mit Ausnahme des Vaccinevirus, bei dem der gesamte Zyklus im Cytoplasma abläuft.

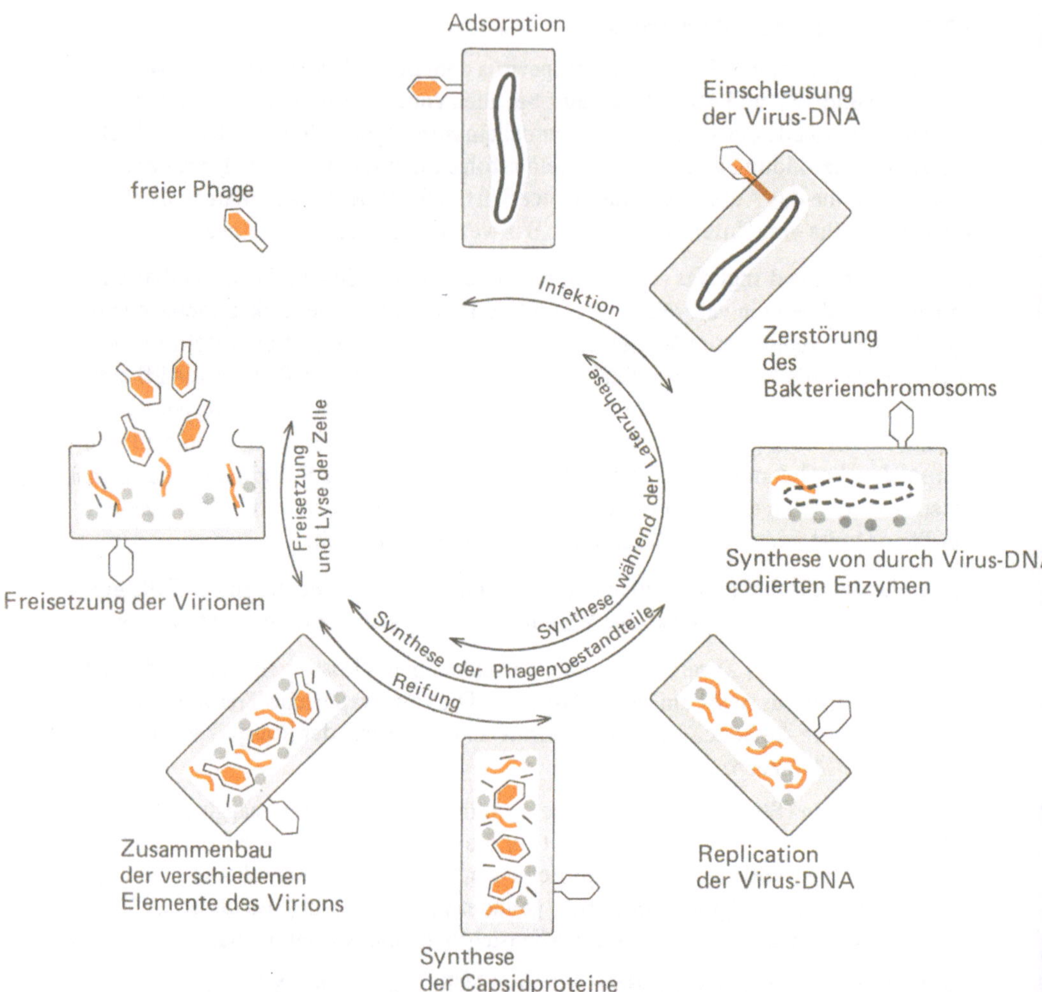

Bild 167. Zyklus des Bakteriophagen T 2. In diesem Schema sind die verschiedenen Stufen der Vermehrung des Bakteriophagen T 2 zusammengefaßt. Vergleicht man diesen Zyklus mit dem in Bild 168 dargestellten des Grippevirus, so sieht man, daß beide Zyklen in großen Zügen identisch ablaufen. Trotzdem weist der T 2-Zyklus einige bemerkenswerte Besonderheiten auf: die Nucleinsäure des Virions dringt allein in die Zelle ein, das Bakterienchromosom wird bereits in der ersten Phase des Zyklus zerstört, die Freisetzung der Virionen erfolgt durch Lyse der infizierten Zelle

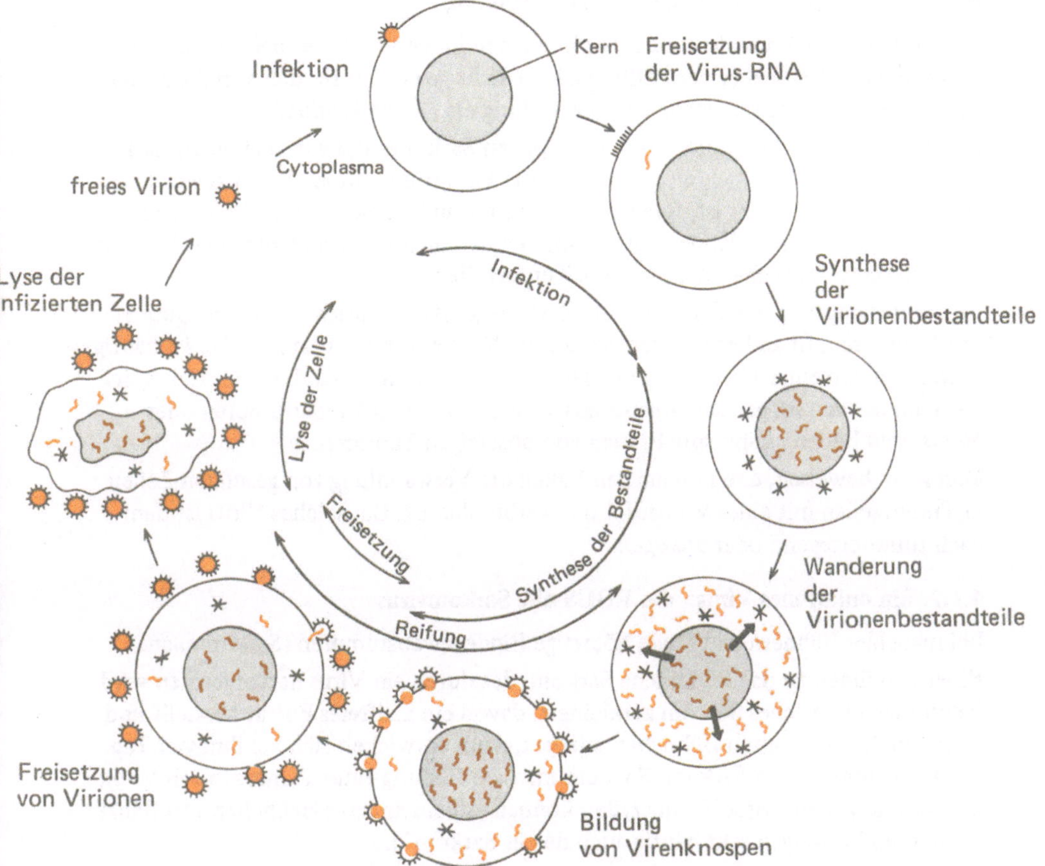

Bild 168. Zyklus des Grippevirus. Dieses Bild zeigt zum Vergleich mit Bild 167 den Zyklus des Grippevirus. In diesem Fall dringt das gesamte Capsid, jedoch ohne Hülle, in die Zelle ein, läßt diese aber lange Zeit scheinbar unversehrt, die Freisetzung der Virionen erfolgt vor der Lyse der Zelle

4. Einige besondere Erscheinungen in der Biologie der Viren

4.1. Onkogene Viren

Die Vermehrung der Zellen eines gesunden Organismus und ihre Anordnung, ihre Beziehung untereinander und zu anderen unterliegen einer strengen Regelung, was durch zahlreiche Beispiele in der Embryologie belegt wird. Aber in einigen Fällen, wenn dieses Gleichgewicht gestört wird, tritt eine fortgesetzte und ungeregelte Vermehrung bestimmter Zellen ein, die dann Tumoren bilden.

4.1.1. Normale Zellvermehrung und Tumorbildung

Nimmt man z. B. normale Zellen von Hühnchen in Kultur, so vermehren sie sich
sehr schnell. Sobald aber der Zellteppich so dicht geworden ist, daß sich die Zellen
an allen Seiten berühren, stellen sie die Teilung ein *(Kontaktinhibition)*.

Zellen eines Hühnchentumors, des ROUSschen Sarkoms, das wir noch mehrmals
erwähnen werden, vermehren sich dagegen in Kultur unaufhörlich. Auch wenn die
gesamte Fläche bedeckt ist, teilen sie sich weiter und türmen sich zu Haufen auf.
Diesen Zellen fehlt die Kontaktinhibition. Diese Eigenschaftsänderung der Zellmembran ist ein wesentliches Merkaml von Tumorzellen.

Ist die Vermehrung der Tumorzellen relativ begrenzt, so spricht man von „gutarti-
gen" Tumoren. In anderen Fällen erfolgt die Vermehrung unbegrenzt. Sie ist häufig
auch noch von einer Wanderung der Tumorzellen begleitet, die dazu führt, daß sich
die Tumorzellen im ganzen Organismus ausbreiten und Sekundärtumoren oder
Metastasen bilden; dann spricht man von bösartigen Tumoren.

Man kann beweisen, daß in manchen Fällen die Verwandlung von gesunden Zellen
in Tumorzellen mit einer Virusinfektion verbunden ist. Ein solches Virus ist demnach tumorerregend oder *onkogen*.

4.1.2. Ein onkogenes Virus: das ROUSsche Sarkomvirus

Bei manchen Hühnern trifft man bösartige Bindegewebstumoren (Sarkome) an.

Einer von ihnen ist das ROUSsche Sarkom, das durch ein Virus hervorgerufen wird.
Wenn man ein solches Sarkom zerkleinert, davon ein zellfreies Filtrat herstellt und
es einem drei Tage alten Hühnchen injiziert, dann entwickelt sich bei ihm vier Tage
nach der Impfung ein Sarkom. So kann man die Bildung eines Tumors durch Viren
in vivo induzieren. Diese Tumorzellen können auf ein anderes Hühnchen verpflanzt
werden und erzeugen sehr häufig auch da ein Sarkom[1]).

Mit Hilfe des zellfreien Filtrats von ROUSschem Sarkom lassen sich auch Hühnchenfibroblasten in Kultur infizieren. Dabei stellt man fest, daß bei Auftreten des Herdes
sich die Zellen zu Haufen auftürmen, anstatt eine einzellige Schicht zu bilden. Man
hat somit die Bildung von Tumoren in vitro ausgelöst. Die Tumorennatur dieser
Zellen läßt sich prüfen, indem man sie auf ein Hühnchen überimpft. Sie bewirken
das Auftreten eines Sarkoms an der Impfstelle, gleich den Zellen eines natürlichen
Sarkoms.

Das ROUSsche Sarkom ist auf die Wirkung eines Virus zurückzuführen, den man isolieren konnte. Es handelt sich um ein RNA-Virus. Einige Stämme dieses Virus weisen
eine interessante Besonderheit auf: sie sind defekt (siehe auch Seite 298).

---

[1]) Es kommt vor, daß der verpflanzte Tumor sich zurückbildet wie verpflanztes normales Gewebe
infolge einer genetisch festgelegten antigenen Unverträglichkeit.

4.1.3. Schlußfogerungen

Die Zahl der bekannten onkogenen Viren wächst unaufhörlich. Häufig handelt es
sich dabei um Viren, die sich auf verschiedene Weise bemerkbar machen und nicht
nur onkogen wirken. So kann ein frischgeschlüpftes Hühnchen, wenn man es mit dem
ROUSschen Sarkomvirus infiziert, sehr schnell an Hämorrhagie sterben, ohne einen
Tumor auszubilden. Dieses Virus wirkt hier wie ein gewöhnliches pathogenes Virus.
Wird ein Hühnchen erst im Alter von drei Tagen infiziert, so beobachtet man das
Symptom der Hämorrhagie nicht mehr, dafür aber Tumoren. Das Virus ist also
onkogen.

Ein Virus, das unter bestimmten Bedingungen harmlos ist, kann unter anderen
Bedingungen onkogen sein. Das Adenovirus Typ 12 ist so ein Beispiel. Es handelt sich dabei um ein Virus, das sich im Darmtrakt des Menschen vermehren kann,
ohne erkennbaren Schaden anzurichten. Injiziert man dieses Virus einem neugeborenen Hamster, so ruft es an der Injektionsstelle nach ungefähr sechs Wochen einen
bösartigen Tumor hervor.

4.1.4. Beziehung zwischen Tumorzellen und onkogenem Virus

Ist einmal das genetische Material des onkogenen Virus in die Zelle eingeschleust,
so wird sie dadurch in eine Tumorzelle umgewandelt. In den meisten Fällen vervielfältigt sich das genetische Material des Virus im gleichen Rhythmus wie das genetische Material der Zelle; es wird von Generation zu Generation übertragen, ohne
daß Virionen freigesetzt werden, genau wie im Falle des Prophagen.

Man kann nachweisen, daß das genetische Material des onkogenen Virus erhalten
bleibt und daß die in ihm enthaltene Information zum Teil von der umgewandelten
Zelle genutzt wird.

Wenn man Fibroblasten mit Hilfe eines reinen ROUSschen Sarkomvirus umwandelt,
so sind die Tumorzellen auch nach zahlreichen Teilungen in der Lage, von neuem
Viruspartikeln zu entlassen (Seite 298). Die entsprechende genetische Information
ist also erhalten geblieben.

Das Virus SV 40 ist eines der zahlreichen Viren, die in Affennierenzellkulturen, die
für die Herstellung des Impfstoffs gegen Kinderlähmung gebraucht werden, parasi-
tiert. Die Zellen, die durch das Virus SV 40 in Tumorzellen umgewandelt werden,
ändern ihre Antigenstruktur. Statt des Auftretens von Virionen erscheinen zwei
neue Antigene: das Transplantationsantigen, ein Oberflächengen der infizierten Zelle, und das Antigen T, das im Kern auftritt. Diese Antigene sind durch die Viren-
DNA codiert worden, denn das Antigen T wird in allen durch das Virus SV 40 infizierten Zellen (selbst in denen, wo es nur einen lytischen Zyklus zeigt) synthetisiert.

Diese Antigene sind Ausdruck lediglich eines Teiles des Virengenoms. Man hat zeigen können, daß die messenger-RNA des Virus in den umgewandelten Zellen nur zu
30 bis 80 %, je nach Clon, der Viren-DNA entspricht.

Jeder Clon von umgewandelten Zellen enthält eine feste Anzahl von Viren-Genomen
pro Zelle (je nach Clon zwischen 5 und 60). Diese DNA-Moleküle sind offenbar mit
der DNA der in den Chromosomen lokalisierten DNA der Zellen verbunden.

4.2. Defekte Viren

Wenn bestimmte Viren eine Zelle allein infizieren, sind sie nicht imstande, ihren
Zyklus zu vollenden und Virionen freizusetzen, obwohl eine gewisse Zahl von Virusbestandteilen synthetisiert worden ist. Solche Viren heißen *defekte Viren*.

Dazu gehören vor allem einige Mutanten des Phagen λ. Ein durch eine solche Mutante lysogenisiertes Bakterium entläßt nach Induktion keine Virionen.

Es gibt eine große Anzahl defekter Typen vom Phagen λ. Bakterien, die durch einige
von ihnen lysogen geworden sind, lysieren sich nach Induktion, folglich hat eine
Synthese von Endolysin stattgefunden, und im Lysat findet man die gesamten Bestandteile der Viruspartikeln. In diesem Fall äußert sich der Defekt darin, daß keine
Reifung von Virionen zustandekommt. In anderen Fällen findet keine Synthese von
Virusbestandteilen statt, und die Virennucleinsäure bewirkt lediglich eine Immunität gegenüber dem homologen Phagen. Der Defekt besteht hier in der Unfähigkeit
des Phagen, aus dem Zustand des Prophagen in den eines vegetativen Phagen über-
zugehen.

Wir haben gesehen, daß der Zyklus eines Virus aus mehreren Phasen besteht. Für
die defekten Phagen läuft alles so ab, als ob der Zyklus infolge eines genetischen
Fehlers bei der einen oder anderen dieser Entwicklungsstufen blockiert wird. Ein
solcher Fehler kann sich darin äußern, daß der Zyklus verzögert wird und man
schließlich doch wieder defekte Phagen vom ersten Typ erhält, während sich für die
Phagen der zweiten Gruppe der Fehler schon in den ersten Phasen des Zyklus auswirkt. Zwischen diesen beiden Extremen gibt es alle Zwischenformen.

Dieser genetische Fehler kann gelegentlich durch das Mitwirken eines anderen Virus
behoben werden, indem es sich vervielfältigt und dem defekten Virus diejenigen
Elemente liefert, die ihm fehlen. Man spricht dann von *Helferviren*. Ein solcher Fall
liegt beim ROUSschen Sarkomvirus vor (Seite 296).

Wenn man eine Kultur gesunder Hühnchenfibroblasten mit einem reinen Virenprä-
parat des ROUSschen Sarkoms infiziert, so beobachtet man zwar die Umwandlung
der Fibroblasten in Tumorzellen, aber keine Produktion von Virionen (Bild 169).

Infiziert man solche Zellen zusätzlich mit einem bei Hühnern häufig vorkommenden
Virus, so tritt eine Freisetzung von Viruspartikeln ein, aber die gewonnenen Virionen
sind gemischt: man findet sowohl Virionen des zweiten Virus wie auch die des
ROUSschen Sarkomvirus. Das letztere ist ein defektes Virus und das dazugeimpfte
ein Helfervirus. Wie sich zeigte, hat das Helfervirus in diesem Fall die äußeren Teile,

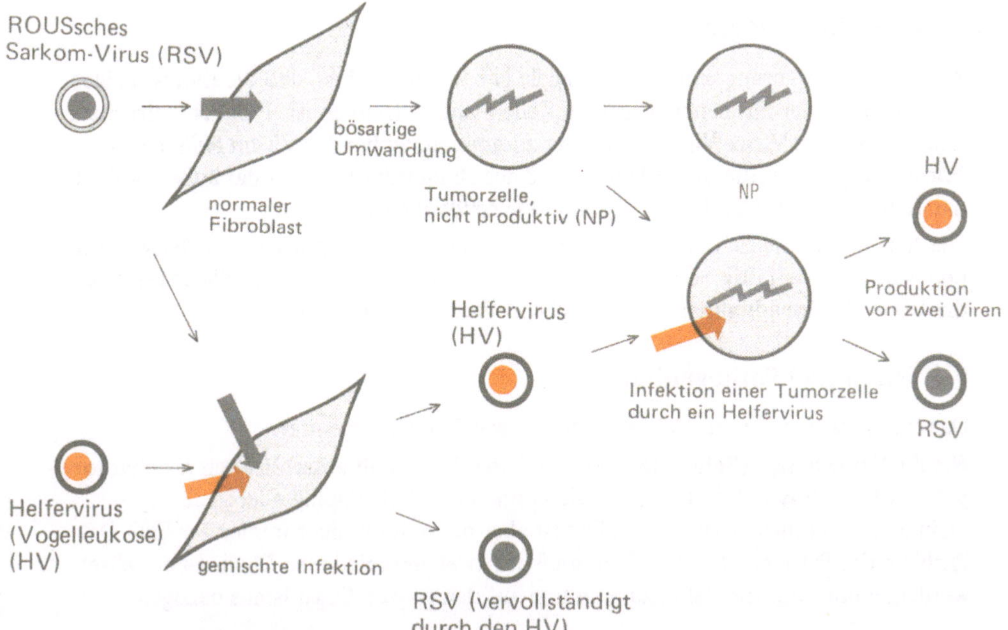

Bild 169. Ein defektes Virus: das ROUSsche Sarkom-Virus. Die Infektion von Hühnchenfibroblasten in Kultur durch bestimmte Stämme des ROUSschen Sarkom-Virus führt nicht zur
Produktion neuer Virionen. Das Virus ist unfähig, seinen Zyklus zu vollenden. Dagen verwandeln
sich die infizierten Zellen in Tumorzellen. Führt man bei den gleichen Zellen eine gemischte
Infektion mit dem ROUSschen Sarkom-Virus und dem Vogellymphomatosevirus durch, so
werden zwei Typen von Virionen gebilet: Virionen des Lymphomatosevirus und solche des
ROUSschen Sarkom-Virus. Das genetische Material des Lymphomatosevirus ermöglicht den
Ablauf des Zyklus des ROUSschen Sarkom-Virus. Es liefert die nötige Information für den
Aufbau der Hülle des letzteren. Ein solches Virus wird Helfervirus genannt, und das ROUSsche
Sarkom-Virus ist ein defektes Virus. Infiziert man eine zur Tumorzelle umgewandelte Zelle mit
einem Helfervirus, so erhält man das gleiche Resultat wie bei einer gemischten Infektion. Die
Tumorzelle enthält also das gesamte genetische Material des ROUSschen Sarkom-Virus

d.h. ganz sicher die Hülle des Virions vom ROUSschen Sarkomvirus codiert (Seite 251).
Das ROUSsche Sarkomvirus ist offenbar unfähig, die Bildung einer wirksamen Hülle
zu induzieren [1]). Es borgt sie sich daher bei einer Anzahl anderer Viren [2]).

---

[1]) Die „unproduktiven" Zellen entlassen wohl Partikeln, die zwar wie Virionen aussehen, aber
nicht infektiös sind.

[2]) Nicht alle Stämme des ROUSschen Sarkomvirus sind defekt.

5. Schlußfolgerungen

Anhand einiger vorangegangener Beispiele haben wir gesehen, daß die Biologie eines Virus von der der ihn beherbergenden Zelle nicht zu trennen ist. Folglich betrachtet man das System Virus-Wirtszelle immer zusammen, wobei das Virion lediglich eine Form des Virus ist, die ihm erlaubt, trotz des Hindernisses, wie es das äußere Milieu darstellt, von einem System in ein anderes überzuwechseln.

Die Aspekte, in die sich die Beziehungen zwischen Virus und Wirtszelle kleiden können, sind sehr vielfältig; dennoch existieren viele Gemeinsamkeiten, die es gestatten, die Viren als individualisierte biologische Einheiten aufzufassen.

5.1. Viren und Pathogenität

Das erste, was man an den Viren erkannte, war ihre Pathogenität.

Wie ihr Name besagt (Seite 245), sind die Viren lange Zeit ausschließlich als phathogene Stoffe betrachtet worden, d.h. sie können eine Schädigung oder ganz allgemein eine Krankheit hervorrufen. Das ist aber bei weitem nicht immer der Fall. Das Problem der Pathogenität der Viren muß auf zwei verschiedenen Ebenen betrachtet werden, einmal auf die Zelle, zum andern auf den ganzen Organismus bezogen.

5.1.1. Pathogenität in bezug auf die Zelle

Die Vermehrung des Grippevirus wie auch des Bakteriophagen T2 verursacht den Tod der Zelle, entweder bei der Freisetzung der Virionen des Phagen oder auf eine andere Weise wie bei der Infektion durch das Grippevirus. Der Übergang des Virus in die vegetative Phase hat fast immer die Zerstörung der Zelle zur Folge. Wie wir aber im Falle der temperenten Bakteriophagen und der onkogenen Viren gesehen haben, ist im Verlauf der Infektion ein Übergang in die vegetative Phase nicht obligatorisch.

Die lethale Eigenschaft eines Virus kann daher lediglich potentiell sein und wirkt sich nur bei einem Eintritt in die vegetative Phase aus.

Selbst der Grad der Schädigung und vor allem die Zeit, in der sie sich einstellt, sind variabel.

Wird während einer Infektion durch den Bakteriophagen T2 das Chromosom des Bakteriums schon in den ersten Minuten zerstört, so ist die Zelle, ganz gleich was noch später geschehen mag, dem sicheren Tode geweiht. Darüber hinaus verursacht die Wirkung des Endolysins am Ende des Zyklus die Lyse der Wirtszelle. Die Schädigung der Zelle erfolgt also ganz besonders früh und gewaltsam.

Bei einer Infektion durch das Grippevirus sind die Veränderungen der Zelle sehr viel weniger auffällig, und die Zelle funktioniert recht und schlecht weiter. Zellen, die durch das Mumpsvirus infiziert worden sind, können sogar noch mehrere Mitosen durchmachen. Dennoch enden sie ebenfalls durch Lyse.

5.1.2. Pathogenität in bezug auf den Organismus

Ein großer Teil der heute bekannten Viren steht in keinem Zusammenhang mit irgend einer Krankheit und ist überhaupt nur im Labor nachgewiesen worden. Die Zellen, die sie befallen, sind sehr wahrscheinlich durch andere zu ersetzen.

Die Pathogenität eines Virus ist abhängig von der Bedeutung der sensiblen Zellen für den Organismus.

Nehmen wir den Fall des *Poliovirus.* Wenn er lediglich bestimmte Zellen der Darmwand befällt (natürlicher Infektionsweg), so ruft er nur eine Infektion hervor, die fast gar nicht in Erscheinung tritt. Befällt er dagegen die motorischen Neuronen der Medulla oblongata und der Vorderhörner des Rückenmarks, so werden die schweren Symptome der Kinderlähmung hervorgerufen.

Ein solcher Unterschied in der Wirkung eines Virus hängt jeweils vom Stamm des betreffenden Virus ab. Es gibt auch Stämme des Poliovirus, die nicht neurotrop sind, die man zur allgemeinen Immunisierung gegen Polioviren und insbesondere gegen den neurotropen Stamm verwendet (lebende Vaccineviren vom Typ SABIN).

Schließlich hängt die Pathogenität eines Virus vom Zustand des Organismus und seiner Entwicklung zum Zeitpunkt der Infektion ab. Die *Herpes*-Viren, die im allgemeinen eine örtlich begrenzte Erkrankung der Mundschleimhaut und der Epidermis bei Kindern und Erwachsenen hervorrufen, führen bei Neugeborenen zu einer Krankheit, die häufig tödlich verläuft. Was die Windpocken anbetrifft, eine klassische Viruserkrankung, deren Erreger *Herpes*-Viren verwandt sind, so können sie zu einer sehr schweren Encephalitis ausarten, wenn gleichzeitig eine Behandlung mit Corticosteroidhormonen stattfindet. Die Pathogenität der Viren rechtfertigt zum Teil das Interesse, das man ihr entgegenbringt; doch ist sie nur eine relativ zweitrangige Erscheinung. Sie ist nur Ausdruck einer Störung der geregelten Zellfunktionen, die auf die Virusinfektion zurückzuführen ist. Vom cytologischen Standpunkt aus ist die Phase, in der die Zellfunktionen noch in geordneter Weise ablaufen, die wichtigste und interessanteste, weil sie zur Ausbildung von Virionen mit relativ komplexen Strukturen führt.

5.2. Virus und Virionen

Die Virionen sind nur eine Erscheinungsform, in der ein Virus auftreten kann. Wir haben gesehen, daß ein temperenter Phage z. B. in mindestens drei Formen auftreten kann: als Virion, als vegetativer Phage und als Prophage.

5.2.1. Bestandteile des Virions und ihre Bedeutung

Man kann einerseits zwischen der Nucleinsäure und andererseits dem Capsid und eventuell noch der Hülle unterscheiden. Capsid und Hülle haben eine doppelte Aufgabe: Schutz der Nucleinsäure gegen Beeinträchtigung durch das äußere Milieu und

Anheftung an die spezifischen Rezeptoren der Wirtszelle. Im Falle der Phagen vom Typ T werden diese beiden Aufgaben von zwei verschiedenen Elementen wahrgenommen, dem Kopf und dem Schwanz.

Die Nucleinsäure stellt das wesentlichste Element dar, denn sie allein ist in der Lage, den Zyklus des Virus auszulösen und zu steuern, und ermöglicht dadurch die Bildung von Virionen, d. h. nicht nur ihre eigene Verdoppelung, sondern auch die Synthese von Virusproteinen.

Es ist möglich, diese Virennucleinsäure zu extrahieren, zu reinigen und sie dann künstlich in eine Zelle einzuführen, um so, unter Beachtung bestimmter Vorsichtsmaßregeln, einen vollständigen Zyklus eines Virus auszulösen. Im Falle einiger Viren wie dem Poliovirus und dem Tabakmosaikvirus hat man das verwirklicht. Man spricht dann von *infektiöser Nucleinsäure.*

Die Existenz infektiöser Nucleinsäuren, die Ergebnisse einiger Versuche wie die von HERSHEY und CHASE (Seite 263) oder die der phänotypischen Kreuzung (Seite 270) unterstreichen die fundamentale Rolle der Virusnucleinsäure, welche allein das Band darstellt, das alle Erscheinungsformen des Virus verbindet.

5.2.2. Das Virion, Träger der Virusnucleinsäure

Die Nucleinsäure des Virions ist inert. Man beobachtet bei ihr keine Verdoppelung und keine Transscription. Das Virion erscheint demnach als extrazelluläre Ruheform, die es der Virusnucleinsäure gestattet, im extrazellulären Milieu so lange zu bestehen, wie es nötig ist, um in Kontakt mit einer Zelle mit passenden Rezeptoren zu gelangen. Es handelt sich dabei gleichzeitig auch um eine Transportform der genetischen Information des Virus.

5.3. Viren und genetische Information

5.3.1. Genetische Information der Virusnucleinsäure

Die in der Virusnucleinsäure enthaltene genetische Information kann, was die Proteinsynthese anbetrifft, im Augenblick noch nicht abgeschätzt werden.

Vermutlich sind nur drei Nucleotide notwendig, um eine Aminosäure in einer Peptidkette zu codieren. In einer Reihe von Fällen ist die Anzahl der Nucleotide in einer Virusnucleinsäure relativ gut bekannt. Man weiß, daß der Phage T2 annähernd 200 000 Nucleotide enthält, die ungefähr 70 000 Aminosäuren entsprechen, d. h. mehr als hundert Proteinen. Das Grippevirus, wie übrigens viele RNA-Viren, besitzt nur 6 000 Nucleotide, die ungefähr zehn Proteine codieren können. Es gibt sogar Viren, die nur 1 600 Nucleotide besitzen, die es ihnen erlauben, nur zwei oder drei Proteine zu codieren.

5.3.2. Information der Viren und der Zelle

Die bei der Infektion in die Zelle eingeschleuste Information vermag die eigene genetische Information mehr oder weniger zu verdrängen. Sie kann aber auch mehr oder weniger vollständig von der Wirtszelle benutzt werden.

Der Bakteriophage T2 verursacht eine frühzeitige Zerstörung des Bakterienchromosoms und damit die Beseitigung der gesamten Information der Zelle. Der normale Stoffwechsel der Bakterienzelle setzt demnach kurz nach der Infektion aus. Bei einer Infektion durch die Phagen T1, T3 oder T7 bleibt nicht nur das Bakterienchromosom bis zu einem fortgeschritteneren Stadium des Virenzyklus erhalten, so daß der Stoffwechsel des Bakteriums fast normal verläuft, sondern die Unversehrtheit des Bakterienchromosoms scheint für den Ablauf des Virenzyklus notwendig zu sein.

Das Verdrängen der genetischen Information der Zelle durch die in der Virusnucleinsäure enthaltene erfolgt je nach Virusart mehr oder weniger vollständig. Über den Mechanismus, der der Virusnucleinsäure diese Überlegenheit ermöglicht, ist jedoch noch wenig bekannt.

Die genetische Information des Virus kann in unterschiedlichem Maße verwertet werden. Beim Phagen λ wird die Information benutzt, wenn sich der Phage in seiner vegetativen Form befindet, während sie in der Form des Prophagen unterdrückt ist. Die Lysogenisierung und die Tumorerzeugung durch ein Virus wie das Virus SV 40 z.B. (Seite 297), entsprechen einem intermediären Zustand, wobei die Information nur zum Teil benutzt wird.

Die defekten temperenten Phagen bilden einen Grenzfall, wobei sich die genetische Information des Prophagen nur in geringem Maße in der Immunität gegenüber dem entsprechenden nicht defekten temperenten Phagen auswirkt. Aber selbst wenn sie nicht unterdrückt ist, d. h. wenn der Phage vegetativ wird, äußert sich diese Information nur in der Synthese einiger Virusproteine, wie z. B. des Endolysins. Die Nucleinsäure eines solchen defekten Phagen kann nicht übertragen werden, es sei denn bei der Übertragung genetischen Materials bei Bakterien. Sie verhält sich wie ein potentiell lethales Gen, das nicht in Erscheinung tritt, solange es an das Bakterienchromosom angeheftet ist. Solche Phagen befinden sich unter den Mutanten von typischen Phagen (die in Form von Virionen auftreten können), wie es für den Phagen λ gilt. Es handelt sich aber dennoch um Viren.

Eine Nucleinsäure dieser Art steht zwischen einem klassischen Virus und einem Zellorganell, das mit genetischer Kontinuität ausgestattet ist.

Folglich kann man ein Virus als eine Nucleinsäure ansehen, die sich einer Zelle aufdrängen kann, die die nötige Information besitzt, sich selbst zu reproduzieren, und, wenn erforderlich, auch die sie schützenden Elemente zu synthetisieren und zusammenzufügen (Bestandteile der Virionen). Diese Komponenten erlauben ihr den zeitweiligen Aufenthalt im äußeren Milieu und das Überwechseln in eine neue Wirtszelle.

5.4. Viren, ein Mittel zum Studium der Zelle

Die Viren bieten, wie wir gerade gesehen haben, ein sehr wirksames Mittel, eine bekannte genetische Information in eine Zelle einzuschleusen. Sie ermöglichen die Untersuchung, in welcher Weise eine beliebige genetische Information durch sie verwertet wird.

Ein Virus kann folglich wie ein Werkzeug in der Analyse der Zellfunktionen eingesetzt werden.

In diesem Sinne begann die große Epoche der Phagenforschung, die auch heute noch anhält. Gerade außerhalb der medizinischen oder bakteriologischen Forschung wird der Phage von verschiedenen Forschungsgruppen als Mittel zur Untersuchung der Autoreduplikationsprozesse der Lebewesen angesehen. Diesen Gruppen verdanken wir unsere genauen Kenntnisse von den genetischen Prozessen in der Zelle und den Aufschwung des Wissenschaftszweigs, den man heute Molekularbiologie nennt.

Anhang

Gesetz über das Wachstum einer Bakterienpopulation

1. Exponentielles Wachstum

Betrachten wir ein Bakterium, das sich alle 30 Minuten teilt und dabei ein weiteres
Bakterium entstehen läßt, welches sich seinerseits alle 30 Minuten teilt (Bild A1).

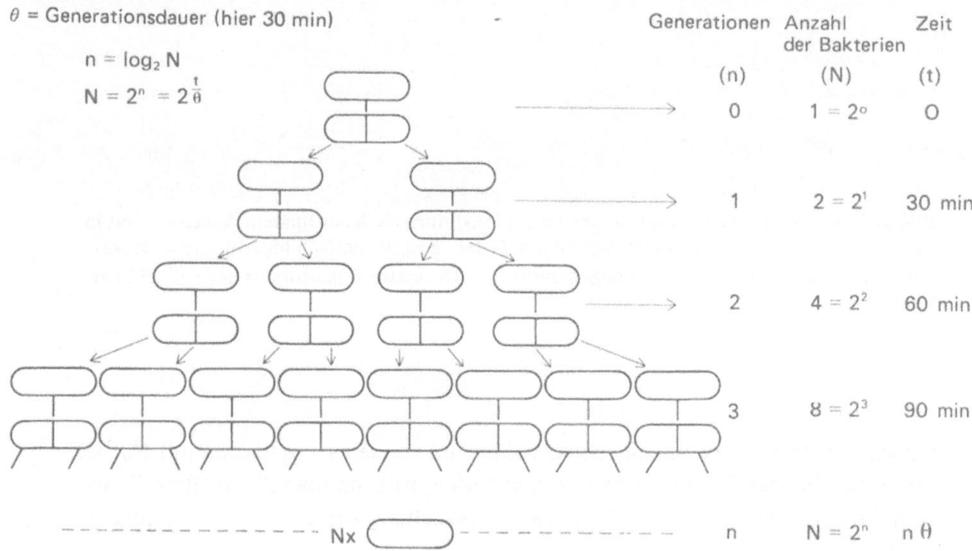

Bild 1. Bakterienclon, dessen Zellen sich durch Zweiteilung vermehren. Die Generationsdauer θ
beträgt 30 min. Das Wachstum der Population verläuft exponentiell

Dieses System führt zur Entstehung eines Bakterienclons, der sich alle 30 Minuten
verdoppelt. Man kann dabei von einer Bakteriengeneration sprechen, und die Beziehung der Anzahl n° der Genration G mit der Populationsstärke N ist $N = 2^G$.
Im Prinzip ist dieses Wachstum diskontinuierlich und entspricht graphisch dargestellt einer stufenförmigen Kurve, die den synchronen Ablauf der Teilungen zum
Ausdruck bringt (Bild A2).

20 Berkaloff

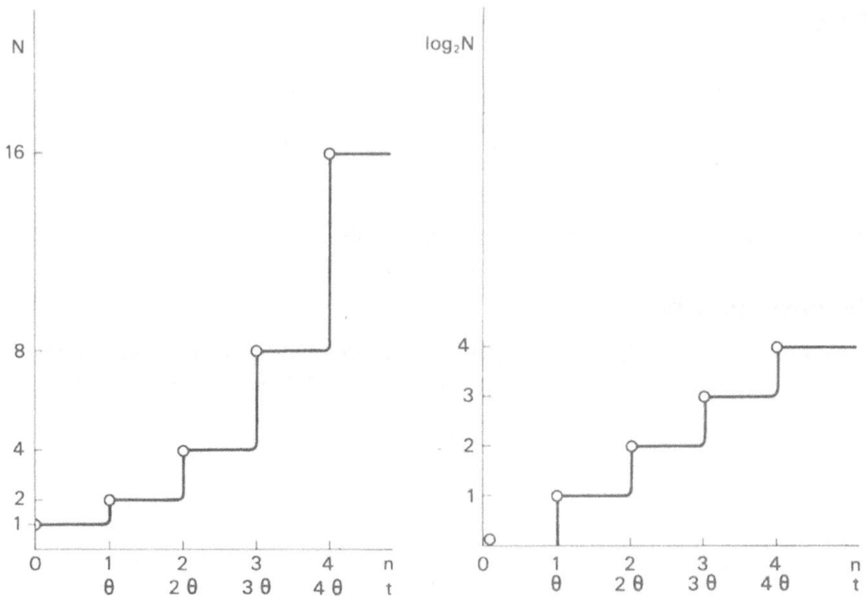

Bild 2. Clonwachstum als Funktion der Zeit. Links: normale Koordinaten. Abszisse: Zeit in Bakteriengenerationen; Ordinate: Anzahl der Zellen. Rechts: einfach-logarithmische Koordinaten. Abszisse: Zeit in Bakteriengenerationen; Ordinate: Logarithmus der Zellzahl zur Basis 2

Gehen wir statt von einem einzelnen Bakterium von einer Population mit N_0 Bakterien aus, bei der Teilungen synchron ablaufen, so kann man die mittlere Generationsdauer θ und die Zahl der Bakterien in Beziehung zur Zeit t folgendermaßen ausdrücken:

$$N = N_0 \cdot 2^{\frac{t}{\theta}}$$

Das Wachstum der Population folgt einer exponentiellen Funktion.

Einfach-logarithmische Darstellung

Wenn man die Veränderungen des log zur Basis 2 der Populationsgröße als Funktion der Zeit aufträgt, so ergibt sich eine Gerade, deren Steigung gleich $1/\Theta$ ist. Eine starke Steigung entspricht einem schnellen Wachstum, d. h. einer kurzen Generationsdauer (Bild A2 u. A3).

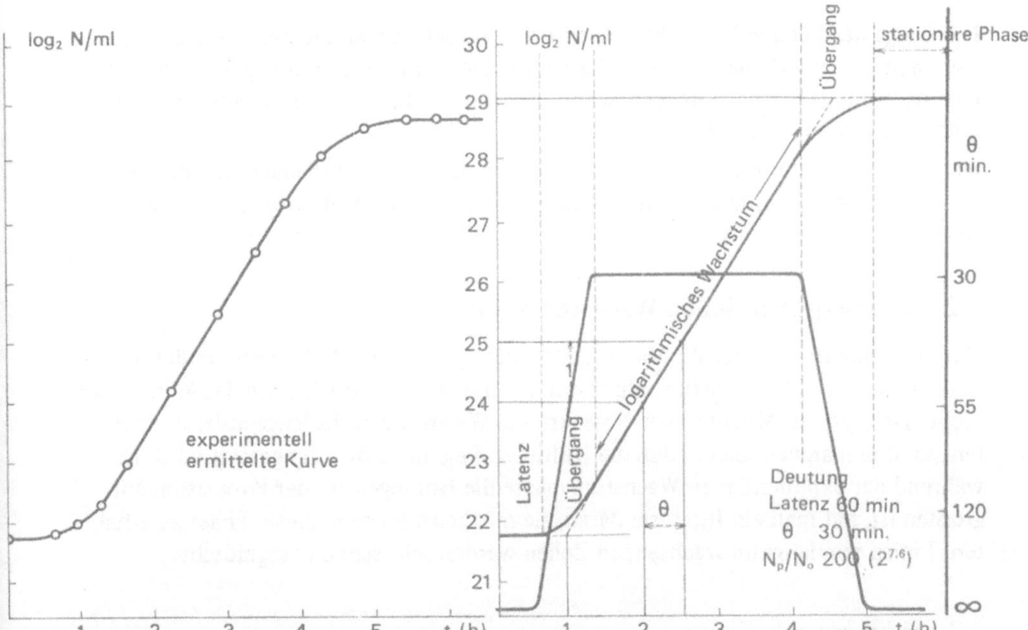

Bild 3. Wachstumskurve im einfach-logarithmischen Koordinatensystem. Links: experimentell gefundene Wachstumskurve einer Bakterienpopulation, deren Generationsdauer 30 min beträgt. Rechts: Deutung derselben Kurve und Bestimmung der hauptsächlichsten Merkmale der Wachstumskurve. Die von der Wachstumskurve abgeleitete Kurve gibt die Veränderung von θ als Funktion der Zeit an. Abszisse: Zeit in Std.; Ordinate: Logarithmus zur Basis 2 der Bakterienzahl pro ml Kultur. Ordinate der Kurve ganz rechts: Generationsdauer θ in min (nach J. MONOD)

2. Entwicklungsphasen einer Kultur

2.1. Latenzphase

Bringt man N_0 Bakterien aus einer Vorkultur in ein Kulturmilieu, so teilen sie sich nicht sofort. Die Zeit, die verstreicht, ehe es zur ersten Teilung kommt, ist abhängig vom physiologischen Zustand jedes Bakteriums. Die zu Anfang sehr lange Generationsdauer strebt einem Grenzwert zu, der für eine exponentielle Wachstumsphase charakteristisch ist.

Die Periode, während der sich die Generationsdauer verringert, entspricht einer Phase der Anpassung seitens der Bakterien an die neuen Kulturbedingungen und wird als *Latenzphase* bezeichnet.

Die Länge der Latenzphase läßt sich bestimmen, indem man die Zeit abschätzt, die zwischen dem wirklichen Anlegen der Kultur und dem Zeitpunkt liegen, zu dem man eine Kultur hätte anlegen müssen, wenn sie sofort in das exponentielle Wachstum eingetreten wäre (Bild A3).

Die Dauer der Latenzphase ist sehr verschieden, je nach Bakterienart und Milieu. Sie ist um so länger, je unterschiedlicher die Bedingungen der Vorkultur und der Kultur sind.

2.2. Phase exponentiellen Wachstums (log-Phase)

Hat die Generationsdauer ihr Maximum erreicht, so tritt die Bakterienpopulation in die exponentielle Wachstumsphase ein, die nur so lange anhält, wie das Milieu noch nicht erschöpft ist. Möchte man diese Art von Wachstum recht lange aufrechterhalten, so muß man vermeiden, daß die Kultur zu Beginn zu dicht angesetzt wird. Da während der exponentiellen Wachstumsphase die Homogenität der Population am größten ist, hat man ein Interesse daran, sie möglichst lange in dieser Phase zu erhalten. Linien von langsam wachsenden Zellen werden sehr schnell ausgelöscht.

2.3. Abbiegen der Kurve

Wenn sich das Milieu zu erschöpfen beginnt, verlangsamt sich das Wachstum und hört schließlich auf (Bild A4). Die mittlere Generationsdauer steigt an, bis sie unendlich groß wird. Die Population ist recht heterogen; trotz der ungünstigen physiologischen Bedingungen teilen sich einige Zellen weiter, andere lösen sich auf und geben an das Milieu Stoffe ab, die den überlebenden Zellen als Nahrung dienen können. Eine gewisse Zeit lang erhält sich die Population in einem Gleichgewicht, das sich in der Stabilität der Populationsdichte und dem waagerechten Verlauf der Kurve ausdrückt. Schließlich lösen sich die Bakterien allgemein auf, und man erlebt ein rapides Absinken der Lebensfähigkeit der Zellen. In einigen Fällen entspricht diese Phase der Sporenbildung.

3. Parameter des Wachstums

3.1. Latenzzeit und Generationsdauer

Wir haben gesehen, daß die Latenzzeit und die Generationsdauer für die Praxis sehr interessante Parameter sind. Die Generationsdauer ergibt sich, wenn man die Steigung des geradlinigen Teils der einfach-logarithmisch aufgetragenen Wachstumskurve bestimmt (Bild A5).

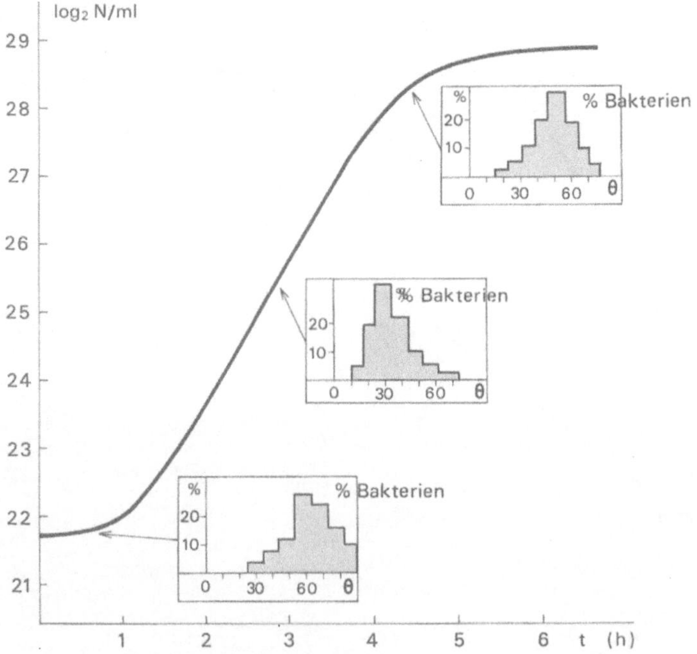

Bild 4. Wachstumskurve und Histogramme, die die durchschnittliche Generationsdauer einer Bakterienpopulation während der Latenzphase, der exponentiellen Wachstumsphase und der stationären Phase angeben. Die durchschnittliche Generationsdauer ändert sich und ebenso die Form der Histogramme. Abszisse: Zeit in Std.; Ordinate: Logarithmus zur Basis 2 der Bakterienzahl pro ml. In den Kästen: Abszisse: Generationsdauer; Ordinate: % der Bakterien

3.2. Ertrag

Wenn das Wachstum der Bakterienpopulation aufhört, weil einer der Bestandteile des Nährmediums erschöpft ist, sagt man, daß dieser Bestandteil das Wachstum begrenzt. Man kann verschiedene Wachstumskurven, die bei unterschiedlichen Konzentrationen des fraglichen Stoffes im Nährmedium gewonnen wurden, miteinander vergleichen (Bild A6).

Wie sich zeigt, wird von einer bestimmten Konzentration an die Steigung des exponentiellen Teils der Kurve von der Konzentration unabhängig, während das Niveau, auf dem die Kurve abknickt, als Funktion der Konzentration ansteigt. Der Quotient R aus dem Gewicht der synthetisierten Bakterien und dem Gewicht des das Wachstum begrenzenden Metaboliten heißt *Ertragskoeffizient* R.

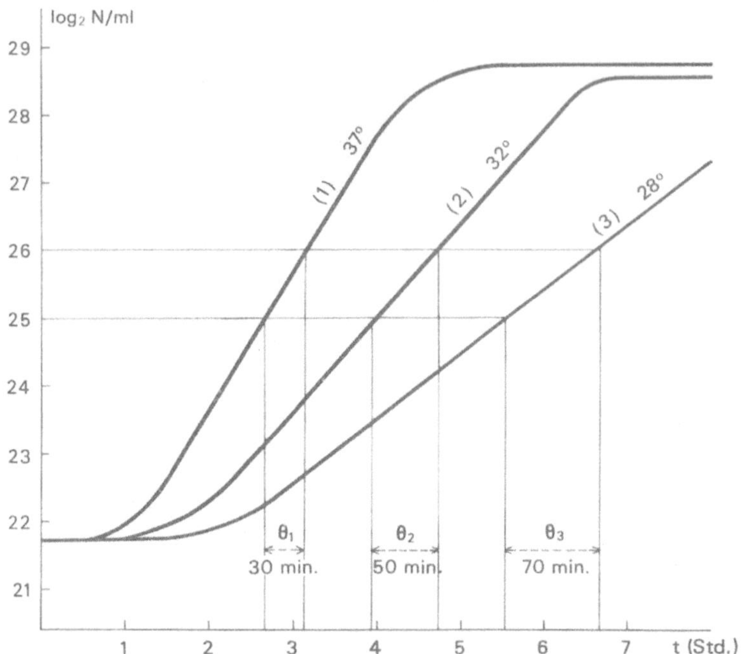

Bild 5. Wachstumskurven im einfach-logarithmischen Koordinatensystem von Kulturen, die bei
26 °C, 32 °C und 37 °C gezogen wurden. Der obere, horizontal verlaufende Teil der Kurven
unterscheidet sich wenig, dagegen ist die Wachstumsgeschwindigkeit, die durch die Steigung der
Kurve ausgedrückt wird, um so größer, je höher die Temperatur ist. Die Generationsdauer reicht
von 70 min über 50 bis zu 30 min. Abszisse: Zeit in Std.; Ordinate: Logarithmus zur Basis 2
der Bakterienzahl pro ml

Trägt man die Menge der erhaltenen Bakterien als Funktion der Menge des im Milieu
enthaltenen Metaboliten auf, so ergibt sich eine Gerade, die durch den Nullpunkt
geht (Bild A7). Wenn man jedoch die Menge des zugeführten Metaboliten erhöht, beobachtet man einerseits, daß die Endproduktion abnimmt, und andererseits, daß die
Generationsdauer ansteigt. Es wird also eine toxische Wirkung durch den Metaboliten hervorgerufen. Es ist daher von Bedeutung, die Grenzkonzentration zu kennen.
Sie entspricht den Konzentrationen, bei denen die Endproduktion der Bakterien-
masse proportional zur Konzentration des Metaboliten bleibt. Man hat dabei offensichtlich den Vorteil, wenn man sich lediglich mit der Produktion von Bakterien
beschäftigt, bei Anwendung genau der richtigen Konzentration des Metaboliten eine
optimale Wachstumsgeschwindigkeit und Ausbeute erzielen zu können. Will man
dagegen die Physiologie der Zelle und besonders ihre Regulationsmechanismen untersuchen, so ist es manchmal nützlich, die Konzentration des begrenzenden Fak-
tors herabzusetzen.

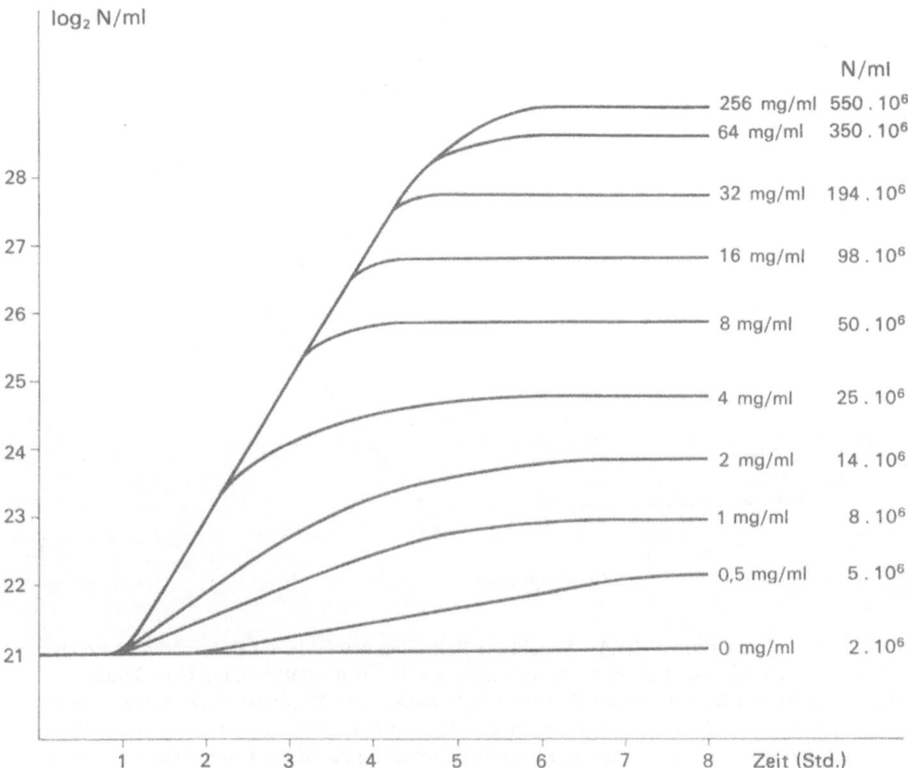

Bild 6. Wachstumskurve im einfach-logarithmischen Koordinatensystem von Kulturen, die mit unterschiedlicher Zuckerkonzentration im Kulturmilieu gezogen wurden. Bei einer Konzentration von 4 mg/ml erhalten wir eine typische Wachstumskurve, und die Steigung ihres dem exponentiellen Wachstum entsprechenden geradlinigen Teils bleibt konstant. Der obere, horizontal verlaufende Teil ist der Zuckerkonzentration proportional. Wird die Zuckerkonzentration zu groß, so hebt man das Niveau des oberen, horizontal verlaufenden Teils der Kurve nicht weiter an; der Zucker ist dann nicht mehr der das Wachstum begrenzende Faktor. Abszisse: Zeit in Std; Ordinate: Logarithmus zur Basis 2 der Bakterienzahl pro ml

4. Kontinuierliches Wachstum. Chemostat

Es ist von Nutzen, die Bakterien in der exponentiellen Wachstumsphase zu halten. Dafür ist es notwendig, ihnen frisches Nährmedium zuzuführen, um die durch das Bakterienwachstum verursachte Verarmung zu kompensieren. Es läßt sich auf diese Weise ein gewisses Gleichgewicht aufrechterhalten, wenn man die Zufuhr von frischem Milieu mit einem Regler einstellt. Aber dieses Gleichgewicht ist instabil;

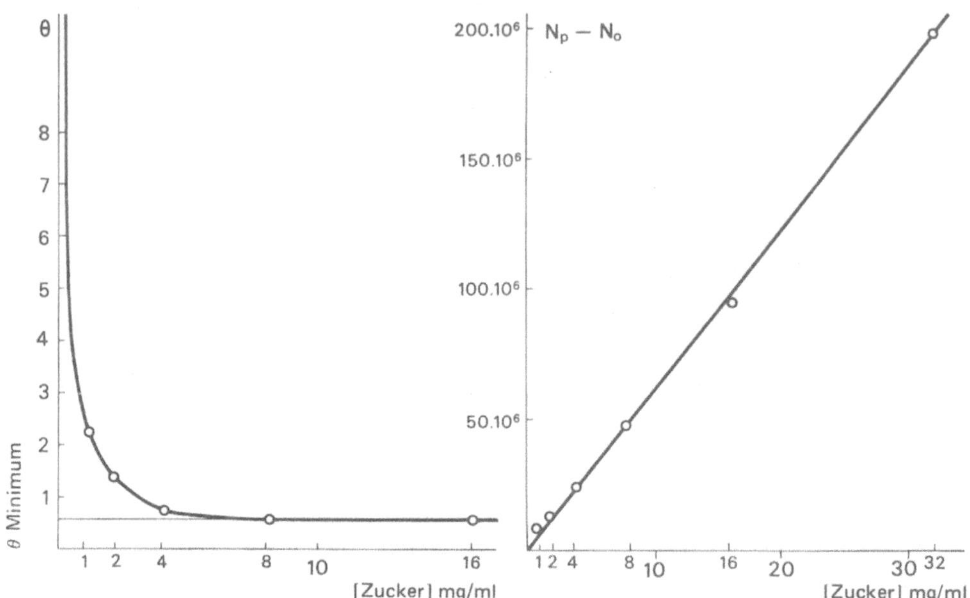

Bild 7. Rechts: Ertragskurve, die die Anzahl der Bakterien pro ml in der stationären Phase als Funktion der Zuckerkonzentration im Kulturmilieu angibt. Es handelt sich um eine Gerade, die durch den Nullpunkt geht, wobei $R = (N - N_0)/[Zucker]$ ist. Wenn die Zuckerkonzentration zu groß wird, stellt der Zucker nicht mehr den das Wachstum begrenzenden Faktor dar, und die Kurve neigt sich zur Abszisse. Abszisse: Zuckerkonzentration des Milieus zu Beginn der Kultur (mg/ml); Ordinate: Anzahl der in der Kultur auftretenden Bakterien
Links: Änderung der Generationsdauer θ als Funktion der Zuckerkonzentration. Die Kurve wird nach rechts asymptotisch ($\theta = 35$ min). Abszisse: Zuckerkonzentration des Milieus zu Beginn der Kultur in mg/ml; Ordinate: Generationsdauer in Std.

man muß schon eine geeignete Nachlaufsteuerung einsetzen, um die Konzentration im Kulturgefäß kontrollieren und dementsprechend die Zufuhr von frischem Milieu regeln zu können. Eine andere Möglichkeit ist, bei den üblichen Kulturbedingungen die wachstumsbegrenzenden Metaboliten in gebundener Form zuzusetzen, aus der sie nach und nach freigesetzt werden. Auf diese Weise erreicht man ein kontinuierliches Wachstum, und die Konzentration der Nährstoffe bleibt dennoch immer gering. Vom theoretischen Standpunkt sind solche Prozesse interessant, weil sie mit denen, wie sie in Zonen mit intensiver Zellteilung wie z. B. den Meristemen der Pflanzen oder den Embryonalanlagen der Tiere vorkommen, verwandt sein dürften.

Literaturverzeichnis

DAYLISS L.E., 1960. *Principle of General Physiology.* Longmans, Green and Co, London, 2 Tomes, 520 p. et 848 p.

DAVSON H., 1964. *A textbook of General Physiology.* J. et A. Churchill, London, 1166 p.

FAWCETT D.W., 1966. *The cell. An atlas of fine structure.* Sanders, Philadelphia, 448 p.

FRAENKEL-CONRAT, 1962. *Design and function at the threshold of liefe: the viruses.* Academic Press, New York, 117 p.

FREY-WYSSLING A., MÜHLETHALER K., 1965. *Ultrastructural plant cytology.* Elsevier, Amsterdam, 377 p.

GALSTON A.W., 1964. *The life of the green plant.* Foundations of modern biology series. Prentice-Hall, Englewood Cliffs, New Jersey, 118 p.

GIESE A.C., 1963. *Cell physiology.* Saunders, Philadelphia, 592 p.

HODGKIN A.L., 1964. *Conduction of the nervous impulse.* Springfield, Illinois, 108 p.

LEHNINGER A.L., 1964. *The mitochondrion.* Benjamin, New York, 263 p.

LEHNINGER A.L., 1965. *Bioenergetics.* Benjamin, New York, 258 p.

LOEWY A.G. et SIEKEVITZ P., 1963. *Cell structure and function. Modern biology series.* Holt Rinehart and Winston, New York, 228 p.

LWOFF A., 1962. *Biological Order.* M.I.T. Press, Cambridge, 101 p.

MC ELROY W.D., 1964. *Cell physiology and biochemistry.* Foundations of modern biology series. Prentice-Hall, Englewood Cliffs, New Jersey, 120 p.

DE ROBERTIS E., NOWINSKI W.W. et SAETZ A., 1965. *Cell biology.* Saunders, Philadelphia, 446 p.

STENT G.S., 1963. *Molecular biology of bacterial viruses.* W.H. Freeman and Co, San Francisco, 474 p.

Sachwortverzeichnis

Invertebrate Structure and Function

Von E. J. W. Barrington. (Aufbau und Funktion wirbelloser Tiere.) Mit 290 Abbildungen. — Braunschweig: Nelson/Vieweg 1970. X, 549 Seiten. 25,5 × 17 cm. Gebunden 32,— DM
Best.-Nr. 03562

Inhalt: Living Systems — Organisation and Life — Movement and Fibrils — Movement and Hydrostatics — Movement, Hydrostatics, and the Coelom — Movement and Metamerism — Movement and Arthropodization — Nutrition of Protozoa — Nutrition of some lower Metazoa — Filter Feeding — Respiration — Excretion — Osmotic and Ionig Regulation — Sources of Information — Primitive Nervous Systems — Advanced Nervous Systems — Chemical Coordination — Patterns of Reproduction — Larval Forms — Larval Lives — Colonial and Social Life — Interspecific Associations.

Wer die stürmische Entwicklung der modernen Biologie, insbesondere der Molekular- und Ultrastruktur-Biologie, beurteilen bzw. für seine Zwecke auswerten will, benötigt als wichtigste Voraussetzung möglichst weitgespannte Kenntnisse der Prinzipien und Strukturen des Lebens überhaupt. Diese Grundlage kann in großem Maße durch das Studium der wirbellosen Tiere geschaffen werden; und es ist die Absicht dieses Buches, dem Forscher wie dem Studenten das dazu unentbehrliche Rüstzeug zu vermitteln. Der Autor stellt außer einer Erörterung der Voraussetzungen des Lebens selbst die Aspekte von Bewegung, Stoffwechsel, Information und Steuerung sowie Regeneration und Fortpflanzung der Invertebraten dar. Das Schlußkapitel bringt Forschungsergebnisse, die die verschiedenen Formen des Lebens in Gruppen und Gemeinschaften betreffen.